全国本科院校机械类创新型应用人才培养规划教材

逆向建模技术与产品创新设计

主　编　张学昌
副主编　张　旭　高学军
参　编　苏　静

内容简介

产品创新离不开技术积累，利用逆向工程技术消化、吸收国外先进技术已成为新产品开发的有效途径。本书以逆向工程技术为主线，较为详实地介绍了产品逆向建模过程中实物样件表面数字化技术、点云数据的预处理技术、特征曲线的重构与编辑技术、特征曲面的重构与编辑技术。同时对产品三维建模软件及特征提取软件，即逆向软件进行了比较分析。在书中还对产品建模过程中所涉及的一些常用术语及曲线、曲面数学原理进行了详细介绍，在产品逆向建模的基础之上，引入了产品创新概念。创新性设计需要创新性思维，创新性思维需要创新性方法，本书从创新设计的必要性出发，论述了创新性思维的内涵及培养。

本书在编写过程中坚持“理论够用、注重实践”的工程特色，数学理论讲解与软件实现相配合，使读者对深奥的数学问题更加容易理解。本书结构清晰、操作性强，可作为高等院校机械、电子、工业设计等专业的教材，也可作为研究生、CAD技术人员和教师的参考书。

图书在版编目(CIP)数据

逆向建模技术与产品创新设计/张学昌主编. —北京：北京大学出版社，2009.9

(全国本科院校机械类创新型应用人才培养规划教材)

ISBN 978-7-301-15670-4

Ⅰ. 逆…　Ⅱ. 张…　Ⅲ. 产品—设计—高等学校—教材　Ⅳ. TB472

中国版本图书馆CIP数据核字(2009)第143896号

书　　　名：逆向建模技术与产品创新设计

著作责任者：张学昌　主编

策 划 编 辑：郭穗娟

责 任 编 辑：李　楠

标 准 书 号：ISBN 978-7-301-15670-4/TH・0156

出　版　者：北京大学出版社

地　　　址：北京市海淀区成府路205号　100871

网　　　址：http://www.pup.cn　http://www.pup6.com

电　　　话：邮购部62752015　发行部62750672　编辑部62750667　出版部62754962

电 子 邮 箱：pup_6@163.com

印　刷　者：北京虎彩文化传播有限公司

发　行　者：北京大学出版社

经　销　者：新华书店

787毫米×1092毫米　16开本　17印张　395千字

2009年9月第1版　2019年7月第5次印刷

定　　　价：43.00元

前　言

随着科学技术的飞速发展和经济的日益全球化，国内传统制造业市场环境发生了巨大变化。一方面表现为消费者兴趣的短时效性和消费者需求日益主体化、个性化及多元化；另一方面由于区域性、国际性市场壁垒的淡化或打破，使制造厂商不得不着眼于全球市场的激烈竞争。产品快速研发、设计创新等技术成为企业乃至一个国家赢得全球竞争的第一要素，逆向工程成为消化、吸收国外先进技术的有效手段。

逆向工程是对已有的产品零件或原型进行CAD模型重建，但不是仅仅对已有产品进行简单“复制”，其内涵与外延都发生了深刻变化，成为航空、航天、汽车、船舶和模具等工业领域最重要的产品设计方法之一，是工程技术人员通过实物样件、图样等快速获取工程设计概念和设计模型的重要技术手段，是技术消化、吸收，进一步改进、提高产品原型的重要技术手段，是产品快速创新开发的重要途径。

复制是为了改造，逆向是为了创新。创新思维及创新技法为产品的创新提供方法指导，所以将逆向工程与创新性思维融合在一起，将使学生的工程素养得以很大提升。国家十一五科学技术发展规划提出要建立创新型国家，创新型国家需要创新型人才，创新型人才离不开先进的技术及创新性知识，掌握逆向工程技术与创新思维方法是产品创新的关键。

目前国内有关逆向工程技术的教材较少。现有的关于逆向工程方面的书籍具有两方面的特点：一种是以理论描述为主，实践性操作为辅；另一种是以实践性操作为主，理论描述为辅。大学本科教育培养出的工程技术人员既要有一定的理论基础，又要掌握一定的实践操作技巧，所以本书从逆向工程实际应用的要求出发，注重理论性和应用性相结合，创新性方法与逆向工程相结合，做到既有理论又有实践，通俗易懂，便于教师的教学和学生的学习，有助于教学质量的提高。在编写过程中以“理论够用、注重实践”为原则，同时尽量将复杂深奥的数学问题用比较容易理解的方式进行介绍。在产品创新设计与创新性思维培养的编写过程中，将实例与方法融为一体，使读者从有趣的实例中领会创新性思维方法的奥秘。

本书由张学昌主编，张旭、高学军副主编。其中，第1～3章由张学昌编写，第4章、第6章由张旭编写，第5章由高学军编写，第7章由苏静编写。

本书在编写过程中得到了宁波亿法德工业产品设计发展有限公司李涛先生的大力支持，并提供了相关的技术资料，在此向他表示感谢。

由于编者阅历、水平及经验有限，加之时间紧迫，书中难免存在不足之处，敬请广大同仁和读者不吝指正。

编　者

2009年5月

目 录

第1章 概　论

教学目标

复制是为了改造，逆向是为了创新；正向工程和逆向工程在产品开发中起着重要的作用。在本章的学习过程中，应重点掌握逆向工程与正向工程的区别；掌握常用CAD建模软件平台的特点；掌握常用逆向工程软件的特点；在学习中，注意对逆向工程与产品创新设计关系的理解。

教学要求

能力目标	知识要点	权重	自测分数
了解正向工程的内涵	正向工程的技术流程	10%	
掌握逆向工程的内涵及关键技术	逆向工程技术流程及关键技术	25%	
常用CAD平台的种类及特点	掌握一种CAD建模软件	20%	
常用逆向建模软件的种类及特点	掌握一种逆向建模软件	25%	
了解逆向工程与产品创新设计的关系	逆向工程中的特征信息与产品建模	20%	

引例

机械类学生经过系统的基础知识学习，在掌握了机械原理、机械设计课程的基本内容之后，经过机械设计课程的训练，对产品的正向设计思路已经有了一个清晰的轮廓。机械类产品零件所涉及的形状多是由平面、二次曲面组合而成。对于二次曲面所不能完全表达的产品轮廓，如右图所示的汽车车灯体零件，则难以进行有效的产品建模。同时在汽车等领域由实物模型构造产品CAD模型的逆向设计思路已经得到广泛应用，其所蕴含的建模技术与正向设计的建模技术既有相互联系又有质的区别，因此，从事机械设计及制造的工程技术人员应该明白两种不同的设计理念对产品创新设计所具有的意义。

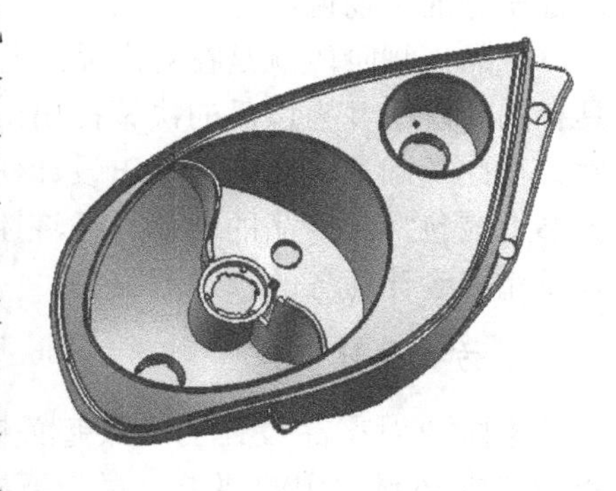

随着信息技术的飞速发展和社会需求多样化的相互作用，传统制造业市场环境发生了巨大的变化。一方面表现为消费者兴趣的短时效性和消费者需求日益主体化、个性化及多元化；另一方面由于区域性、国际性市场壁垒的淡化或打破，使制造厂商不得不着眼于全球市场的激烈竞争。快速将多样化的产品推向市场是制造商把握市场先机求得生存的重要保障，由此导致了制造战略重点从成本与质量到时间与响应的转移。在此背景下，产品研发速度逐渐成为当代企业赢得全球竞争的第一要素，传统的基于正向工程的产品研发模式在新的形势下得到进一步发展，而基于逆向工程的面向产品或原型的快速产品开发模式成为企业吸收外来技术、占据市场主动的法宝，并且越来越多地得到工业界的广泛重视和应用。

1.1 正向工程概述

一个产品，从规划到投入市场，通常需要经过若干环节，有很多工程技术人员共同创造性的劳动，并需要精心组织、协同工作才能完成。传统的工业产品开发均是按照严谨的研究开发流程，从市场调研开始，确定产品功能与产品规格的预期指标，构思产品最佳方案、零部件功能分解，然后进行零部件的设计、制造以及检验，再经过组装、整机检验、性能测试等程序来完成。每个零件都有原始的设计图纸，并有CAD(Computer Aided Design)文件来对此设计图纸存档。每个零部件的加工也有自己的工序图表，每个组件的尺寸合格与否有产品检验报告记录，这些所记录的档案均属企业的智能财产，这种开发模式称为预定模式(prescriptive model)，此类开发工程称为正向工程(forward engineering)，也被称为顺向工程。正向工程的开发流程如图1.1所示。

现对正向工程开发流程的各阶段分别加以简要说明。

1. 产品规划

面对频繁变化的市场，好的产品不仅在功能上要顺应市场潮流，而且要在恰当的时间及时被推向市场，从而占领市场主导，赢得企业效率最大化。因此，一个产品的研制需要进行充分的市场调研。

产品规划阶段就是在对产品进行充分调查研究和分析的前提下，进一步确定产品所应具有的功能，并为以后的决策提出由环境、经济、加工以及时限等各方面所确定的约束条件。在此基础上，明确地写出设计任务的全面要求及细节，最后形成设计任务书。设计任务书上应包括：产品的功能、经济性的估计，制造要求方面的大致估计，基本使用要求，以及完成设计任务的预计期限等。

2. 方案设计

本阶段对产品设计的成败起关键作用。产品功能分析就是要对设计任务书提出的机器功能中必须达到的要求、最低要求及希望达到的要求进行综合分析，即这些功能能否实现，多个功能间有无矛盾，相互间能否替代等。最后确定出功能参数，作为进一步设计的依据。

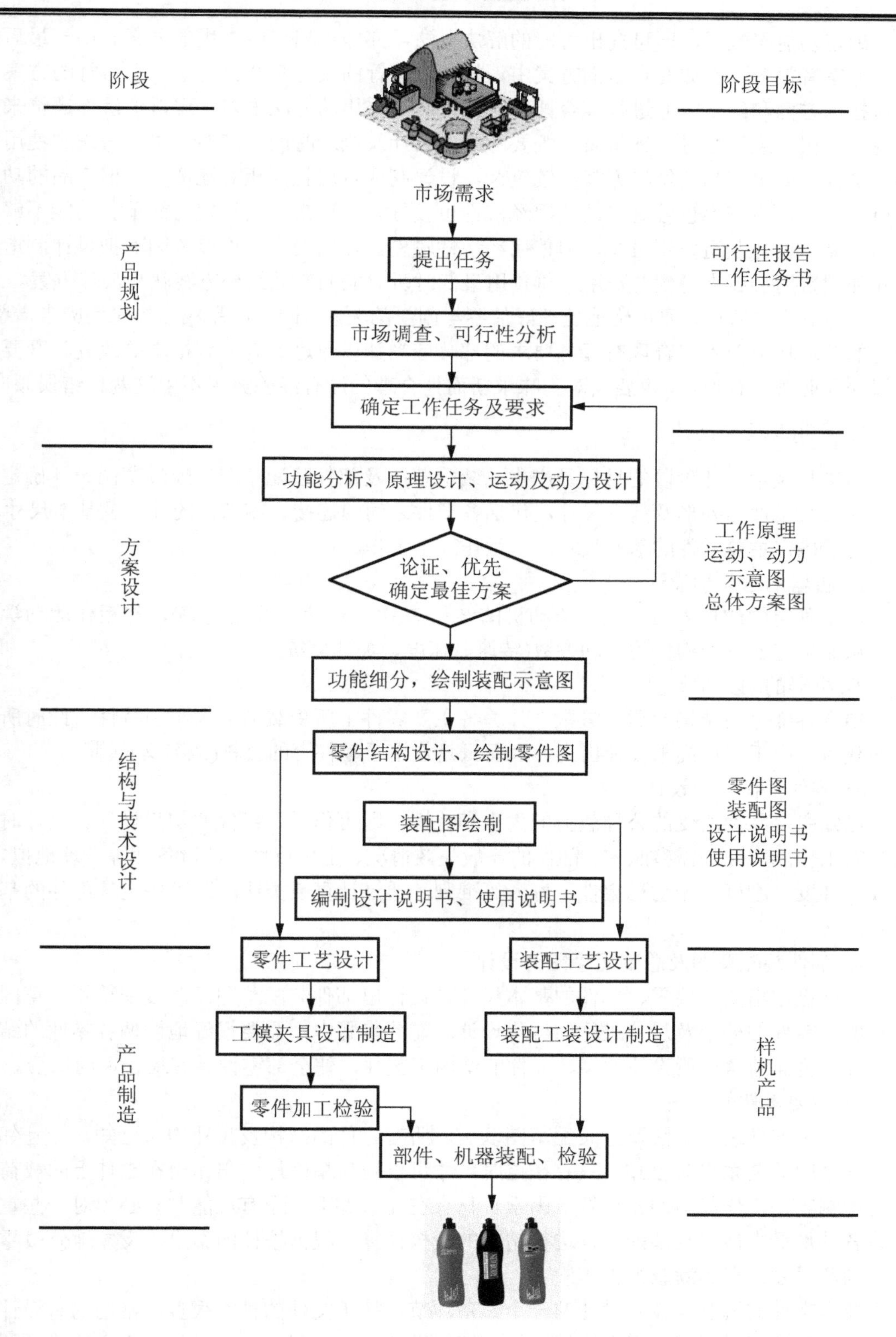

图 1.1　正向工程的开发流程

确定功能参数后，即可提出可能的解决办法，亦即提出可能采用的方案。由于最后汇总的方案有很多，在如此众多的方案中，技术上可行的仅有几个。对这几个可行的方案，要从技术方面和经济方面进行综合评价。评价时可采用的方法很多，现以经济性评价来加以说明。根据经济性进行评价时，既要考虑到设计及制造时的经济性，也要考虑到使用时的经济性。如果产品的结构方案比较复杂，设计制造费用就要相对地增大，但产品的功能将更为齐全，生产率也较高，故使用经济性也较好。反过来，结构较为简单、功能不够齐全的产品，设计制造费用虽少，但使用经济性较差，使用费用会增多。因而把设计制造费用和使用费用加起来得到总费用，总费用最低时所对应的产品结构方案就是最佳方案。

在方案设计阶段，要正确地处理好借鉴与创新的关系。同类产品成功的先例应当借鉴，原有的薄弱环节及不符合现有任务要求的部分应当加以改进或者得到根本的改变。既要反对保守和照搬原有设计，也要反对一味求新而把合理的原有经验弃置不用这两种错误倾向。

3. 结构与技术设计

结构与技术设计阶段的目标是产生总装配草图及部件装配草图。通过草图设计确定出各部件及其零件的外形及基本尺寸，包括各部件之间的连接、零部件的外形及基本尺寸。

为了确定主要零件的基本尺寸，必须作以下工作。

1) 机器的运动学设计

根据确定的结构方案，确定原动机的参数(功率、转速、线速度等)，然后作运动学计算，从而确定各运动构件的运动参数(转速、速度、加速度等)。

2) 机器的动力学计算

结合各部分的结构及运动参数，计算各主要零件上所受载荷的大小和特性。此时所求出的载荷，由于零件尚未设计出来，因而只是作用于零件上的公称(或名义)载荷。

3) 零件工作能力设计

已知主要零件所受的公称载荷的大小和特性，即可作零、部件的初步设计。设计时所依据的工作能力准则需参照零、部件的一般失效情况、工作特性、环境条件等合理地拟定，一般有强度、刚度、振动稳定性、寿命等准则。通过计算或类比，即可决定零部件的基本尺寸。

4) 部件装配草图及总装配草图的设计

根据已定出的主要零、部件的基本尺寸，设计出部件装配草图及总装配草图。草图上需对所有零件的外形及尺寸进行结构化设计。在此步骤中，需要很好地协调各零件的结构及尺寸，全面地考虑所设计的零、部件的结构工艺性，使全部零件具有最合理的构形。

5) 主要零件的校核

在绘出部件装配草图及总装配草图以后，所有零件的结构及尺寸均为已知，相互邻接的零件之间的关系也为已知。只有在这时，才可以较为精确地定出作用在零件上的载荷，决定影响零件工作能力的各个细节因素。只有在此条件下，才有可能并且必须对一些重要的或者外形受力情况复杂的零件进行精确的校核计算。根据校核的结果，反复地修改零件的结构及尺寸，直到满意为止。

技术文件的编制是技术设计的一个必备环节。技术文件的种类很多，常用的有设计计算说明书、使用说明书、标准明细表等。编制设计计算说明书时，应包括方案选择及技术设计的全部结论性内容。CAD技术的普及使技术文件的编制及存档变得方便。ERP(Enterprise Resource Planning)技术的实施，使企业的技术信息及管理信息更加高度集成。

优化设计经过半个多世纪的发展与完善，越来越显示出它可使产品零件的结构参数达到最佳的能力。有限元素法可使以前难以定量计算的问题求得极好的近似定量计算的结果。运用有限元素法可以对零部件进行静、动力分析，通过应力分布确定出产品最容易失效的部位，从而引导产品设计。对于少数非常重要、结构复杂且价格昂贵的零件，在必要时还需用模型试验方法来进行设计，即按初步设计的图纸制造出模型，通过试验，找出结构上的薄弱部位或多余的截面尺寸，并增大或减小以修改原设计，最后达到完善的程度。机械可靠性理论用于技术设计阶段，可以按可靠性的观点对所设计的零、部件结构及其参数作出是否满足可靠性的评价，提出改进设计的建议，从而进一步提高机器的设计质量。上述理论目前已广泛应用于产品设计中。

4. 产品制造

精密的产品设计是依靠高精度的制造来实现的，高精度的制造是依靠高精度的检具来完成的。

产品制造离不开合理的制造工艺。制造工艺是产品制造质量的保证，是指在产品制造中各种机械制造方法和过程的总和。在产品制造的任何工序中，用来迅速、方便、安全地安装工件的装置，称为夹具；而将设计图纸转化成产品，离不开机械制造工艺与夹具，它们是机械制造业的基础，是生产高科技产品的保障；离开了它们就不能开发出先进的产品，就不能保证产品质量，也不能提高生产率、降低成本和缩短生产周期。

机械制造工艺技术是在人类生产实践中产生并不断发展的。目前，机械制造工艺技术向着高精度、高效率、高自动化方向发展。精密加工精度已经达到亚微米级，而超精密加工已经进入0.01 μm级。现代机械产品的特点是多种多样、批量小、更新快、生产周期短，这就要求整个加工系统及机械制造工艺技术向着柔性、高效、自动化方向发展。成组技术理论的出现和计算机技术的发展，使计算机辅助设计(CAD)、计算机辅助工艺设计(CAPP)、计算机辅助制造(CAM)、数控机床等在机械制造业中得到广泛的应用，这大大地缩短了产品的生产周期，提高了效率，保证了产品的高精度、高质量。

机械产品的质量与零件的质量和装配质量有着密切的关系，它直接影响着机械产品的使用性能和寿命。零件的加工质量包括加工精度和表面质量两个方面。机械加工精度是指零件加工后的实际几何参数(尺寸、形状和相互位置)与理想几何参数的符合程度。实际几何参数与理想几何参数的偏离程度称为加工误差，加工误差越小，加工精度就越高。任何一种加工方法都不可能将零件做得绝对准确，与理想零件完全符合。只要不影响机器的使用性能，允许误差值在一定的范围内变动。科学技术水平的提高和精密机械的迅速发展对零件加工精度的要求愈来愈高，高精度的检具成为产品加工过程不可缺少的工具。

由上述产品的正向设计过程可以看出，在充分市场调研的基础之上，产品开发主要以功能导向为主。然而，随着工业技术的进步以及消费者对产品外形美观性要求的不断提高，任何通用性产品在消费者高质量的要求之下，功能上的需求已不再是赢得市场竞争力的唯一条件。复杂型面在产品设计中越来越多地得到应用。以具有灵活处理复杂型面的高性能

CAD 软件为支撑，“工业设计”(又称“产品设计”)在产品开发中逐渐受到重视，任何产品不仅在功能上要求先进，在产品外观(object appearance)上也要符合消费者的审美情趣，以吸引消费者的注意力。造型设计多指产品的外形美观化处理，在正向工程流程中受传统训练的机械工程师不能胜任这一工作。一些具有美工背景的设计师可利用 CAD 或图纸构想出创新的美观外形，再以手工方式塑造出模型，如木模、石膏模、黏土模、蜡模、工程塑料模、玻璃纤维模等，然后再通过三维尺寸测量来构建出自由曲面模型的 CAD 文件。这个程序已有逆向工程的观念，但仍属正向工程，因为具有对象导向(object oriented)的观念，企业仍保有设计图的智能财产。

因此，正向工程可归纳为：功能导向(functionally oriented)、对象导向(object oriented)、预定模式(prescriptive model)、系统开发(system to be)以及所属权系统(legacy system)。

1.2　逆向工程概述

逆向工程(RE，Reverse Engineering，亦称反求工程)就是对已有的产品零件或原型进行 CAD 模型重建，即对已有的零件或实物原型，利用三维数字化测量设备准确、快速地测量出实物表面的三维坐标点，并根据这些坐标点通过三维几何建模方法重建实物 CAD 模型的过程，它属于产品导向(product oriented)。逆向工程不是简单地再现产品原型，而是技术消化、吸收，进一步改进、提高产品原型的重要技术手段；是产品快速创新开发的重要途径。通过逆向工程掌握产品的设计思想属于功能向导。逆向工程的开发流程如图 1.2 所示。

随着计算机、数控和激光测量技术的飞速发展，逆向工程不再是对已有产品进行简单的“复制”，其内涵与外延都发生了深刻的变化，已成为航空、航天、汽车、船舶和模具等工业领域最重要的产品设计方法之一，是工程技术人员通过实物样件、图样等快速获取工程设计概念和设计模型的重要技术手段。

广义逆向工程指的是针对已有产品原型，消化吸收和挖掘蕴含其中的涉及产品设计、制造和管理等各个方面的一系列分析方法、手段和技术的综合。它以产品原型、实物、软件(图样、程序、技术文件等)或影像(图片、照片等)等作为研究对象，应用系统工程学、产品设计方法学和计算机辅助技术的理论和方法，探索并掌握支持产品全生命周期设计、制造和管理的关键技术，进而开发出同类的或更先进的产品。广义逆向工程的研究内容十分广泛，概括起来主要包括产品设计意图与原理的反求、美学审视和外观反求、几何形状与结构反求、材料反求、制造工艺反求、管理反求等。

目前，国内外有关逆向工程的研究主要集中在产品几何形状以及与“功能”要素相关的结构反求，即集中在重建产品原型的数字化模型方面。从产品几何模型重建的角度来看，逆向工程可狭义地定义为将产品原型转化为数字化模型的有关计算机辅助技术、数字化测量技术和几何模型重建技术的总称。基于这一定义，逆向工程可以看成是从一个已有的物理模型或实物零件构造相应的数字化模型的过程。实物原型的设计是企业的智力财产，具有归属性，而由产品实物逆向建模所得的产品 CAD 模型所蕴含的产品设计意图对产品开发企业而言不具备所属性，但可以在现有产品技术之上改进创新，推出更具竞争力的产品。

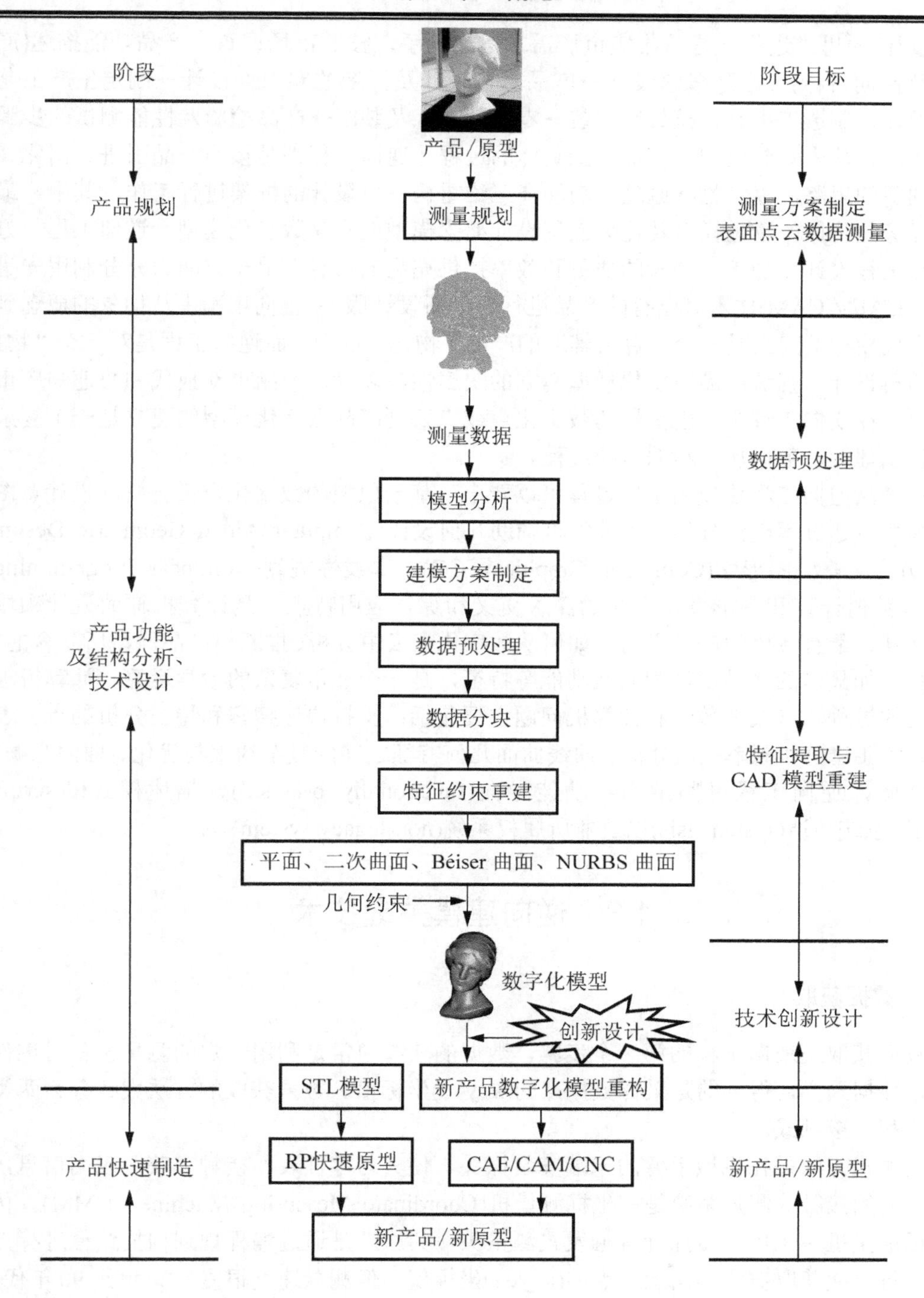

图 1.2　逆向工程的开发流程

作为一种逆向思维的工作方式，逆向工程技术与传统的产品正向设计方法不同，它是根据已经存在的产品或零件原型来构造产品或零件的工程设计模型，在此基础上对已有产品进行剖析、理解和改进，是对已有设计的再设计。传统的产品开发过程遵从正向工程(或正向设计)的思维进行，是从收集市场需求信息着手，按照市场调查→产品功能描述(产品规格及预期目标)→产品概念设计→产品总体设计及详细的零部件设计→制定生产工艺流程→设计、制造工夹具、模具等工装→零部件加工及装配→产品检验及性能测试的步骤开展工作，是从未知到已知、从抽象到具体的过程。逆向工程则是按照产品引进、消化、吸收与创新的思路，以实物→原理→功能→三维重构→再设计的框架进行工作，其中，最主要的任务是将原始物理模型转化为工程设计概念模型或产品数字化模型。逆向工程一方面为提高工程设计、加工、分析的质量和效率提供充足的信息，另一方面为充分利用先进的CAD / CAE / CAM 技术对已有的产品进行再创新设计服务。正向工程中从抽象的概念到产品数字化模型的建立是一个计算机辅助的产品“物化”过程；而逆向工程是对一个“物化”产品的再设计，强调产品数字化模型建立的快捷性，以满足产品更新换代和快速响应市场的要求。在逆向工程中，由离散的数字化点或点云到产品数字化模型的建立是一个复杂的设计意图理解、数据加工和编辑的过程。

从产品逆向工程建模的本质过程可以看出，基于原型的数字化点云分析、设计意图理解和模型重建过程，充分体现了计算机辅助几何设计(Computer Aided Geometric Design，CAGD)、计算机图形学(Computer Graphics，CG)、非线性规划(Nonlinear Programming，NLP)等数值计算和图形表示方法的深入交叉和综合应用特点，是计算机辅助设计领域目前最活跃、最有特色的研究方向。如何从数字化点云中分析、推断出产品原型所隐含的 设计意图，如具体的产品设计和制造功能等特征，是一个非常复杂的数学运算、计算机理解和表达的过程，涉及的数学和计算机问题主要包括：支持快速搜索和特征分析的点云表达机制、特征建模和概率统计分析、曲线曲面几何特征之间的复杂约束与优化、曲面光顺等。

因此，逆向工程可归纳为：功能导向(functionally oriented)、描述模式(descriptive mode)、系统仿造(system asis)以及非所属权系统(non-legacy system)。

1.3 逆向建模关键技术

1.3.1 数据获取

数据获取是逆向工程的第一个步骤，数据的获取通常是利用一定的测量设备对零件表面进行数据采样，得到的是采样数据点的(x, y, z)坐标值。数据获取的方法大致分为两类：接触式和非接触式。

接触式方法是在机械手臂的末端安装探头，使其与零件表面接触来获取表面信息，目前最常用的接触式测量系统是三坐标测量机(Coordinate Measuring Machine，CMM)。传统的坐标测量机多采用机械探针等触发式测量头，其原理是通过编程规划扫描路径进行点位测量，每一次获取被测形面上一点的(x, y, z)坐标值，但测量速度很慢。20 世纪 90 年代初，英国 Renishaw 公司和意大利 DEA 公司等著名的坐标测量机制造商先后研制出新一代力—位移传感器的扫描测量头，该测量头可以在工件上进行滑动测量，连续获取表面的坐标信息。目前，三坐标测量机的空间运行速度达到 866mm/s，探测精度也可达 1μm。CMM 的优点是测量精度高，对被测物的材质和色泽无特殊要求，对不具有复杂内部型腔、特征几何尺寸多、只有少量特征曲面的零件而言，CMM 是一种非常有效并且可靠的三维数字化手段；

缺点是不能对软物体进行精密测量。CMM 价格昂贵，对使用环境要求高，测量速度慢，测量数据密度低，测量过程需人工干预，还需要对测量结果进行探头损伤及探头半径补偿，无法测量小于测头半径的凹面，这些不足限制了它在快速反求领域中的应用。

非接触式方法采用光、声、磁等非接触介质来获取零件表面信息，可分为主动式测量和被动式测量。常用的非接触式测量方法包括：激光线结构光扫描法、面投影光栅法、数字照相系统、计算机断层扫描(CT)法等。

激光线结构光扫描测量法是一种基于三角测量原理的主动式结构光编码测量技术，亦称为光切法(light sectioning)，通过将线状激光束投射到三维物体上，利用 CCD 摄取物面上的二维变形线图像，即可解算出相应的三维坐标。每个测量周期可获取一条扫描线，物体的全轮廓测量是通过多轴可控机械运动辅助实现的。这类测量方法的扫描速度可达15000点/秒，测量精度在±0.01～±0.1mm 之间，价格适中，对测量对象型面的光学特性要求不高。

面投影光栅法是一类主动式全场三角测量技术，通常采用普通白光将正弦光栅或矩形光栅投影于被测物面上，根据 CCD 摄取变形光栅图像，根据变形光栅图像中条纹像素灰度值的变化，可解算出被测物面的空间坐标。这类测量方法具有很高的测量速度和较高的精度，是近年发展起来的一类较好的三维传感技术。

计算机断层扫描技术最具代表的是基于 X 射线的 CT 扫描机，它是以测量物体对 X 射线的衰减系数为基础，用数学方法经过计算机处理而重建断层图像。这种方法最早是应用于医疗领域，目前已经用于工业领域，即“工业 CT”，是对中空物体的无损三维测量。这种方法是目前较先进的非接触式的检测方法，它可对物体的内部形状、壁厚、材料，尤其是内部构造进行测量。该方法同样能够获得被测件内表面数据，而且不破坏被测件，但它存在造价高、测量系统的空间分辨率低、获取数据时间长、设备体积大、只能获得一定厚度截面的平均轮廓等缺点。

层析法是一种破坏式测量方法，将待测的零件原形填充后，采用逐层铣削和逐层光扫描相结合的方法获取零件原形不同位置截面的内外轮廓数据，并将其组合起来获得零件的三维数据。层析法可对有孔及内腔的物体进行测量，不足之处在于这种测量是破坏性的、不可逆的过程。

立体视觉测量是根据同一个三维空间点在不同空间位置的两个(或多个)摄像机拍摄的图像中的视差，以及摄像机之间位置的空间几何关系来获取该点的三维坐标值。立体视觉测量方法可以对处于两个(或多个)摄像机共同视野内的目标特征点进行测量，而无需伺服机构等扫描装置。立体视觉测量面临的最大困难是空间特征点在多幅数字图像中提取，以及匹配的精度与准确性等问题。近来出现了将具有空间编码的结构光投射到被测物体表面制造测量特征的方法，有效解决了测量特征提取和匹配的问题，但在测量精度与测量点的数量上仍需改进。

数据获取是逆向工程准确建模的基础，获取数据的质量会直接影响到后续的曲面重构的质量。测量后得到的原始数据往往存在冗余和噪声，要经过数据预处理才可进行曲面拟合及 CAD 建模。数据预处理的工作一般包括多视角数据拼合、数据删减与修补、去除噪点等。

1.3.2　曲面重构

零件表面通常由若干不同类型的曲面构成，因此在曲面重构时，需要对点云数据进行分割处理，针对每一片点云用恰当的曲面来拟合。曲面重构通常包含以下几个步骤：①点云中数据点之间拓扑关系的建立；②几何特征的提取及自动分割；③分片点云的曲面重构。

阵列点云中的数据点呈规则的阵列形式排列，因此数据点之间的拓扑关系已经隐含在其中，每一个点的位置由其所在的行和列确定；而对于散乱数据，原始点云中的数据点没有明确的拓扑关系，因此需要重新建立它们之间的拓扑关系，通常采用三角剖分的方法来建立散乱数据点之间的拓扑关系。

在建立了点云数据之间的拓扑关系后，需要在此基础上提取物体表面的几何特征信息，如边界线等，然后利用这些特征将点云数据分割。目前有两种不同的点云分割方法，即基于边界的方法和基于区域(或面)的方法。

基于边界的方法是先寻找曲面之间的边界点，然后将这些找到的边界点拟合出各分片点云之间的边界线，再利用这些边界线及其包围的分片点云拟合出曲面。这种方法存在以下问题：①敏感数据，特别是光学测量得到的数据，在清晰边界处不可靠；②可用于数据分割的点的数目少，仅限于采用边界点的范围内，这意味着大量其他点的信息不可以用来辅助生成可靠的面片；③寻找光滑边界点，即切矢连续或更高阶连续的点十分困难，这是由噪点和测量误差引起的；另一方面，如果先对数据进行光顺处理以减少误差，那么可能使计算出的点的曲率和法矢发生变化，而且过滤噪点可能会移动特征的位置。

基于区域(或面)的方法采用相反的顺序来生成曲面，它从种子点开始，假设种子点及其邻域属于某一类型的曲面，在种子点周围逐渐加入属于这一曲面的邻接点，邻接点不断增长，直到没有属于当前区域的相邻的点，这些点构成了具有相同属性的点云连通区域，作为一片需要重构曲面的原始点云数据。可以在零件表面的不同区域选取种子点，并进行处理，生成不同的点云，然后通过合并、延伸、相交等操作来得到各片点云之间的边界。这种方法具有以下优点：①使用了更多的点，最大限度地利用了所有可以得到的数据；②可以直接确定哪些点属于哪些曲面；③直接提供了点云数据的最佳拟合曲面。但也存在一些缺点：①很难选定最佳的种子点；②必须根据属于当前区域的点小心地更新假设，如果加入了坏点，那么会破坏对当前曲面属性的估计；③无法表示出一张复杂的自由曲面，而且可能会生成很多的细小平面或二次曲面，得不到预期的结果。

一些学者提出了将基于边界的分割技术与基于区域的分割技术结合的方法。基于边界和区域相结合的分割方法综合了前两种方法的优点，在对待一般的简单曲面时，可以利用基于区域的方法，得到准确的曲面模型；对于自由曲面，则可以采用基于边界的方法，找到自由曲面的边界，达到对自由曲面分割的目的。

点云数据经过分割处理后，就得到了多片相互邻接的点云以及它们之间的边界。根据曲面拓扑形式的不同，可以将曲面重构方法分为两大类：基于矩形域曲面的方法和基于三角域曲面的方法。四边域网格曲面建模是面向有序数据点的曲面建模，而三角域曲面建模是面向散乱数据点的曲面建模。

在计算几何里，常用的曲面模型有 Coons、Bézier、B-Spline、NURBS 等，它们对应三维空间的一个矩形参数域，曲面边界由 4 条边界曲线表示，这类曲面的拟合方法得到了广泛的研究和应用。其中 NURBS 方法具有很多突出的优点：①可以精确地表示二次规则曲面，从而能用统一的数学形式表示规则曲面和自由曲面；②具有可影响曲线、曲面形状的权因子，使形状更易于控制和实现。由于 NURBS 方法的这些突出优点，国际标准化组织(ISO)于 1991 年颁布了关于工业产品数据交换的 STEP 国际标准，将 NURBS 方法作为定义工业产品几何形状的唯一数学描述方法，各种成熟的商业化 CAD/CAM 软件也普遍采用 NURBS 方法作为自由曲面模型的标准。

为了弥补矩形域曲面拟合散乱数据和不规则曲面的不足，人们探讨了采用三角域 Bézier 曲面拟合或直接利用三角网格离散曲面进行重构的技术。三角域 Bézier 曲面拟合是以 Boehm 等提出的三角 Bézier 曲面为理论基础，具有构造灵活、适应性好等特点，因而在散乱数据点曲面拟合中能有效应用。三角域 Bézier 曲面拟合一般包括 3 个步骤：①三角剖分，对型值数据进行三角剖分，以建立其拓扑关系；②曲线网格的建立，对每一三角形边进行 Bézier 曲线拟合；③G^1 曲面的建立，在保证相邻曲面片间达到 G^1 连续的条件下，用三角曲面片填充曲面网格。三角曲面能够适应复杂的形状及不规则的边界，因而在对复杂型面的曲面构造过程中以及在逆向工程中，具有很大的应用潜力。其不足之处在于所构造的曲面模型不符合产品描述标准，并与通用的 CAD/CAM 系统通信困难。

1.3.3　CAD 模型重建

逆向工程最后阶段的目的是生成用 B-rep 方法表示的连续 CAD 模型。如果采用基于面的方法，可能在各面片之间发生重叠或存在缝隙。如果各面片之间没有清晰的边界，就需要通过延伸面片来处理。有时这种方法并不可行或结果不理想，这时就需要插入过渡面或调整曲面参数以使它们光顺。除了边界拼接之外，还需要在边界拼接曲面的公共角点处生成光滑角点拼接曲面。一种方法是当 n 个边界曲面相交时生成具有 n 条边的曲面片；另一种方法是采用后退型(setback type)顶点拼接曲面的方法，它生成的是沿被拼接的基本曲面周围的小曲线段包围生成的具有 $2n$ 条边的曲面片。

另外，需要对通过逆向工程方法得到的 CAD 模型进行评价，模型精度评价主要解决以下问题：①由逆向工程中重建得到的模型和实物样件的误差到底有多大；②所建立的模型是否可以接受；③根据模型制造的零件是否与数学模型相吻合。在逆向工程中，模型精度评价主要解决前两个问题。在模型重建过程中，从形状表面数字化到 CAD 建模都会产生误差，目前对逆向工程的模型精度评价的研究进行得较少，只是通过最终模型的对比来计算反求模型的总体误差。

通过逆向建模技术，可以得到连续的 B-rep 模型，但实际上建立的只是零件的表面 CAD 模型，要转入 CAM 阶段，还需要将表面模型转换成实体模型。目前，很多常用的三维 CAD 软件都具有这一功能，例如 UG、CATIA、Pro/E 等。

1.3.4　逆向工程中的特征应用

实物或模型表面的三维测量是逆向工程的首要步骤，逆向工程的最终目的是要获得精确的实体模型，从而服务于快速原型制造或快速产品开发等。特征具有十分重要的作用，其在数据拼合、数据分割及模型重构等处理中都得到了应用。

在三维测量获得表面数据以后，需要进行的数据预处理工作主要包括多视数据拼合和重采样。多视数据拼合中的两个主要问题是拼合精度与拼合速度，最主要的还是拼合精度。目前多视数据拼合主要采用两种方式：辅助标记点方式和自动拼合方式。

辅助标记点方式是在需要测量的物体上确定若干个标记点，也可以粘结若干个标准的球，利用球心作为标记点。需要拼合的两个数据中至少保证有 3 个标记点同时被测量到，这样就可以利用这 3 对标记点来对两个数据进行拼合。该方法的拼合过程虽然简单，但是前期准备工作(如辅助球的黏结剂预热等)比较费时，会大大降低测量的效率。同时，由于进行拼合的信息量少，拼合精度难免受到影响。

自动拼合方式只需要利用点云自身的信息，通过求解点云的拼合矩阵，实现点云的自动拼合。点云数据的多视图自动拼合的实质是寻找将一个视图的点云与另一视图的点云相关联的拼合矩阵(旋转或平移)，使物体的所有点云数据可以拼合到一起，并满足一定的精度。拼合矩阵一般利用迭代的方法(Iterative Closet Point, ICP)求解，其步骤是首先选取一个初始拼合矩阵，建立拼合误差优化目标函数，然后利用迭代方法求解，得到最优的拼合矩阵，将两个视图拼合到一起。目前的多视图自动拼合方法存在一个问题，即拼合精度和速度受初始点的影响较大。如果初始点选择不当，一方面会影响拼合的速度，另一方面有可能局限于局部最优，达不到给定的精度。

基于弱特征的点云数据多视图自动拼合技术(Soft Feature Based Multi-View Registration, SFB)能取得较好的效果。该方法将拼合过程分为两步进行，首先从待拼合的两片点云中识别出弱特征点集，利用这些弱特征进行点云数据的初始拼合，替代传统拼合方法的初始拼合矩阵，然后利用迭代算法对整个点云数据进行拼合。这里的弱特征定义为点云的特征边界点的集合，与传统 ICP 相比，SFB 方法由于首先进行弱特征的拼合，因此拼合误差下降较快，可以更有效地保证拼合的质量。

光学测量方法获得的点云数据密度大，而且拼合后的点云包含一些冗余的数据，因此通常需要利用重采样的方法进行数据删减，从而得到分布较为均匀的点云数据。然而这一过程往往会丢失部分特征数据信息，使特征的表达精度下降，对后续的模型重建造成不利影响。

分片拟合曲面时，不仅要求拟合曲面尽可能逼近点云数据，而且要求尽可能反映设计意图，换句话说，就是要尽可能准确无误地提取点云数据中的几何特征和约束。基于特征和约束的曲面重构技术主要包括两个内容：①特征识别和抽取，难点是自由曲面组成的复合曲面特征的处理，一个解决办法是通过造型的方法去识别和还原特征，这时可以定义自由曲面特征为造型特征，旋转、扫掠等曲面的重建研究便体现了这种思想；②在特征恢复时考虑特征间的约束关系，即在对测量点拟合的同时增加一个或一个以上几何约束，如平行、垂直、相交、共线、共面等，难点是随着约束数的增加，方程的矩阵阶数也增大，使求解困难。

特征在逆向工程中具有十分关键的作用，主要体现在：①可以提高建模效率，实现产品的快速反求；②可以提高建模精度，实现产品的精确建模；③可以提高反求模型的修改能力，实现产品的创新设计。因此，如何实现精确的特征识别和提取至关重要。

1.4 产品建模 CAD 平台选择

CAD 技术的发展经历了二维计算机绘图技术、曲面造型技术、实体造型技术、参数化技术、变量化技术和超变量化技术。在 CAD 软件的发展过程中，CAD 技术的发展时刻推动着 CAD 软件的发展。但 CAD 软件的发展并非只是 CAD 技术的发展，CAD 软件包含的不仅是技术的先进性，还包含很多其他因素，如市场的定位及销售、功能的实用性等。CATIA 是基于曲面造型的，其核心算法并没有实质性的发展，但现阶段却因为功能强大依然高居 CAD 软件榜首。I—DEAS 虽然采用变量化技术，但逃脱不了被收购的厄运。Pro/ENGINEER 的参数化技术现如今没有因为变量化技术的出现而退出历史的舞台，反而跃居 CAD 软件的前列。这也提醒我们，在选择 CAD 软件时，一定要根据自己的实际情况，选择适合自己的 CAD 软件，切记不可以一味追求技术的先进性。

由于 CAD 技术是一个不断发展、不断完善的技术，因此在应用中也是一个不断学习、不断应用的过程；此外，由于全面应用的工作量比较大，牵扯的面比较广，加之对新技术的充分理解需要时间，所以在学习时难免会走一些弯路。

1.4.1 CAD 软件选择要点

在软件的选择上，除考虑软件的性能、价格和供应商的服务外，最重要的是应该考虑所选择的软件性能是否能满足工作需要，价格上是否能承受得起。市场上的软件很多，每种软件都有自己的长处和短处，每种软件都有其在市场上存在的理由。因此选择软件时，应充分了解软件的性能，明确自己的要求及所要达到的目标，根据自己的需要来决定。

1. 选择合适的硬件平台

对于企业而言，需要根据自己的要求来确定硬件平台。很多企业总是向高起点看，当然长远打算是对的，但计算机硬件发展很快，两三年就是一个飞跃，现在有些企业购买昂贵的工作站，未等使用已经淘汰，这大可不必。不如选择微机平台，因为微机的价格便宜，功能又可以达到或接近工作站的水平，在淘汰前就早已收回成本。

2. 选择合适的软件平台

现有 CAD 软件大多基于 UNIX 和 Windows 两种平台，在几年前，一些 CAD 软件必须选择 UNIX，因为只有 UNIX 才是 32 位操作系统，才能发挥 CAD 软件的作用，而现在的 Windows 系统已经是成熟的 32 位操作系统，正在向 64 位发展。从功能和用户群来看，选择 Windows 操作系统已经是一个必然，因为 Windows 操作简单，应用广泛，价格合理，功能强大，基于其上的应用软件数量也非常多，而且价格便宜。一些应用软件广泛不像几年前必须依赖 UNIX，所以选择 Windows 平台是正确的。

3. 选择合适的三维 CAD 软件

这仍然是一个挑战，也是最需要认真思考的问题，因为现在一般 CAD 软件都是高度集成的大型 CAX 一体化软件，抛开价格的因素，每个 CAD 软件似乎都能满足用户的全部要求，这更增加了选择三维 CAD 软件的难度。要选择合适的三维 CAD 软件，需要从以下两个方面考虑。

(1) 明确所需要的三维 CAD 软件的级别，即所需要的三维 CAD 软件是高端、中端产品，还是低端产品。高端 CAD 软件功能固然强大，但是针对行业、企业的规模而言，并不是每个行业都能发挥其强大的作用，相反，有时还会带来使用上的困难。应该根据自己行业的内容、企业的规模、软件的价格和操作人员的实际情况来明确三维 CAD 软件的级别。一般认为，CATIA、UG、Pro/ENGINEER 是高端 CAD 软件，SolidWorks、Solid Edge 等属于中端 CAD 软件，像 CAXA 等属于低端 CAD 软件。

(2) 在选择 CAD 软件级别后要考虑 CAD 软件的功能是否满足需要，使用是否方便，系统是否稳定，以及是否能够应用起来。

1.4.2　主要 CAD 软件

目前，微机平台上的三维 CAD 软件已经成熟，在我国 CAD 市场上比较流行的高端三维 CAD 软件有西门子公司的 UG NX、PTC 公司的 Pro/ENGINEER、达索公司的 CATIA，并不断有新版本推出。

1. Unigraphics

Unigraphics(UG)是集 CAD / CAE / CAM 为一体的三维参数化软件，为机械制造企业提供从设计、分析到制造过程中的建模，是当今世界最先进的计算机辅助设计、分析和制造软件，广泛应用于航空、航天、汽车、造船、通用机械和电子等工业领域。在 UG NX 软件中，优越的参数化和变量化技术与传统的实体、线框和表面功能结合在一起。这一结合被实践证明是强有力的，该方法已被大多数 CAD / CAM 软件厂商所采用。

UG 最早应用于美国麦道飞机公司。它是从二维绘图、数控加工编程和曲面造型等功能发展起来的软件。20 世纪 90 年代初，美国通用汽车公司选中 UG 作为全公司的 CAD / CAE / CAM / CIM 主导系统，这进一步推动了 UG 的发展。

UG 系统提供了基于过程的产品设计环境，使产品开发从设计到加工真正实现了数据的无缝集成，从而优化了企业的产品设计与制造。UG 面向过程驱动的技术是虚拟产品开发的关键技术，在面向过程驱动技术的环境中，用户的全部产品及精确的数据模型能够在产品开发全过程的各个环节保持相关，从而有效地实现了并行工程。

该软件不仅具有强大的实体造型、曲面造型、A 类曲面设计、虚拟装配和产生工程图等设计功能；而且在设计过程中可进行有限元分析、机构运动分析、动力学分析和仿真模拟，提高设计的可靠性；同时，可用建立的三维模型直接生成数控代码，用于产品的加工，其后处理程序支持多种类型数控机床。

具体来说，该软件具有以下特点。

(1) 具有统一的数据库，真正实现了 CAD / CAE / CAM 等各模块之间无数据交换的自由切换，可实施并行工程。

(2) 采用复合建模技术，可将实体建模、曲面建模、线框建模、显示几何建模与参数化建模融为一体。

用基于特征(如孔、凸台、腔体、键槽、倒角等)的建模和编辑方法作为实体造型基础，形象直观，类似于工程师传统的设计办法，并能用参数驱动。

(3) 曲面设计采用非均匀有理 B 样条曲线作为基础，可用多种方法生成复杂的曲面，特别适合于汽车外形设计和汽轮机叶片设计等复杂曲面造型。

(4) 出图功能强，可十分方便地从三维实体模型直接生成二维工程图；能按 ISO 标准和国标标注尺寸、形位公差和汉字说明等；并能直接对实体作旋转剖、阶梯剖和轴测图，挖切生成各种剖视图，增强了绘制工程图的实用性。

(5) 以 Parasolid 为实体建模核心，实体造型功能处于领先地位。目前许多著名 CAD / CAE / CAM 软件均以此作为实体造型基础。

(6) 具有良好的用户界面，绝大多数功能都可通过图标实现；进行对象操作时，具有自动推理功能；同时，在每个操作步骤中，都有相应的提示信息，便于用户作出正确的选择。

(7) 提供了简单方便的二次开发和界面开发接口，使用户能够快速地定制适合自己的环境。

2. Pro/ENGINEER

Pro/ENGINEER 系统是美国参数技术公司(Parametric Technology Corporation，PTC)的产品。PTC 公司提出的单一数据库、参数化、基于特征、全相关的概念改变了机械 CAD / CAE / CAM 的传统观念。这种全新的概念已成为当今世界机械 CAD / CAE / CAM 领域的新标准。

利用该概念开发出来的第三代机械 CAD / CAE / CAM 产品 Pro/ENGINEER 软件能将设计至生产全过程集成到一起，让所有的用户能够同时进行同一产品的设计制造工作，即实现所谓的并行工程。

Pro/ENGINEER 不仅具有真正参数化的实体造型，而且对于曲面造型来说也真正实现了参数化。为了克服参数化对曲面造型的局限性，Pro/ENGINEER 对于概念设计增加了 STYLE 模块，对于逆向工程增加了 RESTYLE 模块。从而使 Pro/ENGINEER 极易在产品设计、制造与管理等每个环节中充分发挥其作用。

Pro/ENGINEER 系统主要功能如下。

(1) 真正的全相关性，任何地方的修改都会自动反映到所有相关之处。

(2) 具有真正管理并发进程、实现并行工程的能力。

(3) 具有强大的装配功能，能够始终保持设计者的设计意图。

(4) 容易使用，可以极大地提高设计效率。

(5) 简捷灵活的 STYLE 模块可以十分迅速地生成美观、理想的自由曲面。

(6) RESTYLE 模块使逆向工程在产品设计中形成更高层次的集成。

Pro/ENGINEER 系统用户界面简洁，概念清晰，符合工程人员的设计思想与习惯。整个系统建立在统一的数据库上，具有完整而统一的模型。

3. CATIA

CATIA(Computer Aided Three&Two Dimensional Interaction Application System，计算机辅助三维 / 二维交互式应用系统)是由法国达索(DS)公司开发的大型 CAD / CAM 应用软件，后被美国的 IBM 公司收购。新一代的 CATIA V5 是 IBM / DS 公司在充分了解客户应

用需求后基于 Windows 核心重新在 CATIA V4 基础上开发的新一代高端 CAD / CAM 软件系统。1999 年 3 月法国达索系统(Dassault Systems)正式发布第一个版本，即 CATIA V5R1(CATIA Version 5 Release 1)。2003 年 4 月发布的 CATIA v5R11 (CATIA Version 5 Release 11)，模块总数由最初的 12 个增加到了 146 个，将原来运行于 IBM 主机和 AIX 工作站环境的 CATIA V4 版本彻底改变为运行于微软 Windows NT 环境，99%以上的用户界面图标采用 MS Office 形式，并且自己开发了一组图形库，使 UNIX 工作站版本与 Windows 微机版本具有相同的用户界面。CATIA V5 充分发挥了 Windows 平台的优点，在开发时大量使用了最新、最前沿的计算机技术和标准，使其具有强大的功能。

(1) 复杂、灵活的曲面建模功能。不仅能够完成任何苛刻要求的曲面设计工作，而且对于逆向工程提供了强大的数字化外形编辑模块，使逆向工程首次可以在 CAD 系统中达到更高层次的集成。CATIA 特别针对 A 级曲面设计开发出汽车 A 级曲面设计模块，该模块采用其独有的逼真造型、自由曲面相关性造型和设计意图捕捉等曲面造型技术，可生成和构造优美光顺的外形。该模块可以大幅度提高工作效率，并方便使用，它开创了 A 级曲面处理的新方法，提高了 A 级曲面造型的模型质量和 A 级曲面(设计流程)的设计效率，并在总开发流程中达到更高层次的集成，将 A 级曲面整个开发过程提高到一个新的水平。

(2) 单一的数据结构，各个模块全相关，某些模块之间还是双向相关；端到端的集成系统拥有宽广的专业覆盖面，支持自上向下(top—down)和自下向上(bottom-top)的设计方式。

(3) 以流程为中心，应用了许多相关工业优秀开发设计经验，提供经过优化的流程。

(4) 创新的用户界面、极强的交互性能及界面图形化把使用性和功能性结合起来，易学易用。

(5) 独一无二的知识工程架构，创建、访问及应用企业知识库，把产品开发过程中涉及的多学科知识有机地集成在一起。

(6) 先进的混合建模技术，建立在优秀可靠的几何造型原理基础上，具有领先的几何建模和混合建模功能。

(7) 建立在 STEP 产品模型和 CORBA 标准之上，可在整个产品周期内方便修改，尤其是后期修改。

(8) 提供多模型链接的工作环境及混合建模方式，实现真正的并行工程的设计环境。

(9) 强大的数字样机、形状虚拟样机、功能虚拟样机技术等。

(10) 开放平台，为各种应用的集成提供了一个开放的平台。

(11) 面向设计的工程分析，作为设计人员进行决策的辅助工具，开放性允许使用第三方的解算器(如 NASTRAN、ADAMS)。

(12) 具有完善的加工解决方案，唯一建立在单一的基础构架上、基于知识工程、覆盖所有 CAM 应用；支持电子商务，支持即插即用(plug&play)功能的扩展等。

(13) 使用专用性解决方案，最大程度地提高特殊复杂流程的效率。这些独有的和高度专业化的应用将产品和流程的专业知识集成起来，支持专家系统和产品创新，如汽车 A 级曲面造型、汽车车身设计、装配变形公差分析等。

为了更好地对比，现把 UG、Pro/ENGINEER、CATIA 一些功能对比列入表 1-1 中。

表 1-1　UG NX、Pro/ENGINEER、CATIA 功能对比

序号	功能比较	UG NX	Pro/ENGINEER	CATIA
1	系统历史	第四代三维 CAD 系统	第三代三维 CAD 系统	第一代三维 CAD 系统
2	操作性	位图式多层次指令，好学但不方便应用	原版本为封闭的命令行，多层复杂指令，难学又难用。最新野火版改为对话框式单层指令，简单易用	完全 Windows 真彩图形操作界面，操作简单，导向性好，命令繁多，功能强大，难学易用
3	软件处理模式	参数式实体模型计算核心，参变数式使用界面，也可以选择全参数模式	完全参数式设计	参数式实体模型计算核心，参变数式使用界面，也可以选择全参数模式
4	轮廓产生	可以方便地在三维空间中绘制及编辑	可以在三维空间中绘制	可以方便地在三维空间中绘制
5	数据文件交换	具有良好的 CAD / CAM 三维数据文件交换性，二维交换性较差	具有一般的三维 CAD / CAM 数据文件交换性，二维交换性很好	具有良好的二、三维 CAD / CAM 数据文件交换性
6	曲面造型功能	具有良好的产品曲面造型功能，适合正逆向设计	具有简单快捷的曲面造型功能，对于非参数曲面修改比较困难，适合正向设计	具有强大的曲面造型功能。适合正向设计、逆向设计及 A 级曲面设计
7	中文应用	支持中文界面	支持中文界面	完全支持中文界面
8	培训时间比例	1	2	3
9	硬件需求	中	中	高
10	参考价格 / 元(人民币)	30 万	30 万	50 万
11	动态预览	很一般	好	很好
12	主要应用领域	汽车、摩托车、航天、模具、民用家电产品等	民用家电产品、模具、汽车、摩托车中的发动机设计等	在汽车、航天领域占有很大的比例

1.5　产品特征与逆向软件平台

在产品设计过程中，一般以零件的机械性能、力学性能、流体动力学性能或美观性要求作为设计的评价指标，产品几何形状、造型方法及设计参数的确定必须满足这些设计要求。要使逆向工程产品满足这些要求，就需要在逆向工程 CAD 建模过程中尽量还原产品原始设计参数；而不同的性能要求对产品反求精度和造型方法的要求也不同。在注重外观设计效果的零件逆向工程中一般以美观性为主要目标，因此，该类曲面的逆向设计主要以曲面逼近和追求曲面光顺品质为主要内容；而对装配、流体动力学性能有要求的曲面，一般要对原始设计参数进行分析，再现其设计过程及设计参数。

要按照原始设计方案进行逆向 CAD 建模，就需要基于测量数据提取产品特征设计参数，并进行特征重构和特征运算，进而完成产品数字化模型重建。与正向设计中的曲面造型方法相对应，逆向工程中的特征曲面主要有：解析曲面、拉伸曲面、旋转曲面、扫描曲面、放样曲面、张量积拟合曲面、多边形域补曲面及过渡曲面等。但在逆向工程 CAD 建模过程中，这些曲面的重构参数是从测量数据提取的，并不像正向设计中来自数学计算或工程师的经验。解析曲面重建的关键是获得其解析方程，而拉伸、旋转、扫描、放样等自由

曲面重建的关键是基于测量数据获取用来曲面设计的截面或空间曲线，例如，拉伸曲面的截形线与导向线、旋转曲面的轮廓线及旋转轴、过渡曲面的半径变化规律等。这些特征信息的获得需要逆向软件平台支撑，目前较常用的软件有 Imageware、Geomagic Studio、RapidForm 等。

1.5.1 Imageware 软件

Imageware 是著名的逆向工程软件，广泛应用于汽车、航空、航天、家电、模具、计算机零部件领域。起初，Imageware 主要应用于航空航天和汽车工业，因为这两个领域对空气动力学性能要求很高，在产品开发的开始阶段就要认真考虑空气动力性。常规的设计流程首先根据工业造型需要设计出结构，制作出油泥模型，然后将模型送到风洞实验室去测量空气动力学性能，再根据实验结果对模型进行修改，经过反复修改直到获得满意结果为止，这样所得到的最终油泥模型才是符合需要的模型。将油泥模型的外形精确地输入计算机成为电子模型时，需要采用逆向工程软件提取特征信息。

Imageware 逆向工程软件还可以对产品进行质量检测。通过将加工好的实际零件与其 CAD 模型相比较，使得在产品开发过程中全面贯彻既保持设计和工程意图又同时进行检验的思想。Imageware 软件提供了逆向工程、A 级曲面设计和曲面评估方面的功能。

Imageware 软件包括以下几个模块。

(1) 基础模块。包含诸如文件存取、显示控制及图层控制等。

(2) 点处理模块。点处理模块包含处理点云数据的工具，主要包括：①点云数据噪点删除；②点云数据采样；③点云数据的拼接与排序；④截面点云数据；⑤点云的平滑处理；⑥组合点云等。

(3) 曲线、曲面模块。曲线、曲面模块提供完整的建立和修改曲线与曲面的工具，包括扫掠、放样及局部操作用到的圆角、扩展及偏置等曲面命令。几何形状的编辑可以用多种方法实现，可直接编辑曲线及曲面的控制点，达到对曲线及曲面的编辑，这对于需要局部修改的曲线或曲面非常有用。作为控制点编辑工具的补充，新增了完整的针对曲线网络及曲面的新三维约束解算器。这些工具使设计人员能够更容易地控制曲线及曲面的空间形状，从而改善设计人员的工作效率。

Imageware 曲面模块提供功能强大的曲面拼接能力，允许相临近的曲面片在边界位置作位置、相切及曲率连续的约束处理，同时提供丰富的选项以精确控制结果。Imageware 提供了高质量的曲面模型，如汽车 A 级曲面。Imageware 中曲面阶次最高可达到 21 次。

(4) 三角面片模块。Imageware 提供点云数据三角化功能，并提供处理不同尺度的多边形模型，能够处理 STL 数据、有限元数据等数据源和数据类型；功能性方面允许执行点云数据三角化、修补多边形网格等操作。

(5) 检验与评估模块。Imageware 提供点云数据与 CAD 模型之间的精度检测功能。CAD 模型及点云数据导入 Imageware 后，由于测量点云数据属于测量坐标系，而 CAD 模型属于模型坐标系，两者的坐标系不归一，所以在进行检测之前，需要将两者的坐标系进行归一化处理，这一过程叫做配准。配准后的点云数据与 CAD 模型进行比较，从而可显示出两者之间定性及数量上的差别。

Imageware 包含定量和定性的模型评价工具。定量评估提供关于零件表面测量点云数据与零件 CAD 模型间精确的数据反馈；定性评估强调评价模型的美学质量。有效的评估类型包括环境映像，即将图像映射在零件表面以获得实际效果，图像通过环境及建筑物的数字化照片获得，软件包括大量的预先输入的环境样本，用这种方法可以在模拟的实际环境中观察模型。除了环境映像外，也可以使用灯光工具显现整个模型的光流向的情况，这种方法同样可以帮助发现曲面片构造中的细微误差。定性评估对于工业设计以及汽车车身设计是必要的。

Imageware 数据处理流程遵循点-曲线-曲面原则，流程简单清晰，如图 1.3 所示。

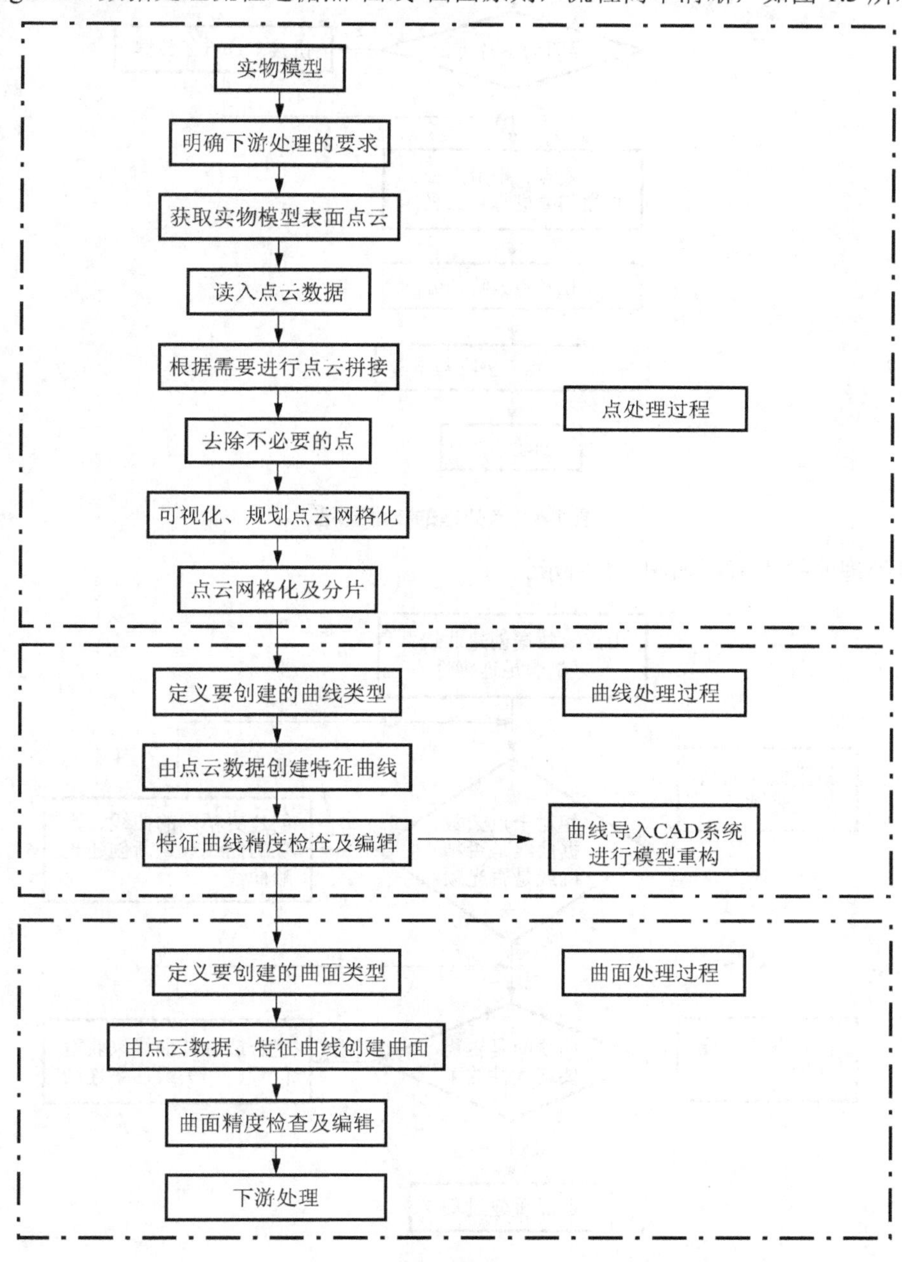

图 1.3　Imageware 数据处理流程

特别提示

特征信息提取的精度直接决定了重构 CAD 模型的精度，所以要恪守：好面有好线；好线有好点的原则。即重构曲面的质量由特征曲线的精度来保证；而特征曲线的质量由预处理过的点云来保证。

点云数据是 CAD 模型重建的基础，点处理的技术流程如图 1.4 所示。

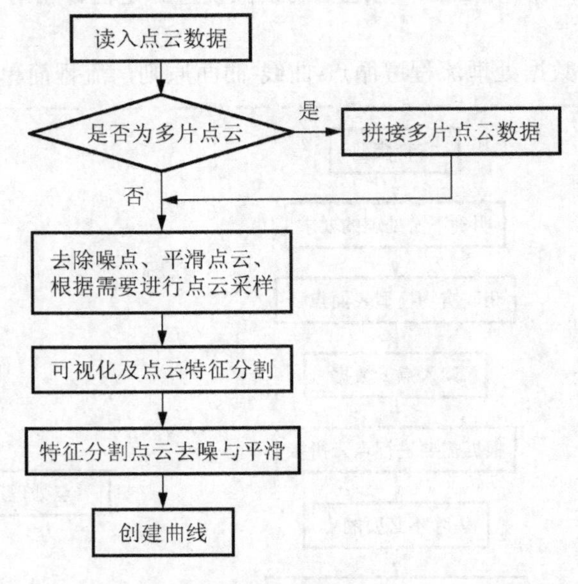

图 1.4　点处理的技术流程

曲线处理的技术流程如图 1.5 所示。

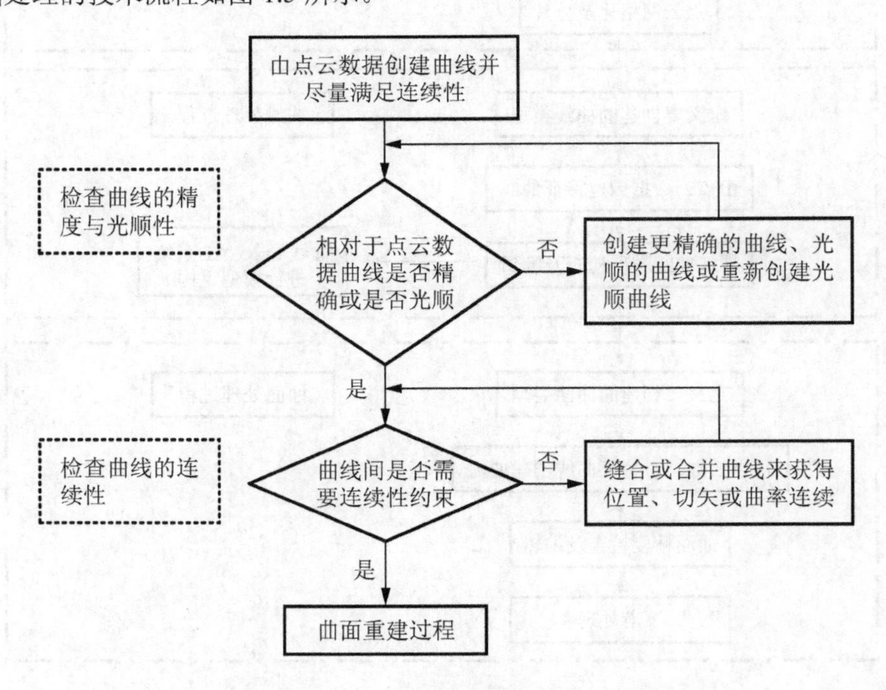

图 1.5　曲线处理的技术流程

在曲面构建之前，应考虑生成哪种曲面。同曲线一样，可以考虑生成更准确的曲面、更光顺的曲面(例如 A 级曲面)，或两者兼顾，可根据产品设计需要来决定。Imageware 提供多种创建曲面的方法，可以用点阵直接生成曲面(fit freeform)，可以用曲线通过蒙皮、扫掠、4 个边界线等方法生成曲面，也可以结合点阵和曲线的信息来创建曲面，还可以通过其他例如圆角、过渡面等生成曲面。另外，该软件还提供强大的曲面诊断和修改功能，用以比较曲面与点阵的吻合程度，检查曲面的光顺性及与其他曲面的连续性，可以调整曲面的控制点让曲面更光顺，或对曲面进行重构等处理。曲面处理的流程如图 1.6 所示。Imageware 软件界面如图 1.7 所示。

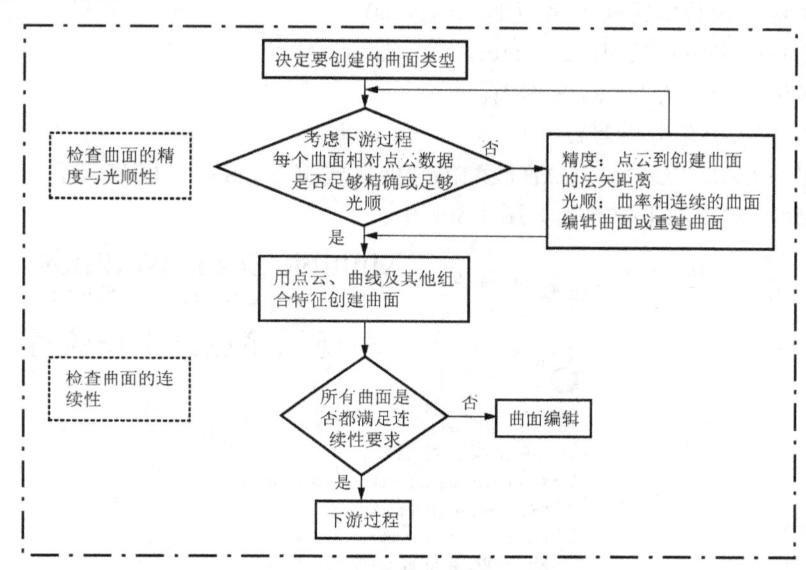

图 1.6 曲面处理流程

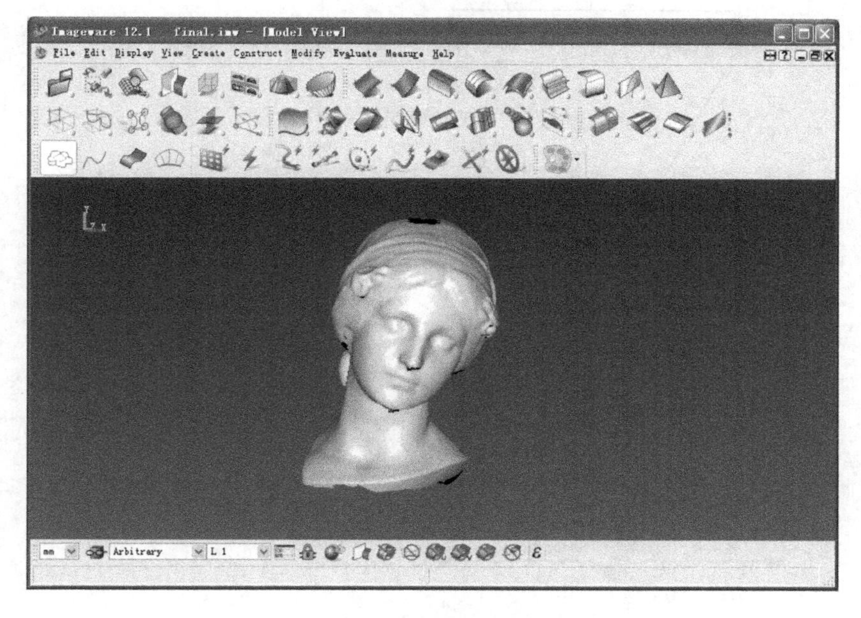

图 1.7 Imageware 软件界面

1.5.2 Geomagic Studio 软件

Geomagic Studio 是美国 Raindrop Geomagic(雨滴)软件公司推出的逆向工程软件。该软件具有强大的点云处理及曲面构建功能，从点云处理到三维曲面重建的时间通常只有同类产品的 1/3。利用 Geomagic Studio 可轻易地从扫描所得的点云数据创建出完美的多边形模型和网格，并可自动转换为 NURBS 曲面。该软件主要包括 Geomagic Qualify、Geomagic Shape、Geomagic Wrap、Geomagic Decimate、Geomagic Capture 5 个模块，主要有以下功能。

(1) 自动将点云数据转换为多边形(polygons)。

(2) 快速减少多边形数目(decimate)。

(3) 把多边形转换为 NURBS 曲面。

(4) 曲面分析(公差分析等)。

(5) 输出与 CAD / CAM / CAE 匹配的文件格式(IGS、STL、DXF 等)。

Geomagic Studio 的工作流程如图 1.8 所示。

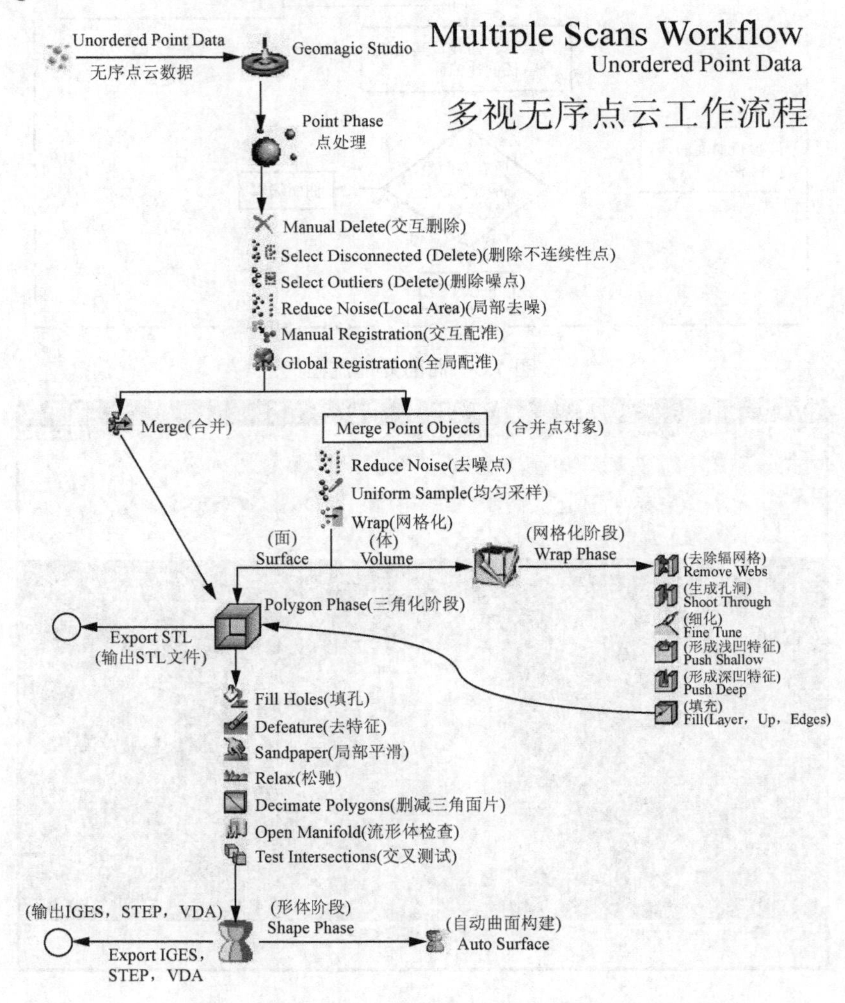

图 1.8　Geomagic Studio 的工作流程

Geomagic Studio 技术特征如下。

1. 点阶段特征

(1) 支持多种点输入格式(ASCII、TXT、IGES 等)。
(2) 智能化的点采样功能。
(3) 基本特征识别。
(4) 能减少扫描引起的噪点。
(5) 采样及平滑功能。

2. Wrap 阶段

(1) 自动创建基于点云的多边形模型。
(2) 能处理诸如 CGI 和 CAT 测量的体积数据。
(3) 方便易用的 Web 移除工具(web removal tool)。
(4) 基本多边形编辑功能。

3. 多边形阶段特征

(1) 多种边界修补工具。
(2) 基于曲率的孔填充。
(3) 获得判断形状(award—winning)的主要特征。
(4) 能建立 XYZ RGB 点云的彩色模型。
(5) 能识别和突出(sharpen)多边形模型的边。
(6) 产生能输出的曲线点的横截面工具(cross—sectioning tool)。
(7) 能给多边形模型增加厚度和偏置(thicken and offset)。

4. 成形阶段特征

(1) 自动识别特征线。
(2) 从多边形模型自动创建 NURBS 曲面。
(3) 具有整体连接(global connectivity)的 UV 参数化。
(4) 自动保留形状拓扑。
(5) 面片组织和合并工具。
(6) 一键式自动曲面创建。
(7) 多种 3D 输出格式(STL、OBJ、IGS、3DS、DXF、VRML 等)。

5. 扫描对齐工具(scan registration tools)，适合有序点

(1) 1 点 / 3 点对齐(1 point / 3 point registration)。
(2) 全局对齐(global registration)。
(3) 合并(merge)。

6. 分析工具(analysis tools)

(1) 测量(measuring)。
(2) 公差分析(tolerance analysis)。

(3) 多面体和点云比较(polygon to cloud)。

(4) NURBS 曲面和点云比较(NURBS surface to cloud)。

(5) 曲率分析(curve analysis)。

(6) 计算曲率(curvature)。

(7) 相切分析(tangency)。

Geomagic Studio 软件界面如图 1.9 所示。

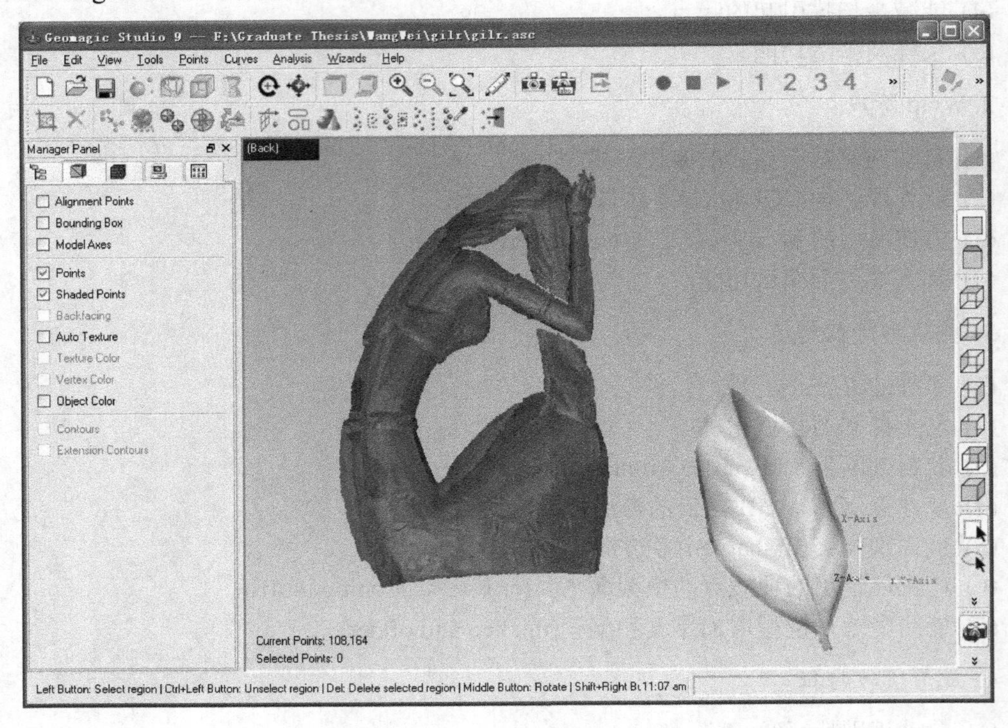

图 1.9　Geomagic Studio 软件界面

1.5.3　RapidForm 软件

RapidForm 是由韩国 INUS Technology 公司推出的专业逆向系列软件，自 RapidForm 2006 后，该公司推出 XO 系列版本。主要包括：RapidForm XOR(Redesign)、RapidForm XOS(Scan)、RapidForm XOV(Verifier)。RapidForm XOR 基于 3D 扫描数据点云来构建 NURBS 曲线、曲面和多边形网格，最终获得无缺陷、高质量的多边形或自由曲面参数化模型，其特征如下。

(1) 从三维扫描数据生成参数化的 CAD 模型。

(2) 发送有完整特征树的模型到其他 CAD 系统。

(3) 用熟悉的 CAD 建模概念更快地设计部件。

(4) 从三维扫描数据抽取设计参数的智能工具——二次设计助手。

(5) 在用户指定的误差范围内二次设计——精确度分析器。

(6) 智能地辨别和对齐三维扫描数据到一个理想的设计坐标系——定位向导。

(7) 建模特征树和参数管理。

(8) 面片、自由曲面和参数化实体混合建模功能。

(9) 更新既存 CAD 模型来反映部件的更改——CAD 到扫描重拟合。

(10) 能直接用在快速成型、CAM、CAE 和可视化方面的即时面片优化。

(11) 单键获得快速面片到曲面变换。

RapidForm XOR 设计流程及用户界面与传统的 CAD 软件相似，技术人员可以在 RapidForm XOR 中使用已有的建模技巧，在不需要对扫描点云数据预处理的前提下，通过零件测试。RapidForm XOR 建模时间与常用逆向软件的建模时间相比节省达 80%，其工作流程如图 1.10 所示。RapidForm XOR 提供了一套创新的解决方案，工程技术人员能够用其最佳的软件界面创建基于点云数据的全参数化 CAD 模型和自由曲面。具有完整特征树的 CAD 模型可以输入到常用的 CAD 软件(UG NX、Pro/E、SolidWorks 等)中进行修改。

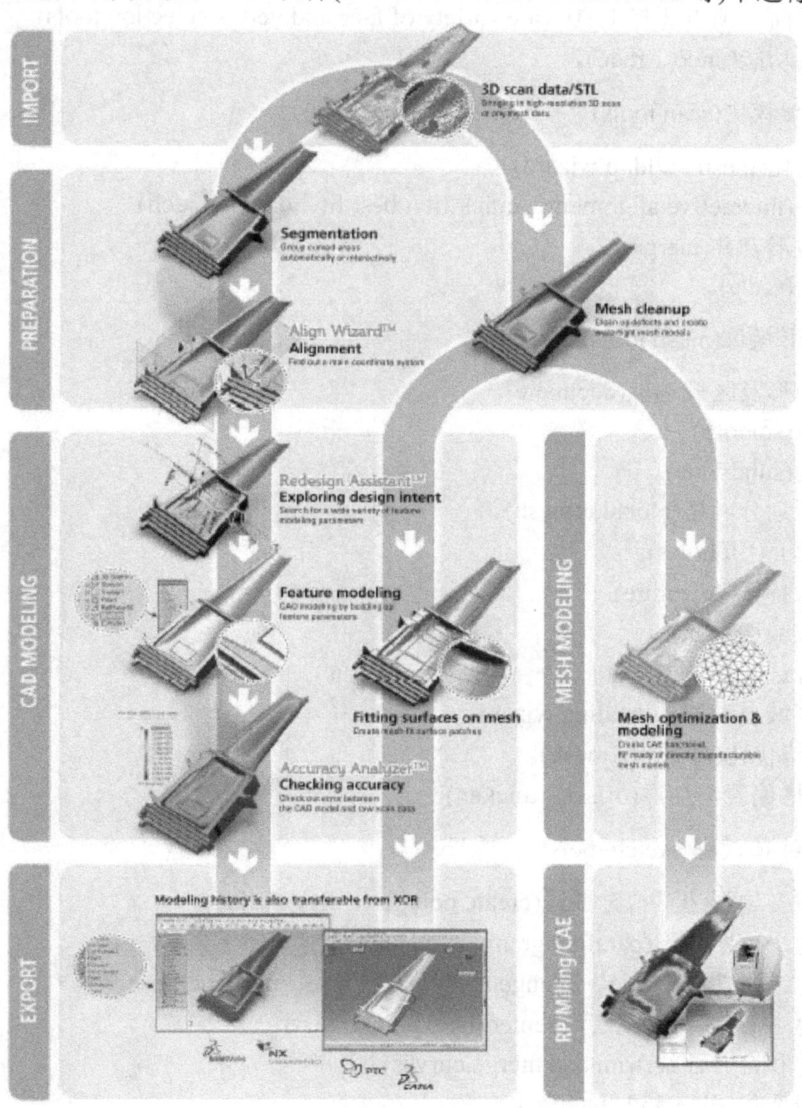

图 1.10 RapidForm XOR 工作流程图

RapidForm XOR 具有强大的多边形优化功能，其产生的网格化模型可以直接输入到 CAE、CAM 软件中进行使用；强大的网格优化工具能够满足 CAE 的特殊需要。RapidForm XOR 提供了灵活的曲线 / 草图工具，能够从网格数据中抽取草图轮廓和特征 曲线。

RapidForm 功能模块(仅列出部分功能)如下。

1. 基本模块(basic functionalities)

(1) 支持多种输入 / 输出数据格式(3DS、DXF、STL、WRL、OBJ、ASC、IGES 等)。
(2) 视图管理(visibility)。
(3) 模型树管理(feature tree management)。
(4) 各种面、顶点选择工具(wide variety of face and vertex selection tools)。
(5) 回退功能(undo、redo)。

2. 点处理模块(scan tools)

(1) 三角化(mesh buildup wizard)。
(2) 对齐(interactive alignment、quick fit、best fit、datum match)。
(3) 多边形合并(merge)。
(4) 比例(scale)。

3. 多边形模块(mesh tools)

(1) 多边形及区域选取(decimate)。
(2) 光滑(smooth)。
(3) 分割(subdivide)。
(4) 重新划分网格(global remesh)。
(5) 孔填充(fill holes)。
(6) 去除特征(defeature)。
(7) 区域减切(trim)。
(8) 拟合边(refit)。
(9) 坏区域自动修补(healing wizard)。
(10) 网格优化(optimize mesh)。
(11) 网格偏置与加厚(offset、thicken)。

4. 草图特征模块(sketch tools)

(1) 构建多边形边界拟合曲线(create polygon、fit polyline)。
(2) 构建平行四边形(parallelogram、rectangle)。
(3) 构建二次曲线(circle、3 tangent circle、ellipse、partial ellipse 等)。
(4) 构建中心线、点、文字(centerline、point、text)。
(5) 修剪和合并曲线(trim and merge curves)。
(6) 曲线倒角(fillet and chamfer)。
(7) 曲线偏置、延伸及镜像(offset、extend、mirror)。

(8) 3D 草图功能(3D sketch entities)。

(9) 参考几何特征构建(ref. geometry)。

5. 曲面及实体特征模块(surface and solid tools)

(1) 放样曲面(loft wizard)。

(2) 边界拟合曲面(boundary fit)。

(3) 自动构建曲面(auto surfacing)。

(4) 扫掠、拉伸、旋转曲面(sweep、extrude、revolve)。

(5) 缝合曲面(sew)。

(6) 修剪和合并曲面(trim and merge)。

(7) 法矢反向(reverse normal)。

(8) 实体拉伸、放样、扫掠等构建方法(extrude、loft、sweep 等)。

(9) 实体切除、打孔、布尔运算(cut、hollow、boolean)。

(10) 特征编辑：倒角、镜像、删除面、代替面(fillet、mirror、delete face、replace face 等)。

6. 测量模块(measure tools)

(1) 距离测量(distance)。

(2) 角度测量(angle)。

(3) 半径测量(radius)。

(4) 网格比较(mesh deviation)。

RapidForm 软件具有高度的集成环境，从点云处理、多边形模型构建到 NURBS 曲面，各种处理模块都在 RapidForm 得到有效的集成。RapidForm 利用其更加直观、快速和精确的方式将多边形转化为剪切或未剪切的 NURBS 曲面，使从点云到构建多边形模型和 NURBS 曲面之间存在的问题得到完整的解决。RapidForm 的多边形优化功能能有效地将任意多边形模型调整到用户要求的形态。多边形的数量、光滑度、细化、孔填充和多边形数据的一致性等，在 RapidForm 中均能有效地得到控制。利用独特的内存管理技术，RapidForm 能有效处理来自 Steinbichler、Gom 等扫描系统的海量扫描数据。RapidForm 提供各种在多边形上构建曲线的方法，如截面线、投影线和各种插值曲线等。另外，通过曲线的各种编辑功能如修剪、合并、光滑、连续匹配、偏移和插值等可以有效地改善曲线的质量。对机械加工产品，RapidForm 还能自动识别倒圆和尖锐区域。

1.6 逆向工程与新产品开发

1.6.1 逆向工程的应用

在产品造型日益多元化的今天，逆向工程已成为产品开发中不可或缺的一环，其应用范围包括以下几方面。

(1) 在对产品外形的美学有特别要求的领域，为方便评价其美学效果，设计师广泛利用油泥、黏土或木头等材料进行快速且大量的模型制作，将所要表达的意图以实体的方式呈现出来，而不是采用在计算机屏幕上缩小比例的物体投影视图的方法。此时，如何根据造型师制作出来的模型，快速建立三维CAD模型，就必须引入逆向工程的技术。

(2) 当设计需要通过实验测试才能定型的工件模型时，通常采用逆向工程的方法，比如航天、航空、汽车等领域，为了满足产品对空气动力学等的要求，首先要求在实体模型、缩小模型的基础上经过各种性能测试(如风洞实验等)建立符合要求的产品模型。此类产品通常是由复杂的自由曲面拼接而成的，最终确认的实验模型必须借助逆向工程，转换为产品的三维CAD模型及其模具。

(3) 在没有设计图纸或者设计图纸不完整以及没有CAD模型的情况下，在对零件原型进行测量的基础上，形成零件的设计图纸或CAD模型，并以此为依据生成数控加工的NC代码或快速原型加工所需的数据，复制一个相同的零件。

(4) 在模具行业，常需要通过反复修改原始设计的模具型面，以得到符合要求的模具。然而这些几何外形的改变，却往往未曾反映在原始的CAD模型上。借助于逆向工程的功能和再设计，设计者可以建立或修改在制造过程中变更过的设计模型。

(5) 很多物品很难用基本几何来表现与定义，例如流线型产品、艺术浮雕及不规则线条等，如果利用通用CAD软件，以正向设计的方式来重建这些物体的CAD模型，在功能、速度及精度方面都将异常困难。在这种场合下，必须引入逆向工程以加速产品设计，降低开发的难度。

(6) 逆向工程在新产品开发、创新设计上同样具有相当高的应用价值。为了研究上的需求，许多大企业也会运用逆向工程协助产品研究。如韩国现代汽车在发展汽车工业制造时，曾参考日本本田汽车设计，将它的各部工件经由逆向工程还原成产品，进行包括安全测试在内的各类测试研究，协助现代的汽车设计师了解日系车辆设计原意、想法，这是一个基于逆向工程的典型设计过程。利用逆向工程技术，可以直接在已有的国内外先进产品的基础上，进行结构性能分析、设计模型重构、再设计优化与制造，吸收并改进国内外先进的产品和技术，极大地缩短产品开发周期，有效地占领市场。

(7) 逆向工程也广泛用于修复破损的文物、艺术品，或缺乏供应的损坏零件等。此时，不需要复制整个零件，只是借助逆向工程技术抽取原来零件的设计思想，用于指导新的设计。

(8) 特种服装、头盔的制造要以使用者的身体为原始设计依据，此时，需运用逆向工程技术建立人体的几何模型。

(9) 在RPM的应用中，逆向工程最主要的表现为：通过逆向工程，可以方便地对快速原型制造的原型产品进行快速、准确的测量，找出产品设计的不足，进行重新设计，经过反复多次迭代可使产品完善。

现代逆向工程技术除广泛应用在汽车工业、航天工业、机械工业、消费性电子产品等几个传统应用领域外，也开始应用于休闲娱乐方面，比如用于立体动画、多媒体虚拟实境、广告动画等；另外在医学科技方面，如人体中的骨头和关节等的复制、假肢制造、人体外形量测、医疗器材制作等，也有其应用价值。

1.6.2　逆向工程与新产品开发

从逆向工程的基本流程可以看出，逆向工程的应用可分为两个层次。逆向工程的基本目的主要是复制原型和进行与原型有关的制造(如设计出加工原型的模具)，包含有“三维重构”、“逆向制造”两个阶段，快速成型制造正好体现了逆向工程的基本目标。从发展的角度看，只有支持进一步创新功能的逆向工程技术才具有更加广阔的应用前景，其包含了“三维重构”与“基于原型或重建数字化模型的再设计”，后者真正体现了逆向工程技术的核心和实质。

新产品开发是关系到企业可持续发展的一项重要活动，也是带给企业活力和竞争优势的源泉。对当代成功企业来说，产品创新是推动其不断发展壮大的动力，不断推出新产品正是其竞争策略的核心要素。据 PDMA(产品开发与管理协会)的一项统计，经营成功的高技术企业 50%以上的销售额来源于新产品，表现出色的企业 60%以上的销售额来源于新产品。我国企业市场竞争力比较弱的主要原因正在于产品自主开发能力不足。因此，研究和系统掌握产品快速开发技术，对于提高企业的自主创新能力、加速新产品开发过程，具有重要的现实意义和显著的经济价值。

新产品的开发过程通常包括产品规划、产品设计、生产准备和样品试验 4 个阶段。它是一项复杂的系统工程，涉及范围广、参与人员多。在普遍采用 CAX 技术进行产品开发的今天，如何建立产品的数字化模型是产品设计的中心内容。可以说，在现代产品的无纸开发方式中，只有建立正确的产品数字化模型，才有可能采用各种虚拟技术进行产品分析、虚拟装配、虚拟制造，直至完成产品的实际制造。离开了产品数字化模型，一切分析与制造工作将无从谈起。在产品数字模型建立过程中，逆向工程技术的应用越来越受到人们的重视，综合利用 RE 技术和 CAD 技术可以显著提高复杂外形产品的数字化建模的工作质量和效率，增强企业对市场的快速响应能力。但逆向工程在新产品开发中的应用又不局限于数字化模型重建，三维重构只是实现产品创新的基础，再设计的思想应始终贯穿于逆向工程的整个过程，它将逆向工程的各个环节有机地结合起来，集成 CAD / CAM / CAE / CAPP / CAT / RP 等先进技术，使之不再孤立，成为互相影响和制约的有机整体，并形成了以逆向工程技术为中心的产品快速开发体系。

“引进、消化、吸收、创新”是被证明了的新产品快速开发的有效途径。通过逆向工程可以全面理解原型的设计思路，发现其优点及不足，增加逆向设计产品及工程的可靠性；通过逆向工程技术，可以完成基于数字化模型的产品优化设计，以达到进一步改进原型设计的目的；采用逆向工程技术可避免走自行开发中不可避免的许多弯路，从而大大缩短新产品开发周期，适应消费者对产品的个性化与多样化的要求，为企业快速占领市场创造条件。

工业设计是科学技术与艺术的相互渗透、交叉与结合，具有复杂曲面外形的家用电器、汽车、摩托车的外覆盖件首先是由工业造型人员在设计概念、设计思想的基础上，按照美学要求手工制作产品原型(木模 / 油泥模 / 黏土模)，再利用逆向工程技术快速将产品原型转换为产品数字化模型，从而实现“基于原型设计”的产品创新。利用快速成型技术(Rapid Prototyping，RP)、快速模具制造技术(Quick Tooling)、快速精铸技术(Quick Casting)、快速金属粉末烧结技术(Quick Powder Sintering)，可自动、直接、快速、精确地将数字化模型物化为具有一定功能的原型或零件，从而可以对产品进行快速评价、修改及功能实验。RE / CAD / CAM / CAE / RP 等诸多技术的有机组合形成了以“原型设计(先进产品)、逆向工程CAD 建模、CAE、快速成型(数控加工)、原型(数字化模型)修改”为主要步骤的新产品快速开发体系。基于这一体系进行新产品开发可有效缩短产品研发周期，提高新产品的设计水平。

本章小结

本章从产品开发的角度阐述了正逆向设计的基本流程。进一步介绍了逆向工程的关键技术。针对产品建模介绍了 3 款常用的 CAD 软件平台，并比较了各自的优缺点。针对特征提取介绍了 3 款逆向软件，并对其模型流程进行说明，最后说明产品创新与逆向工程之间的关系。在学习中，注意对正逆向工程内涵的理解及常用建模软件的掌握。

习题

(1) 简述正向工程的内涵及流程。
(2) 简述逆向工程的内涵及流程。
(3) 逆向工程的关键技术包括哪些？在逆向工程中的作用如何？
(4) 逆向工程的应用范围包括哪些？
(5) 了解常用建模 CAD 软件平台的特点及应用范围。
(6) 了解常用逆向建模软件平台的特点及应用范围。
(7) 理解逆向建模技术与新产品开发之间的关系。

第 2 章　产品建模数学理论基础

教学目标

本章主要对逆向建模过程中所涉及的曲线、曲面的数学理论知识进行论述，在此基础上着重介绍非均匀有理 B 样条曲线、曲面的连续性与光顺性的相关概念及检查评定方法，并对 CAD 设计中涉及的常用术语进行解释，最后就自由曲面的应用领域作了全面的综述。在学习中，注意将概念与 UG、CAD 软件相结合来掌握非均匀有理 B 样条的数学定义。

教学要求

能力目标	知识要点	权重	自测分数
理解曲线的生成原理	曲线的三切线定理	10%	
了解非均匀 B 样条曲线	其数学定义及特点	20%	
了解非均匀 B 样条曲面	其数学定义及特点	25%	
理解曲面连续性的评定方法	曲面连续性的数学含义	15%	
曲面工程基础	曲面的分类；CAD 常用术语	15%	
曲面应用领域	工业设计、模具、逆向工程	15%	

引例

随着三维设计技术的不断发展，复杂曲面在产品设计中得到了越来越多的应用。这一方面是由产品的功能要求所决定的，另一方面则是随着人们生活水平的提高，消费者对产品宜人化、美观化的要求也不断提高。如右图清洁器的外观件就是由多片 B 样条曲面拼接而成的。而曲面的构建离不开曲线，四边域曲线结合点云数据能够构建符合产品要求的 B 样条曲面，同时在曲线的光顺过程中需要对曲线的节点进行插入、删除操作。在曲面的放样生成过程中需要对轮廓曲线进行升阶或降阶操作，如果曲线的起始点不同还需要对曲线的起始点进行重置，这些编辑操作是生成曲面光顺性的保证。因此，在产品建模之前，了解有关曲线、曲面及常用 CAD 软件之间的区别是非常必要的。

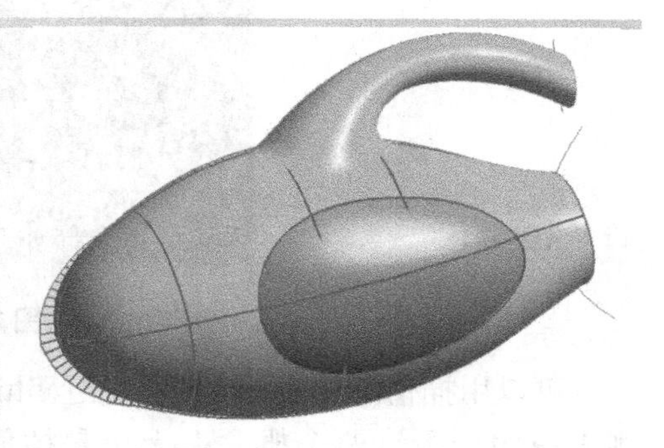

2.1 曲线数学基础

样条曲线和曲面是逆向建模技术的核心，通常被称为自由曲线或自由曲面，工程上通常称为复杂曲线或复杂曲面。自由曲线或曲面的概念中包含大量不熟悉的变量和术语，对于初学者来说，要弄清楚这些内容就要花费相当多的时间。因此本节主要介绍自由曲线和曲面的术语。

对于简单的几何体来说，一个参数只能对该几何体产生唯一的影响，例如长方体的长度参数只影响几何形体的长度，并且长方体的长度只由长度参数确定。然而，自由曲线或曲面在这方面就与简单几何体不同，其形状由所有变量或者一组变量确定，并且改变不同的变量可能产生相同的形状，例如，对于B样条曲线或曲面来说，它的形状由一组控制点形成的控制多边形或多面体来共同决定。因此样条曲线或曲面的定义中包含多个参数，这些参数相互作用最终决定了几何体的形状。

2.1.1 样条有关的概念

首先来了解一下“样条”一词的来源，在飞机和轮船的制造工厂中，传统上采用模线样板法表示和传递自由曲线和曲面的形状。模线员和绘图员用均匀的带弹性的木条、有机玻璃条或者金属条通过一系列点来绘制所需的曲线(模线)，依此作成样板来作为生产与检验的依据，这些木条(有机玻璃条或者金属条)就被称为“样条”，如图 2.1 所示。现在虽然用计算机进行自由曲线和曲面的设计，但是“样条”这个词依然被沿用下来表示自由曲线和曲面。曲线和曲面如果不能用解析表达式表示，那么就用样条曲线和曲面表示。

图 2.1 样条曲线

可以用插值(interpolation)和逼近(fitting)两种方法设计自由曲线和曲面。下面以曲线为例来说明一下这两个概念。无论是插值曲线还是逼近曲线，它们的已知条件是：已知 $P_0, P_1, P_2, \cdots, P_n$ 共 $n+1$ 个点，求这些点确定的某种类型的曲线。

如果所求曲线经过所有已知点，则该曲线为插值曲线；反之如果曲线只是靠近全部或者部分已知点，该曲线就被称为逼近曲线，如图 2.2 所示。

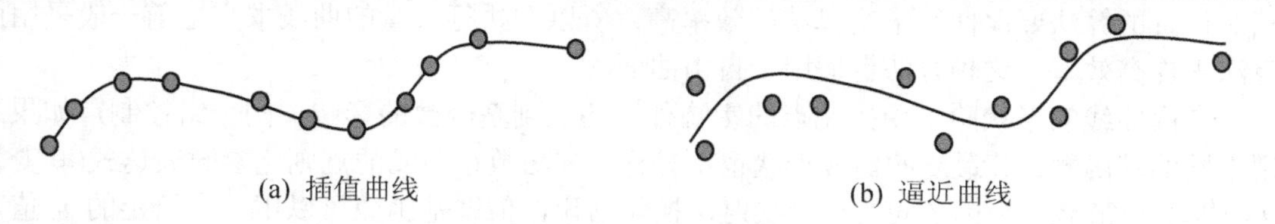

图 2.2　插值曲线与逼近曲线

对数学家来说构造插值曲线比构造逼近曲线更复杂，就逆向建模而言，不必对此担心，因为大部分的造型功能都是用逼近的方法来实现的，如贝赛尔(Bézier)函数和 B 样条曲线或曲面都是属于逼近方法。

被用来定义样条曲线和曲面的点称为控制点，用直线将它们依次连接起来形成的多边形或多面体被称为控制多边形或控制多面体，如图 2.3 所示。自由曲线的形状是由其控制多边形控制的，虽然控制多边形对曲线形状的控制不能明确地表示出来，但是可以根据它来推测最终曲线的形状。对于贝赛尔曲线和 B 样条曲线，它们不会超出其控制多边形所形成的凸包。所谓凸包，是指包围一个形状的最小凸区域。

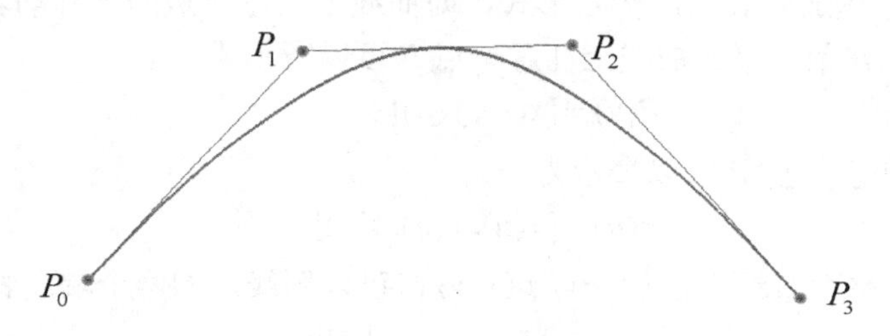

图 2.3　样条曲线

知识链接

凸区域或凸集的数学定义：设 D 为 n 维欧氏空间中的一个集合，若其中任意两点 X_1, X_2 之间的连接直线都属于 D，则称这种集合 D 为 n 维欧氏空间的一个凸集。图 2.4(a)是二维空间的一个凸集，而图 2.4(b)不是凸集。

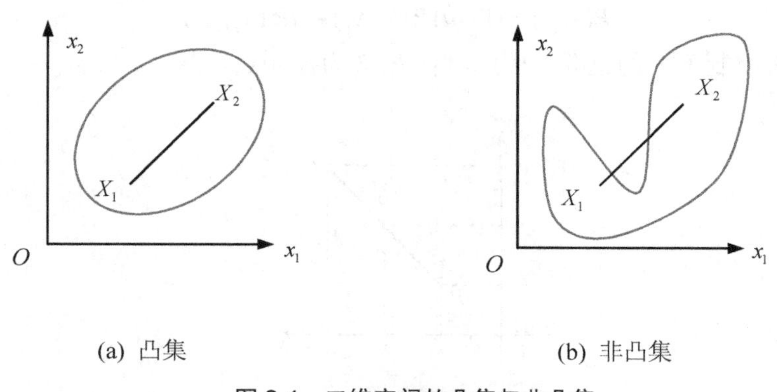

(a) 凸集　　(b) 非凸集

图 2.4　二维空间的凸集与非凸集

样条凸包性可以用于样条曲线的近似求交测试，即在计算两个曲线的交线之前先测试其凸包的相对位置，如果凸包相交则曲线可能相交，否则曲线一定不相交。判断两个凸包相对位置的算法要比曲线求交算法的效率高，所以在执行大量的曲线求交之前一般采用此算法来提高效率，这种方法也适用于自由曲面。

自由曲线的形状除了受控制点的影响外，还受到基函数的影响。同一组控制点如果采用不同的基函数，其最终的曲线形状也不一样。基函数是曲线的规则化参数表达式(其变量$u \in [0,1]$)与笛卡儿坐标之间的一个映射，换句话说，借助基函数可以用一个给定的 u 值表示一个点的笛卡儿坐标(x, y, z)。

2.1.2　曲线的生成原理

曲线在几何建模过程中主要用于建立实体截面的轮廓线，通过拉伸、旋转等操作构造三维实体和薄壳特征；同时，在特征建模过程中，曲线也常用作建模的辅助线(如扫描的引导线)；另外，建立的曲线还可以添加到草图中进行参数化设计；在逆向建模过程中利用曲线来创建自由曲面从而完成复杂实体的三维模型。

1. 几何法曲线生成原理

曲线及曲面方程通常表示成参数形式，即曲线上任意一点的坐标均表示成给定参数的函数。假定u表示参数，平面曲线上任意一点P可以表示为

$$P(u) = [x(u), y(u)] \tag{2-1}$$

空间曲线上任意一点P可以表示为

$$P(u) = [x(u), y(u), z(u)] \tag{2-2}$$

在图 2.5 中，平面直线上任意一点$p(x, y)$，可以用线段的两个端点表示

$$\frac{x - x_1}{x_2 - x_1} = \frac{y - y_1}{y_2 - y_1} = \frac{|PP_1|}{|P_2P_1|} = u \tag{2-3}$$

其中u为比值，即成为线段的参数，其值在 0～1 之间变化，简化式(2-3)可以得出

$$\left.\begin{aligned} x &= (1-u)x_1 + ux_2 \\ y &= (1-u)y_1 + uy_2 \end{aligned}\right\} \tag{2-4}$$

由此可以得出

$$P(x, y) = (1-u)P_1(x_1, y_1) + uP_2(x_2, y_2) \tag{2-5}$$

显然，P_1, P_2控制了P的位置，因此，称P_1, P_2为控制点。

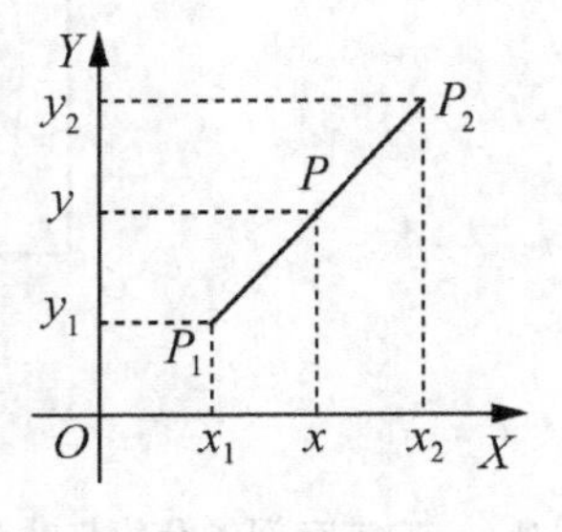

图 2.5　平面直线

解析几何中有关于抛物线的三切线定理：如图 2.6 所示，设 P_0、P_0^2、P_2 是一条二次曲线上 3 个顺序不同的点。过 P_0 和 P_2 点的两切线交于 P_1 点，过 P_0^2 点的切线交 P_0P_1 和 P_1P_2 于 P_0^1 和 P_1^1，则如下比例成立

$$\frac{P_0P_0^1}{P_0^1P_1}=\frac{P_1P_1^1}{P_1^1P_2}=\frac{P_0^1P_0^2}{P_0^2P_1^1} \tag{2-6}$$

当 P_0，P_2 固定时，P 为动点，引入参数 u，令上述表达等于 $u:(1-u)$。即

$$P_0^1=(1-u)P_0+uP_1 \tag{2-7}$$

$$P_1^1=(1-u)P_1+uP_2 \tag{2-8}$$

$$P_0^2=(1-u)P_0^1+uP_1^1 \tag{2-9}$$

特别提示

式(2-7) ~ 式(2-9)中顶点的上标不是次数而是表示曲线递推的级数。尽管在中间顶点记号中省写了参数 u，但上述 3 式都是 u 的矢函数。

u 从 0 变到 1。式(2-7)、式(2-8)分别表示控制二边形的第一、二条边，它们是两条一次 Bézier 曲线。将式(2-7)、式(2-8)代入式(2-9)得

$$P_0^2=(1-u)^2P_0+2u(1-u)P_1+u^2P_2 \tag{2-10}$$

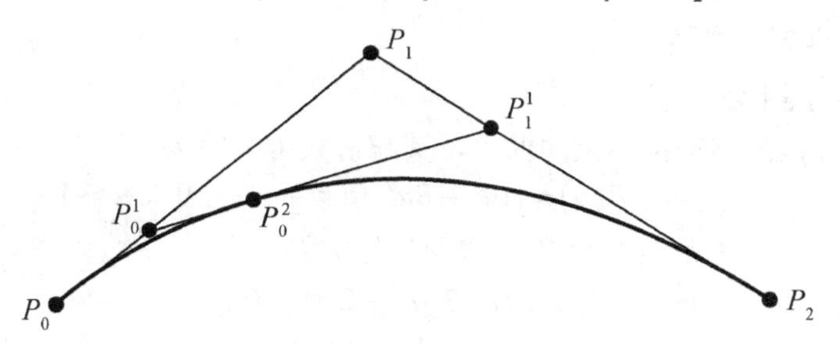

图 2.6　抛物线的三切线定理

式(2-10)中当 u 从 0 变到 1 时，它表示了由 3 个顶点 P_0、P_1、P_2 定义的一条二次 Bézier 曲线。并且表明：二次 Bézier 曲线 P_0^2 可以定义为分别由前两个顶点 P_0、P_1 和后两个顶点 P_1、P_2 决定的两条一次 Bézier 曲线的线性组合。依次类推，由 4 个控制点定义的三次曲线 P_0^3 可被定义为分别由(P_0,P_1,P_2)和(P_1,P_2,P_3)确定的两条二次曲线的线性组合。由 $(n+1)$ 个控制点 $P_i(i=0,1,\cdots,n)$ 定义的 n 次 Bézier 曲线 P_0^n 可被定义为分别由前、后 n 个控制点定义的两条 $(n-1)$ 次曲线 P_0^{n-1} 与 P_1^{n-1} 的线性组合

$$P_0^n=(1-u)P_0^{n-1}+uP_1^{n-1} \qquad \mu\in[0,1] \tag{2-11}$$

由此得到曲线的递推计算公式

$$P_i^k=\begin{cases} P_i & k=0 \\ (1-u)P_i^{k-1}+uP_{i+1}^{k-1} & k=1,2\cdots,n;\ i=0,1,\cdots,n-k \end{cases} \tag{2-12}$$

在给定参数的条件下，用这一递推公式求曲线上一点 $P(u)$ 非常有效。式(2-12)中，$P_i^0=P_i$ 是曲线的控制点，P_0^n 即为曲线 $P(u)$ 上具有参数 u 的点。

根据以上公式也可以用几何作图的方法来求曲线上的一点。给定参数u，依次对原始控制多边形每一边执行同样的定比分割，所得分点就是第一级递推生成的中间顶点$P_i^1(i=0,1,\cdots,n-2)$。重复进行下去，直到n级递推得到一个中间顶点P_0^n即为所求曲线上的点$P(u)$，如图 2.7 所示。

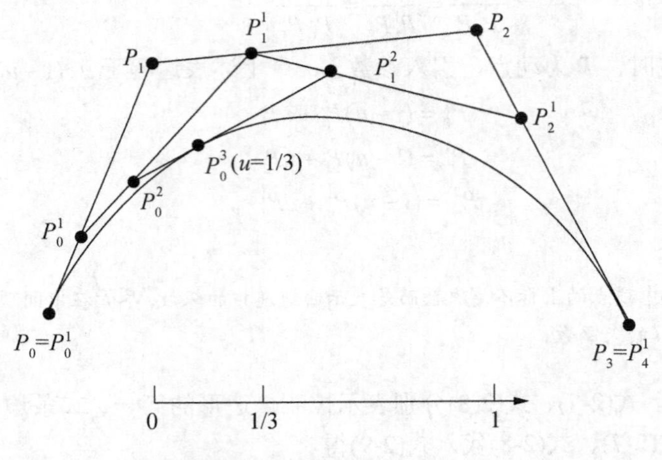

图 2.7　几何作图法求曲线上一点

2. 解析法曲线生成原理

1) 三次 Hermite 样条曲线

以三次参数方程为例来描述空间曲线，其解析式可以写为

$$P(u)=Au^3+Bu^2+Cu+D \qquad 0\leqslant u\leqslant 1 \tag{2-13}$$

其中A、B、C、D为常数，对$P(u)$求两次导数得

$$P'(u)=3Au^2+2Bu+C$$

$$P''(u)=6Au+2B$$

将$P(u)$、$P'(u)$写成矩阵形式

$$P(u)=(u^3\ u^2\ u\ 1)(A\ B\ C\ D)^T \tag{2-14}$$

$$P'(u)=(3u^2\ 2u\ 1\ 0)(A\ B\ C\ D)^T \tag{2-15}$$

令$M_1=(A\ B\ C\ D)^T$，并将图 2-8 所示曲线的两端点P_0(其$u=0$)和P_1(其$u=1$)处的边界条件求出

$$P(0)=(0\ \ 0\ \ 0\ \ 1)M_1=P_0$$

$$P(1)=(1\ \ 1\ \ 1\ \ 1)M_1=P_1$$

$$P'(0)=(0\ \ 0\ \ 1\ \ 0)M_1=P_0'$$

$$P'(1)=(3\ \ 2\ \ 1\ \ 0)M_1=P_1'$$

可推得

$$P(u)=(u^3\ \ u^2\ \ u\ \ 1)\bullet M_1=(u^3\ \ u^2\ \ u\ \ 1)\begin{bmatrix}2 & -2 & 1 & 1\\ -3 & 3 & -2 & -1\\ 0 & 0 & 1 & 0\\ 1 & 0 & 0 & 0\end{bmatrix}\begin{bmatrix}P_0\\ P_1\\ P_0'\\ P_1'\end{bmatrix} \qquad 0\leqslant u\leqslant 1 \tag{2-16}$$

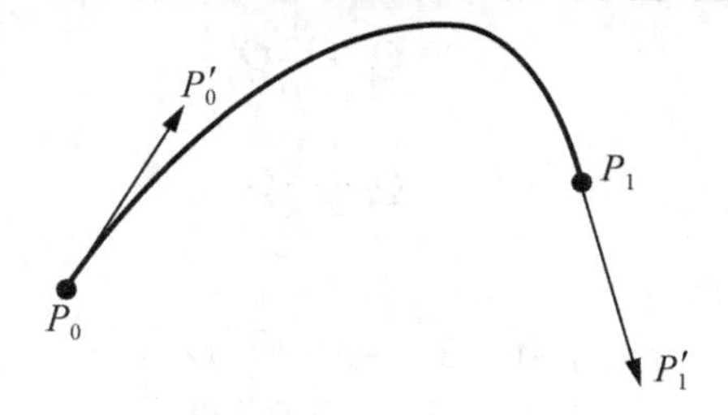

图 2.8　三次曲线的边界条件

当曲线端点的边界条件发生变化时，曲线的形状随之发生变化。图 2.9 给出了两点的切矢方向和大小变化时曲线形状变化的例子。

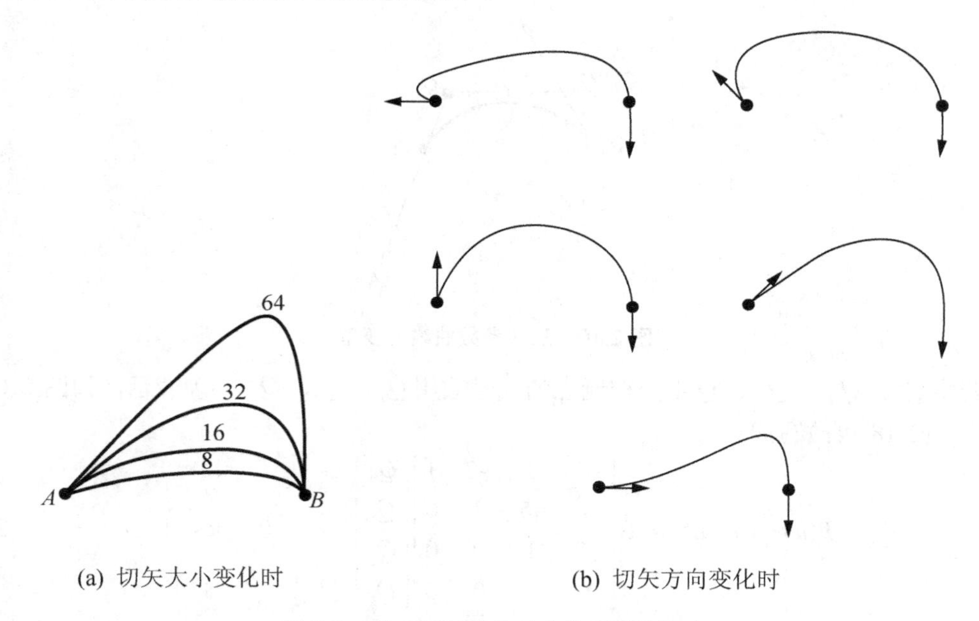

(a) 切矢大小变化时　　(b) 切矢方向变化时

图 2.9　端点切矢变化对曲线形状的影响

式(2-16)表示的三次样条曲线称之为 Hermite 样条曲线，以法国数学家 Charles Hermite 命名的 Hermite 曲线是一个分段三次多项式，并在每个控制点具有给定的切线。该曲线的形状由曲线端点的位置矢量和切向矢量决定。

2) 三次 Bézier 曲线

如前所述，若给出曲线两端点的位矢和切矢可生成一曲线。如已知 Q_0 和 Q_1，以及 Q_0' 和 Q_1'，则根据式(2-16)可得到一条通过 Q_0 和 Q_1 的三次参数样条曲线，方程为

$$P(u)=(u^3\ \ u^2\ \ u\ \ 1)\begin{bmatrix}2 & -2 & 1 & 1\\ -3 & 3 & -2 & -1\\ 0 & 0 & 1 & 0\\ 1 & 0 & 0 & 0\end{bmatrix}\begin{bmatrix}Q_0\\ Q_1\\ Q_0'\\ Q_1'\end{bmatrix}\qquad 0\leqslant u\leqslant 1 \tag{2-17}$$

如图 2.10 所示，若在 Q_0 和 Q_1 的上方增加两个控制点 Q_{0e} 和 Q_{1e}，且令

$$Q_{0e}=Q_0+\frac{1}{p}Q_0'$$

$$Q_{1e}=Q_1-\frac{1}{p}Q_1'$$

当 $p=3$ 时，上式可写成

$$P(t)=(u^3\ \ u^2\ \ u\ \ 1)\begin{bmatrix}-1 & 3 & -3 & 1\\ 3 & -6 & 3 & 0\\ -3 & 3 & 0 & 0\\ 1 & 0 & 0 & 0\end{bmatrix}\begin{bmatrix}Q_0\\ Q_{0e}\\ Q_{1e}\\ Q_1\end{bmatrix}\qquad 0\leqslant u\leqslant 1 \tag{2-18}$$

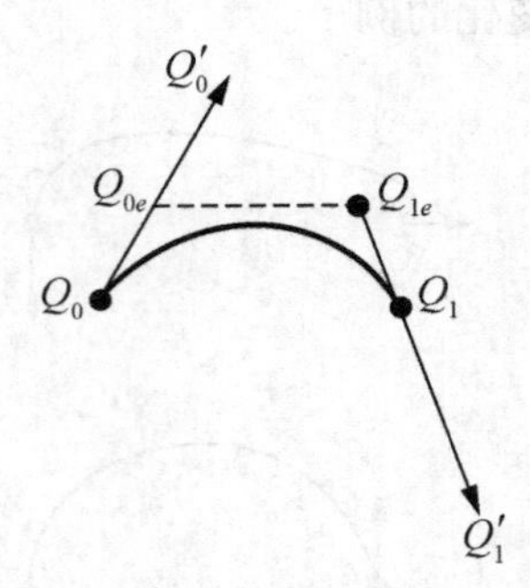

图 2.10　三次参数曲线的变型

若将 Q_0、Q_{0e}、Q_{1e}、Q_1 4 个控制点的代号改用 Q_0、Q_1、Q_2、Q_3 表示，如图 2.11 所示，则式(2-18)可改写成

$$P(u)=(u^3\ \ u^2\ \ u\ \ 1)\begin{bmatrix}-1 & 3 & -3 & 1\\ 3 & -6 & 3 & 0\\ -3 & 3 & 0 & 0\\ 1 & 0 & 0 & 0\end{bmatrix}\begin{bmatrix}Q_0\\ Q_1\\ Q_2\\ Q_3\end{bmatrix}\qquad 0\leqslant u\leqslant 1 \tag{2-19}$$

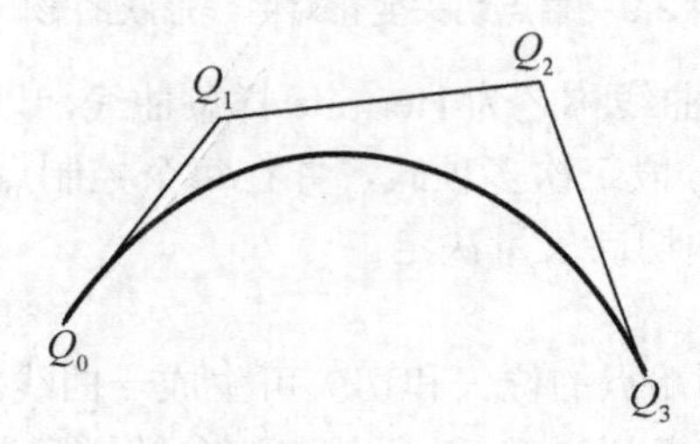

图 2.11　Bézier 曲线及其特征多边形

式(2-19)即为三次 Bézier 曲线方程，4 个控制点 Q_0、Q_1、Q_2 和 Q_3 连成的折线多边形称为特征多边形或控制多边形，Bézier 曲线的形状是通过这个多边形的各顶点唯一地定义出来的，特征多边形的形状改变，曲线的形状也就随着改变。

运用上述三次 Bézier 曲线表达式时，要将控制点的位置矢量分解，例如分解为二维平面上 x 和 y 方向的分量，式(2-19)中 $P(u)$可表示为

$$x(u)=(u^3\ \ u^2\ \ u\ \ 1)\begin{bmatrix}-1 & 3 & -3 & 1\\ 3 & -6 & 3 & 0\\ -3 & 3 & 0 & 0\\ 1 & 0 & 0 & 0\end{bmatrix}\begin{bmatrix}x_0\\ x_1\\ x_2\\ x_3\end{bmatrix}\qquad 0\leqslant u\leqslant 1 \tag{2-20}$$

$$y(u)=(u^3\ \ u^2\ \ u\ \ 1)\begin{bmatrix}-1 & 3 & -3 & 1\\ 3 & -6 & 3 & 0\\ -3 & 3 & 0 & 0\\ 1 & 0 & 0 & 0\end{bmatrix}\begin{bmatrix}y_0\\ y_1\\ y_2\\ y_3\end{bmatrix}\qquad 0\leqslant u\leqslant 1 \tag{2-21}$$

其中，x_i 和 y_i 为控制点 Q_i 的 x 和 y 方向的分量($i=0,1,2,3$)，这样只要将 x_i 和 y_i 代入式(2-20)和式(2-21)中，就可求出相应点的 $x(u)$ 和 $y(u)$，从而绘出一条三次 Bézier 样条曲线。

3) 三次均匀 B 样条曲线

三次均匀 B 样条曲线是三次 Bézier 曲线的扩充和改进。Bézier 曲线有一个缺点，当改变控制点时，不仅改变当前的曲线段，而且影响临近的曲线段，因而无法对曲线的局部进行修改。为了克服这一缺点，人们在 1972—1974 年期间又提出了 B 样条曲线。B 样条曲线除保持了 Bézier 曲线的直观性和凸包性等优点外，还可进行局部修改；此外，它对特征多边形逼得更近。因此，B 样条曲线得到了越来越多的应用。

三次 B 样条曲线的矩阵表达式如下

$$P(t)=(u^3\ \ u^2\ \ u\ \ 1)\frac{1}{6}\begin{bmatrix}-1 & 3 & -3 & 1\\ 3 & -6 & 3 & 0\\ -3 & 0 & 3 & 0\\ 1 & 4 & 1 & 0\end{bmatrix}\begin{bmatrix}Q_0\\ Q_1\\ Q_2\\ Q_3\end{bmatrix}\qquad 0\leqslant u\leqslant 1 \tag{2-22}$$

为了讨论端点的性质，根据式(2-22)可以求出三次 B 样条曲线段的始点和终点的位矢、切矢和二阶导矢

$$P(0)=\frac{1}{6}(Q_0+4Q_1+Q_2)\qquad P(1)=\frac{1}{6}(Q_1+4Q_2+Q_3)$$

$$P'(0)=\frac{1}{2}(Q_2-Q_0)\qquad P'(1)=\frac{1}{2}(Q_3-Q_1)$$

$$P''(0)=Q_0-2Q_1+Q_2\qquad P''(1)=Q_1-2Q_2+Q_3$$

上述各式的关系可用几何作图画出，如图 2.12 所示。从图中可以看出起点 $P(0)$ 和 $P(1)$ 都不在特征多边形的顶点上，起点 $P(0)$ 落在 $\Delta Q_0Q_1Q_2$ 的中心线 Q_1C_1 上距 Q_1 的 1/3 处；$P'(0)$ 平行于 $\Delta Q_0Q_1Q_2$ 的边 Q_0Q_2，且

$$P'(0)=\frac{1}{2}\overline{Q_0Q_2}\qquad P''(0)=2\overline{Q_1C_1}$$

终点 $P(1)$ 的情况与 $P(0)$ 处的情况相类似，只是需要往后推移到特征多边形相应的顶点。

如果特征多边形增加一个顶点 $Q_4=(x_4,y_4)$，则 $Q_1=(x_1,y_1)$、$Q_2=(x_2,y_2)$、$Q_3=(x_3,y_3)$ 和 $Q_4=(x_4,y_4)$ 决定了新增加的一段三次 B 样条曲线。也就是说，在特征多边形上每增加一个顶点，就相应地增加一段 B 样条曲线。

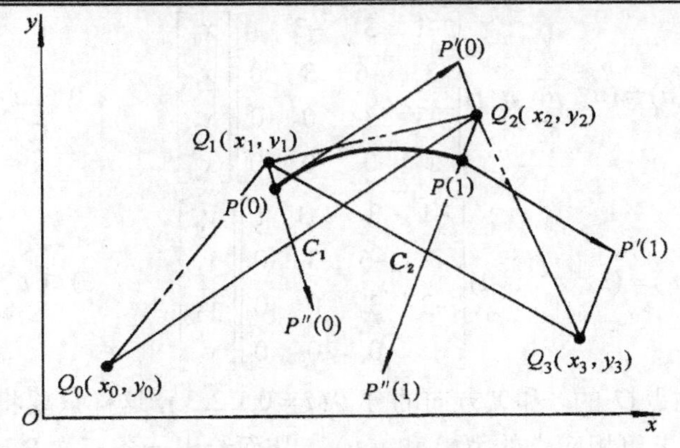

图 2.12　三次 B 样条曲线

计算式(2-22)时，一般都是将 $P(u)$ 和特征多边形的顶点矢量分解为若干坐标分量，如可将它们分解为二维平面的 x_i 和 y_i 分量：$Q_0=(x_0,y_0)$，$Q_1=(x_1,y_1)$，$Q_2=(x_2,y_2)$，$Q_3=(x_3,y_3)$，此时 $P(u)=\left[x(u),y(u)\right]$ 即为

$$x(u)=(u^3\ \ u^2\ \ u\ \ 1)\frac{1}{6}\begin{bmatrix}-1 & 3 & -3 & 1\\ 3 & -6 & 3 & 0\\ -3 & 0 & 3 & 0\\ 1 & 4 & 1 & 0\end{bmatrix}\begin{bmatrix}x_0\\ x_1\\ x_2\\ x_3\end{bmatrix}\qquad 0\leqslant u\leqslant 1$$

$$y(u)=(u^3\ \ u^2\ \ u\ \ 1)\frac{1}{6}\begin{bmatrix}-1 & 3 & -3 & 1\\ 3 & -6 & 3 & 0\\ -3 & 0 & 3 & 0\\ 1 & 4 & 1 & 0\end{bmatrix}\begin{bmatrix}y_0\\ y_1\\ y_2\\ y_3\end{bmatrix}\qquad 0\leqslant u\leqslant 1$$

2.1.3　曲线数学知识

1. 曲线的分类

曲线按数学形式分类，可以分为直线、圆锥曲线即二次曲线(如图 2.13 所示)、Bézier 曲线、样条曲线等。样条曲线又可分为均匀 B 样条曲线和非均匀有理 B 样条曲线等，因为非均匀有理 B 样条曲线现已作为工业标准，所以以后所指样条曲线如无特别说明，都指非均匀有理 B 样条曲线。对于复杂曲面来讲，样条曲线是构建曲面的基础，在曲面建模中占有着非常重要的位置，用样条曲线几乎可以完成所有的复杂曲面。

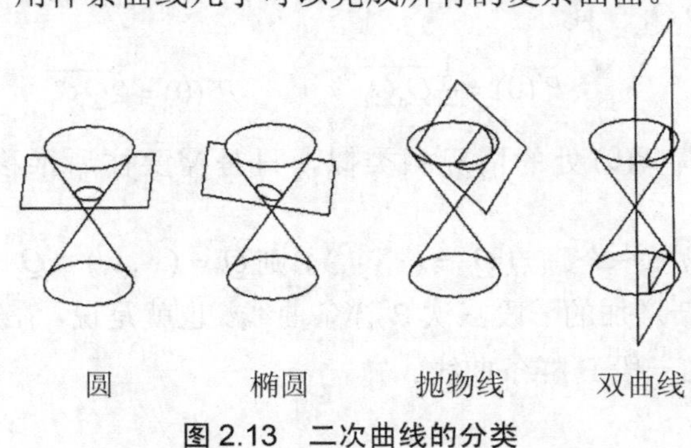

图 2.13　二次曲线的分类

知识链接

圆锥曲线的由来：圆、椭圆、双曲线、抛物线同属于圆锥曲线。早在两千多年前，古希腊数学家对它们已经很熟悉了。古希腊数学家阿波罗尼采用平面切割圆锥的方法来研究这几种曲线。用垂直与锥轴的平面去截圆锥，得到的是圆；把平面渐渐倾斜，得到椭圆；当平面和圆锥的一条母线平行时，得到抛物线；当平面再倾斜一些就可以得到双曲线。阿波罗尼曾把椭圆叫"亏曲线"；把双曲线叫做"超曲线"；把抛物线叫做"齐曲线"。

2. 曲线公式

样条曲线是通过一系列离散点连接成的光滑曲线。利用计算机绘制曲线必须给出公式，人们从传统绘制车身曲线的方法中得到了启发，根据材料力学的方法，将样条看成弹性细曲梁，从而创造出样条计算公式。

B 样条曲线的形状除了受控制点、节点向量以及曲线次数的影响之外，还受到每处控制点上权因子的影响。含有权因子的 B 样条曲线称为有理 B 样条曲线(rational B-spline)，其数学定义如下

$$P(u)=\frac{\sum_{k=0}^{n} w_k P_k B_{(k,D)}(u)}{\sum_{k=0}^{n} w_k B_{(k,D)}(u)} \tag{2-23}$$

式中，P_k 为第$(k+1)$个控制顶点的位置向量；$B_{(k,D)}(u)$ 为点 k 处的 D 次 B 样条基函数；w_k 为点 k 的权因子，通常为正值。

因为 $\sum_{k=0}^{n} B_{(k,D)}=1$，所以当所有控制点的权因子为 1 时，式(2-23)就变为标准的 B 样条曲线的表达式；而当权因子为其他数值时，式(2-23)就可以决定每个控制点对曲线形状的控制程度。

对于有理 B 样条曲线来说，如果其节点向量是非均匀的节点向量，则最后所产生的曲线叫非均匀有理 B 样条(NURBS= non uniform rational B-spline)曲线，可以利用这种曲线表示一些普通曲线，如圆锥曲线(二次曲线)。

知识链接

节点向量：B 样条具有局部支撑性质，在支撑区间上基函数大于零，其余区间为零。支撑区间边界称为节点，它是由参数 u 定义的，所有支撑区间的边界构成的数列称为节点向量。节点决定了曲线段连接的位置。节点向量的长度由曲线的次数和控制点的数量确定。节点向量中的数值一定按从小到大的顺序排列，也就是说不能减少，但是可以有重复的数值，单个节点的数值的重复次数被称为重复度。节点的重复将降低曲线的连续性，因此一般节点向量中不使用重复节点，但是在曲线端点处的节点重复可以使曲线插值于控制多边形的端点。下面三次 B 样条曲线的节点向量就保证了该曲线通过控制多边形的端点

$$\{0, 0, 0, 0.2, 0.4, 0.6, 0.8, 1, 1, 1\}$$

上述节点之间的间距是均匀的(除了两端点有重复节点外)，因此所构造的 B 样条曲线

称为均匀 B 样条曲线；否则，所构造的 B 样条曲线被称为非均匀 B 样条曲线。

表 2-1 为 B 样条曲线的形状与控制点、节点向量、次数之间的关系。

表 2-1　次数与节点向量对 B 样条曲线的影响

次数	节点向量	节点数	图　形	说　明
1	{0,0.2,0.6,0.8,1.0}	6		一次 B 样条曲线由连接各个控制点的直线段组成(就是控制多边形)
2	{0,0,0.25,0.5,0.75,1,1}	7		二次 B 样条曲线与其控制多边形的边相切，切点为各边的中点
3	{0,0,0,0.33,0.66,1,1,1}	8		三次 B 样条曲线可以使 B 样条曲线段之间达到 C^2 连续，曲线看上去更光滑
3	{0,0,0,0.1,0.9,1,1,1}	8		由于节点向量两端的间距小(0～0.1 和 0.9～1)，因此两端的控制点对曲线的影响大
3	{0,0,0,0.7,0.9,1,1,1}	8		节点向量第一段之间间距大(0.7)，接下来两段小(0.2 和 0.1)，因此后面的控制点对曲线的影响大，曲线更接近这些点
3	{0,0.2,0.3,0.7,0.8,0.85,0.95,1}	8		节点向量中不存在重复节点，因此 B 样条曲线不再具有端点插值特征，其端点为空间中的一点

3. 曲线的连续性

一般情况下，样条曲线都是由多段样条曲线组合而成，曲线段之间连接的光滑性一般称为连续性，有几何连续(G)和参数连续(C)两种不同的类型，不同次数的连续性分别用 G^d 和 C^d 表示，d 是次数，当 d 小于 3 时，几何连续具有明显的物理意义，图 2.14 所示的就是 G^0、G^1 和 G^2 连续的物理意义，G^0 表示位置连续，G^1 表示切线连续，G^2 表示曲率连续。在 UG 软件中还有 G^3 连续，表示曲率的变化率连续，适用于 A 级曲线或曲面的构造。

(1) 位置连续 G^0：两连接曲线的端点坐标重合，对两曲线端点处的切线向量和曲率中心没有要求。

如图 2.14(a)所示两端点坐标重合，两曲线端点处切线不重合，曲率中心不重合。在 UG 软件中通过曲线曲率梳分析可得两端点处的曲率大小不相同，方向不一致。

(2) 切线连续 G^1：两连续曲线端点的坐标、切线向量必须重合，对曲率中心没有要求。

如图 2.14(b)所示两端点坐标重合，两曲线端点处切线重合，曲率中心不重合。在 UG 软件中通过曲线曲率梳分析可得两端点处的曲率大小不相等，方向一致。

(3) 曲率连续 G^2：两连续曲线端点的坐标、切线向量、曲率中心必须重合。

如图 2.14(c)所示两端点坐标重合，两曲线端点处切线重合，曲率中心重合。在 UG 软件中通过曲线曲率梳分析可得两端点处的曲率大小相等，方向一致。

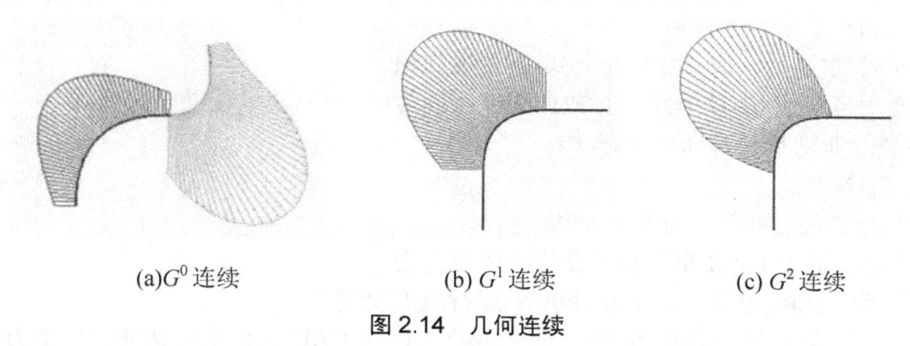

(a)G^0 连续　(b) G^1 连续　(c) G^2 连续

图 2.14　几何连续

与几何连续不同，参数连续(C^d)被表示成 u 的导数，即 $\frac{\mathrm{d}^n x}{\mathrm{d}u^n}$ 和 $\frac{\mathrm{d}^n y}{\mathrm{d}u^n}$，一般来说通过 u 的导数值很难看出其具体的物理意义，因此参数连续不能根据几何体的形状确定。

4. 曲线的控制点、局部控制及全局控制

控制点即设计者用来控制曲线形状的那些点。当曲线通过控制点时，如图 2.15(a)所示，这些点也称为型值点。图 2.15(b)所示的曲线不通过每一个控制点，由控制点连成的多边形(称之为控制多边形)控制着曲线的形状。

由于某一控制点位置的改变，曲线的形状也会随之变化。若这种变化是整体的[如图 2.16(a)所示，图中双点画线表示变化后的曲线]，则把这种控制称为全局控制。如果这种变化仅发生在以该点为中心的邻近区域[如图 2.16(b)所示]，则称之为局部控制。在计算机辅助设计中，全局控制所产生的变化常给设计人员带来不便。所以在计算机辅助设计中，具有局部控制功能的非均匀有理 B 样条曲线成为 CAD 软件的曲线标准。

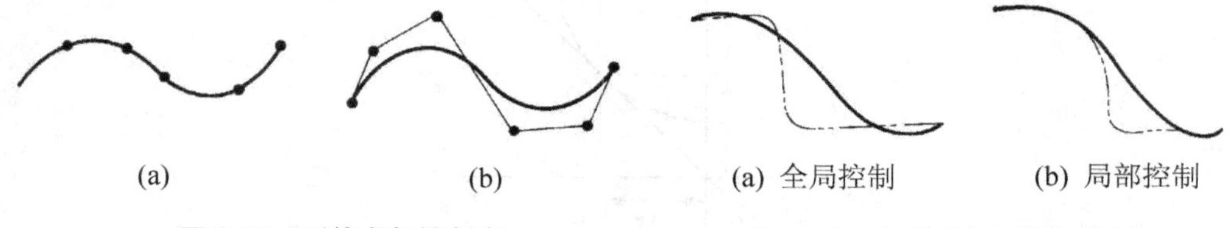

(a)　(b)

图 2.15　型值点与控制点

(a) 全局控制　(b) 局部控制

图 2.16　全局控制与局部控制

5. 曲线的阶、次和段数

由不同幂指数变量组成的表达式称为多项式。多项式中最大指数称为多项式的阶。样条曲线由多段构成，每一段样条曲线的控制点的个数称为该段样条曲线的次。其阶数值等于次数值减一。

例如

$$5X^3+6X^2-8X=10\text{（阶次为 3 阶）}$$
$$5X^4+6X^2-8X=10\text{（阶次为 4 阶）}$$
$$5X^5+6X^2-8X=10\text{（阶次为 5 阶）}$$

曲线的阶次用于判断曲线的复杂程度，而不是精确程度。简单地说，曲线的阶和次越高，曲线就越复杂，计算量就越大。

使用低阶曲线有如下优点。

(1) 更加灵活。

(2) 更加靠近它们的极点。

(3) 使后续(显示、加工和分析等)运行速度更快。

(4) 便于与其他 CAD 系统进行数据交换，因为许多 CAD 只接受三次曲线。

使用高阶曲线常会带来如下弊端。

(1) 灵活性差。

(2) 可能引起不可预知的曲率波动。

(3) 造成与其他 CAD 系统数据交换时的信息丢失。

(4) 使后续操作(显示、加工和分析等)运行速度变慢。

一般来讲，最好使用低阶多项式，这就是在 UG 等 CAD 软件中默认的阶次都为低阶的原因。

样条曲线一般由多段曲线连接而成，曲线段的阶数比其控制多边形的顶点数少 1，所以当控制多边形的顶点数为 3 时，其构造的样条曲线段阶数为 2。如果要构造 3 次 B 样条曲线，就需要 4 个顶点的控制多边形。换句话说，组成一条 B 样条曲线的曲线段的数量与曲线的阶以及控制点的数量之间的关系如下

$$n_s=n-d \tag{2-24}$$

式中，n_s 为曲线段的数量；n 为控制点的数量；d 为曲线的阶。

6. 曲线的斜率和曲率

曲线的斜率是指曲线上指定点的斜率，表示曲线上该点处切线的倾斜角的正切，即曲线在该点的切线和 X 轴之间夹角的正切。斜率表明曲线在该点的弯曲方向，如图 2.17 所示。

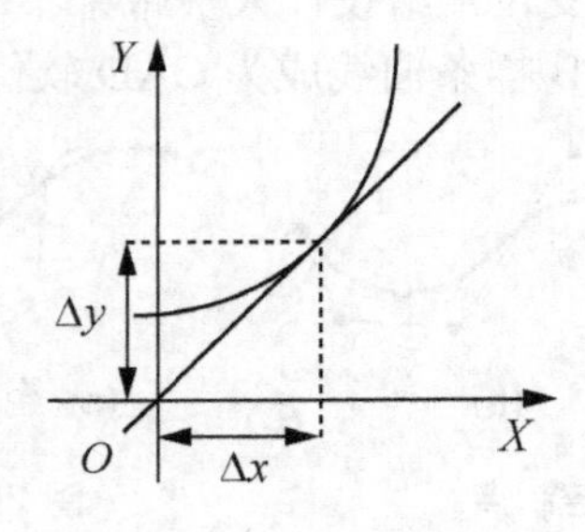

图 2.17　曲线上指定点的斜率

$$k=\tan\alpha=\frac{\Delta y}{\Delta x} \tag{2-25}$$

曲线的曲率：如果动点 M 沿曲线移到 N 点，曲线上的切线也跟着转动，切线转动的角

$\Delta\varphi$ 称为转角。如果两弧的长度相等，那么切线转角大的，曲线弧的弯曲程度也大，如图 2.18 所示；如果两弧的切线转角相等，那么曲线弧长的，曲线弧的弯曲程度反而小，如图 2.19 所示。

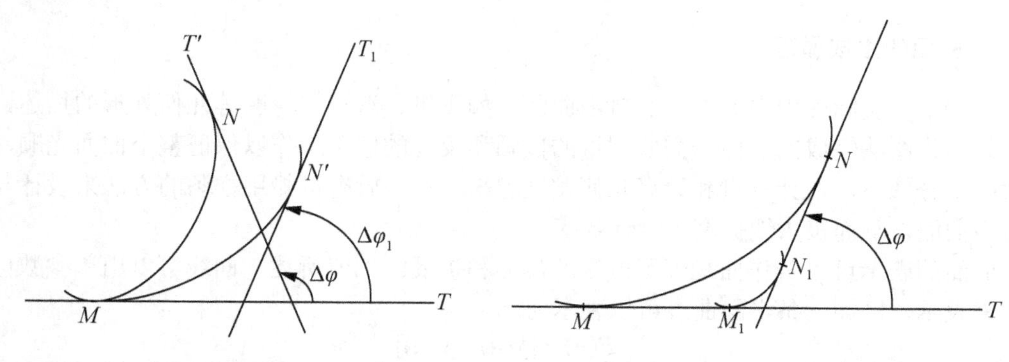

图 2.18　曲线弧长相等　　　　图 2.19　曲线切线的转角相等

综上分析，应以单位长度曲线的切线转角来衡量曲线的弯曲程度。

弧 MN 的两端的切线转角 $\Delta\alpha$ 与弧长 Δs 之比的绝对值，称为该段弧的平均曲率，记为 $\overline{K}$，即

$$\overline{K}=\left|\frac{\Delta\alpha}{\Delta s}\right|$$

平均曲率仅表示某段的弯曲程度的平均值。显然，当弧长越短时，平均曲率就越能近似地表示某一点附近的弧的弯曲程度，当弧长无限趋于 0 时，平均曲率就趋于某点的弯曲程度。

当弧长趋近于 0 时，如果弧 MN 的平均曲率存在，则称 K 为曲线在该点的曲率，即

$$K=\lim_{N\to M}\left|\frac{\Delta\alpha}{\Delta s}\right|$$

特别提示

曲率取绝对值的含义是只考虑曲线的弯曲程度，因此，曲率只取正值。平均曲率和曲率的单位为弧度每单位长。

直线的曲率：对于直线而言，任意一点的切线都与该直线重合，也即互相平行，所以，任意线段的切线转角 $\Delta\alpha=0$，则直线上的任意一段线段的平均曲率与任意一点的曲率均为零。

圆的曲率：在圆上任取一段弧 $\overset{\frown}{AB}$，则两端的切线 AP 与 BP 的转角 α 等于圆心角 $\angle AOB$，于是 $\overset{\frown}{AB}=R\alpha$，所以，$\overset{\frown}{AB}$ 的平均曲率为

$$\overline{K}=\left|\frac{\Delta\alpha}{\Delta s}\right|=\frac{\alpha}{R\alpha}=\frac{1}{R}$$

圆上任意一点的曲率

$$K=\lim_{N\to M}\left|\frac{\Delta\alpha}{\Delta s}\right|=\lim_{\Delta s\to 0}\frac{1}{R}=\frac{1}{R}$$

2.2 曲面数学基础

2.2.1 曲面的生成原理

一些工程实际应用中的复杂的自由曲面，如飞机、汽车、轮船等几何外形的描述，传统上是用作图法完成的。由于需要大量的试画和反复的修正工作以保证整个曲面光顺，所以效率十分低下，在计算机和计算几何发展起来之后，就有可能用样条的方法来设计与描述自由曲面，从而极大地提高了设计效率。

曲面的表示可以看作曲线表示方法的延伸和扩展。如前所述，曲线可以用单参数向量函数来表示，例如一条平面曲线可以表示为

$$P(u)=[x(u) \quad y(u)]$$

同理，一条空间曲线可以表示为

$$P(u)=[x(u) \quad y(u) \quad z(u)]$$

而曲面则可以用双参数向量函数来表示，即

$$S(u,v)=[x(u,v) \quad y(u,v) \quad z(u,v)] \tag{2-26}$$

1. Coons 曲面

Coons 曲面是用其 4 个角点处的位矢、切矢和扭矢等信息来控制曲面形状的。在描述 Coons 曲面时，大量使用由 Coons 创造的一套简缩记号，从而使表达式简洁明确。这套记号如下。

曲面 $S(u,v)$ 记作 uv，即

$$uv=[x(u,v) \quad y(u,v) \quad z(u,v)]$$

曲面的 4 个角点的位矢记作

$$00=S(0,0) \qquad 01=S(0,1)$$
$$10=S(1,0) \qquad 11=S(1,1)$$

曲面 4 个角点处沿 u 方向的切矢记作

$$00_u=\left.\frac{\partial S(u,v)}{\partial u}\right|_{\substack{u=0\\v=0}} \qquad 01_u=\left.\frac{\partial S(u,v)}{\partial u}\right|_{\substack{u=0\\v=1}}$$

$$10_u=\left.\frac{\partial S(u,v)}{\partial u}\right|_{\substack{u=1\\v=0}} \qquad 11_u=\left.\frac{\partial S(u,v)}{\partial u}\right|_{\substack{u=1\\v=1}}$$

曲面 4 个角点处沿 v 方向的切矢记作

$$00_v=\left.\frac{\partial S(u,v)}{\partial v}\right|_{\substack{u=0\\v=0}} \qquad 01_v=\left.\frac{\partial S(u,v)}{\partial v}\right|_{\substack{u=0\\v=1}}$$

$$10_v=\left.\frac{\partial S(u,v)}{\partial v}\right|_{\substack{u=1\\v=0}} \qquad 11_v=\left.\frac{\partial S(u,v)}{\partial v}\right|_{\substack{u=1\\v=1}}$$

曲面 4 个角点处的扭矢记作

$$00_{uv}=\left.\frac{\partial^2 S(u,v)}{\partial u \partial v}\right|_{\substack{u=0\\v=0}} \qquad 01_{uv}=\left.\frac{\partial^2 S(u,v)}{\partial u \partial v}\right|_{\substack{u=0\\v=1}}$$

$$10_{uv}=\left.\frac{\partial^2 S(u,v)}{\partial u \partial v}\right|_{\substack{u=1\\v=0}} \qquad 11_{uv}=\left.\frac{\partial^2 S(u,v)}{\partial u \partial v}\right|_{\substack{u=1\\v=1}}$$

上述 16 个信息就是控制 Coons 曲面的信息，其中前 3 组共 12 个信息完全决定了 4 条边界曲线的位置和形状，如图 2.20 所示；第 4 组信息即角点的扭矢则与 4 个边界的形状毫无关系，它反映了曲面的凹凸。

把上述 16 个控制信息写成矩阵的形式如下

$$\boldsymbol{C}=\begin{bmatrix} 00 & 01 & 00_v & 01_v \\ 10 & 11 & 10_v & 11_v \\ 00_u & 01_u & 00_{uv} & 01_{uv} \\ 10_u & 11_u & 10_{uv} & 11_{uv} \end{bmatrix}=\begin{bmatrix} \text{角点位置向量} & v\text{向切向量} \\ u\text{向切向量} & \text{扭矢} \end{bmatrix}$$

Coons 曲面实际上是双三次曲面，其方程为

$$uv=\boldsymbol{U}\cdot\boldsymbol{M}\cdot\boldsymbol{C}\cdot\boldsymbol{M}^T\cdot\boldsymbol{V}^T \qquad (0\leqslant u\leqslant 1, 0\leqslant v\leqslant 1) \tag{2-27}$$

式中

$$\boldsymbol{U}=[u^3 \quad u^2 \quad u \quad 1]$$

$$\boldsymbol{M}=\begin{bmatrix} 2 & -2 & 1 & 1 \\ -3 & 3 & -2 & -1 \\ 0 & 0 & 1 & 0 \\ 1 & 0 & 0 & 0 \end{bmatrix}$$

$$\boldsymbol{M}^T=\begin{bmatrix} 2 & -3 & 0 & 1 \\ -2 & 3 & 0 & 0 \\ 1 & -2 & 1 & 0 \\ 1 & -1 & 0 & 0 \end{bmatrix}$$

$$\boldsymbol{V}^T=\begin{bmatrix} v^3 \\ v^2 \\ v \\ 1 \end{bmatrix}$$

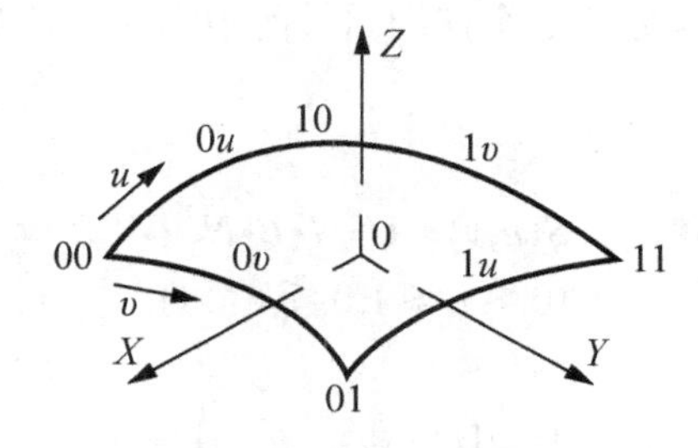

图 2.20　Coons 曲面的边界曲线与角点

式(2-27)写成 x,y,z 3 个方向分量的形式，则 Coons 曲面可以表示为

$$x(u,v)=\boldsymbol{U}\cdot\boldsymbol{M}\cdot\boldsymbol{C}\cdot\boldsymbol{M}^T\cdot\boldsymbol{V}^T$$
$$y(u,v)=\boldsymbol{U}\cdot\boldsymbol{M}\cdot\boldsymbol{C}\cdot\boldsymbol{M}^T\cdot\boldsymbol{V}^T$$
$$z(u,v)=\boldsymbol{U}\cdot\boldsymbol{M}\cdot\boldsymbol{C}\cdot\boldsymbol{M}^T\cdot\boldsymbol{V}^T$$
$$(0\leqslant u\leqslant 1,0\leqslant v\leqslant 1)$$

2. Bézier 曲面

Coons 曲面的描述是建立在一些数学概念上的，如位置向量、切向量和扭矢等。特别是扭矢的概念，往往使用户不易理解，且使用不便。Bézier 曲面则较好地克服了这一困难，它是 Bézier 曲线的推广。

以双三次 Bézier 曲面为例，它是通过给定的 4×4 个空间网格点来控制的，如图 2.21 所示。和 Bézier 曲线类似，这 16 个控制点决定了 Bézier 曲面的形状。

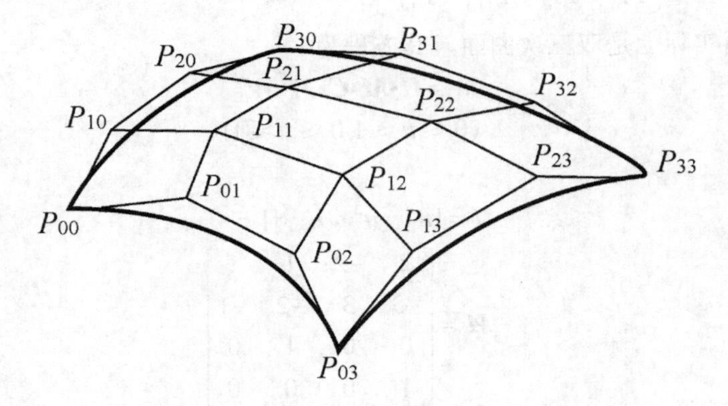

图 2.21　Bézier 曲面和控制点

将这 16 个控制点写成矩阵的形式如下

$$\boldsymbol{B}=\begin{bmatrix} P_{00} & P_{01} & P_{02} & P_{03} \\ P_{10} & P_{11} & P_{12} & P_{13} \\ P_{20} & P_{21} & P_{22} & P_{23} \\ P_{30} & P_{31} & P_{32} & P_{33} \end{bmatrix}$$

与 Coons 曲面类似，Bézier 曲面的 B 矩阵中周围的 12 个信息(位置向量)定义了 4 条三次 Bézier 曲线，这 4 条曲线就是曲面的边界线；而角点 P_{00}、P_{30}、P_{03}、P_{33} 与邻近的点分别定义了 4 条边界曲线在角点处的 8 个切向量；而中间 4 个信息 P_{11}、P_{12}、P_{21}、P_{22} 则决定了曲面凹凸。

Bézier 曲面的表达式为

$$S(u,v)=\boldsymbol{U}\cdot\boldsymbol{N}\cdot\boldsymbol{B}\cdot\boldsymbol{N}^T\cdot\boldsymbol{V}^T \quad (0\leqslant u\leqslant 1,0\leqslant v\leqslant 1) \tag{2-28}$$

式中

$$\boldsymbol{U}=[u^3 \quad u^2 \quad u \quad 1]$$

$$N=\begin{bmatrix}-1 & 3 & -3 & 1\\ 3 & -6 & 3 & 0\\ -3 & 3 & 0 & 0\\ 1 & 0 & 0 & 0\end{bmatrix}=N^T$$

$$V^T=\begin{bmatrix}v^3\\ v^2\\ v\\ 1\end{bmatrix}$$

式(2-28)写成 x, y, z 3 个方向分量的形式，则 Bézier 曲面可以表示为

$$x(u,v)=\boldsymbol{U}\bullet\boldsymbol{N}\bullet\boldsymbol{B}_x\bullet\boldsymbol{N}^T\bullet\boldsymbol{V}^T$$
$$y(u,v)=\boldsymbol{U}\bullet\boldsymbol{N}\bullet\boldsymbol{B}_y\bullet\boldsymbol{N}^T\bullet\boldsymbol{V}^T$$
$$z(u,v)=\boldsymbol{U}\bullet\boldsymbol{N}\bullet\boldsymbol{B}_z\bullet\boldsymbol{N}^T\bullet\boldsymbol{V}^T$$
$$(0\leqslant u\leqslant 1, 0\leqslant v\leqslant 1)$$

3. B 样条曲面

如同 Bézier 曲面可以由 Bézier 曲线推广而来一样，B 样条曲面也可以由 B 样条曲线推广而来，这里仅讨论双三次 B 样条曲面。

与双三次 Bézier 曲面一样，双三次 B 样条曲面也是由给定的 4 × 4 个空间网格点来控制的，如图 2.22 所示。这 16 个控制点决定了 B 样条曲面的形状。由这 16 个控制点组成的空间网格为特征网格。

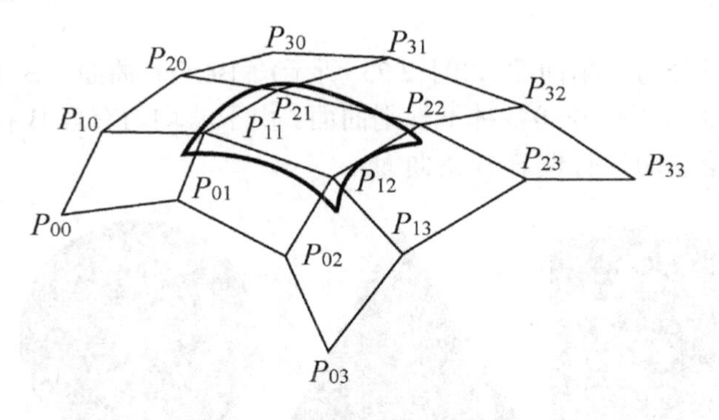

图 2.22　B 样条曲面的特征网格

同样，可以把这 16 个控制点写成如下矩阵形式

$$B=\begin{bmatrix}P_{00} & P_{01} & P_{02} & P_{03}\\ P_{10} & P_{11} & P_{12} & P_{13}\\ P_{20} & P_{21} & P_{22} & P_{23}\\ P_{30} & P_{31} & P_{32} & P_{33}\end{bmatrix}$$

与三次 B 样条曲线相似，双三次 B 样条曲面的优点是很好解决了曲面片之间的连接问题。只要其特征网格沿某一方向延伸一排，就可以决定另一个曲面片，且两曲面片之间可以达到 C^2 连续。

B 样条曲面的表达式为

$$S(u,v)=\boldsymbol{U}\bullet\boldsymbol{N}\bullet\boldsymbol{B}\bullet\boldsymbol{N}^T\bullet\boldsymbol{V}^T \quad (0\leqslant u\leqslant 1,0\leqslant v\leqslant 1) \tag{2-29}$$

式中

$$\boldsymbol{N}=\frac{1}{6}\begin{bmatrix}-1 & 3 & -3 & 1\\ 3 & -6 & 3 & 0\\ -3 & 0 & 3 & 0\\ 1 & 4 & 1 & 0\end{bmatrix}$$

$$\boldsymbol{V}^T=\begin{bmatrix}v^3\\ v^2\\ v\\ 1\end{bmatrix}$$

式(2-29)写成 x,y,z 3 个方向分量的形式，则 B 样条曲面可以表示为

$$x(u,v)=\boldsymbol{U}\bullet\boldsymbol{N}\bullet\boldsymbol{B}_x\bullet\boldsymbol{N}^T\bullet\boldsymbol{V}^T$$
$$y(u,v)=\boldsymbol{U}\bullet\boldsymbol{N}\bullet\boldsymbol{B}_y\bullet\boldsymbol{N}^T\bullet\boldsymbol{V}^T$$
$$z(u,v)=\boldsymbol{U}\bullet\boldsymbol{N}\bullet\boldsymbol{B}_z\bullet\boldsymbol{N}^T\bullet\boldsymbol{V}^T$$
$$(0\leqslant u\leqslant 1,0\leqslant v\leqslant 1)$$

2.2.2　曲面数学知识

1．曲面的分类

曲面从数学上可分为基本曲面(如图 2.23 所示)、Bézier 曲面、B 样条曲面等。Bézier 曲面与 B 样条曲面通常用来描述各种不规则曲面。由于非均匀有理 B 样条曲面已作为工业标准，所以重点讨论非均匀有理 B 样条曲面。

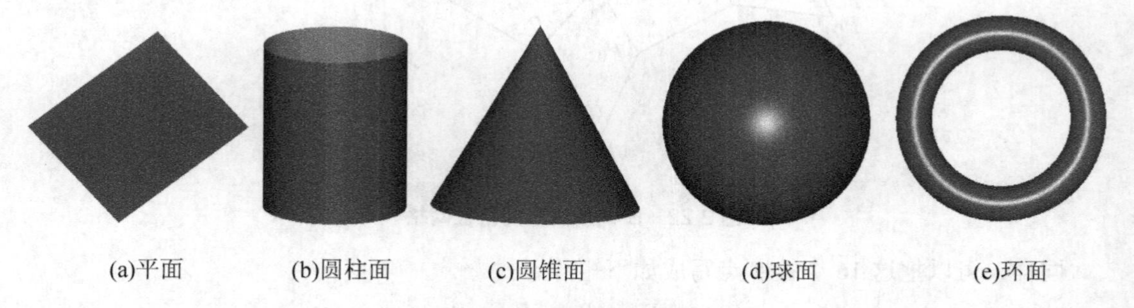

(a)平面　(b)圆柱面　(c)圆锥面　(d)球面　(e)环面

图 2.23　基本曲面

2．曲面公式

非均匀有理 B 样条曲面的公式如下

$$S(u,v)=\frac{\sum_{i=0}^{m}\sum_{j=0}^{n}w_{i,j}P_{i,j}B_{i,k}(u)B_{j,l}(v)}{\sum_{i=0}^{m}\sum_{j=0}^{n}w_{i,j}B_{i,k}(u)B_{j,l}(v)} \tag{2-30}$$

式中，$P_{i,j}$ 是控制点；$w_{i,j}$ 是权因子；$B_{i,k}(u)$ 是沿 u 向的 k 次 B 样条曲线基函数；$B_{i,l}(v)$ 是沿 v 向的 l 次 B 样条曲线基函数。

从公式(2-30)可以看出，为了修改曲面的形状，既可借助调整控制点，又可利用权因子，因而具有较大的灵活性。非均匀有理 B 样条曲面如图 2.24 所示。此方法还有如下特点。

(1) 计算稳定。

(2) 可用一个统一的表达式同时精确地表示标准的解析形体和自由曲面。

(3) 具有功能完善的几何计算工具。

但也存在如下的缺点。

(1) 当应用样条曲线定义解析曲面时，需要额外的存储空间。

(2) 权因子的应用给工程人员提出了更高的要求。

(3) 某些基本算法还存在计算不稳定性，需继续完善。

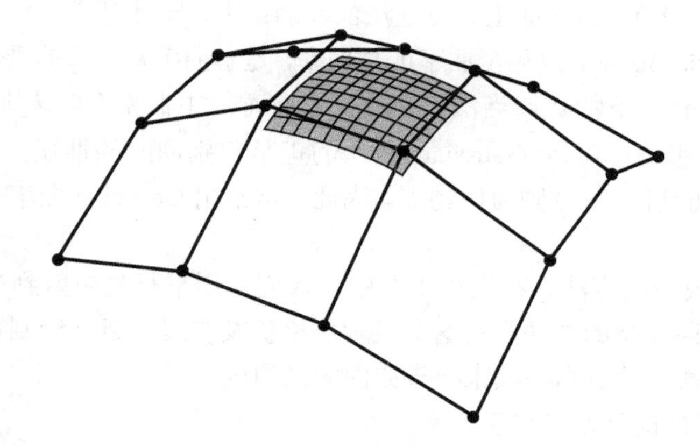

图 2.24 非均匀有理 B 样条曲面

3. 曲面的光顺性

对曲面来讲，人们对它的光顺性要求越来越高，一般的 CAD 软件是利用什么数学方法来处理及检查曲面的光顺性呢？下面分别加以介绍。

1) 曲面光顺处理

对曲面进行光顺处理有两种方式。

(1) 将曲面的光顺性转换成网格线的光顺性问题进行处理，即网格光顺。

(2) 根据曲面所具有的一些量对曲面进行光顺处理，而不仅仅考虑曲面的网格线。

下面以应用最为广泛的能量法具体介绍曲面光顺处理的数学方法。

其基本原理是使曲面的整体能量在一定的约束条件下达到最小。

利用能量法对曲面进行光顺可转化为如下的最优化问题

$$\left.\begin{aligned} &\min E(P) \\ &D(P)=\sum_{i=1}^{n}\sum_{j=1}^{n}(P_{i,j}-P_{i,j}^{0})^{2}<\varepsilon \end{aligned}\right\} \tag{2-31}$$

式中，P 是由曲面的控制点构成的向量；$E(P)$ 是目标函数；$P_{i,j}^0$ 是原曲面的控制顶点；$P_{i,j}$ 是待求的控制顶点；$D(P)$ 是光顺后的曲面对原曲面的偏离的平方；ε 是给定的容差。

目标函数 $E(P)$ 亦称为能量函数，用来度量曲面的光顺程度，也常将其称为光顺准则。$E(P)$ 的值越小，曲面越光顺；反之，越不光顺。因此，可以使 $E(P)$ 最小达到光顺曲面的作用。$D(P)$ 则反映了光顺前后曲面的偏差。

2) 曲面的光顺性检查

对曲面进行光顺性检查，通常分为 4 种，即基于曲面、基于光照模型、等高线法、基于变换的方法。下面具体介绍基于曲率和基于光照模型这两种方法。

(1) 基于曲率的方法。基于曲率的方法又分为曲率的颜色映射、绘制等曲率线、绘制反映截面线曲率变化的直线段等。

对于曲率，所关心的是以下内容。

① 主曲率(k_1，k_2)：即曲面上某点处法曲率的最大、最小值。

② 高斯(Gaussian)曲率：也称全曲率或总曲率，是主曲率 k_1，k_2 的乘积，即 $K = k_1 \times k_2$。

Gaussian 曲率有如下特点：当法矢 n 改变方向时，主曲率 k_1，k_2 同时改变符号，而 Gaussian 曲率不受影响；可用 Gaussian 曲率的正负判别曲面的性质，如 $K > 0$ 则为椭圆点，$K < 0$ 则为双曲点，$K = 0$ 则为抛物点。因此，常常用 Gaussian 曲率来检查曲面的光顺程度。

(2) 基于光照模型的方法。在汽车工业中，人们常用平行光照射到车身上来检查曲面是否光顺，基于光照模型的方法是对这一过程的模仿及扩展。通常绘制真实感图形、绘制等照线、绘制反射线、绘制高亮线来检查曲面的光顺程度。

3) 曲面的光顺性检查方法比较

以上各种方法都有自己的特点，只有结合利用才能最好地检查曲面的光顺性。

基于曲率的方法可以使用户方便地观察曲面曲率的分布情况，曲率颜色映射和等曲率线法能够使用户很容易识别出曲面上的波动和凹凸区域等，能够准确地判断相邻曲面片的 C^1、C^2 连续性。

基于光照模型的方法实质上反映了曲面法矢的变化情况，能够帮助用户判断曲面之间的 G^1、G^2 连续性，绘制曲面的真实感图形，可以使用户对曲面的形状有一个非常直观的了解，但不能判断曲面的 C^2 连续性。

等高线法可以使用户了解曲面的形状，找出峰谷最大、最小点。

4. UG NX 软件中的曲面数学性质

UG NX 软件支持基本曲面与非均匀有理 B 样条曲面。对于非均匀有理 B 样条曲面，在 UG 中可支持阶次不超过 24 的曲面。

UG NX 软件能够对曲面进行连续操作及连续性检查，如 G^1、G^2、G^3 的连续性曲面构造及检查，其中 G^3 表示曲率的变化率连续。

2.3　曲面工程基础

2.3.1　工程曲面的分类

1. 工程曲面分类

在 CAD 应用中，通常把曲面分为 A、B、C3 个级别。

(1) A 级曲面：一般用于汽车车身等光顺度、美学要求比较高的曲面。

(2) B 级曲面：一般汽车内部钣金件和结构件大部分都由初等解析几何面构成，这部分曲面不需要从美学上考虑一些人性化的设计，只需从性能和工艺要求出发。在满足性能及工艺要求后就可以认为达到要求的曲面通常称为 B 级曲面。通常对于一个产品来说，从外观上看不到的地方都可以作为 B 级曲面，这样无论对于结构性能还是加工成本，都是有益的。

(3) C 级曲面或要求更低的曲面：这种曲面在 CAD 工程中比较少见，大多用于雕塑、快速成形和影视动画中，在 CAD 工程中一般作成 B 级曲面。

2. A 级曲面的定义

对于 A 级曲面，到目前为止还没有统一的定义。对于实际工程来讲，A 级曲面通常决定于客户工程的需求及要求。比较统一的定义如下：在整个工业产品开发流程中，有一工程段重点是确定产品表面曲面的品质，这一阶段通常称构造 A 级曲面。

A 级曲面不只是一般意义曲面质量的等级，它是随着工业设计的发展而产生的一种通称，一般是产品的可见部分和外部形状。因此，从工业设计及美学的角度考虑，A 级曲面一般需要满足以下特征。

(1) 最重要的一个特征就是光顺，即避免在光滑表面上出现突然的凸起和凹陷等。在两张曲面间过渡时，A 级曲面除了局部细节外需要曲率逐渐变化的过渡曲面，而普通的倒圆是不适合的。这种过渡使产品外形摆脱了机械产品的生硬。

(2) 另一个特性是除了细节特征外，采用大的曲率半径和一致的曲率变化，即无多余的拐点。

(3) 机械产品的外形生硬，一般来讲除了细节特征外不能由初等解析曲面构成，应以柔和的 NURBS 来构造。

(4) 为达到美观的要求，A 级曲面的关键曲线不仅要光顺，而且还要与设计意图保持一致。

2.3.2　工程曲面的要求

1. 工程中的光顺

什么是光顺的曲线曲面？直观上来看，直线、圆弧、平面、柱面和球面等简单的几何形状是光顺的。如果一条曲线拐来拐去，有尖点或许多拐点，或一张曲面上有很多皱纹，凸凹不平，则认为这样的曲线和曲面不光顺。此外，在车身数学放样中，通常认为在插值于给定型值点的所有曲线和曲面中，通过这些型值点的弹性条曲线或弹性薄板是最光顺的。但很难给光顺性下一个准确的定义，光顺性仍是一个模糊的概念。这是因为光顺性涉及几何外形的美观性，难免受主观因素的影响。此外，在不同的实际问题中，对光顺的要求也不同，因此，至今对光顺性还没有一个统一的标准。

但光顺性也有客观性的一面，即光顺性具有一些共同点。

对于曲线，光顺性有以下特点。

(1) 二阶参数连续：即所谓的C^2连续，如图 2.25 所示为一阶连续，图 2.26 所示为二阶连续。

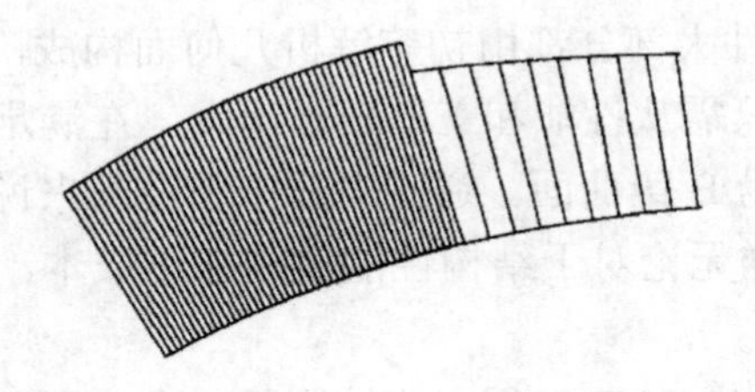

图 2.25　一阶连续

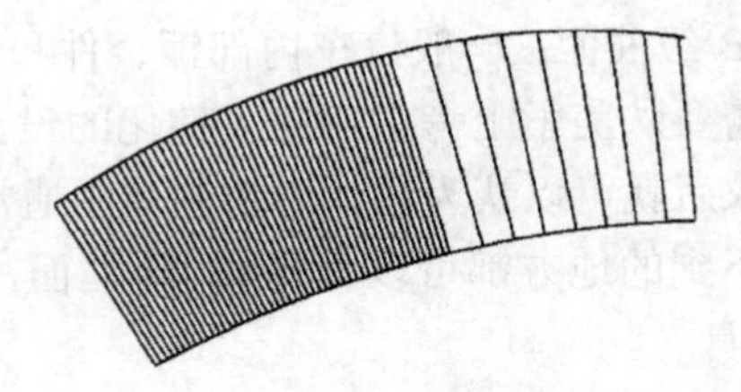

图 2.26　二阶连续

(2) 没有多余的拐点：即曲线出现 G 个拐点，但在拟合时出现了多于 G 个拐点，这样是不允许的，也就是说不允许在不应该出现拐点的地方出现了拐点，图 2.27 中无多余拐点，图 2.28 中出现一个多余拐点。

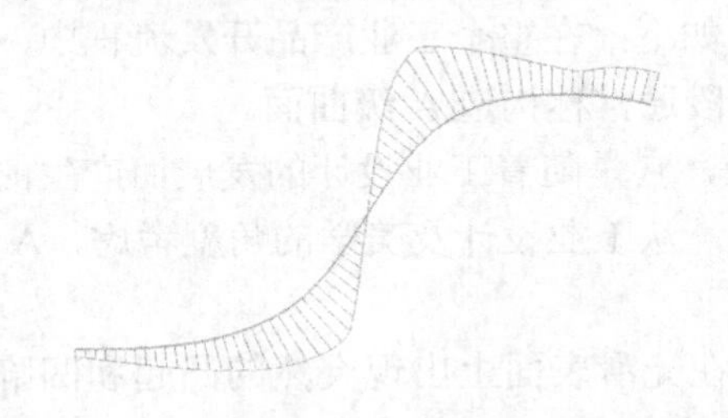

图 2.27　无多余拐点

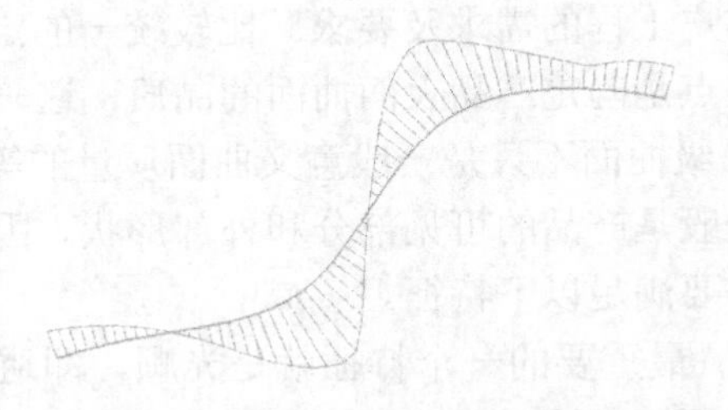

图 2.28　有一个多余拐点

(3) 曲率变化较均匀：当曲线上的曲率出现大幅度改变时，尽管没有多余拐点，曲线仍不光顺，因此要求光顺后的曲率变化比较均匀，如图 2.29 所示为曲率变化均匀，光顺；如图 2.30 所示为曲率变化不均匀，不光顺。

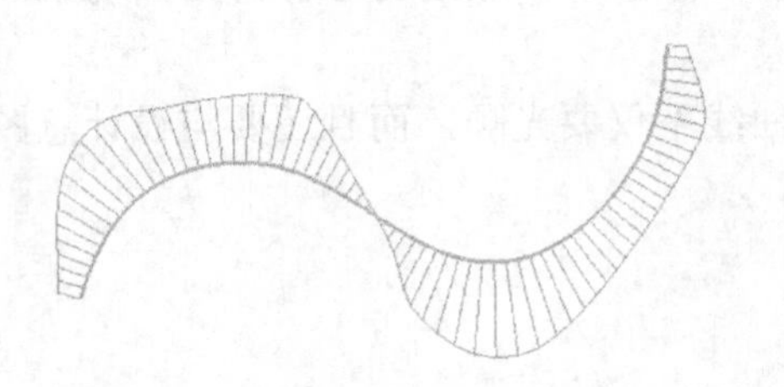

图 2.29　曲率变化均匀，光顺

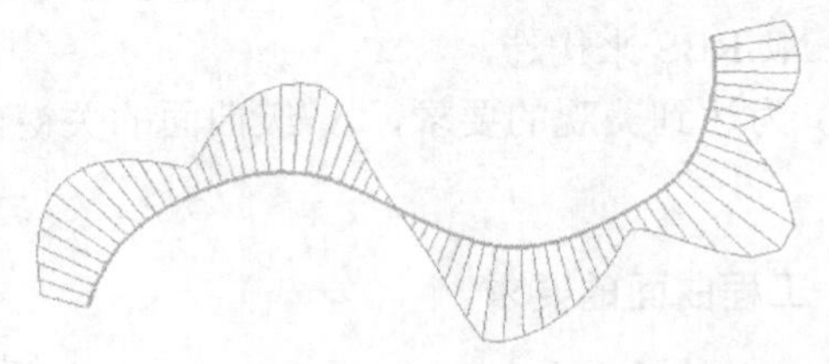

图 2.30　曲率变化不均匀，不光顺

(4) 不存在多余变挠点。

(5) 挠率变化比较均匀。

对于曲面，通常依据曲面上的关键曲线以及曲面曲率的变化是否均匀来判断。

(1) 关键曲线(如骨架线)光顺：如图 2.31 所示曲面光顺，如图 2.32 所示曲面不光顺。

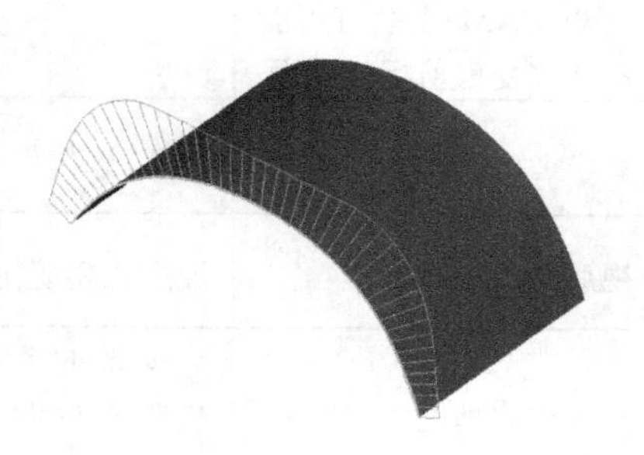

图 2.31　关键曲线光顺

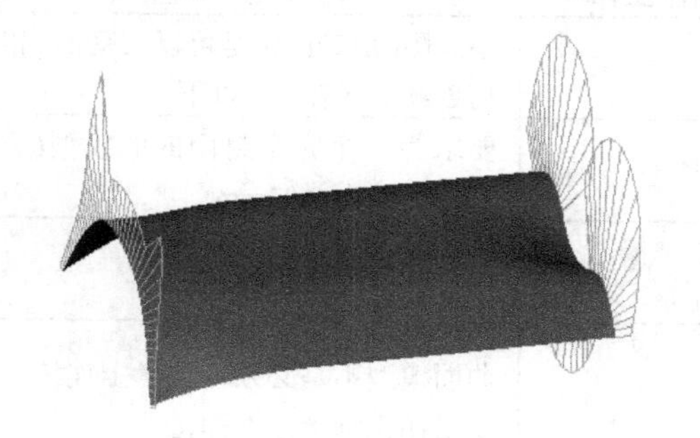

图 2.32　关键曲线不光顺

(2) 网格线无多余拐点及变挠点。

(3) 主曲率在节点处的跃度和(即曲率的跳跃)足够小。

(4) 高斯曲率变化均匀；如图 2.33 所示高斯曲率变化均匀，如图 2.34 所示为高斯曲率变化不均匀。

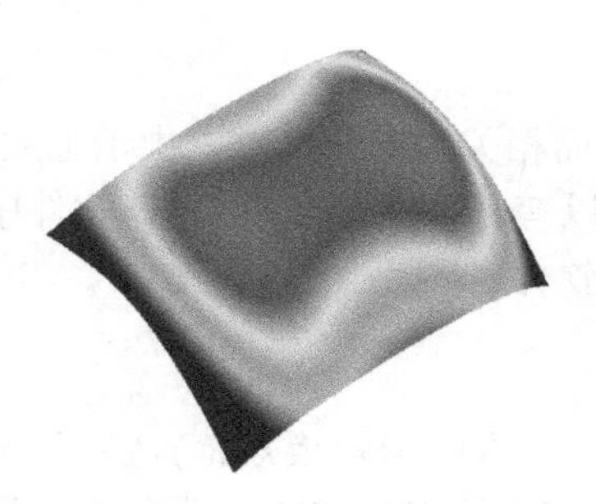

图 2.33　高斯曲率变化均匀

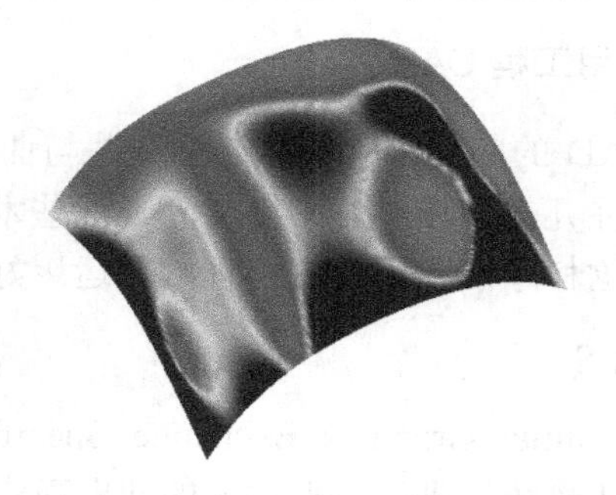

图 2.34　高斯曲率变化不均匀

上面只是对曲线曲面光顺性作一个大概的、定性的描述，在实际应用时还需对其进行定量的描述。

2. 工程曲面质量

工程需要什么样的曲面，所设计的曲面能否满足要求，要根据工程后续的需求及用户的要求来定义。

不同的行业对完成的模型会有不同的要求。例如，在动画行业，曲面模型仅仅需要在视觉上连续就可以了，但是在制造业中，最终完成的曲面必须在一个确定度数内相切连续，所需要的曲面的连续性和质量等级就是由后续工作来决定的。相对一个零件表面曲面的构造来说，其光顺度应该比它的精确度更加重要。光顺度是由选择正确的曲线和曲面建构方法来完成的，同时要保证曲面之间的平滑连续。

不同类型的后续工作对曲面的基本需求见表 2-2。

表 2-2　不同类型的后续工作的基本要求

后续工作	连　续　性	修剪曲面	其他参数
加工	小间隙(0.127mm)是可以接受的。相切连续性应在 0.5 以下	一些 CAM 系统有可能不会接受修剪后的曲面	
实体造型	要求为一个完全封闭的的模型(位置连续性为 0.03mm)		
包装，概念可视化	视后续的需求而定	视后续的需求而定	速度比精确更重要
动画	曲面模型不是必须在数学上连续，仅仅在视觉上连续即可	不允许修剪曲面	大多数的动画系统仅仅允许四边界的补片。需要均匀参数
快速原型	曲面模型应被封闭起来以用来产生一个封闭的 STL 模型		
有限元分析	它和快速成形模式很相似。曲面模型应是封闭的(间隙不能超过 0.05mm)		

2.3.3　常用工程 CAD 术语

在 CAD 的应用中常常会遇到一些与曲线和曲面相关的专业术语，由于绝大多数 CAD 应用人员在几何建模过程中都会涉及这些术语，所以有必要解释一下 CAD 软件中常用的专业术语，这样才能使用户真正理解和运用好 CAD 软件。

1. IGES

IGES(Initial Graphics Exchange Specification，基本图形转换规范)是为了解决不同的 CAD/CAM 系统间进行数据传递的问题而定义的一套表示 CAD/CAM 系统中常用几何和非几何数据格式的文件结构。

IGES 中的基本单元分为 3 类。

(1) 几何单元，如点、直线段、圆弧、B 样条曲线和曲面等。

(2) 描述性单元，如尺寸标注和绘图说明等。

(3) 结构单元，如组合项、图组和特性等。

IGES 不可能包含所有 CAD/CAM 系统中采用的图形和非图形单元。由于 IGES 本身的特性，使 IGES 还有如下问题。

(1) 不能精确完整地转换数据，其原因是在不同的 CAD/CAM 系统之间许多概念不一样，使某些定义数据(如表面定义)丢失。

(2) 不能转换属性信息。

(3) 层信息常常会丢失。

(4) 不能把两个零部件的信息放在一个文件中。

(5) 产生的数据量太大，使有些 CAD 系统难以处理。

在转换数据的过程中发生的错误很难确定，常要人工去处理 IGES 文件，要花费大量的时间和精力。在 UG NX 等三维实体造型软件中，IGES 文件表达的模型是片体。

2. STEP

STEP 是国际标准化组织(ISO)制定的产品数据表达与交换的标准，国际上各成员国(包括中国)的几百名专家花了 10 年的时间完成了 STEP 标准中的 12 个分号标准。

1995 年美国波音公司等 11 家航空工业巨头决定采用 STEP 标准；美国海军采购零件规定采用 STEP 标准；欧共体参与 GFM(通用工业分析模型项目)的 11 家公司和研究机构(包括工业用户)采用了 STEP 方法，并支持当前的软件和工业应用范围；日本、韩国政府及大企业也都纷纷立项发展 STEP 技术；我国已采用 STEP 标准。

STEP 标准采用全局数据模型的方法，模型所包含的信息不仅有几何信息，还有特征信息，因而能从根本上解决 CAD/CAM 的信息集成问题，使企业在计算机环境下共享产品数据，加快制造业的巨大发展。所以，广泛使用 STEP 标准是必然的趋势。

3. TOP-DOWM

众所周知，产品的设计过程实际上是从概念设计阶段入手，逐个阶段确定并求解设计参数，直到详细设计阶段完全确定零件的设计参数，即自顶向下的设计，也就是所谓的 TOP-DOWN，和它对应的是自底向上的设计，即要求先完成产品零件的详细设计后，才能得到产品的部件及整机的装配图和整体性能分析。

所谓 TOP-DOWN 是指支持 TOP-DOWN 的 CAD/CAM 技术，应首先进行功能分解，即通过设计计算将总功能分解成一系列第一级子功能，确定每个子功能参数；其次进行结构设计，即根据总功能及各个子功能的要求，设计出总体结构(装配)，确定各个子部件(子装配体)之间的位置关系、连接关系、配合关系。位置关系、连接关系及其他参数(如子功能参数)通过几何约束或功能参数约束等求解确定。对各个子部件的功能进行功能分析，对结构进行装配和工艺性分析之后，返回修改不满意之处，直到得到全局综合指标最优；然后分别对每个部件进行功能分析和结构设计，直到分解至零件。

4. 其他

下面介绍在曲面建模中经常使用及不易理解的几个术语。

(1) 非参数化建模：非参数化建模是显示建模，对象是相对于模型空间而建立的，彼此之间并没有相互的依存关系。对于 1 个或多个对象所作的改变不影响其他对象。

(2) 参数化建模：为了进一步编辑一个参数化模型，将用于模型定义的参数值随模型存储。参数可以彼此引用，以建立模型各个特征值间的关系。

(3) 基于约束的建模：在基于约束的建模中，模型的几何体是从作用到定义模型几何体的一组设计规则来驱动或求解的，这些约束可以是尺寸约束或几何约束。

(4) 复合建模：复合建模是指上述 3 种建模技术的发展与选择性的组合。UG NX 复合建模支持传统的显示几何建模特征及基于约束的草图和参数化特征建模。

(5) 曲线线段(segment)：曲线可以通过多项式表示，但当一条曲线的数据点太多时，就会造成多项式的幂非常大，导致计算量过大且容易造成不稳定。所以通常把曲线分成一些小段。这些小段通常叫做曲线线段，每一小段仅用较低阶的多项式表达即可，然后把各小段连接起来。

(6) 全息片体(smart sheet)：在 UG NX 软件中全息片体是指全参数化和全相关的曲面。

这类曲面的共同特点都是由曲线生成的，曲面与曲线具有关联性，即当构造曲面的曲线编辑修改后，曲面会自动更新。

(7) 关联性：关联性这一术语用来表示模型各部分之间的关系。这些关系是在设计者用不同的功能生成模型时建立的。约束关系是在模型创建过程中自动捕捉到的。例如，一个通孔与此孔所穿过的模型上的面相关联。如果以后改变了模型，这些面中的一个或两个都移动了，那么由于与这些面关联，此孔将自动更新。

(8) 父子关系：如果一个特征依附于另一个对象而存在，则它是此对象的子或依附者。而此对象反过来就是其子特征的父。例如，如果 HOLLOW(1)[抽壳(1)]是在 BLOCK(0)[长方体(0)]中生成的，则长方体就是父，而抽壳就是它的子。父可以有多个子，而子也可以有多个父。作为子的特征同时也可以是其他特征的父。在 UG NX 软件中，如果想看工作文件中各特征间的所有父子关系，打开模型导航器，如图 2.35 所示。

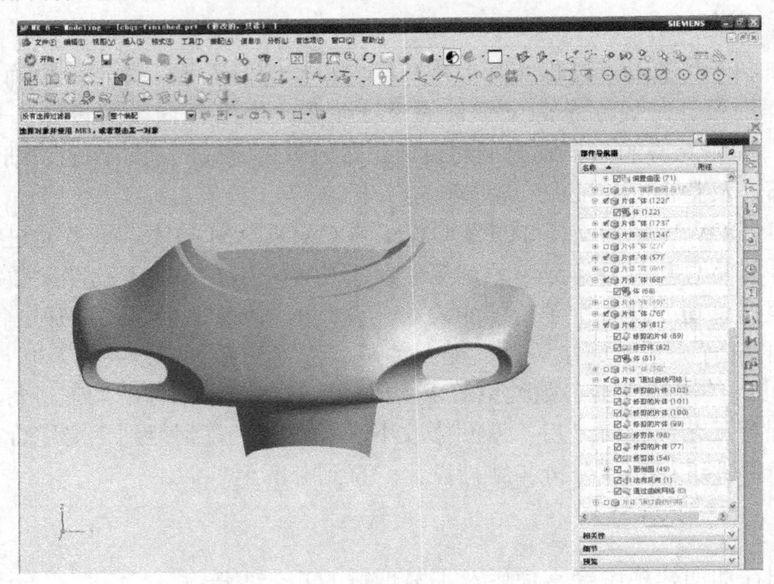

图 2.35　UG 导航器

2.4　曲面应用领域

2.4.1　工业设计

1. 概述

随着工业和经济的发展，消费者对产品的要求已不仅仅局限在功能上。产品不仅要有优良的性能，还要有美观的外形，这就需要工业设计。对于工业设计的概念，国际工业设计协会理事会(ICSID)作了如下的定义：“就批量生产的工业产品而言，凭借训练、技术知识、经验及视觉感受，而赋予材料、结构、构造、形态、色彩、表面加工、装饰以新的品质和规格，叫做工业设计。”美观的外形必然会增加产品外观的复杂程度，产品的外形往往由复杂的自由曲面构成。但是，在传统的产品开发模式下，很难用严密、统一的数学语言来准确描述这些自由曲面。

2. 曲面的作用及意义

在现代工业设计中，三维 CAD，特别是曲面造型技术的发展，很好地解决了自由曲面的问题，不仅使工业设计的整个周期大大缩短，而且使设计结果能够准确、迅速地体现设计者的意图。通常称只针对工业设计的软件为 CAID(即计算机辅助工业设计)，也可以理解为是 CAD 中的一种。现在比较流行的工业设计软件有：Alias 公司的 Studio Tools、Rhino、PTC 公司的 CDRS 与 3DPAINT 等。这类软件的共同特点是能够提供工业设计师进行概念设计、创意建模和真实效果渲染等所需的功能，但缺乏结构建模的能力，不能直接支持制造生产。相对于 CAID，可以把 Pro/E、UG NX、CATIA 等软件称为工程软件，因为它们不仅能够完成工业设计的要求，而且具有强大的结构建模能力，对于整个工程的制造生产更是提供了无缝的、强大的支持。通常所指的 CAD 软件主要是指 Pro/E、UG NX、CATIA 等工程软件。为了满足工业设计的需要，一些高端 CAD 软件都加入了专业的工业设计模块，这不仅减少了从 CAID 软件到 CAD 软件进行数据转换造成的数据异常或丢失，更为重要的是使整个工业设计的流程更加集成和一体化，更便于实现并行工程和 PDM 等后续的工作。

在现代工业设计中需要大量的三维 CAD 建模，特别是曲面建模。工业设计的基本知识是 CAD 建模工程师的必备知识。

3. 工业设计知识

1) 工业设计的原则及内容

工业设计的内容有 3 个基本原则：实用、美观、经济。

(1) 实用是指产品具有先进和完善的物质功能，即产品的功能设计应该体现科学性和先进性、操作的合理性和使用的可靠性。

(2) 美观是指产品造型美，是产品整体体现出来的全部美感的综合。它主要包括产品的形式美、结构美、工艺美和材质美等。

(3) 经济是指设计中要遵循价格规律，努力降低成本。

2) 工业设计研究的内容

工业设计的任务是使工业产品的外观设计充分体现产品功能的先进性和科学性，使工业产品既有突出的物质功能、人机高度协调关系，又有宜人的精神功能，实现技术与艺术的紧密结合，使美学融入工业设计中。其内容包括：科学与艺术的结合、人机系统的协调、产品的创造性、产品的经济性、适应时代的时尚性。图 2.36 所示为电子产品和可折叠自行车的工业设计样例。

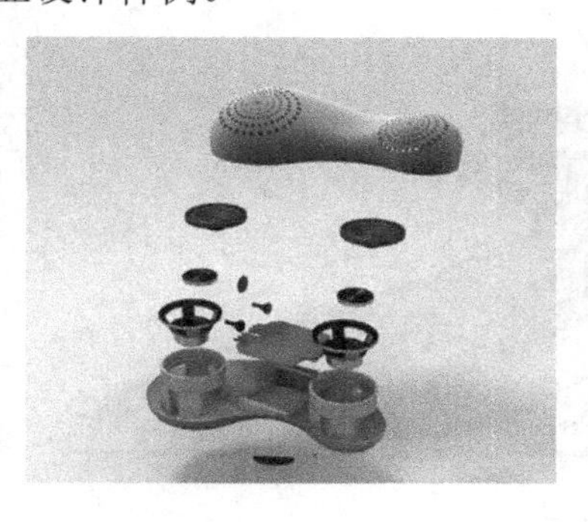

(a)

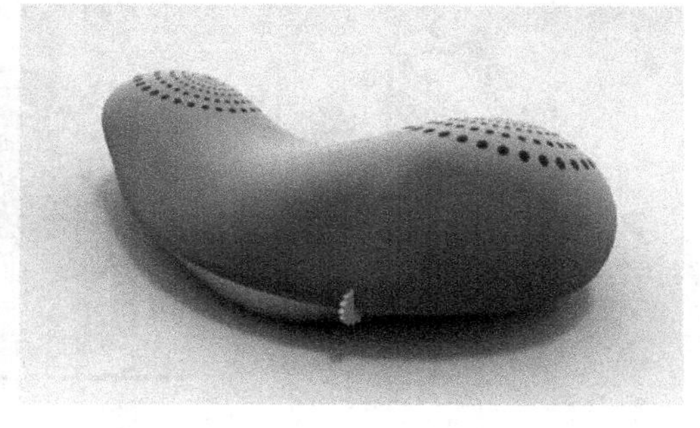

(b)

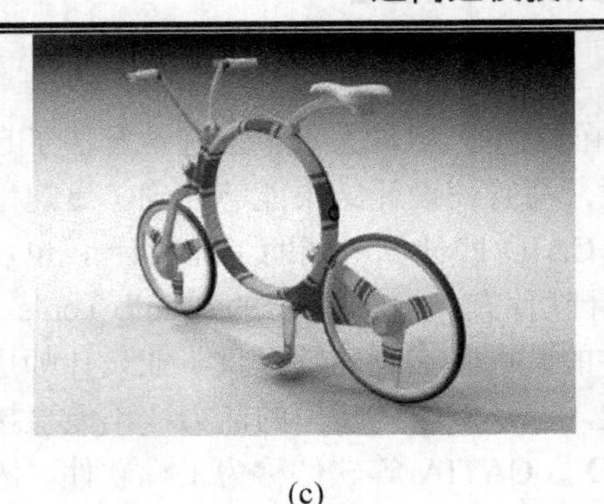

(c)

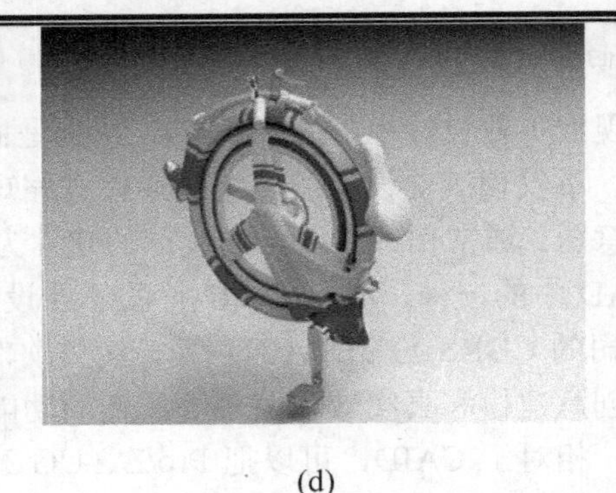

(d)

图 2.36　工业产品设计

3) 工业设计的主要步骤

下面以运动鞋的开发设计为例，介绍工业设计的几个主要步骤。

(1) 调查。与客户交流，收集原始资料和研究工作，为下一步的工作准备所需要的信息及材料，如图 2.37 所示。

图 2.37　产品定位与信息收集

(2) 绘制形象草图。根据所收集的原始资料，设计人员把自己对设计项目的想法和意图等看不见的东西表现在图面上，使头脑中的构思视觉化，表现出所构思产品的形象特征。形象草图并不是给别人看的，是为自己推敲产品形象用的，设计人员依据产品要求，以平日的追求或感悟充实自己的想象力，再用艺术的手法将想象体现在纸面上。形象草图的画法没有什么规定，可以勾画整部，也可以勾画局部，甚至只画一些线条，形象草图尽量多画，引发创作激情，不断地体现、完善、升华、创新和完美，如图 2.38 所示。

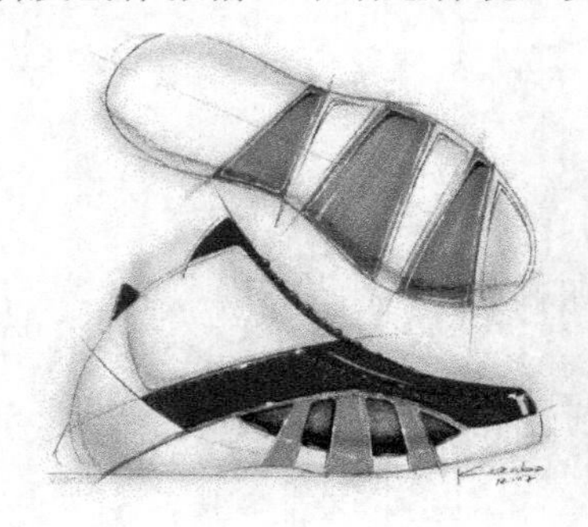

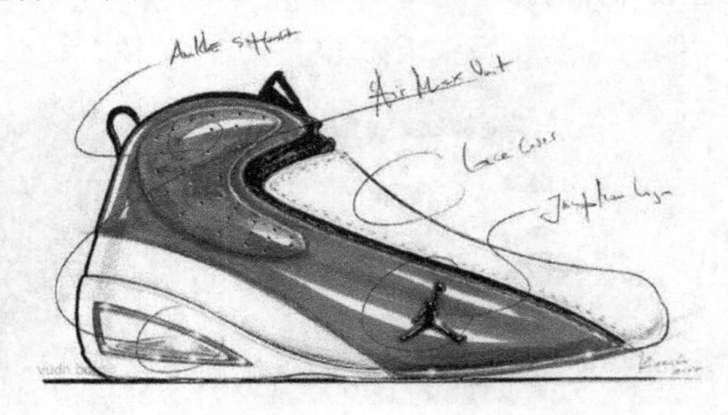

图 2.38　形象草图

(3) 绘制概念草图。概念草图是在形象草图的基础上加了设计产品的规划方向、实现产品所需的要点及概念，并绘制出能使第三者充分认识这些概念的内容和特点的表达设计的草图。为了更好地体现构思，概念草图的数量尽量多，以便能够更好地选出体现设计要求、主题性强、特征效果好的方案，如图 2.39 所示。

图 2.39　概念草图

(4) 制作真实感渲染图。从很多概念草图中选出数种方案，使其特征鲜明化，考虑细部形状等问题，采用适当的比例画出真实感渲染图，如图 2.40 所示。

图 2.40　产品真实感渲染图

(5) 评审。利用效果图的真实质感，可以组织各个相关部门进行评审，提出相关改进意见，从而反馈给设计人员。

(6) 确定方案，细化设计。在确定评审效果图的基础上，进一步进行设计。对于复杂的产品，为了更真实反映效果图的表达意图，往往要制作模型，进一步确认方案的正确性。此阶段进行三维建模和结构设计。

(7) 提交最终的设计模型，根据三维模型进行产品加工。

2.4.2　逆向工程

1. 曲面设计要点

逆向设计工作中，大量重要的工作是进行曲面设计及处理。逆向设计的过程，可以看作曲面设计的过程。逆向设计有时比正向设计更具有挑战性。从某种意义上看，逆向设计也是一个重新设计的过程。在逆向工程设计一个产品之前，设计者首先必须尽量理解原有模型或实物的设计思想，对设计对象进行仔细分析，同时要注意以下一些要点。

(1) 对象是否有缺陷，如不完全对称、异常凹坑和突起等，这些缺陷可能要进行修复或在逆向设计时进行修复。

(2) 确定设计的整体思路，对自己手中的设计模型进行系统地分析。面对大批量、无序的点云数据，初次接触的设计人员会感觉到无从下手，这时应首先考虑好先做什么，后做什么，用什么方法做。主要是将模型划分为几个特征区，得出设计的整体思路，并找到设计的难点，基本做到心中有数。

(3) 确定模型的主体曲面。对于一个产品而言，主体曲面构成整个产品曲面最为重要的部分，即通常所说的“大面”。主体曲面一旦确定，整个产品的形状也就相应确定。而关键曲面的光顺度及形状是否合格，直接决定了整个 CAD 模型是否合格。一些细节即使存在一些问题，也不会影响到整个 CAD 模型。

(4) 曲面重构是逆向设计的重点，对于不同形状的曲面类型，要选择相应的曲面模块。对于自由曲面，如汽车、摩托车的外覆盖件和内饰件等，一般需要采用具有方便调整曲线和曲面的模块；对于初等解析曲面件，如平面、圆柱面、圆锥面等，则没必要用自由曲面代替一张显然是平面或圆柱面的面。

(5) 在实际设计中，目前的专业 RE 软件还存在较大的局限性。在机械设计领域中，集中表现为软件智能化低；点云数据的自动处理方面功能弱；建模过程主要依靠人工干预，设计精度不够高；集成化程度低等问题。在具体工程设计中，一般采用几种软件配套使用、取长补短的方式。例如在一逆向工程项目中，通常采用 Imageware 与 UG NX 和 Pro / E 功能结合的方法。

在具体操作中，使用 Imageware 进行点、线、面的特征处理，得到基本特征曲线和曲面，然后使用 UG NX 或 Pro / E 导入这些特征数据，进行曲面造型。CATIA 由于本身功能十分强大，一般情况下利用 CATIA 时不用结合其他软件就可以完成所有的工作。

(1) 值得注意的是，在设计过程中，并不是所有的点都是要选取。在确定基本曲面的特征曲线时，需要找出哪些点或线是可用的，哪些点或线是一些细化特征的，需要在以后的设计中用到，而不是在总体设计中就体现出来的。事实上，一些圆柱、凸台等特征是在整体轮廓确定之后，测量实体模型并结合扫描数据生成的。同时应尽量选择一些扫描质量比较好的点或线，对其进行拟合。

(2) 曲线的光顺性调节是非常重要的。由于测量过程中测得的是离散点数据，缺乏必要的特征信息，所以往往存在数字化误差，需要对曲面和曲线进行光顺化处理。在逆向设计中，扫描或拟合得到的曲线一般很难保证其光顺度，为了构造出一条光顺的插值曲线，需要修正原型值点序列，利用软件的相关功能模块进行调节。设计的准则是使曲线上的曲率极值点尽可能少些；相邻两个极值点之间的曲率尽可能接近线性变化。

逆向工程既要保证曲面质量，又要保证设计精度。除了对原始型值点进行光顺化处理之外，有时还要控制修改后的型值点同原始型值点的坐标偏差，该偏差不应太大，以保证设计部门给出的指标不致受太大的影响。

2. 曲面在逆向工程中的应用

在现代工业生产中，逆向工程已成为产品开发中不可缺少的一环，其应用领域主要包括以下几个方面。

1) 新产品的设计

在对产品外形的美学要求比较高或其外形对空气动力学性能影响较大的情况下，为方便评价其美学效果或进行相关实验，设计人员常利用油泥等材料进行模型制作，然后用逆向工程的办法对定形的产品进行设计，进而采用数控技术对其模具进行制造。如飞机、汽车、摩托车和拖拉机等产品的覆盖件设计，如图 2.41 所示。

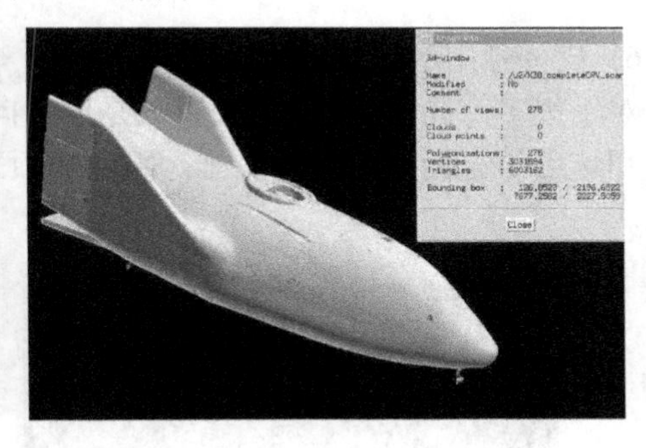

图 2.41　曲面产品

2) 产品的改型设计

为了满足研究上和快速开发的需求，许多企业都会应用逆向工程协助产品开发研究。利用逆向工程可以直接在已有的国内外先进产品的基础上进行结构性能分析、优化设计、吸收及改进。这样，极大地缩短了产品的开发周期，有效地占领市场。

3) 已有零件的复制，再现原产品的设计意图

在没有设计图或设计图不完整的情况下，对零件原形进行测量，形成零件设计图，再现原产品的设计意图。图 2.42 所示为某型号汽车车灯的逆向设计。

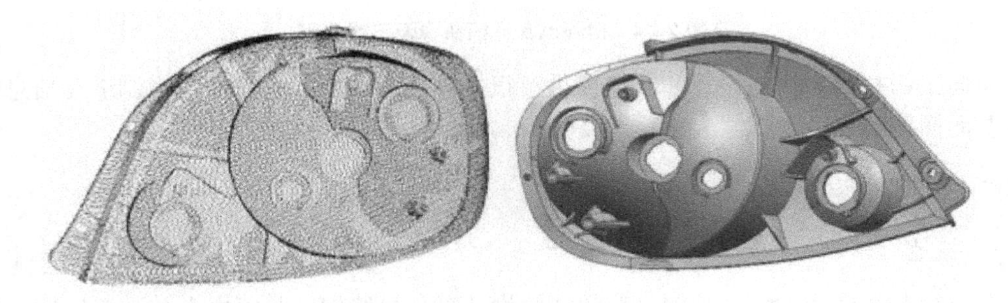

图 2.42　汽车车灯的逆向设计

4) 损坏或磨损零件的还原

对于损坏或磨损零件，利用逆向工程的先进技术，不需要复制整个零件，只对受损部位进行过渡补面。

5) 数字化模型的检测

利用逆向工程技术，可以检验产品的变形分析、焊接质量等，以及进行模型的比较。

通用汽车采用光学测量技术，通过测量数据与CAD设计数据的直接比较对其OEM配套产品进行数字化检测，评测产品制造精度，如图2.43所示。

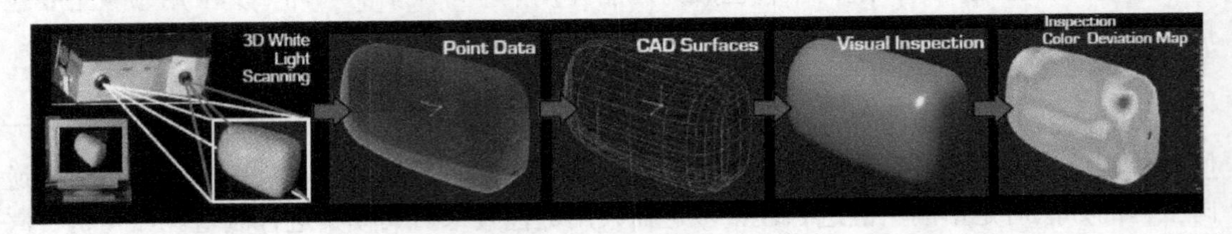

图2.43　数字化检测

6) 代替难用基本几何来表达的产品

对于很多产品(如浮雕)，如果只是以正向设计的手段来重建这些物体的CAD模型，在精度和速度等方面都会异常困难，因而必须采用逆向工程，图2.44所示为数字化后的少女头像。

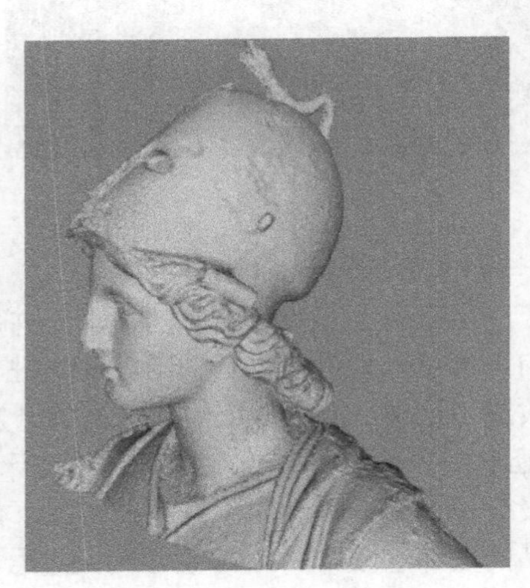

图2.44　Minerva青铜头像及三维模型

逆向工程技术为快速设计和制造提供了很好的技术支持，它已经成为制造业信息传递的重要而简捷的途径之一。

2.4.3　模具工程

1. 概述

在进行曲面设计，特别是较复杂的曲面设计时，最终的产品绝大多数是通过模具进行生产制造的。曲面设计人员了解掌握一些模具知识十分重要。同时，由于模具制造过程中经常需要反复试冲，修改模具型面，对已达到要求的模具经测量并反求出数字化模型，在后期重复制造或修改模具时，就可方便地运用备用数字化模型生成加工程序，快捷地完成重复模具的制造，从而大大提高复制模具的生产效率，降低模具的制造成本。

模具是一种批量生产制品的工具。通常按照制品的材料可以把模具分为以下几种。

(1) 金属模：锻造模、铸造模、冷冲模、压铸模等。

(2) 橡胶模：热压模、注射模等。

(3) 塑料模：注射模、挤出模、吹塑模、吸塑模、发泡模等。

(4) 其他模：蜡模、石膏模、玻璃模等。

在模具工程中，塑料注射模与金属冷冲模最为常见。由于其成形零件具有复杂型面，所以后面主要以这两类模具进行说明。

2. 曲面在模具中的应用及意义

对于一些产品的模具，如注塑模具的分型面、冲压模具的工艺补充面等，需要曲面功能才能够完成。在模具设计中，产品数模的复杂程度往往决定了模具中曲面的应用程度，即通常产品数模越复杂，相应的分型面、工艺补充面等也会越复杂。此时，如果不借助于强大的曲面功能，将会使模具设计工期延长，从而大大提高了模具成本。

本书所介绍的高级 A 级曲面，主要应用在工业产品(家用电器等)和汽车工业(身、仪表台等)等，如图 2.45、图 2.46 所示。这些产品最终都是通过模具生产制造的，曲面设计是模具工程中不可缺少的一个环节。

在模具工程中，模芯的数据几乎完全来自 3D 数模，特别对于复杂的曲面模型，模芯的加工数据完全依靠 3D 数模的数据。而模芯的精度决定了产品的精度，可以说，曲面设计决定了整个模具工程的质量。

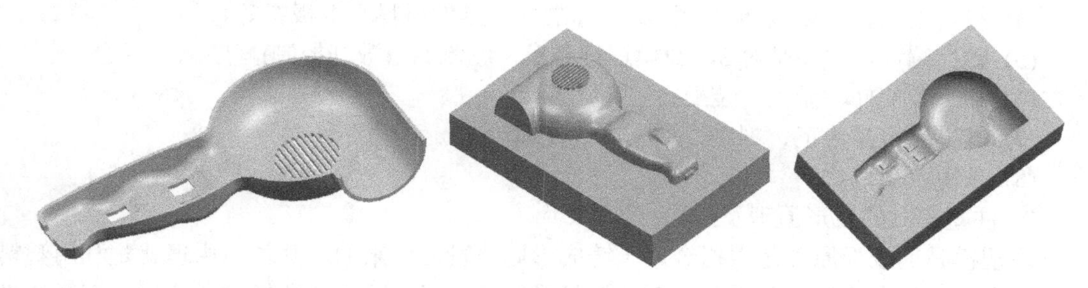

图 2.45　吹风机壳体 CAD 模型及模具型芯型腔

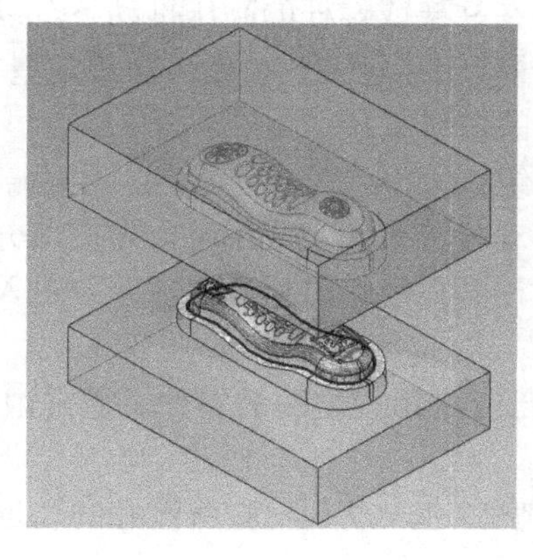

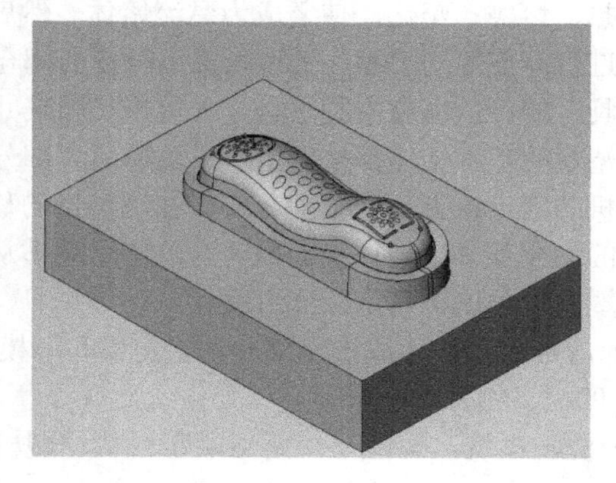

图 2.46　手机外壳模具型腔

3. 注塑模具基础

1) 注塑模具的基本流程

塑料制件被广泛应用在工业制造中，塑料制件通常通过模具批量制造。在制造过程中，常根据塑料制件的特性分为不同的制造工艺，如注塑、吹塑、吸塑等。对于不同的制造工艺，其基本流程基本上一致，现以塑料注射模为例，介绍模具制作的基本流程，如图 2.47 所示。

(1) 客户信息输入，主要包括产品图纸、3D 数模、制品要求、注塑机参数、模具要求。

(2) 设计模具，主要包括选取分型面、设计浇注、冷却、抽芯、顶出系统、型腔排布及镶块和滑块的拆分、装配图细化、绘制零件图、填写备料单。

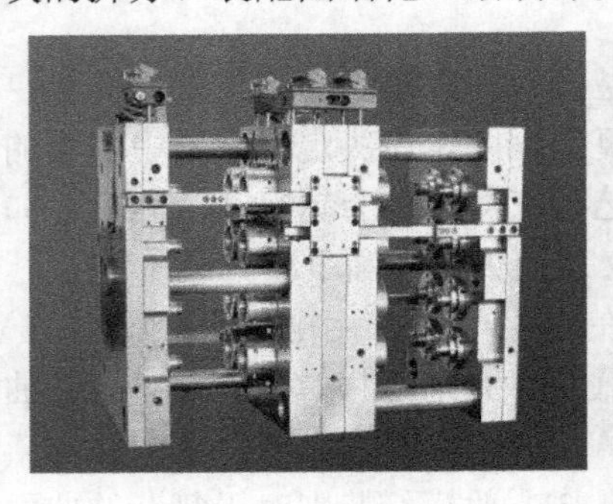
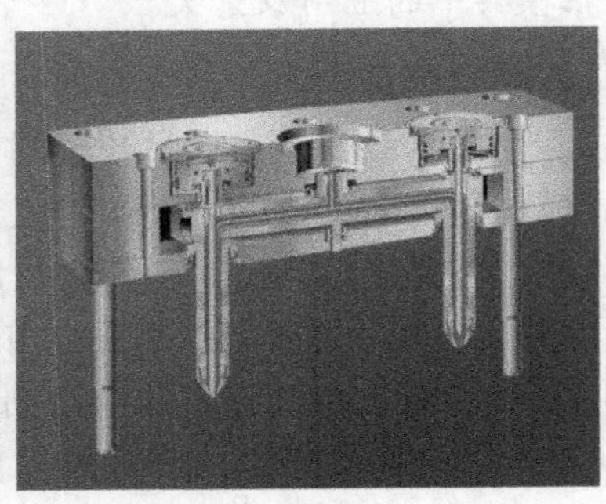

图 2.47　注塑成形模具及热流道技术

(3) 定制加工工艺。

(4) 材料采购，主要包括采购模架、标准件、零件材料和电极料等。

(5) 数控编程，主要是对 3D 数模进行分模，编制 NC(数据控制)程序。

(6) 加工零部件、抛光、装配。

(7) 试模、模具修正、刻字、型腔皮纹处理等。

(8) 试模、交付。

2) 注塑模具的成形原理及结构

注塑模具的成形原理是根据金属压铸成形原理发展而来的，其基本原理就是利用塑料的可挤压性与可塑模性，首先将松散的粒状或粉状成形物料从注塑机的料斗送入高温的机筒内加热、熔融、塑化，使之成为黏流熔体，然后在柱塞或螺杆的高压推动下，以很大的流速通过机筒前端的喷嘴注塑进入温度较低的闭合模具中，经过一段保压冷却定型时间后，开启模具，便可从模腔中脱出具有一定形状和尺寸的塑料制品。

注塑模的基本结构都是由定模、动模两大部分组成(如图 2.48 所示)的。定模部分安装在注塑机的固定板上，动模部分安装在注塑机的移动板上。注塑成形时，定模部分和随液压驱动的动模部分经导柱导向而闭合，塑料熔体从注塑机喷嘴经模具浇注系统进入型腔，一般注塑模可由以下几个部分组成。

(1) 成形零部件。成形零部件是指定模和动模部分中组成型腔的零件。通常由凸模(或型芯)、凹模、镶件等组成。

(2) 浇注系统。浇注系统是熔融塑料从注塑机喷嘴进入模具型腔所流经的通道，它由主流道、分流道、浇口和冷料穴组成。

(3) 导向机构。导向机构分为动模与定模之间的导向机构与顶出机构两类。前者是保证动模与定模在合模时准确对合，后者是避免顶出过程中推出板歪斜而设置的。

(4) 脱模机构。用于开模时将塑件从模具中脱出的装置。

(5) 抽芯机构。当塑件上的侧向有凹凸形状的孔或凸台时，就需要有侧向的凸模或型芯来成形。在开模推出塑件之前，必须先将侧向凸模或侧向型芯从塑件上脱出或抽出，塑件才能顺利脱模。使侧向凸模或侧向型芯移动的机构称为侧向抽芯机构。

其他部分还有加热、冷却系统、排气系统等，不再叙述。

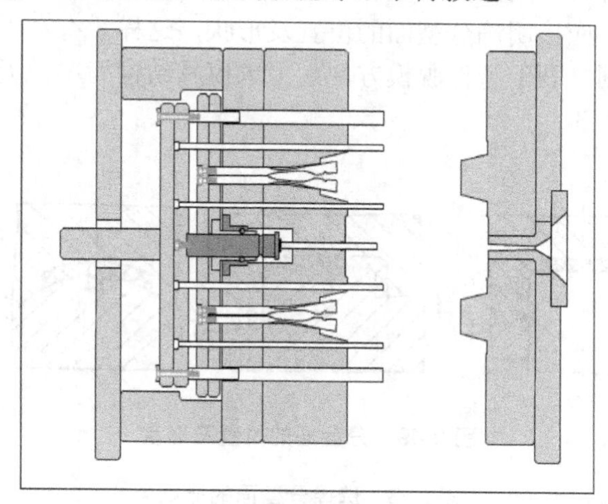

图 2.48　注塑成形模具结构

3) 塑料零件设计要点

对于塑料零件的设计，考虑到模具的要求，存在着非常多的设计要点需要考虑。对于最具有代表性的注塑制件，在塑料制件的曲面设计中，必须考虑的地方为：拔模角度、形状特征、收缩率、分型面。如果这些地方考虑欠佳，可能会导致模具的无法制造或成本的上升、质量的下降。

(1) 拔模角度。所谓拔模角度，在模具中是指与脱模方向平行的塑件表面上应具有的倾斜角度，其值以度数来表示。使用拔模角度是为了易于脱模、保证塑件表面不被拉伤。

拔模角度常有以下设计原则。

① 精度高的塑件，拔模角度应取较小值，这样才能保证塑件的精度；尺寸大的塑件，由于脱模比较容易，拔模角度可取较小值。

② 对于含有玻纤的塑件，由于摩擦较大，宜用较大的拔模角度。

③ 对于含有润滑剂的塑件，由于脱模比较容易，宜用较小的拔模角度。

④ 对于外形比较复杂的塑件，脱模难度往往较大，宜用较大的拔模角度。

⑤ 对于一般塑件来讲，拔模角度通常在 $30' \sim 2°$ 之间。

⑥ 对于收缩率大的塑件，粘附性较强，宜用较大的拔模角度。

⑦ 对于深腔塑件，不但要求内、外壁面都需要拔模角度，还需要内壁面的角度大于外壁面的角度。

(2) 形状特征。

① 为了后续的 CAM，外形曲面尽量用较少的曲面构造。

② 外形曲面的曲率半径不能过小，否则会导致 CAM 无法进行。

③ 在不影响使用要求的情况下，应力求简单美观，避免表面凹凸不平和带有侧孔。

(3) 收缩率。通常所建立的三维数模是准确的产品数模，但塑件在进行模具生产时，由于其固有的性质，塑件根据其材料特性要进行一定比例的收缩，要根据塑件的材料特性设置相应的收缩率以抵消塑件收缩所带来的误差。

(4) 分型面。模具上用以取出塑件和凝料的可分离的表面称为分型面。分型面的设计在注射模具的设计中占有相当重要的位置。分型面的位置及形状如图 2.49 所示。在进行构造产品曲面外形阶段，应该明确分型面的位置及形状，这样才有利于后续的生产。通常分型面的确定有如下原则：利于塑件脱模方便；力求模具结构简单；无损塑件外观；设备利用合理等，具体见表 2-3。

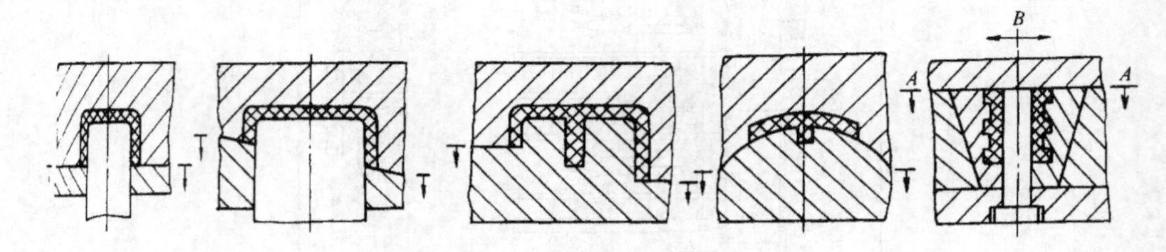

图 2.49　分型面的位置及形状

表 2-3　选择分型面的原则

序　号	原　　则	简　　图	说　　明
1	分型面应选择在塑件外形的最大轮廓处	(a)　(b)	图(b)合理，分型面取在塑件外形的最大轮廓处，能使塑件顺利脱模
2	分型面的选择应有利于塑件的留模及脱模	(a)　(b)	图(b)合理，分型后，塑件会包紧型蕊而留在动模一侧
		(a)　(b)	图(b)合理，分型后，塑件收缩，包紧整个小型芯而留在动模一侧，并由推板推出
3	保证塑件的精度要求	(a)不合理　(b)合理	图(b)合理，能保证双联齿轮的同轴度的要求
4	满足塑件外观要求	(a)　(b)	图(b)合理，所产生的飞边不会影响塑件的外观，而且易清除

续表

序号	原则	简图	说明
		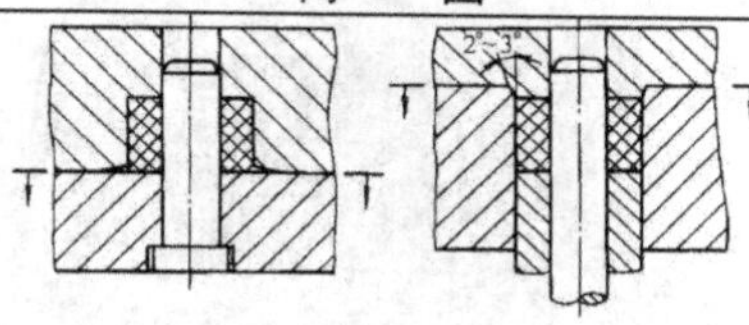 (a) (b)	图(b)合理，由于有 2°～3°的锥面配合，不易产生飞边
5	便于模具的制造	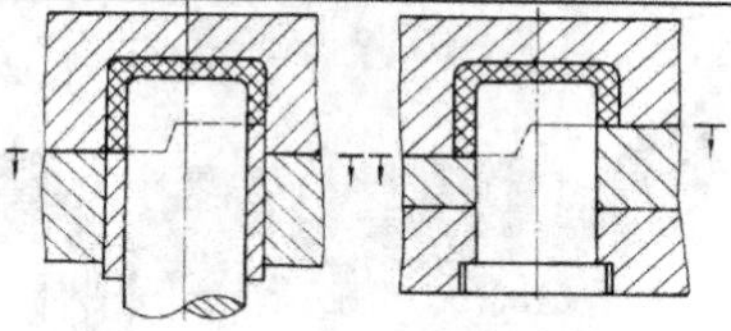 (a) (b)	图(b)合理，图(a)的推管生产较困难，使用稳定性较差
		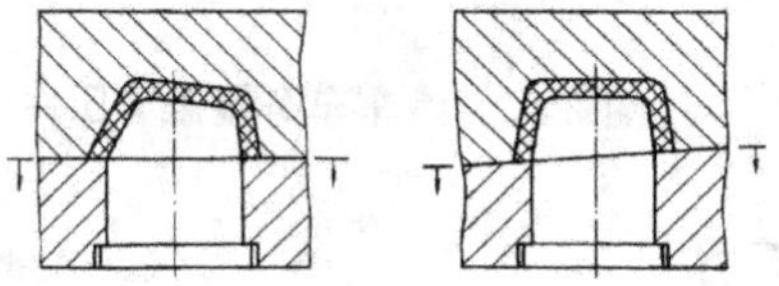 (a) (b)	图(b)合理，图(a)的型芯、型腔制造困难
6	减小成形面积	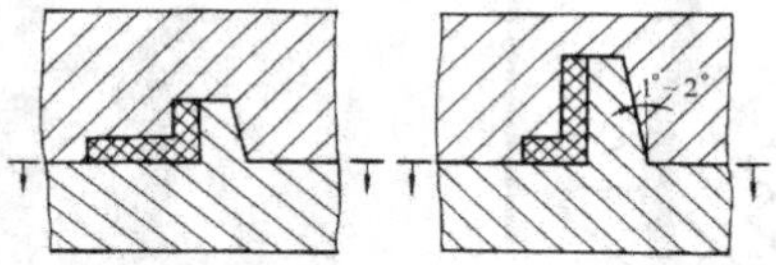 (a) (b)	图(b)合理，塑件在合模分型面上的投影面积小，降低了锁模力
7	增强排气效果	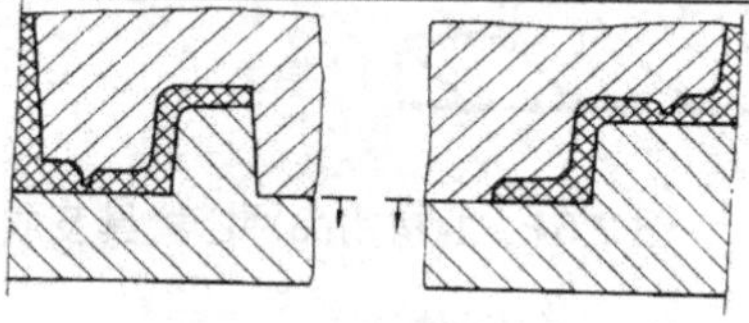 (a) (b)	图(b)合理，熔体料流末端在分型面上，有利于增强排气效果
8	应使侧抽芯行程较短。	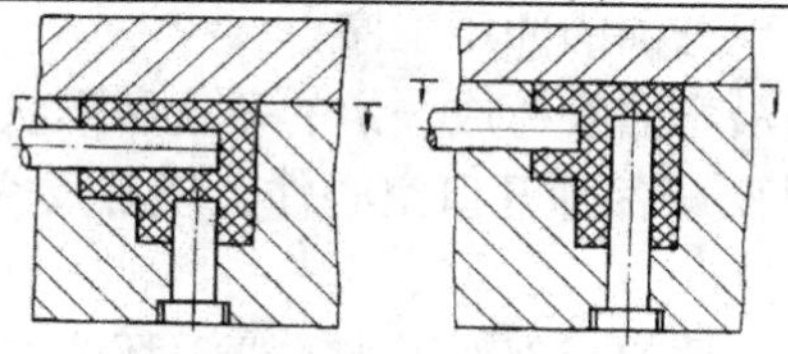 (a) (b)	图(b)合理，侧向抽芯距离短；侧型芯有足够的刚度，不易变形

4. 冲压模知识

1) 概述

冷冲模具是在常温下利用冲模在压力机上对材料施加压力，使其产生分离或变形，从而获得一定形状、尺寸等性能的零件加工方法。

对于像车身这类复杂曲面的钣金件(如图 2.50 所示)，通常利用冲压模具实现批量生产，称这类钣金件为冲压件。在对冲压件进行曲面造型时，需要考虑冲压模具对数模的要求，这样才能够利用曲面数模进行模具设计、生产。图 2.51 是厨房用锅的模具结构及产品图。

图 2.50　汽车车身覆盖冲压件

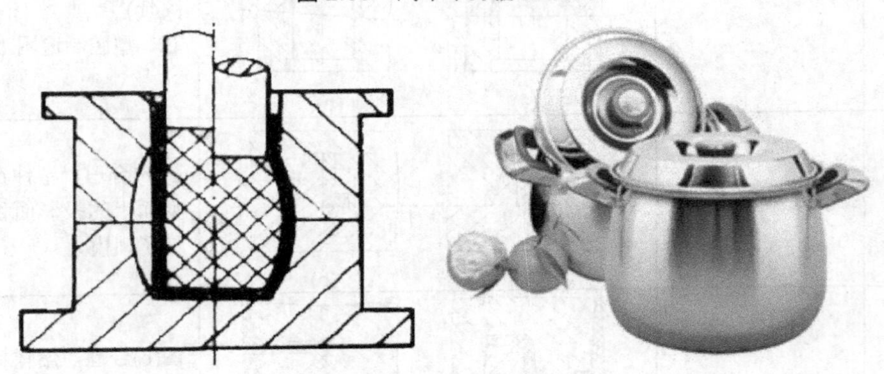

图 2.51　厨房用品冲压模具及成品

冷冲模可分为 5 个基本工序，介绍如下。

(1) 冲裁。金属材料实现分离的冲压工序。

(2) 弯曲。将金属材料沿弯曲线弯成一定的角度和形状的冲压工序。

(3) 拉深。将平面板料变成各种开口空心件，或者反空心的尺寸作进一步改变的冲压工序。

(4) 成形。用各种不同性质的局部变形来改变毛坯或冲压件形状的冲压工序。

(5) 立体压制。将金属材料体积重新分布的冲压工序。

2) 冲压模具的典型结构

在冷冲模的工序中，拉深工序最为重要和复杂。拉深模是冷冲模最为核心、复杂的模具，下面以拉深模进行叙述冲压模具的结构。

拉深模由 4 大构件组成，它们是：凸模、凹模、压边圈、下模座(单动)或凸模垫块(双动)，它们通过导向机构或螺钉销钉连接结合成有机的整体。

对于拉深模的设计，最为常用的是单动式拉延模。至于双动式拉延模，按单动式拉延模设计，旋转 180°，加上凸模垫块就可以实现。拉延模的结构有内导向式、外导向式两种基本形式。具体见相关参考书。图 2.52 为汽车覆盖件拉深模。

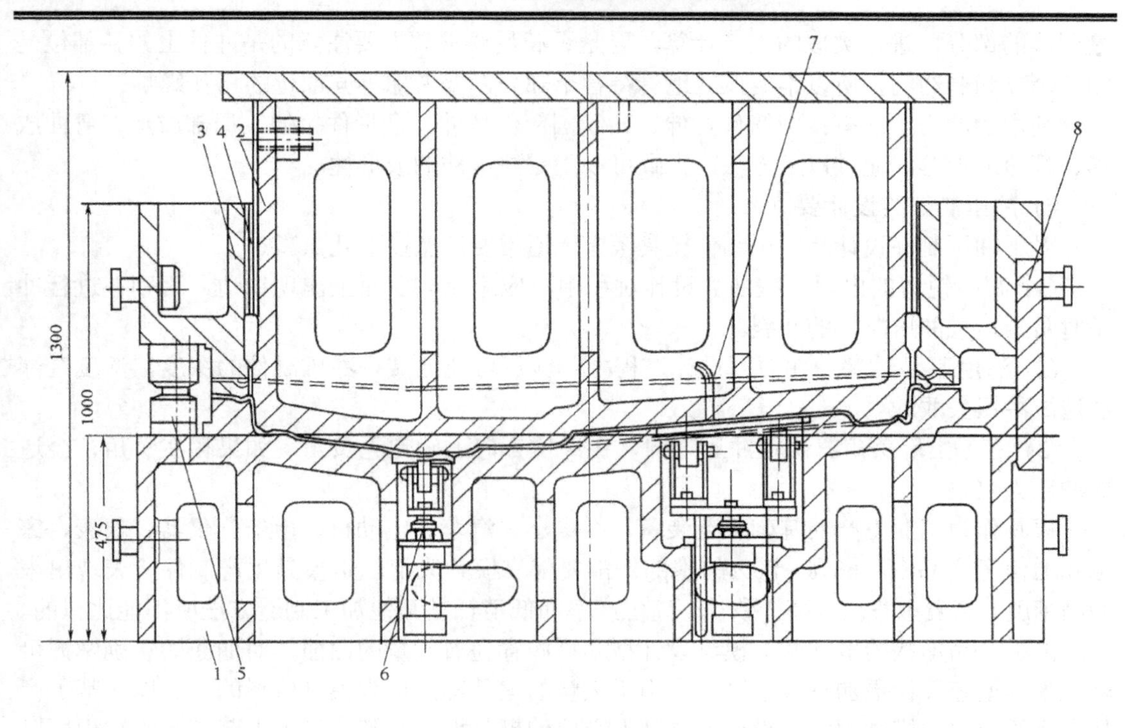

图 2.52　汽车覆盖件拉深模

1—凹模；2—凸模；3—压边圈；4、8—导板；5—导柱、导套；6—气动托件滚轮装置；7—排气管

3) 冲压件成形的可能性分析

冲压件通常为薄壁冲压成形，所以对于冲压件是否能够正确成形是三维建模工程师所必须了解和掌握的，这也是对于冲压件最为关键的。由于冲压件的形状十分复杂，其成形可能性的计算也没有固定的方法。通常通过以下方法来计算判断成形的可能性。

(1) 确定冲压方向。

(2) 保证拉深凸模能顺利进入拉伸凹模，不应出现凸模接触不到的死区。

(3) 拉深开始时，凸模和毛料的接触面积要大，避免点接触，接触部位应处于冲模中心，以保证成形时材料不窜动。

(4) 拉深深度尽量均匀，拉入角尽量相等。

(5) 对不规则形状拉延件的成形可行性，可用成形度α进行估算和判断。

成形度$\alpha=(L/L_0-1)\times100\%$，式中$L_0$为成形前毛坯长度，$L$为成形后工件长度($L$，$L_0$可通过数模进行测量)。

在拉延件最深或最危险的部位，取间隔 50～100mm 的纵向断面，计算各断面的成形度值，查找相应的数据表判断成形的可行性。如果成形困难，更改数模。

(6) 冲压件是以变形为主的成形方式，变形越小越均匀，越利于成形。因此，对于三维数模尽量用大倒角，过渡尽量均匀。

(7) 用基本冲压工序的计算方法进行类比分析。冲压件的形状无论多么复杂，都可以将它分割成若干部分，然后将每个部分的成形单独与冲压的基本工序进行类比，找出成形最困难的部分，进行类似的工艺计算，看是否满足要求。需要注意的是冲件上的各部位是相互牵连和制约的，所以不要孤立地看待各个部分，要考虑不同部位的相互影响。

基本的冲压工序有：圆筒件拉伸、凸缘圆筒件拉伸、盒形件拉伸、局部成形、弯曲成形、翻边成形等。通过以上方法，大致可以确定冲压件的成形性。

4) 冲压制件的设计要点

对于冲压制件设计从冲压制件模具考虑，通常要注意以下几点。

(1) 减少锐边的出现。在曲面设计过程中，应避免在曲面上出现锐边，否则在进行冲压时常会造成冲压制件的断裂。

(2) 深度不易过深。在曲面设计过程中，应尽可能地减少冲压制件的深度，深度过深会造成冲压失败。

(3) 避免出现负角。确定冲压方向，在冲压方向上确定无负角，如果存在负角，会造成冲压失败。

模具作为工业生产的基础工艺装备，在电子、汽车、电动机、电器、仪器、仪表、家电和通信等产品中，60%～80%的零部件都要依靠模具成形。用模具生产制件所表现出来的高精度、高复杂程度、高一致性、高生产率和低消耗是其他加工制造方法所不能比拟的。

由于产品形状的多样性，模具设计型芯型腔存在着大量的曲面，对曲面的正确掌握可以使模具型腔设计更加有效。同时，由于大量的零件都是依靠模具成形的，所以在基于产品实物的逆向建模过程中，设计人员掌握必要的模具设计及模具加工工艺方面的知识可以使重构的产品CAD模型更准确、合理。

本章小结

本章就逆向建模技术中所涉及的数学理论知识进行叙述，曲线、曲面是逆向建模技术中最为关键的两种几何要素，好的曲面要靠好品质的曲线来保证，同时，由于非均匀有理B样条曲线及曲面已作为CAD造型的工业标准，所以本章主要针对非均匀有理B样条曲线和曲面进行讲解。

在掌握非均匀有理B样条曲线、曲面数学定义及特征之后，结合Imageware或UG进行非均匀有理B样条曲线及曲面的升阶及线、面编辑操作，进一步体会非均匀有理B样条曲线、曲面的灵活性。同样在了解其数学原理之后，主要对光顺性及连续性进行了实际地操作，体会其具体的含义。

习题

1. 填空题

(1) 曲线的类型主要包括________、__________和________。

(2) 非均匀B样条曲线的形状与_______、_________、___________有关。

2. 问答题

(1) 解释曲线生成原理及 B 样条曲线的特点与应用。
(2) 解释样条曲线或曲面的光顺性含义及评价方法。
(3) 简述曲面在工业领域中的应用。
(4) 了解注塑模具的设计要点及工作原理。
(5) 了解冲压模具与注塑模具的区别及设计要点。

第 3 章 逆向建模点云数据获取

教学目标

本章主要对逆向建模过程中点云数据的获取方式进行论述，主要介绍了接触式测量方法和非接触式测量方法。对三坐标测量机类型、结构等进行了详细的介绍。针对断层扫描方法的特殊性，将其单独成节进行叙述。在学习中，注意各种测量方法的优缺点及应用场合。

教学要求

能力目标	知识要点	权重	自测分数
了解点云数据的获取方法	原理及分类	10%	
了解三坐标测量机的组成及分类	重点掌握三坐标测量机的组成及特点	25%	
了解非接触式测量方法	重点掌握结构光学式测量原理	10%	
了解断层扫描测量方法	掌握断层扫描方法的优缺点	10%	
掌握三维测量方法的选择原则	掌握各种扫描方法的优缺点及应用	30%	
了解三维测量方法的应用	了解其应用领域	15%	

引例

点云数据是逆向产品建模的基础。针对不同的工程需求，技术人员应采用最具经济性的测量设备获取实物产品表面的点云数据。右图所示为一个产品的点云数据和CAD模型，点云数据的质量决定了产品CAD模型重构的精度。随着测量技术的不断进步，不同测量原理的测量设备也在不断涌现，了解测量原理的区别及特点能够使后续的产品建模效率得到很大的提高。三坐标接触测量作为一种精确测量广泛应用于工业检测领域，对数据精度要求高的产品建模常用三坐标测量机作为工具来获取数据源。

点云数据获取，又称产品表面数字化，是指通过特定的测量设备和测量方法，将物体的表面形状转换成离散的几何点坐标数据，在此基础上，就可以进行复杂曲面的建模、评价、改进和制造。因而，高效、高精度地实现样件表面的数据采集，是逆向工程实现的基础和关键技术之一，也是逆向工程中最基本、最不可缺少的步骤。数据获取在产品设计师与逆向工程及 CAD / CAM / CAE / RP / CNC 之间扮演着桥梁的角色。可以这么认为，数据测量是逆向工程的基础，测得数据的质量事关最终模型的质量，直接影响到整个工程的效率和质量。实际应用中，因模型表面数据获取的问题而影响重构模型精度的事时常发生。因此，如何取得最佳的物体表面数据，是进行产品逆向建模首要考虑的问题。点云数据要真实地反映被测量物体有关特征的坐标信息，因此，对精度的追求是测量技术的首要目标。在满足精度要求的前提下，提高点云数据的获取效率是另一个要考虑的问题。

物体表面三维测量(即对被测实体轮廓信息进行数字化)是逆向建模技术的第一步。测量方法的好坏直接影响到对被测实体进行描述的精确、完整程度，进而影响到重构的 CAD 曲面、实体模型的质量，并最终影响到快速成形制造出来的产品是否能真实地反映原始的实体模型。因此，物体表面三位测量是整个逆向建模的基础。随着计算机技术、传感技术、控制技术和视觉图像技术等相关技术的发展，出现了各种数据获取方法，三维数据获取方法按照测量原理可以分为接触式测量和非接触式测量两大类，它们有各自的特点和适用场合，具体如图 3.1 所示。

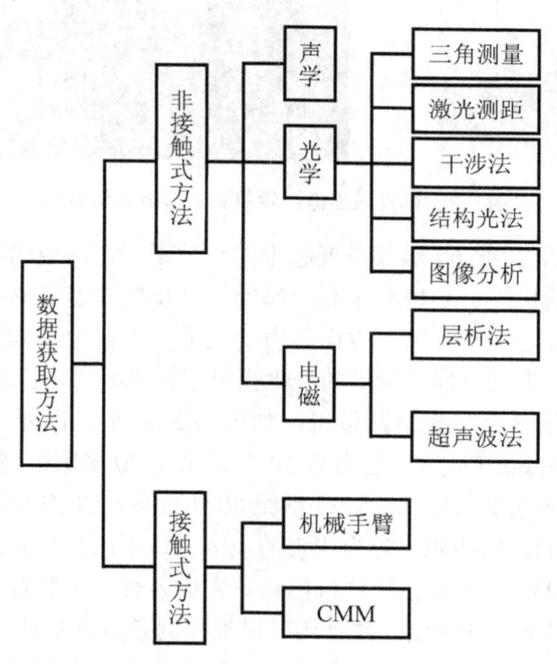

图 3.1　逆向工程数据获取方法分类

三维数据获取技术就是利用数字化设备测量物体表面点三维坐标值的技术。数据获取技术和许多学科都有着紧密的联系，如光学、机械、电子、计算机视觉、计算机图形学、图像处理、模式识别等，其应用领域极为广阔，是逆向建模最为关键的技术之一。

3.1　接触式测量法

接触式(tactile methods)三维数据获取设备是利用测量探头在与被测量物体进行接触时触发一个记录信号，并通过相应的设备记录下当时的标定传感器数值，从而获取三维数据信息。接触式测量方法采用三坐标测量机(Coordinate Measuring Machine, CMM)或机械手臂式进行测量，如图 3.2 所示。机械手臂式三坐标测量机(robot)也属于接触式测量仪。机械手臂为一关节式机构，具有多自由度，可用作柔性坐标测量机，传感器可装置在其头部，各关节的旋转角度由旋转编码器获取，由机构学原理可求得传感器在空间的坐标位置。这种测量机几乎不受方向的限制，可在工作空间做任意方向的测量，常用于大型钣金模具件的逆向建模的测量。

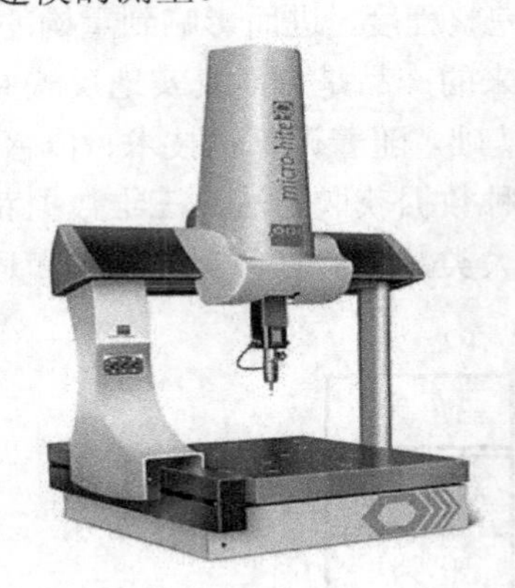

图 3.2　桥式三坐标测量机和关节臂式测量仪

三坐标测量机是 20 世纪 60 年代发展起来的一种新型、高效的精密测量仪器。它的出现，一方面是由于自动机床、数控机床高效率加工以及越来越多复杂形状零件加工需要有快速可靠的测量设备与之配套；另一方面是由于电子技术、计算机技术、数字控制技术以及精密加工技术的发展为三坐标测量机的产生提供了技术基础。1956 年，英国 FERRANTI 公司研制成功世界上第一台三坐标测量机，如图 3.3 所示，世界上首台龙门式测量机如图 3.4 所示。到 20 世纪 60 年代末，已有近 10 个国家的 30 多家公司在生产 CMM，不过这一时期的 CMM 尚处于初级阶段。进入 20 世纪 80 年代后，以 ZEISS、LEITZ、DEA、LK、三丰、SIP、FERRANTI、MOORE 等为代表的众多公司不断推出新产品，使得 CMM 的发展速度加快。现代 CMM 不仅能在计算机控制下完成各种复杂测量，而且可以通过与数控机床交换信息，实现对加工的控制，并且还可以根据测量数据实现逆向工程。目前，CMM 已广泛用于机械制造业、汽车工业、电子工业、航空航天工业和国防工业等各部门，成为现代工业检测和质量控制不可缺少的万能测量设备。

图 3.3　1965 年 FERRANTI 公司研制的三坐标测量机

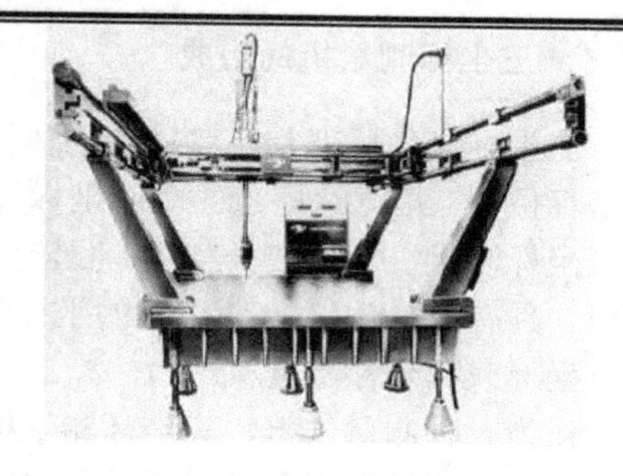

图 3.4　世界上首台龙门式测量机

在三坐标测量机出现以前，测量空间三维尺寸已有一些原始的方法，如采用高尺度和量规等通用量具在平板上测量，以及采用专用量规、心轴、验棒等量具测量孔的同轴度及相互位置精度。早期出现的测量机可在一个坐标方向上进行工件长度的测量，即单坐标测量机，仅能进行一维测量。后来出现的万能工具显微镜具有 X 与 Y 两个坐标方向移动的工作台，可测量平面上各点的坐标位置，即二维测量，也称为二坐标测量机。三坐标测量机具备 X、Y、Z3 个方向的运动导轨，因此可测出空间范围内点的坐标位置。在工业界，三坐标测量机的最初应用是作为一种检测仪器，对零件和部件的尺寸、形状及相对位置进行快速、精确的检测。但随着三坐标测量机各方面技术的发展(如回转工作台、触发式测头的产生)，特别是计算机控制的三坐标测量机的出现，三坐标测量机已广泛应用于逆向工程中的点云数据获取。传统测量技术与坐标测量技术的区别见表 3-1。

三坐标测量机的特点是测量精度高，对被测物的材质和色泽无特殊要求。对不具有复杂内部型腔、特征几何尺寸多、只有少量特征曲面的零件，三坐标测量机是一种非常有效且可靠的三维数字化手段，它主要应用于由基本的几何形体(如平面、圆柱面、圆锥面、球面等)构成的实体的数字化过程，采用该方法可以达到很高的测量精度，但测量速度很慢，并易于损伤探头或划伤被测实体表面，还需要对测量数据进行测头半径补偿，对使用环境也有一定的要求。采用这种方法会使测量周期加长，从而不能充分发挥快速成形技术“快速”的优越性。一般来说，坐标测量机可以配备触发式测量头和连续扫描式测量头，对被测件进行单点测量和扫描测量。由于三坐标测量机的测量点数不可能像非接触式测量机的测量点数那样密集，因而其测量所得数据比较适合于采用各种通用 CAD 软件来进行 CAD 数学模型的反求，利用不大的数据量也能完成很好的反求曲面，这使得三坐标测量机得到了更为广泛的应用。

表 3-1　传统测量技术与坐标测量技术比较

传统测量技术	坐标测量技术
对工件要进行精确、及时的调整	不需要对工件进行特殊调整
专用测量仪和多工位测量很难适应测量任务的改变	简单地调用所对应的软件完成测量任务
与实体标准或运动标准进行测量比较	与数学的或数学模型进行测量比较
尺寸、形状和位置测量在不同的仪器上进行	尺寸、形状和位置的评定在一次安装中即可完成
不相干的测量数据	产生完整的数学信息，完成报告输出
手工记录测量数据	统计分析和 CAD 设计

3.1.1　三坐标测量机的组成

三坐标测量原理是：将被测物体置于三坐标机的测量空间，可获得被测物体上各测点的坐标位置，根据这些点的空间坐标值，经计算可求出被测对象的几何尺寸、形状和位置。在三坐标测量机上安装分度头、回转台(或数控转台)后，系统具备了极坐标(柱坐标)系测量功能。具有 *X*、*Y*、*Z*、*C*4 个轴的坐标测量机称为四坐标测量机。按照回转轴的数目，也可有五坐标或六坐标测量机。

作为一种测量仪器，三坐标测量机主要是比较被测量与标准量，并将比较结果用数值表示出来。三坐标测量机需要 3 个方向的标准器(标尺)，利用导轨实现沿相应方向的运动，还需要三维测头对被测量进行探测和瞄准。此外，测量机还具有数据自动处理和自动检测等功能，需要由相应的电气控制系统与计算机软硬件实现。三坐标测量机可分为主机(包括光栅尺)、测头、电气系统 3 个部分，如图 3.5 所示。

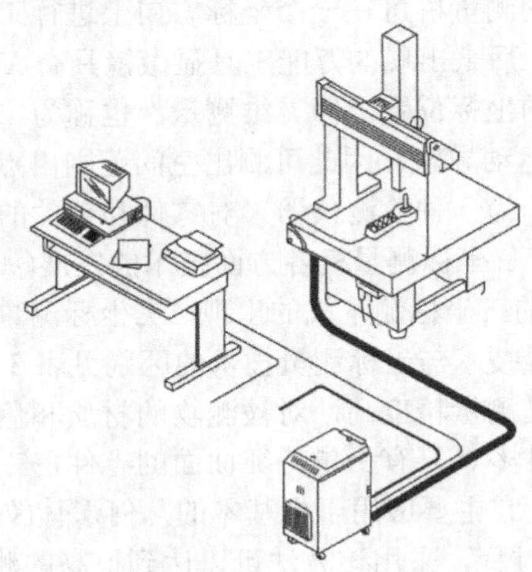

图 3.5　三坐标测量机的组成

1. 主机

三坐标测量机的主机结构如图 3.6 所示。

(1) 框架结构：指测量机的主体机械结构架子。它是工作台、立柱、桥框、壳体等机械结构的集合体。

(2) 标尺系统：包括线纹尺、精密丝杠、感应同步器、光栅尺、磁尺及光波波长及数显电气装置等。

(3) 导轨：实现二维运动，多采用滑动导轨、滚动轴承导轨和气浮导轨，以气浮导轨为主要形式。气浮导轨由导轨体和气垫组成，包括气源、稳压器、过滤器、气管、分流器等气动装置。

(4) 驱动装置实现机动和程序控制伺服运动功能。由丝杠丝母、滚动轮、钢丝、齿形带、齿轮齿条、光轴滚动轮、伺服马达等组成。

(5) 平衡部件：主要用于 *Z* 轴框架中，用以平衡 *Z* 轴的重量，使 *Z* 轴上下运动时无偏重干扰，*Z* 向测力稳定。

(6) 转台与附件使测量机增加一个转动运动的自由度，包括分度台、单轴回转台、万能转台和数控转台等。

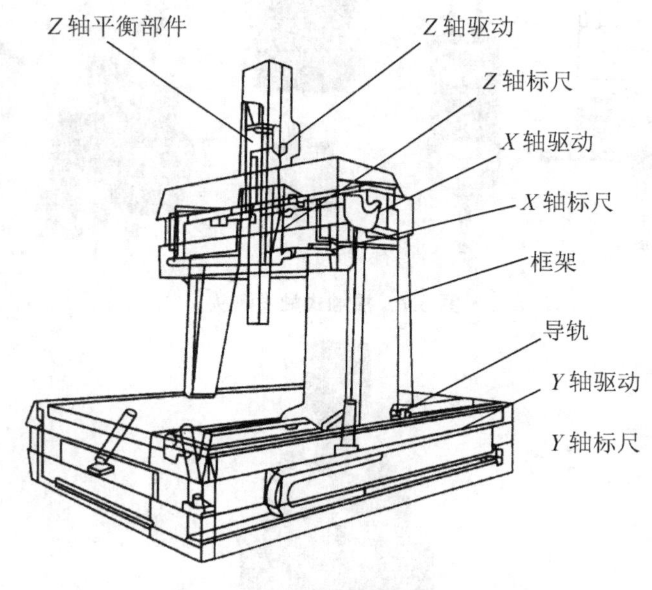

图 3.6　三坐标测量机主机结构

2. 三维测头

三维测头即三维测量传感器，它可在 3 个方向上感受瞄准信号和微小位移，以实现瞄准和测微两项功能。主要有硬测头、电气测头、光学测头等。测头有接触和非接触式之分。按输出信号分，有用于发信号的触发式测头和用于扫描的瞄准式测头、测微式测头等。

测头是三坐标测量机非常关键的部件，是测量机接触被测零件的发讯开关，测头精度的高低决定了测量机的测量重复性。可以这样说，测头发展的先进程度就标志着三坐标测量机发展的先进程度。三坐标测量机可以配置不同类型的测头传感器，按照结构原理，测头可分为机械式、光学式和电气式等。机械式主要用于手动测量，光学式多用于非接触测量，电气式多用于接触式的自动测量，新型测头主要采用电学与光学原理进行信号转换。

目前，业界主要采用的是机械式测头。机械式测头又可分为开关式(触发式或动态发讯式)与扫描式(比例式或静态发讯式)两大类。开关测头的实质是零位发讯开关，以 TP6(Renishaw)为例，它相当于三对触点串联在电路中，当测头产生任一方向的位移时，均使任一触点离开，电路断开即可发讯计数。开关式结构简单，寿命长，具有较好的测量重复性，而且成本低廉，测量迅速，因而得到较为广泛的应用。常用接触式触发测头有 RENISHAW 的机械式触发测头(TP20)、应变片式触发测头(TP7、TP200)、压电陶瓷触发测头(TP800)，如图 3.7 所示。扫描式测头(如图 3.8 所示)不仅能作触发测头使用，更重要的是能输出与探针的偏转成比例的信号(模拟电压或数字信号)，由计算机同时读入探针偏转及测量机的三维坐标信号，以保证实时地得到被探测点的三维坐标值。扫描式测头在取点时没有机械的往复运动，因此采点率大大提高。扫描测头用于离散点测量时，探针的三维运动可以确定所在表面的法矢方向，因此更适于曲面测量。常用的接触式扫描测头如 Renishaw 的 SP600 系列。

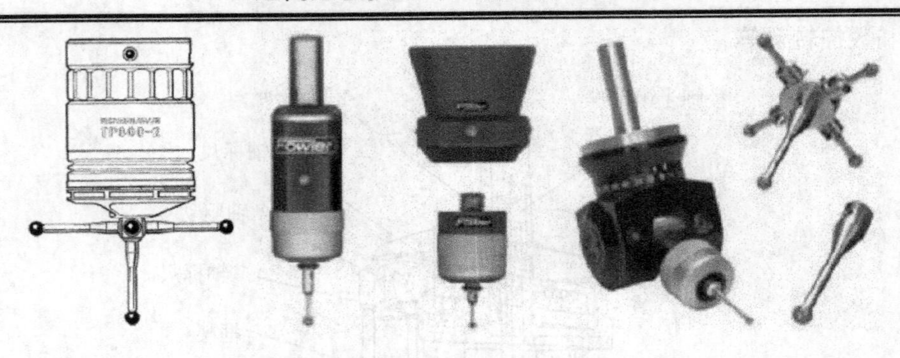

图 3.7　接触式触发测头

图 3.8　扫描式测头

为了提高三坐标测量机的测量效率及精度，需对测头的类型进行选择。下面对不同种类型的测头功能及优缺点进行分析，以供参考。

1) 接触式测头的应用范围

(1) 零件所被关注的是尺寸(如小的螺纹底孔)、间距或位置，而并不强调其形状误差(如定位销孔)。

(2) 当确信所用的加工设备有能力加工出形状足够好的零件，而注意力主要放在尺寸和位置精度时，接触式触发测量是合适的，特别适用于对离散点的测量。

(3) 触发测头体积较小，适用于测量空间狭窄的部位。

一般来讲，触发式测头使用及维修成本较低，在机械工业中有大量的几何量测量，所关注的仅是零件的尺寸及位置。所以，目前市场上的大部分测量机，特别是中等精度测量机，仍然使用接触式触发测头。

2) 扫描测头的应用范围

(1) 应用于有形状要求的零件和轮廓的测量。扫描方式测量的主要优点在于能高速地采集数据，这些数据不仅可以用来确定零件的尺寸及位置，更重要的是由于其测得的数据包括大量的点，能精确地描述形状、轮廓，这特别适用于对形状、轮廓有严格要求的零件，该零件形状直接影响零件的性能(如叶片、椭圆活塞等)；也适用于不能确信所用的加工设备能加工出形状足够好的零件，而形状误差成为主要矛盾的情形。

(2) 对于未知曲面的扫描，扫描式测头显示出了其独特优势。由于后续曲面重构需要大量的点，而触发式测头的采点方式显得太慢；由于是未知曲面，测量机运动的控制方式亦不一样，即在“探索方式”下工作；测量机根据已运动的轨迹来计算下一步运动的轨迹、计算采点密度等。

3) 测头选择的原则

(1) 在可以应用接触式测头的情况下，慎选非接触式测头。

(2) 在只测尺寸、位置要素的情况下，尽量选接触式触发测头。

(3) 在考虑成本又满足要求的情况下，尽量选接触式触发测头。

(4) 对形状及轮廓精度要求较高的情况下，选用非接触式测头。

(5) 扫描式测头应当可以对离散点进行测量。

(6) 考虑扫描式测头与触发式测头的互换性(一般用通用测座来实现)。

(7) 易变形零件、精度不高零件、要求超大量数据的零件的测量，优先考虑采用非接触式测头。

(8) 要考虑软件、附加硬件(如测头控制器、电缆)的配套。

4) 扫描式测头的优点及缺点

优点：①适于形状及轮廓测量；②采点率高；③高密度采点保证了良好的重复性、再现性；④更高级的数据处理能力。

缺点：①比触发测头复杂；②对离散点的测量较触发测头慢；③高速扫描时由于加速度而引起的动态误差很大，不可忽略，必须加以补偿；④测尖的磨损必须考虑。

5) 触发式测头的优点及缺点

优点：①适于空间棱柱形物体及已知表面的测量；②通用性强；③有多种不同类型的触发测头及附件供采用；④采购及运行成本低；⑤应用简单；⑥适用于尺寸测量及在线应用；⑦坚固耐用；⑧体积小，易于在窄小空间应用；⑨由于测点时测量机处于匀速直线低速运行状态，测量机的动态性能对测量精度影响较小。

缺点：测量取点率低。

6) 两种测头的比较

两种测头的优缺点比较见表 3-2。

表 3-2　两种测头的优缺点比较

测　　头	触发式测头	扫描式测头
测得数据	需进行球头半径补偿	表面数据
速度	很慢	快
工件材质	硬质材料	不限制
精度	高	高
测量死角	受球头半径影响	光学阴影区域
误差	大	小
价格	中等	高

7) 测头附件

测头附件是指那些与测头相连接、扩大其功能的零部件。测头附件主要有测端与探针、连接器、回转附件和自动更换测头系统，如图 3.9～图 3.10 所示。

图 3.9　Renishaw ACR3 测头更换支架

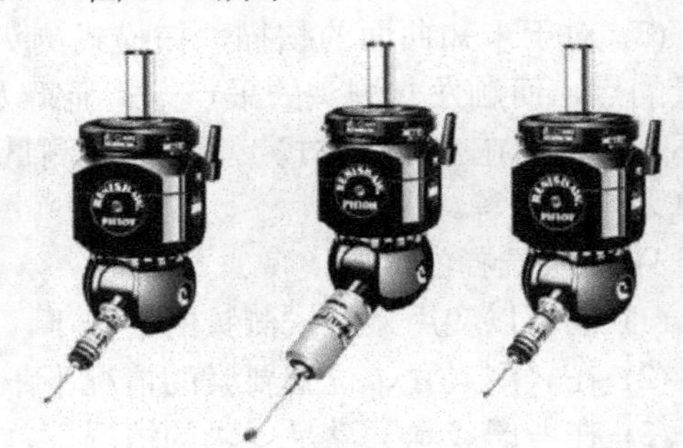

图 3.10　Renishaw 旋转测座

(1) 测端与探针：测端与探针为直接对被测件进行探测的部件。对于不同尺寸、不同形状的工件需要采用不同的测端与探针。测端形状主要有球形、盘形、圆柱形端、尖锥形和半球形等，其中最常用的是球形测端，它具有制造简单、便于从各个方向探测、不易磨损、接触变形小的优点。测端的常用材料为红宝石、钢、陶瓷、碳化物、刚玉等。

为了便于对工件进行探测，需要有各种探针，通常将可更换的测杆称为探针。选择探针时应注意下列问题。

① 增加探针长度可以增强测量能力，但会造成刚度下降，因此在满足测量要求的前提下，探针应尽可能短。

② 探针直径应小于测端球径，在不发生干涉条件下，应尽量增大探针直径。

③ 需要长探针时，常采用硬质合金探针，以提高刚度。

④ 在测量深孔时，还需使用加长杆以使探针达到要求的长度。

(2) 连接器：连接器的作用是将探针连接到测头上，以及将测头连接到回转体上或测量机主轴上。常见的连接器有星形探针连接器、连接轴和星形测头座等。

(3) 回转附件：通过回转附件使测头能对斜孔、斜面或类似形状进行精确测量。常用的回转附件有铰接接头和测头回转体等。

3. 电气系统

(1) 电气控制系统是测量机的电气控制部分，具有单轴与多轴联动控制、外围设备控制、通信控制和保护与逻辑控制等功能。

(2) 计算机硬件部分包括各式 PC 和工作站。

(3) 测量机软件包括控制软件与数据处理软件。可进行坐标变换与测头校正，生成探测模式与测量路径，还用于基本几何元素及其相互关系的测量，形状与位置误差测量，齿轮、螺纹与凸轮的测量，曲线与曲面的测量等，具有统计分析、误差补偿和网络通信等功能。

(4) 打印与绘图装置根据测量要求打印输出数据、表格、绘制图形等。

3.1.2　三坐标测量机分类

1. 按自动化程度分类

(1) 数字显示及打印型：主要用于几何尺寸测量，能以数字形式显示或记录测量结果以及打印结果，一般采用手动测量。

(2) 带小型计算机的测量机：带小型计算机的测量机的测量过程仍然是手动或机动的，由计算机进行诸如工件安装倾斜的自动校正计算、坐标变换、中心距计算、偏差值计算等，并可预先储备一定量的数据，通过计量软件存储所需测量件的数学模型和对曲线表面轮廓进行扫描计算。

(3) 计算机数字控制(CNC)型：计算机数字控制型可按照编制好的程序自动进行测量。按功能可分为：①编制好的程序对已加工好的零件进行自动检测，并可自动打印出实际值和理论值之间的误差以及超差值；②可按实物测量结果编程，与数控加工中心配套使用，测量结果经计算机进行处理，生成针对各种机床的加工控制代码。

2. 按测量范围分类

(1) 小型坐标测量机，主要用于测量小型精密的模具、工具、刀具与集成线路板等，测量精度高，测量范围一般是 X 轴方向小于 500mm。

(2) 中型坐标测量机测量范围在 X 轴方向为 500～2000mm，精密等级为中等，也有精密型的。

(3) 大型坐标测量机测量范围在 X 轴方向大于 2000mm，精密等级为中等或低等。

3. 按精度分类

三坐标测量机按精度可分为低精度、中等精度和高精度的测量机，3 种精度的三坐标测量机大体上可这样划分：低精度测量机的单轴最大测量不确定度在 1×10^{-4}L 左右，而空间最大测量不确定度为 2×10^{-4}～3×10^{-4}L，其中 L 为最大量程；中等精度的单轴与空间最大测量不确定度分别为 1×10^{-5}L 和 2×10^{-5}～3×10^{-5}L；高精度的单轴与空间最大测量不确定度则分别小于 1×10^{-6}L 和 2×10^{-6}L。在实际应用中，可根据被测工件的技术规范、尺寸规格以及各种结构的具体特点选择不同形式的三坐标测量机。

4. 按机械结构与运动关系分类

按结构形式分为桥式、龙门式、悬臂式、水平臂式、坐标镗床、卧镗式和仪器台式等。桥式和龙门式具有较高的刚度，可有效地减小由于重力的作用，使移动部件在不同位置时造成的三坐标测量机非均匀变形，从而在垂直方向上具有较高的精度。龙门式的设计结构主要是为了测量体积比较大的物体。由于本身结构的特点，桥式和龙门式的三坐标测量机具有较大的惯性，这影响了其加减速性能，测量速度一般较低。当前，在追求测量时间尽可能短的情况下，测量速度低成为桥式和龙门式三坐标测量机的主要缺点。另外，桥式和龙门式三坐标测量机的敞开空间较小，从而限制了工件的自动装卸。悬臂式的三坐标测量机惯性小，因而加减速性能较高，有利于提高测量速度。但是，悬臂式的三坐标测量机缺少立柱的支撑，因而对工件在垂直方向上的检测精度有限制。悬臂式的三坐标测量机由于有较大的敞开空间，有利于工件的自动装卸。悬臂式测量机具有较好的柔性，特别适合在生产现场使用，但缺点是精度比较低。

(1) 悬臂式三坐标测量机：悬臂式三坐标测量机原理结构如图 3.11 所示，测头系统支撑在悬臂框架上可平行移动，而其悬臂框架又可在平板工作台上作垂直方向的平行移动。

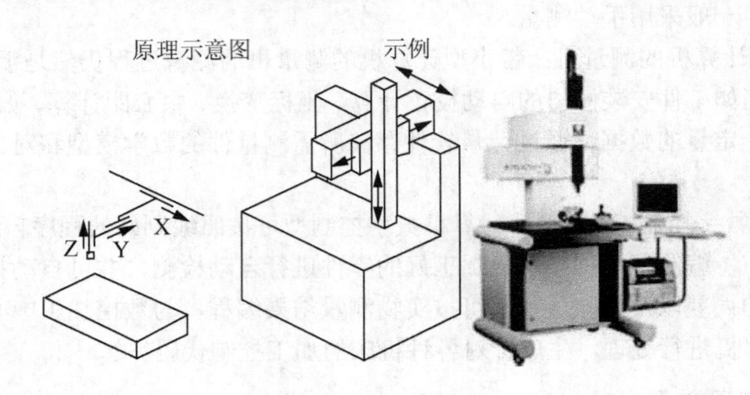

图 3.11　悬臂式三坐标测量机

优点：结构简单，测量空间开阔。

缺点：悬臂沿 *Y* 向运动时受力点的位置随时变化，从而产生不同的变形，使得测量的误差较大。因此，悬臂式测量机只能用于精度要求不太高的测量中。

(2) 桥式三坐标测量机：测头系统支撑在桥式框架上，桥式三坐标测量机是当前三坐标测量机的主流结构。按运动形式的不同，桥式三坐标测量机又可分为移动桥式和固定桥式，如图 3.12 所示。

① 移动桥式。移动桥式三坐标测量机外形结构如图 3.12(a)所示，放置被测物的工作平台不动，桥式框架沿工作平台上的气浮导轨平行移动，导轨在工作台两侧，电动机单边驱动。

优点：结构简单，结构刚性好，承重能力大；工件重量对测量机的动态性能没有影响。

缺点：*X* 向的驱动在一侧进行，单边驱动，扭摆大，容易产生扭摆误差；移动桥式三坐标测量机的光栅偏置在工作台一边，产生的阿贝误差较大，对测量机的精度有一定影响；因测量空间受框架的限制，移动桥式结构不适用于大型测量机。

② 固定桥式。固定桥式三坐标测量机原理结构如图 3.12(b)所示，桥式框架被固定在基座上不能移动，由放置被测物的工作台沿基座上的导轨移动。

优点：整机刚性强，载荷变化时测量机整机的机械变形小；光栅置于工作台中央，中央驱动偏摆小，产生的阿贝误差较小；测量工作的相对运动在 *X* 和 *Y* 方向相互独立，不产生相互影响。

缺点：因测量时是工作台移动，工作台刚性较差，当载荷变化时易产生变形误差，所以工件重量不宜太大；基座长度大于 2 倍的量程，所以占据空间较大；操作空间不如移动桥式的开阔。

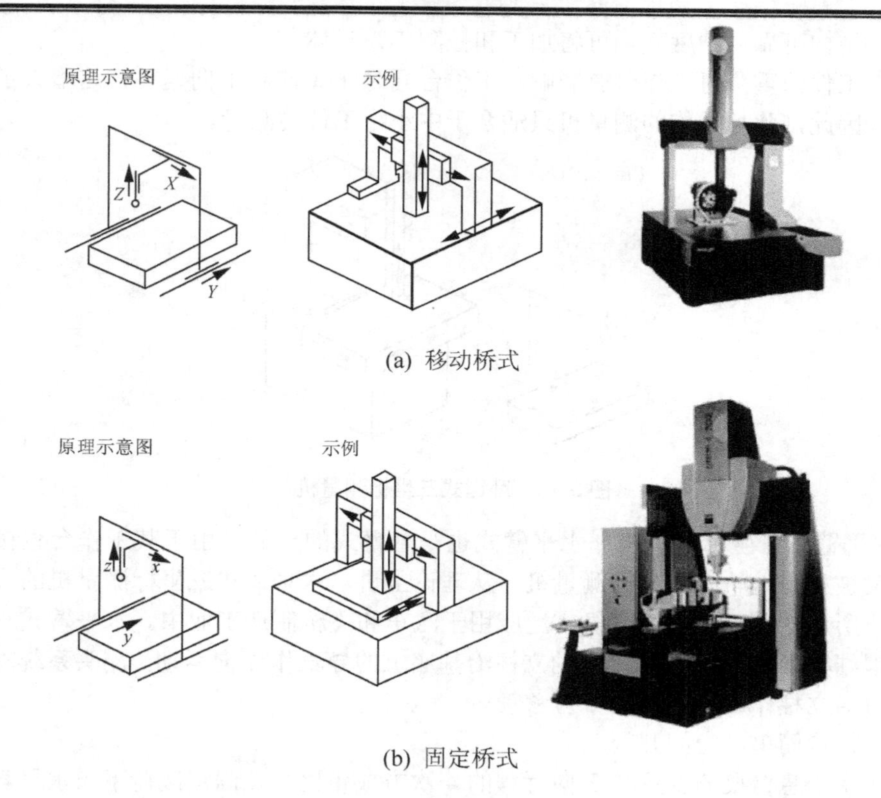

(a) 移动桥式

(b) 固定桥式

图 3.12　桥式三坐标测量机

(3) 龙门式三坐标测量机：其原理结构如图 3.13 所示，与移动桥式三坐标测量机相比，其移动部分只是横梁。

优点：结构稳定，刚性好，测量范围较大。

缺点：因驱动和光栅尺集中在一侧，造成的阿贝误差较大；驱动不够平稳。

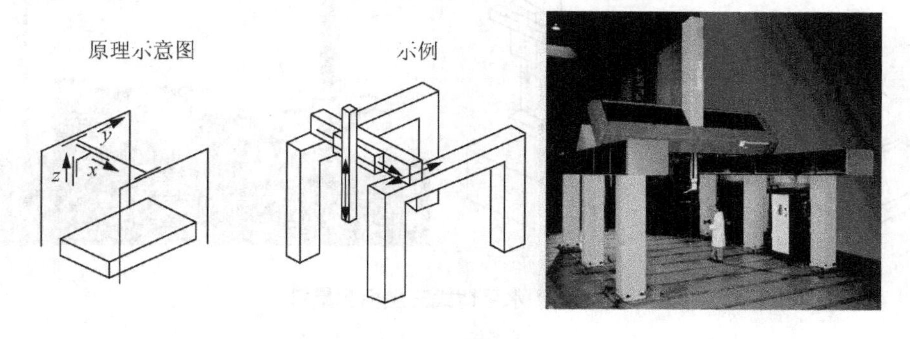

图 3.13　龙门式三坐标测量机

(4) 卧镗式三坐标测量机：卧镗式测量机是在卧式镗床基础上发展起来的，特别适合测量卧镗加工类零件，亦适合在生产中作为自动检测设备。由于其 Y 向移动较小，所以适合于中小型工件几何尺寸和形位尺寸的测量。测量时放置测量物体的工作平台可作平行移动，测头系统作上下垂直运动。其原理结构如图 3.14 所示。

优点：结构可靠，精度高，可将加工和检测集为一体。

缺点：工件的重量对工作台有影响，工作台同时作 X 向和 Y 向运动，这增大了工作台所需空间，因此，此种结构的测量机只适合于中小型工件的测量。

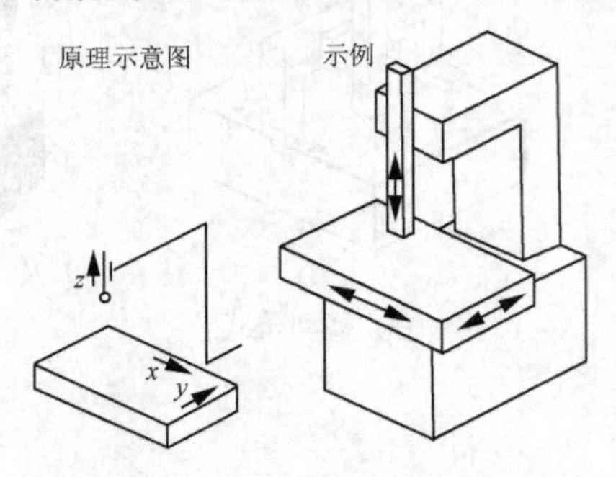

图 3.14　卧镗式三坐标测量机

(5) 水平臂式三坐标测量机：水平臂式也是悬臂式的一种，由于其工作台直接与地基相连，故又被称为地轨式三坐标测量机。从理论上讲，水平臂式三坐标测量机的导轨可以做得很长，所以这种形式的测量机广泛应用于汽车和飞机制造工业中。水平臂式三坐标测量机的原理结构如图 3.15 所示，它的立柱沿基座上的导轨作 X 向运动，测头系统支撑在水平悬臂上可沿立柱作 Y 向和 Z 向平行移动。

优点：结构简单，空间开阔。

缺点：水平悬臂梁的变形与 Y 向行程的 4 次方成正比；在固定载荷下，水平悬臂梁的变形与臂长的 3 次方成正比，以上原因造成水平臂变形较大。鉴于悬臂变形，这类测量机的 Y 行程不宜太大。目前 Y 行程一般为 1.35～1.5m，个别可达 2m。汽车车身检测中，需要更大的量程时，一般采用双水平臂式三坐标测量机，如图 3.15 所示。

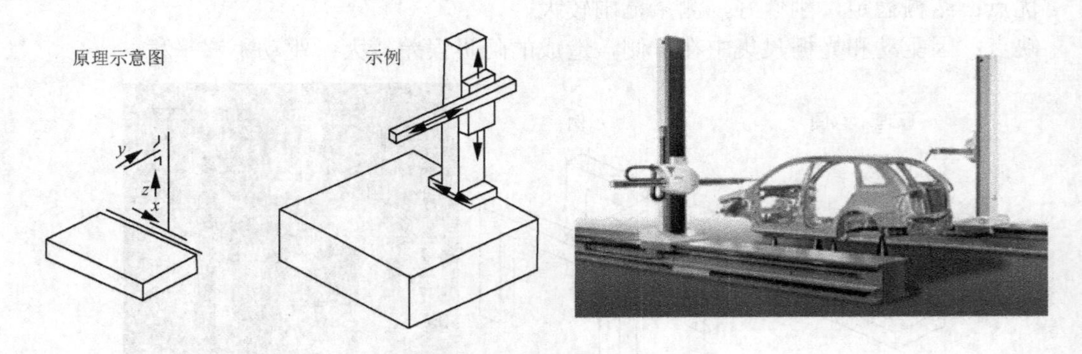

图 3.15　水平臂式三坐标测量机

3.1.3　三坐标测量机软件分类

准确、稳定、可靠、精度高、速度快、功能强、操作方便是对测量机总体性能的要求。测量机本体(包括测头)只是提取零件表面空间坐标点的工具。过去，人们一直认为精度、速度完全由测量机的硬件部分决定(测量机机械结构、控制系统、测头)，实际上，由于误差补偿技术的发展，算法及控制软件的改进，测量机的精度在很大程度上依赖于软件。测量机软件成为决定测量机性能的主要因素。现代三坐标测量机一般都采用微机或小型机，操作系统已选用 Windows 或 UNIX 平台，测量软件也采用流行的编程技术编制，尽管开发的软件系统各不相同，但本质上可归纳为两种：可编程式和菜单驱动式。可编程式具有程序语言解释器和程序编辑器，用户能根据软件提供的指令对测量任务进行联机或脱机编程，可以对测量机的动作进行微控制；而对于菜单驱动式，用户可通过点菜单的方式实现软件系统预先确定的各种不同的测量任务。根据软件功能的不同，坐标测量机测量软件可分成下面几类。

1. 基本测量软件

基本测量软件是坐标测量机必备的最小配置软件，它负责完成整个测量系统的管理，通常具备以下功能。

(1) 运动管理功能：包括运动方式选择、运动进度选择、测量速度选择。

(2) 测头管理功能：包括测头标定、测头校正、自动补偿测头半径和各向偏值、测头保护及测头管理。

(3) 零件管理功能：确定零件坐标系及坐标原点、不同工件坐标系的转换。

(4) 辅助功能：坐标系、地标平面、坐标轴的选择；公制、英制转换及其他各种辅助功能。

(5) 输出管理功能：输出设备选择、输出格式及测量结果类型的选择等。

(6) 几何元素测量功能。

① 点、线、圆、面、圆柱、圆锥、球、椭圆的测量。

② 几何元素组合功能，即几何元素之间经过计算得出如中点、距离、相交、投影等功能。

③ 几何形位误差测量功能：平面度、直线度、圆度、圆柱度、球度、圆锥度、平行度、垂直度、倾斜度、同轴度等。

2. 专用测量软件

专用测量软件是指在基本测量软件平台上开发的针对某种具有特定用途的零部件测量与评价软件。通常包括：齿轮、螺纹、凸轮、自由曲线、自由曲面测量软件，如图 3.16 所示，用它替代一些专用的计量仪器，拓展了测量机的应用领域。

图 3.16　特定型面

轮廓、自由曲面形状的测量，包括模具、冲压件、塑料件和一些家电产品，如电话听筒、手机，或者是具备流线形状的，如车身、飞机构件等。鉴于过程控制的核心是制造出符合设计要求的产品，需要测量机完成上述自由形状工件表面点数据的采集。其测量方法包括：连续扫描测量法和点位测量法两类。

1) 连续扫描测量法

(1) 手动连续扫描测量：在点位测量机上，利用连续扫描，即锁住测量机的一轴，用手推动测头，使其始终保持与工件接触，并沿零件表面慢慢移动。这时计算机按一定的时间间隔，采入移动中的测头中心的密集点，经稀化处理和补偿计算以后，求得零件被测表面诸点坐标值，并打印输出。这种方法可按径向扫描或轴向扫描进行测量。这种测量方法的系统简单，但测量精度较低，操作麻烦，劳动强度大，只能进行二维曲线测量。

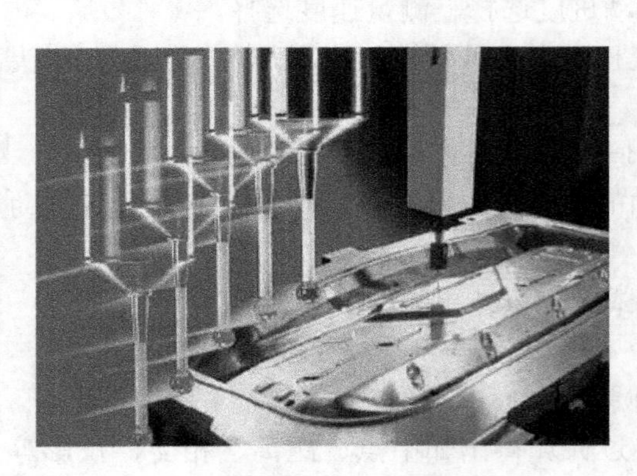

图 3.17　自动连续扫描

(2) 自动连续扫描测量：在数控点位测量机上，利用三向电感测头自动进行连续扫描，利用测力方向确定接触点的三维法线方向，以进行三维测头半径补偿。测头运动始终与轮廓表面接触，并保持测力为一个预定值，沿一定方向、按表面曲率的变化，适时地调节运动速度，自动、连续地完成空间曲线、曲面的测量，能够快速地获得相当高的型面精确度，如图 3.17 所示。这种方法以德国 Leitz 公司的轮廓扫描测量程序为代表，需数控三坐标测量机，系统较复杂。

2) 点位测量法

点位测量法就是在数控测量机上利用触发式测头，按被测曲线逐点采样，取得被测曲线的一系列点的坐标值。但首先要确定被测点的法线方向，确定法线方向的方法主要有二维已知轮廓测量程序和三维轮廓测量程序。点位测量法的最大特点是不需要昂贵的三向电感测头，因而测量成本比较低，具有较高的操作灵活性。它的缺点是需大量采点才能获得较高型面精确度，因此比较费时。但在一定型面精度范围内，方便而经济地利用触发式测头点位测量法测量空间曲线是一种有效途径。

3. 附加功能软件

为了增强三坐标测量机的功能和用软件补偿的方法提高测量精度，三坐标测量机还提供有附加功能软件，如附件驱动软件、最佳配合测量软件、统计分析测量程序软件、随行夹具测量软件、误差检测软件、误差补偿软件、CAD 软件等。

1) 附件驱动软件

各种附件主要包括回转工作台、测头回转体、测头与探针的自动更换装置等。附件驱动软件首先实现附件驱动，如回转工作台，然后自动记录附件位置，作校准、标定和补偿用。

2) 最佳配合测量软件

该软件运用于配合件的测量，是应用最大实体原则检测互相配合的零件，其功能如下。

(1) 如测量结果是可配合的，则找出其最佳配合位置。

(2) 零件的合格检查：利用这个软件程序可以经过测量给以评定，得出零件是合格产品或废品，一般不再进行零件的返修。

(3) 当配合件有一个或更多的尺寸超差时，给出不可能装配的信息，并可进行再加工模拟循环，以便找出使该零件符合装配要求的可能性。

(4) 当零件为中间工序的毛坯件时，此程序具有使加工余量分布最佳化的能力，计算出被测元素的最佳位置。

3) 统计分析测量程序软件

该软件是为保证批量生产质量的一个测量程序。它是一种连续监控加工的方法，由三坐标测量机采集测量数据，并自动、实时地分析被测零件的尺寸，以便在加工出超差零件之前就能发现被加工零件将超出尺寸极限的倾向。因此，可监控加工过程中的零件尺寸，判断被加工件是合格件、超差件或超差前给出相应信息，以防止出现废品，如给出换刀信号、误差补偿信号及补偿值等。以图形、打印、显示或在线上给出反馈信号等方式，表示出统计分析结果。

4) 随行夹具测量软件

它是被测零件与其夹具之间建立一种互相连接关系的一个程序，一般用于多个相同零件的测量，即在一个夹具上装有多个零件，工作台上放有多个夹具，在第一个被测零件的示教编程后，再与随行夹具程序相连，该程序即可自动地测量一个个零件。当发生错误测量或碰撞时，即可自动将测量引到下一个工件上继续进行测量。利用此程序可实现无人化测量。测量需对卡具、工件定向，再将工件的坐标系转换成相对于随行夹具的坐标系，并设定中间点，此点没有测量数据传输，以避免碰撞。

5) 其他软件程序

还有输出软件、示教程序、计算机辅助编程程序、转台程序、温度补偿程序、坐标精度程序和其他专用程序，如为测量某种特殊零件的测量程序(如曲轴测量程序)或特殊功能的程序(如绘图程序)等。

3.1.4　三坐标测量机测量过程

1. 测量前的准备

1) 测头标定

在对工件进行实际检测之前，首先要对测量过程中用到的探针进行校准。因为对于许多尺寸的测量，需要沿不同的方向进行。系统记录的是探针中心的坐标，而不是接触点的坐标。为了获得接触点的坐标，必须对探针半径进行补偿。因此，首先必须对探针进行校准。一般使用校准球来校准探针。校准球是一个已知直径的标准球，校准探针的过程实际上就是对这个已知直径的标准球的直径进行测量的过程，该球的测量值等于校准球的直径加探针的直径，这样就可以确定探针直径。将探针直径除以 2，得出探针半径，系统用这个值就可以对测量结果进行补偿。校准的具体操作步骤一般如下。

(1) 将探头正确地安装在三坐标测量机的主轴上。

(2) 将探针在工件表面移动，看是否均能测得到，检查探针是否清洁，一旦探针的位置发生改变，就必须重新校准。

(3) 将校准球装在工作台上，要确保不用移动校准球，并在球上打点，测点最少为5个。

(4) 测完给定的点数后，就可以得到测量所得的校准球的位置、直径、形状偏差，由此可以得到探针的半径值。

测量过程所有要用到的探针都要进行校准，而且一旦探针改变位置，或者取下后再次使用时，要重新进行校准。因此，接触式测量在探针的校准方面要用去大量的时间。为解决这一问题，有的三坐标测量机上配有测头库和测头自动交换装置。测头库中的测头经过一次校准后可重复交换使用，而无需重新校准。

2) 工件的找正

三坐标测量机有自身的机器坐标系，而在进行检测规划时，检测点数量及其分布的确定，以及检测路径的生成等都是在工件坐标系下进行的。因此，在进行实际检测之前，首先要确定工件坐标系在三坐标测量机机器坐标系中的位置关系，即首先要在三坐标测量机机器坐标系中对工件进行找正，通常采用6点找正法，即“3—2—1”方法对工件进行找正，如图3.18所示。

首先，通过在指定平面上测量3点(1，2，3)或3点以上的点校准基准面；其次，通过测量两点(4，5)或两点以上的点来校准基准轴；最后，再测一点(6)来计算原点。在以上3步操作中，检测点位置的确定都是依据工件坐标系来选择的。工件在工作台上的搁置方式一般有两种：一种是通过专用夹具或自动装卸装置，将工件放在工作台上的某一固定位置，这样，通过一次工件找正，在以后测量同批工件时，由于工件的位置基本上是确定的，无需再对工件进行找正，直接就可进行测量；另一种是通过肉眼的观察直接将工件放在工作台的某一合适位置，这种情况下，每测一个工件都必须首先对其在工作台上进行找正。

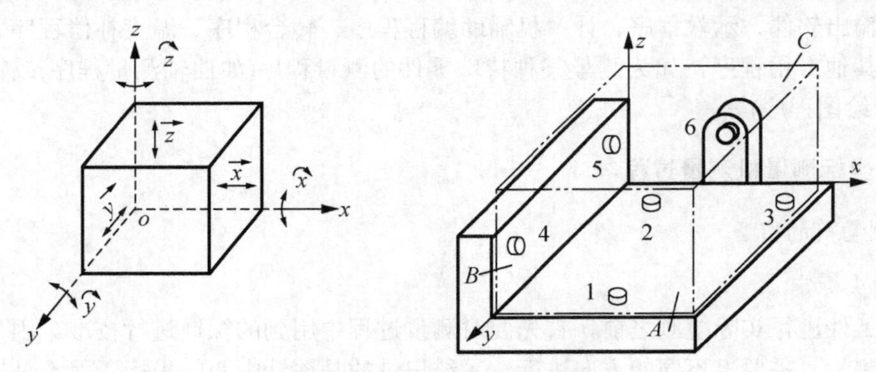

图3.18　工件自由度和6点定位

2. 数据测量规划

测量规划的目的是精确而又高效地采集数据。精确是指所采集的数据足够反映样件的特性，而不会产生误导、误解；高效是指在能够正确表示产品特性的情况下，所采集的数据尽量少、所走过的路径尽量短、所花费的时间尽量短。采集产品数据，有一条基本的原则：沿着特征方向走，顺着法向方向采。就好比火车，沿着轨道走，顺着枕木采集数字信息。这是一般的原则，实际应根据具体产品和逆向工程软件来定。下面分两个方面来介绍。

(1) 规则形状的数据采集规划。对规则形状，如点、直线、圆弧、平面、圆柱、圆锥、球等，也包括扩展规则形状，如双曲线、螺旋线、齿轮、凸轮等，数据采集多用精度高的接触式探头，依据数学定义对这些元素所需的点信息进行数据采集规划，这里不作过多说明。虽然一些产品的形状可归结为特征，但现实产品不可能是理论形状；加工、使用、环境的不同，也影响着产品的形状。作为逆向工程的测量规划，不能仅停留在“特征”的抽取上，更应考虑产品的变化趋势，即分析形位公差。表 3-3 列出了应用数学描述各规则元素所需的最少数据点数，要描述其公差与变化，实际需要测量更多的点。

(2) 自由曲面的数据采集规划。对非规则形状，统称自由曲面，多采用非接触式探头或两者相结合。原则上，要描述自由形状的产品，只要记录足够的数据点信息即可，但很难评判数据点是否足够。实际数据采集规划中，多依据工件的整体特征和流向，顺着特征走。法向特征的数据采集规划，对局部变化较大的地方，仍采用这一原则进行分块补充。

表 3-3　描述各规则元素所需的最少数据点数

元素名称	最少点数	备注
点	1	
直线	2	注意方向性
圆弧	3	
平面	3	注意点的分布
圆柱	4	注意点的分布
圆锥	4	注意点的分布
球	4	注意点的分布
双曲线	3	注意点的分布

这里采用英国 Renishaw 公司 SP600 模拟扫描测头，来说明对未知三维自由型面的连续扫描。下面，通过英国 LK 三坐标测量机及其 CAMIO 软件来介绍接触式扫描测量技术。

英国 LK 三坐标测量机是目前三坐标测量机行业中高端应用的代表，它具有先进的控制系统，可以无需昂贵的 SP600 扫描测头，仅利用 TP200 传感器就可以做到点到点的高速扫描，配合高性能的扫描测量软件模块，成为三坐标扫描测量的典范。

其扫描测量过程包括：① 机器测头的标定和工件的装夹定位、基准设定，进行被测对象的内部与外部边界的定义，这些边界的设定将使测量机知道哪些区域需要扫描，同时知道哪些部位需要避开，如孔、槽等部位；② 对上面设定的扫描范围进行扫描数据密度及扫描方向设置，格栅将控制三坐标的测针沿着这些格栅在物体表面上的投影进行测量；③ LK 的 CAMIO 逆向测量软件(如图 3.19 所示)将根据测针的测量数据，在测量窗口上显示边界及格栅的三维点数据；④ 点云数据的输出。

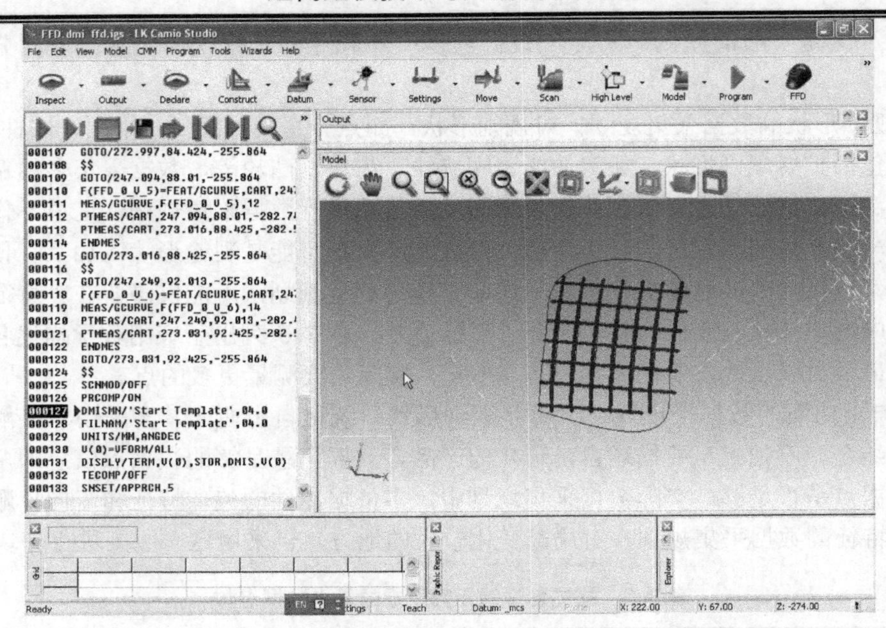

图 3.19　LK 三坐标测量机软件界面

3.2　非接触式测量法

在三维测量中，非接触式测量方法由于其测量的高效性和广泛的适应性而得到了广泛的研究，尤其是以激光、白光为代表的光学测量方法更是备受关注。根据工作原理的不同，光学三维测量方法可被分成多个不同的种类，包括摄影测量法、飞行时间法、三角法、投影光栅法、成像面定位方法、共焦显微镜方法、干涉测量法、隧道显微镜方法等。采用不同的技术可以实现不同的测量精度，这些技术的深度分辨率范围为 10^3～10^{-6}mm，覆盖了从大尺度三维形貌测量到微观结构研究的广泛应用和研究领域。

3.2.1　光学三维测量技术

获取宏观物体的三维信息的基本方法可以分成两大类：被动三维传感和主动三维传感。被动三维传感采用非结构光照明方式，从一个或多个摄像系统获取的二维图像中确定距离信息，形成三维型面数据。从一个摄像系统获取的二维图像确定深度信息时，必须依赖于物体大致形态、光照条件等先验知识。典型的被动三维传感系统采用两个以上摄像机系统，利用与人的双目立体视觉相似的原理，从两个或多个视角重建物体的三维表面。这种方法的关键是对应点的匹配算法，计算量通常较大，当被测物体表面各点反射率没有明显差异时，对应点匹配变得更加困难。因此，被动三维传感方法常用于对目标的识别、理解以及位置形态的分析，在无法采用结构光照明时具有更独特的优点。

主动三维传感采用结构光照明的方式，由于物体三维表面对结构光场的空间或时间调制，观察到的变形光场携带了三维型面的信息，对变形光场进行解调，可以获得三维型面数据。由于这种方法具有较高的测量精度，因此大多数以三维型面测量为目的的系统都采用主动三维传感方式。根据三维表面对结构照明光场调制方式的不同，将主动三维传感方法分为时间调制与空间调制两类。

一类方法称为飞行时间法(Time Of Flight, TOF)，是基于三维表面对单光束产生的时间调制。例如，一个激光脉冲信号从激光器发出，经物体表面漫反射后，其中一部分漫反射沿相反的路径传回到接收器。根据检测光脉冲从发出到接收之间的时间延迟，就可以计算出距离。用附加的扫描装置使光束扫描整个物面，可形成三维型面数据。该方法原理简单，又可以避免阴影和遮挡等问题，但对信号处理系统的时间分辨率有很高的要求。为了提高测量精度，实际的 TOF 系统往往采用时间调制光束，例如采用正弦调制的激光束，然后比较发射光束和接收光束之间的相位，计算出距离。

另一类更常用的主动三维传感方法是空间调制方法，以结构光投影为基础。由于三维型面对结构照明光束产生空间调制，改变了成像光束的角度，即改变了成像光点在检测器阵列上的位置，通过成像光点位置的确定和系统光路的几何参数，即可计算出距离。由于此类方法都采用了结构光投影方式，因此又被称为投影式三维轮廓测量技术。

1) 激光扫描法

激光扫描法是发展得比较成熟的一种测量方法。一般的工作流程是通过同步电动机控制激光器旋转，激光光条随之扫描整个待测物体，光条所形成的高斯亮条经被测面调制形成测量条纹，由摄像机接受图像，获得测量条纹的测量信息，再经过摄像机标定和外极线约束准则得出三维测量数据。

单目摄像机扫描法中的难点是传感器标定过程。由于单个摄像机只能测量单一平面中任意点的三维数据，因此必须对激光光条所经过的每一个位置进行标定，这是十分繁杂的工作。一些学者采用旋转待测物体的方法来避免这一过程，也有利用精确控制同步电动机的旋转角，以旋转角为已知量确定数学模型的做法，但是这些做法都要有严格的旋转控制和精密的机械装置作为保证。

双目摄像机扫描法克服了单目摄像机扫描中的标定问题。采用双目立体标定技术可以获得工作区任意点的三维坐标。测量的重点在于左右摄像机精确匹配问题。

扫描法测量具有测量精度高、后续图像处理简单的优点。但是不管是双目还是单目扫描测量，其中必须有价格昂贵的扫描系统，机械误差在所难免。同时测量过程需要在多个扫描位置拍摄图像，并进行后续图像处理，因此测量速度比较慢。图 3.20 是英国“3D Scanner”激光扫描仪。

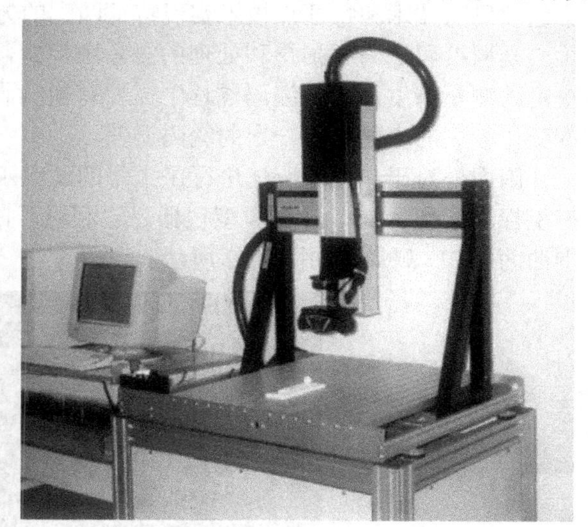

图 3.20　“3D Scanner”激光扫描系统

2) 白光(彩色)光栅编码法

光栅编码法测量原理如图 3.21 所示，光源照射光栅，经过投影系统将光栅条纹投射到被测物体上，经过被测物体形面调制形成了测量条纹，由双目摄像机接收测量条纹，应用特征匹配技术、外极线约束准则和立体视觉技术获得测量曲面的三维数据。

光栅编码法中的测量重点是特征匹配技术。由于左右摄像机不能分辨所获得的光栅条纹图像究竟对应空间哪一条光栅条纹，因此空间中的光栅条纹在左右摄像机中的对应问题是光栅编码法的难点。利用白光作为光源的测量方法一般采用空间编码技术解决这一问题。

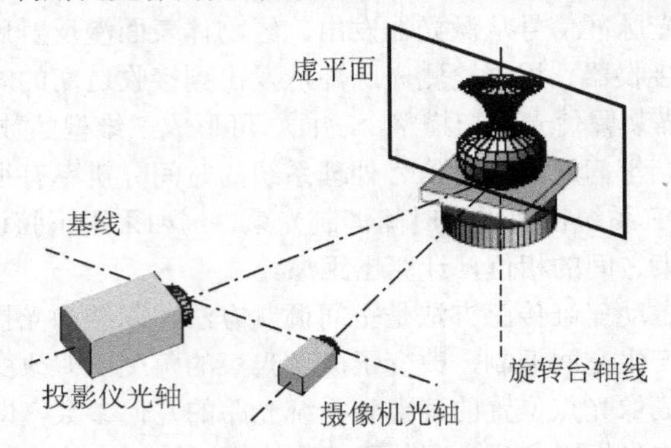

图 3.21　光栅编码测量示意图

空间编码技术有很多种，常用的是空间二分编码方案，即投射 n 组光栅条纹，每一组光栅条纹是下一组条纹的二分细化。这样每一个光栅条纹对应唯一的一个空间二进制编码，左右摄像机可以根据这一二进制编码匹配光栅条纹图像。如空间光栅条纹的编码为 0…101(直线在黑图案区为编码 0，在白图案区为编码 1)。

目前一种基于彩色光栅编码的方法也得到了应用。由白光照射彩色编码光栅，投射出带有多种彩色信息的光栅条纹，再由彩色摄像机获得这些条纹，利用色度信息实现左右摄像机匹配。中国台湾的智泰公司和日本的 Minolta 公司对此进行了相关的研究。还有利用彩色编码点技术和特征点技术实现特征匹配的方案。

光栅编码法需要拍摄和处理的测量图像少，测量速度快，精度比较高，其中匹配精度决定着测量精度。但是编码过程中需要有换编码光栅的机构，因此结构比较复杂，对于梯度变化较大的表面存在一定的编码误差。

国内外对于光栅编码法进行了大量的研究工作，其中德国 Gom 公司开发的流动式光学三坐标测量仪 ATOS II 为典型仪器，它利用了白光条纹和多视角图像拼接技术实现了大范围曲面的 3D 测量，如图 3.22 所示。

图 3.22　ATOS II 测量仪

3) 位相轮廓法

位相轮廓法测量由非相关光源(激光)照射光栅(正弦光栅或其他)，投射出的光栅条纹受被测型面调制，形成与被测形状相关联的光场分布，再应用混合模板技术、相位复原技术和相位图定标技术获得与曲面高度信息相关的相位变化，从而获得被测物体的三维相貌。

位相轮廓法利用相位复原技术获得了相位的连续分布，能够有效、快速地获得被测物体的三维相貌，但是该技术的系统精度与光学系统的灵敏度相关，一般精度适中。另外，对于有高频噪声的图像存在一定的误差。

位相轮廓法发展得非常迅速，在三维测量中显示了一定的优势。台湾大学的范光照教授和四川大学的苏显渝教授使用该方法测量物体的表面轮廓，天津大学的彭翔教授使用位相轮廓法研制的仪器可以测量出人脸的三维轮廓。

4) 彩色激光扫描法

近年来，多媒体技术蓬勃发展，游戏业、动画业及古文物业迫切需要彩色 3D 测量，彩色激光扫描法应运而生。彩色激光扫描系统对被测物体进行两步拍摄。首先关闭激光器，打开滤光片，用彩色 CCD 拍摄一幅被测物体的彩色照片，记录下物体的颜色信息；然后打开激光器，放下滤光片，用 CCD 获得经过被测型面调制的激光线条单色图案。利用激光光条扫描法中所叙述的原理，获得被测型面的三维坐标(单色)；然后利用贴图技术，将第一次拍摄获得的彩色图像信息匹配到各个被测点的三维数据上，这样就获得了物体的彩色 3D 信息。

彩色 3D 测量中还可以利用白光光栅法测量 3D 数据，也可以采用自然光用被动的方式获得 3D 模型。

彩色 3D 测量能够真实反映被测物体的三维色度信息，具有广阔的应用前景，但是测量的精度一般比较低。有效得解决单色 3D 测量和高精度贴图两个技术是彩色 3D 测量的基石。

目前台湾大学和智泰公司研制出了成形仪器；美国 Cyberware 公司的彩色三维扫描仪已经成功地商业化，如图 3.23 所示。

5) 阴影莫尔法

阴影莫尔法最早由 Meadows 和 Takasaki 于 1970 年提出。它是将一光栅放在被测物体上，再用一光源透过光栅照在物体上，同时再透过光栅观察物体，可看到一系列莫尔条纹,它们是物体表面的等高线。之后，人们将此技术与 CCD 技术、计算机图像处理技术相结合使其走向实用化，特别是相移技术的引入，解决了无法从一幅莫尔图中判别物体表面凹凸的问题，并使莫尔计量技术从定性走向定量，使莫尔技术向前迈进了一大步。但相移一般是通过机械手段改变光栅与被测物的距离而实现的，其机构复杂，速度慢。

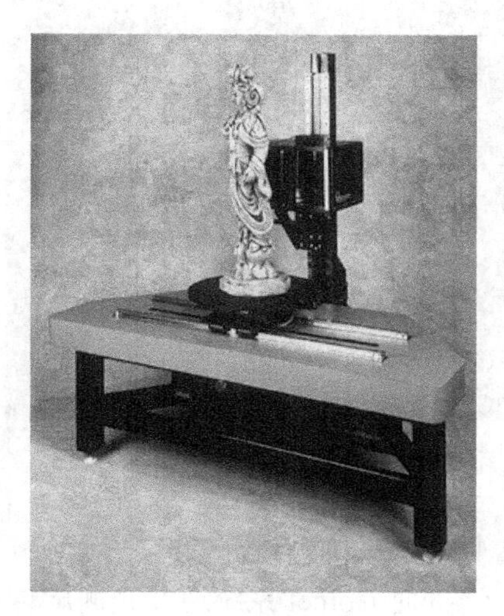

图 3.23 Cyberware 扫描仪

6) 基于直接三角法的三维型面测量技术

直接三角法三维型面测量技术包括激光逐点

扫描法、线扫描法和二元编码图样投影法等，分别采用点、线、面这 3 类结构光投影方式。这些方法以传统的三角测量原理为基础，通过出射点、投影点和成像点三者之间的几何成像关系确定物体各点高度，因此其测量关键在于确定三者的对应关系。逐点扫描法用光点扫描，虽然简单可靠，但测量速度慢；线扫描法采用一维线性图样扫描物体，速度比前者有很大的提高，确定测量点也比较容易，应用较广，国际上早有商品出售，但这种方法的数据获取速度仍然较慢；二元编码图像投影法采用时间或空间编码的二维光学图案投影，利用图案编码和解码来确定投影点和成像点的对应关系，由于是二维面结构光，能够大大提高测量速度。这几种方法的优点是信号的处理简单可靠，无需复杂的条纹分析就能确定各个测量点的绝对高度信息，自动分辨物体凹凸，即使物体的物理间断点使图像不连续，也不影响测量。它们的共同缺点是精度不高，不能实现全场测量。

3.2.2　光学三维测量设备

随着传感技术、控制技术、制造技术等相关技术的发展，出现了大量商品化三维测量设备，其中光学测量仪器应用较为成功。其中，Replica 公司的三维激光扫描仪 3D Scanner，Gom 公司的 ATOS、Steinbichler 公司的 Comet 光学测量系统在中国市场上取得了很大的成功，并占有绝大部分的市场份额。这些国外三维测量设备的价格昂贵，如 ATOS 及 Comet 光学测量系统的市场价格均在 100 万元左右，这使得国内相关行业的技术使用成本明显偏高。

1. Comet 测量系统

Comet 测量系统(如图 3.24 所示)是由测量头、支架及相关软件组成，该系统采用投影光栅相移法进行测量，每次测点可达 130 万个，测量精度可达±20 μm。Comet 系统与其他光栅测量系统(如 ATOS 系统)相比有着明显的优点，主要表现在以下几个方面。

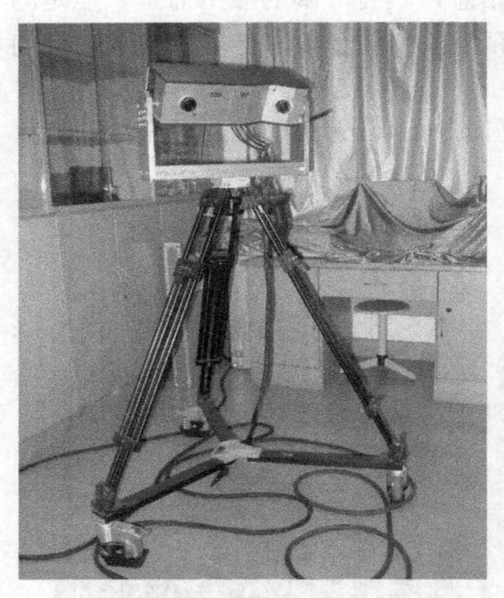

图 3.24　Comet 测量系统

投影光栅法对工作边界、表面细小特征及突起进行测量时，当光栅条纹方向与特征的方向平行或接近平行时测量数据会残缺不全，而在逆向工程技术中，获得工件完整的点云数据是至关重要的，对一个边界残缺不全、表面细小特征无法判断的点云数据，很难进行曲面重构。为了提高这方面的测量能力，Comet 系统在测量原理上进行了重大改进，采用单光栅旋转对工件表面进行测量，在测量过程中光栅自动旋转并进行相位移。这样就弥补了直线移动光栅时光栅条纹方向与特征的方向平行或接近平行时测量数据会残缺不全的缺点，从而实现对工件的边界、表面细线条等特征的准确测量。

同时 Comet 系统通过光栅旋转对光栅进行编码，这种编码方式不需要改变光栅的节距，光栅的条纹可以做得非常细，可以极大地提高分辨力和精度。另外，对一个光学测量系统而言，当系统结构确定之后，其精度从某种意义上讲取决于对系统的标定。标定的参数包括系统的几何参数、CCD 的切向、径向畸变等，而对这些参数影响最大的就是温度。Comet 系统为了克服这一问题，从系统支架构件的用材、气流的循环等方面均进行精心设计，在系统内部安装数个温度传感器对整个系统的温度进行闭环控制。使系统在整个工作过程中始终将温度变化控制在 1℃的范围内。这样大大地提高了测量精度。Comet 的测量流程如图 3.25 所示。

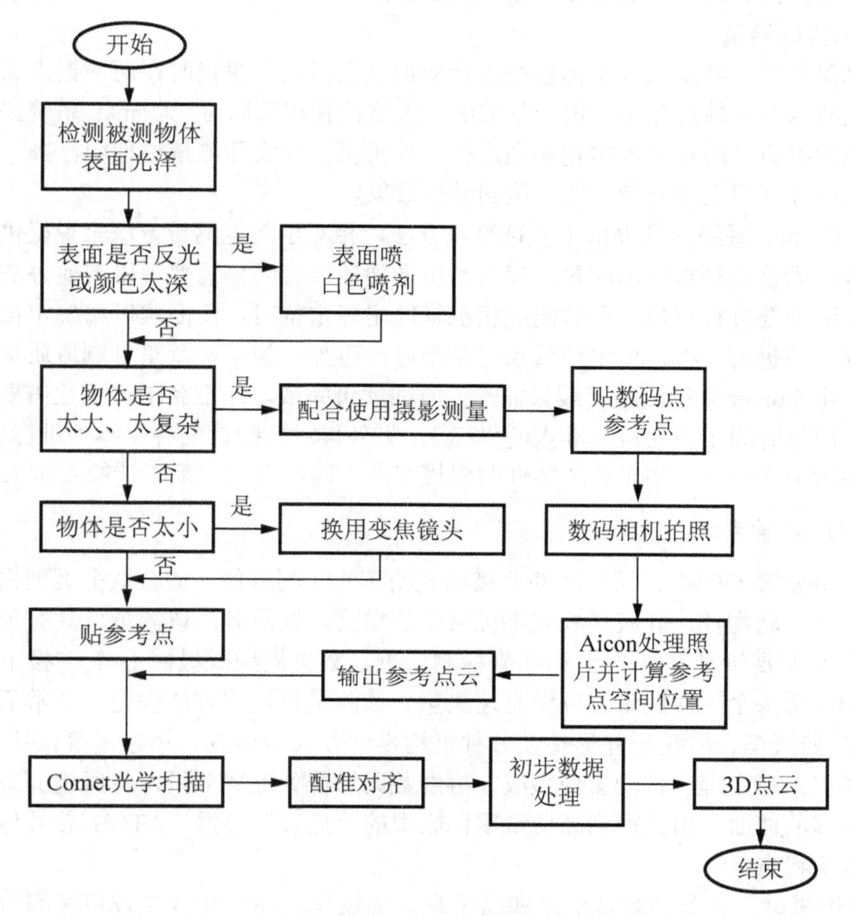

图 3.25　Comet 测量流程

Comet 系统采用了单摄像头，消除了同步误差，并且在数据拼合方面 Comet 系统除了提供对应点选择拼接、两点拼接和参考点拼接方法外，还提供最终全局优化拼接，使各数据点云拼接达到全局最优化，这也是 Comet 系统特有的。

1) 基点拼接测量

这种方法是通过配备的数码照相机做辅助坐标定位系统，采用立体照相技术获得标志中心的坐标，并将这些标志中心的坐标读到光学测量系统中，作为全局定位和分片扫描数据拼接的基准点，然后进行测量。由于基准点的相对关系已经确定下来了，在测量过程中测量设备和测量对象都可以任意移动，这样给测量带来了极大的方便，还可从任意角度进行测量。每次测量后，把所得的数据点云按标志点的中心坐标转换到基准坐标系中去，重复以上过程，便可完成对实物的测量。

2) 节点拼接测量

这种方法通过参考节点来进行数据拼接，和第一种方法所不同的是这种方法不需要配备数码照相机做辅助坐标定位，而是通过实体对象上的标志中心坐标进行数据点拼接。应用这种测量方法要注意的是：每次测量的数据点云上需要包含上次测量数据点云上的 3 个标志中心坐标，只有这样才能较好地进行数据拼接。

3) 自由拼接测量

这种测量方法主要是通过实体特征进行数据点云拼接，拼接时在两数据点云上选择对应的点，当然这些点的选择不一定十分准确，大概位置相同即可，Comet 系统提供的软件可以根据两数据点云所反映的实物特征进行自动拼接。在实际测量过程中，操作者可以根据具体情况交互使用上述测量方法以达到最佳效果。

另外，Comet 系统尽管提供了多种测量方法，相对于其他测量方法来说提供了极大的方便，且基本满足各种零件的测量，但为了更加便捷，有时仍需要辅以其他办法。如有些薄板件正反面都要进行测量，用数码照相机辅助坐标定位时，反面难以精确定位，当然结合其他两种方法也可建模，但整体效果不是很好；再如，为了检测车身制造质量，对整车进行测量，用 Comet 系统测量一般只需一天时间就可完成，而准备工作往往需要半个月，其中很大一部分时间用在获得基准点的坐标上；另外再对装配件的各个零件进行反求建模，然后进行装配干涉检查，如果各个零件的建模基准不同，会给装配干涉检查带来误差。

2. ATOS 测量系统

ATOS 是德国 GOM 公司生产的非接触式精密光学测量仪，适合众多类型物件的扫描测量，如人体、软物件、硅胶样板或不可磨损的模具及样品等。该测量仪具有独特的流动式设计，在不需要任何工作平台(如三坐标测量机、数控机械或机械手等)支援下，使用者可随意移动测量头至任何测量方位做高速测量。该测量仪使用方便快捷，非常适合测量各种大小模型(如汽车、摩托车外形件及各种机构零件、大型模具、小家电等)。整个测量过程基于光学三角形定理，自动影像摄取，再经数码影像处理器分析，将所测的数据自动合并成完整连续的曲面，由此得到高质量零件原型的“点云”数据。ATOS 较其他类型的测量设备有以下特点。

(1) 操作简单。简单的测量概念和易于掌握的软件，使操作者在较短时间内能操作自如；每次启动系统时，校对程序的操作也非常的简捷。

(2) 测头的测量范围弹性大。通常物件大小在 10mm～10m 的范围内，都可使用同一测量头做多角度的测量。

(3) 高解析度。光栅式扫描测量可获得高密度的“点云”数据，对许多细微的部位也能精确地测到足够的点云数据，其测量的准确性可与固定式的三坐标测量机相比较。

(4) 携带方便。整个系统可置于两个便携箱内，并具有较好的抗震性及抗干扰的能力，如湿度改变或经过长途搬运后，通常不会对其测量精度造成影响。缺点是测量的点多且密，造成点数据庞大，曲面建模的数据文件太大，影响工作效率；对突变不连续的曲面及窄缝缺口、边界测量时等，容易造成失真和曲面数据缺损。

ATOS 光栅扫描仪系统由硬件和软件两部分组成。

Atos 测量系统的硬件组成如图 3.26 所示，各部分简介如下。

(1) 计算机及显示屏用于安装测量系统软件和曲面数据处理软件，控制测量过程，运算得到光顺曲线或曲面。

(2) 主光源、光栅器件组用于对焦和发出扫描的光栅光束。

(3) 2CCD 光学测量传感器件分左右对称两组，通过检测照射在曲面上的光点数据，获取原型曲面的“点云”数据。

(4) 校准平板用于校准系统的测量精度。

(5) 三脚支架用于支撑测量光学器件组。

(6) 通信电缆用于将控制信号传送到检测系统，并将测量传感器的数据反馈给控制系统。

测量系统的软件分别由 Linux 操作系统和专用的测量及处理软件 ATOS 及 Geomagic 等组成。ATOS 测量系统的测量流程与 Comet 的相似。

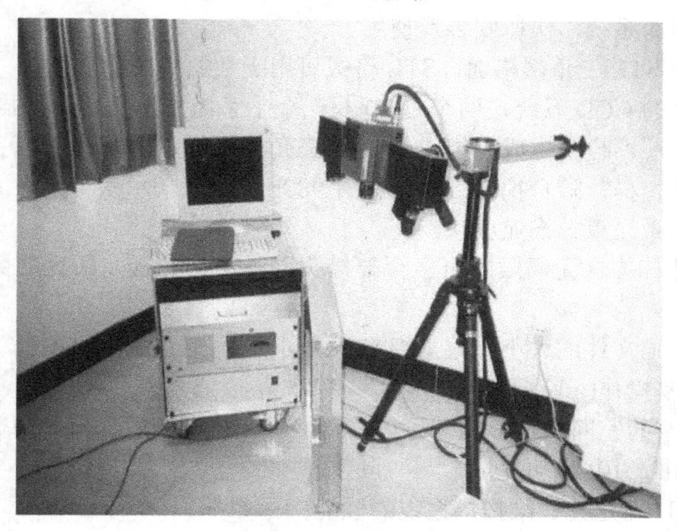

图 3.26　ATOS 测量系统的硬件组成

3. 手持式三维数字扫描及测量系统 HandyScan

HandyScan 3D 是 Creaform 公司推出的一款自定位且唯一真正便携的激光扫描仪，如图 3.27 所示。Creaform 将每一个 3D 处理方法和技术与涵盖 3D 所需的各项范围内的创新解决方案整合在了一起：3D 扫描、逆向工程、检测、风格设计和分析、数字化制造和医学应用。Creaform 全新推出的 Handyscan 系列手持式自定位三维扫描系统，使得三维数字化扫描再次上升到一个新的高度，它能够完成各种大小、内外以及逆向工程和型面三维检测。HandyScan 3D 是新一代的手持式激光三维扫描仪，是继基于三坐标测量机激光扫描系统、基于柔性测量关节臂的激光扫描系统之后的“第三代”三维激光扫描系统。十字激光发生器加上高性能的内置双摄像头可以快速获取物件的三维模型。HandyScan 3D 具有操作简单、轻便以及高性能的优点。

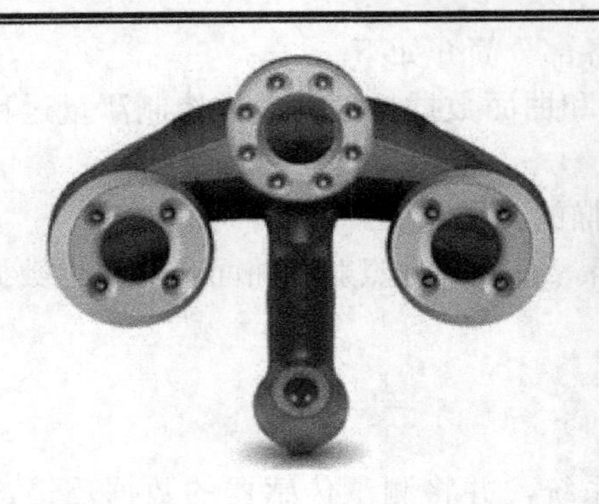
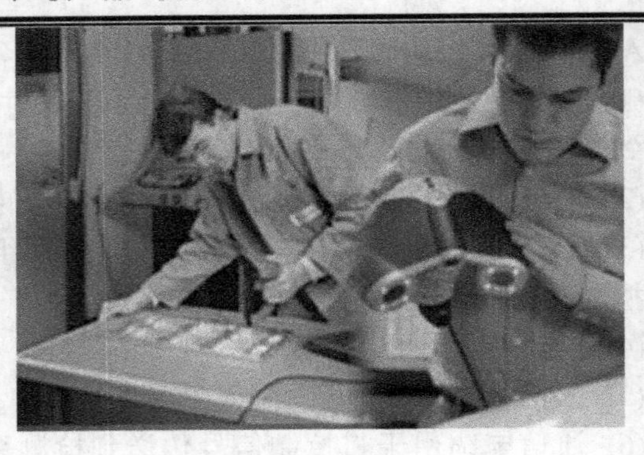

图 3.27　HandyScan 3D 自定位三维扫描系统

HandyScan 3D 自定位三维扫描系统具有以下技术特点。

(1) 目标点自动定位，无需关节臂或其他跟踪设备。

(2) 即插即用的系统，快速安装及使用。

(3) 自动生成 STL 三角网格面，STL 格式可用于数据的快速处理。

(4) 高分辨率的 CCD 系统，两个 CCD 及一个十字激光发射器，扫描更清晰、精确。

(5) 点云无分层，自动生成三维实体图形(三角网格面)。

(6) 手持任意扫描，随身携带，质量只有 980g。

(7) 十字交叉激光束扫描速度快。

(8) 可内、外扫描，无局限。可多台扫描头同时工作扫描，所有的数据都在同一个坐标系中。

(9) 可控制扫描文件的大小，根据细节需求，组合扫描不同的部位。

(10) 非常容易操作(一天即可)。

(11) 可在狭窄的空间扫描，物体可以移动。如飞机驾驶舱、汽车内部仪表板等。

(12) 快速校准，10s 即可完成。

HandyScan 3D 自定位三维扫描系统的性能指标如下。

(1) 精度：可达 0.05mm。

(2) 扫描速度：18000 次每秒，约 40000 点每秒。

(3) 扫描线宽：300 毫米每束(十字交叉光束)。

(4) 镜深：可达 300mm(自动)。

(5) Z 轴分辨率：0.1mm。

(6) 扫描范围：无局限，大小、内外均可。

HandyScan 3D 系统具有功能强大的三维扫描软件 VXScan。VXScan 为三维数字扫描需要提供了完美的解决方案，使扫描文件根据需要来控制大小和精细。这一完善的扫描软件，通过其简洁的用户界面，引导使用者进行扫描结果的编辑、保存和重复使用。同时，可内置到多个 CAD 软件中，更容易进行数据处理。

三维扫描软件 VXScan 具有如下特点。

(1) Windows XP/Vista 的操作系统。

(2) 即插即用的软件操作系统。

(3) 三维图形扫描即时显现。

(4) 从点云到 STL 或 Polygon 模式，瞬即完成。

(5) 多种标准数据文件格式输出，兼容多种 CAD 软件，如 Geomagic Studio、CATIA、UG NX、Rapidform、Polyworks 等。

(6) 网格面的最优化处理。

(7) 表面最优化运算。

(8) 组合扫描，同一坐标系的建立。

(9) 精细扫描。

(10) 点云无分层。

(11) 可输出 STL、IGES、ASC 等数据文件格式，不同部位、不同色彩的扫描显示。

3.3　断层数据测量方法

除三坐标测量机外，目前断层数据采集方法在实物外形的测量中呈增长趋势，断层数据的采集方法分非破坏性测量和破坏性测量两种，非破坏性测量主要有 CT 测量法、MRI 测量法、超声波测量法等，破坏性测量主要有铣削层析扫描法。

3.3.1　CT 测量法

工业 CT(Industry Computerized Tomography, ICT)是基于射线与物质的相互作用原理，通过射线的衰减获得投影，进而重建出被检测物体的断层图像。工业 CT 的检测能力不受被检物的材料、形状、表面状况影响，能给出构件的二维和三维直观图像。目前先进的工业 CT 系统已达到的主要技术指标为：空间分辨率为 10～25 μm；密度分辨率为 0.1%～0.5%；最高 X 射线能量为 60MeV；可测最大直径为 4m 的物体。

工业 CT 主要是由射线源系统、探测器系统、运动控制系统、同步系统、数据处理系统等子系统组成。

目前，工业 CT 所用的射线源按射线类型可分为 X 射线、γ 射线以及中子源等。其中 X 射线主要由加速器或 X 光机来产生。对于一般的小型构件，可采用 450kV 以下的 X 光机；而对于等效钢厚大于 150mm 的大、中型构件，则需采用加速器。目前基于 2MeV 以上加速器的高能 X 射线工业 CT 系统国外是对我国严格禁运的，而对一些大型工件例如导弹、固体火箭发动机以及一些高密度特种材料(铀、钚等)的无损检测只能使用高能 X 射线工业 CT。

探测器负责把 X 射线转换成电信号，它是工业 CT 的核心之一，直接影响到投影数据的质量。目前工业 CT 所用的探测器有气体电离探测器、半导体探测器和闪烁探测器，经常使用的则是闪烁探测器。其按类型又可分为线阵探测器、基于光纤耦合的 CCD 系统和平板探测器等。

CT 的运动控制系统与它的需求密切相关。不同扫描控制系统的移位特性相差较大，主要包括试件的移动(上下、左右、前后和旋转)、射线源和探测器的移动(上下、左右和前后)、准直器切片宽度的自动调节、射线束张角的自动调节等。关键是移位精度，特别是试件的旋转及平移精度，它们是影响系统空间分辨率的重要因素。目前，先进扫描控制系统的移动轴都采用直流伺服电动机驱动，绝对和相对位置编码器控制闭环位置(或速度)，机械移位运动或扫描位置的选择完全由计算机控制。

数据处理系统是工业 CT 的一个重要组成部分，它包括对投影数据的校正、图像的重建、图像的后处理等。原始数据校正包括对探测器响应不一致性的校正、对探测器坏像素的校正、对旋转轴偏离中心的校正，还包括非常重要的硬化和散射校正等。图像的重建是整个数据处理系统的核心，它利用已经校正好的投影数据来进行二维重建或三维重建，从而得到清晰的断层图像。图像的后处理既包括普通的数字图像处理，如灰度直方图显示、图像的缩放和裁剪、图像的旋转、中值滤波等，也包括如三维可视化、逆向 CAD 工程、特征识别等工程上极具价值的技术。

图 3.28 为德国菲尼克斯的 X 射线工业 CT 机，该设备具有如下特点。

(1) 细节分辨能力：4 μm (三维)。

(2) 试件最大尺寸(高 X 直径)：1000mm×800mm。

(3) 试件最大质量：100 kg。

(4) 机械平台轴数：8 轴。

(5) X 射线管最高电压：450kV。

(6) 可选双 X 射线源(450kV 常规焦点定向式 X 射线管和/或 240kV 定向式微焦点 X 射线管，或其他 X 射线管)。

(7) 可选双 X 射线图像接收器(平板探测器和/或线阵列探测器)。

(8) 用于三维成像，也可进行二维成像。

(9) 出众的专业软件进行快速数据采集和三维重建。

(10) 任意截面三维可视化与动画显示。

(11) CAD 原型比较和高精度尺寸测量。

(12) 曲面特征提取，快速建模和逆向工程。

图 3.28　德国菲尼克斯的 X 射线工业 CT 机

3.3.2　MRI 测量法

磁共振成像术(Magnetic Resonance Imaging, MRI)也称为核磁共振，该技术的理论基础是核物理学的磁共振理论，是 20 世纪 70 年代末以后发展的一种新式医疗诊断影像技术，和 X-CT 扫描一样，可以提供人体断层的影像。其基本原理是用磁场来标定人体某层面的空间位置，然后用射频脉冲序列照射，当被激发的核在动态过程中自动恢复到静态场的平衡时，把吸收的能量发射出来，然后利用线圈来检测这种信号，将信号输入计算机，经过处理转换在屏幕上显示图像。MRI 测试机如图 3.29 所示。MRI 提供的信息量不但大于医学影像学中的其他许多成像技术所提供的信息量，而且不同于已有的成像技术，它能深入物体内部且不破坏物体，对生物没有损害，在医疗上具有广泛的应用。但这种方法造价高，空间分辨率不及 CT，且目前对非生物材料不适用。磁共振成像自 20 世纪 80 年代初临床应用以来，发展迅速，这种技术目前正在蓬勃发展中。如同 X-CT 一样，MRI 提供的影像中的像素是用计算机产生的。在 X-CT 扫描中，每个像素的数字值反映人体组织中对应体积元的 X 射线衰减值。在 MRI 扫描提供的影像中，每个像素的数字值反映人体组织中对应体积元中产生的核磁共振信号的强度。

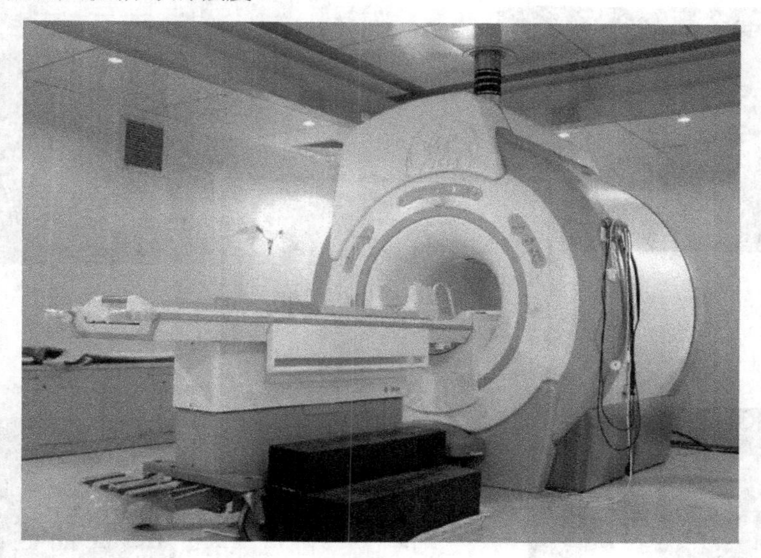

图 3.29　医学用 MRI 测量机

3.3.3　超声波测量法

采用超声波的数字化方法，其原理是当超声波脉冲到达被测物体时，在被测物体的两种介质边界表面会发生回波反射，通过测量回波与零点脉冲的时间间隔，即可计算出各面到零点的距离。这种方法相对 CT 和 MRI 而言，设备简单，成本较低，但测量速度较慢，且测量精度不稳定。目前主要用于物体的无损检测和壁厚测量。

3.3.4　层析扫描法

以上 3 种方法为非破坏性测量方法，但这些测量方法设备造价昂贵，近来发展了层析扫描法(Capture Geometry Internally, CGI)，用于测量物体截面轮廓的几何尺寸。其工作过程为：将待测零件用专用树脂材料(填充石墨粉或颜料)完全封装，待树脂固化后，把它装夹到铣床上，进行微进刀量平面铣削，结果得到包含有零件与树脂材料的截面，然后由数控铣床控制工作台移动到 CCD 摄像机下，位置传感器向计算机发出信号，计算机收到信号后，触发图像采集系统驱动 CCD 摄像机对当前截面进行采样、量化，从而得到三维离散数字图像。由于封装材料与零件截面存在明显边界，利用滤波、边缘提取、纹理分析、二值化等数字图像处理技术进行边界轮廓提取，就能得到边界轮廓图像。通过物—像坐标关系的标定，并对此轮廓图像进行边界跟踪，便可获得物体在该截面上各轮廓点的坐标值。每次图像摄取与处理完成后，再用数控铣床把待测物铣去很薄一层(如 0.1mm)，又得到一个新的横截面，并完成前述的操作过程，就可以得到物体上相邻很小距离的每一截面轮廓的位置坐标。层析法可对有孔及内腔的物体进行测量，测量精度高，能够得到完整的数据；不足之处是这种测量是破坏性的。美国 CGI 公司已生产层析扫描测量机；在国内，海信技术中心工业设计所和西安交通大学合作，研制成功了具有国际领先水平的扫描式三维数字测量 CMS 系列，图 3.30 为层析法测量过程。

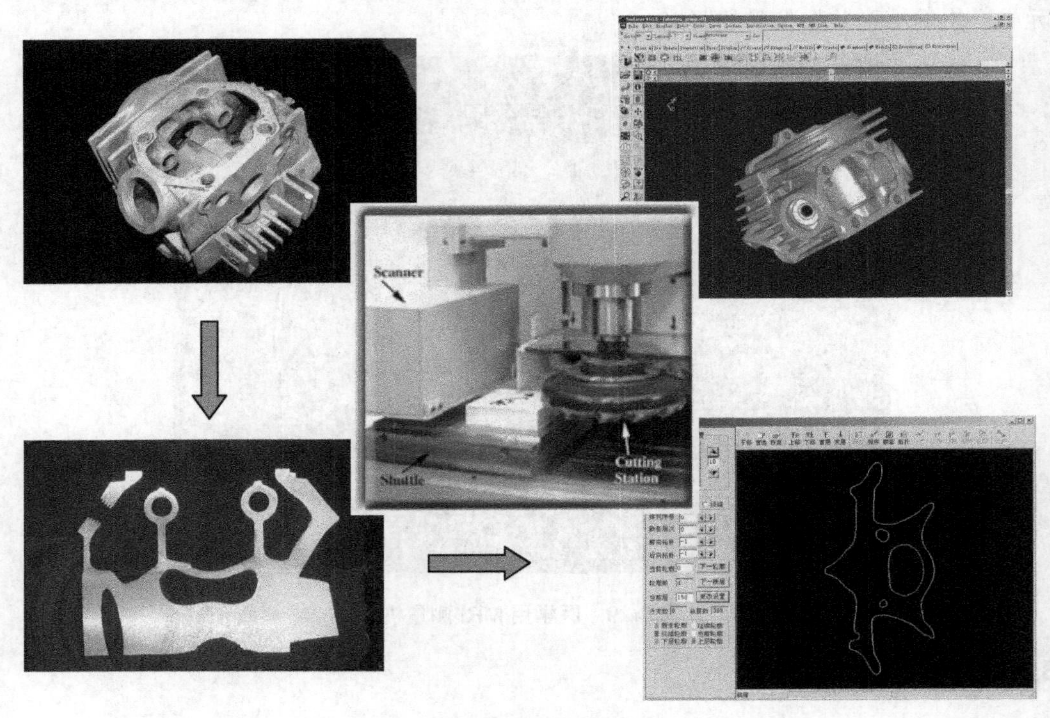

图 3.30　层析法测量

3.4　三维数据测量方法的选择

接触式测量的优、缺点如下。

(1) 接触式测量有以下优点。

① 接触式探头发展已有几十年，其机械结构及电子系统已相当成熟，并有较高的准确性和可靠性。

② 接触式测量的探头直接接触工件表面，与工件表面的反射特性、颜色及曲率关系不大。

③ 被测物体固定在三坐标测量机上，并配合测量软件，可快速准确地测量出物体的基本几何形状，如面、圆、圆柱、圆锥、圆球等。

(2) 接触式测量有以下缺点。

① 为确定测量基准点而使用特殊的夹具，会导致较高的测量费用；不同形状的产品会要求不同的夹具，而使成本大幅度增加。

② 球形探头很容易因为接触力而磨耗，所以，为维持一定的精度，需经常校正探头的直径。

③ 不当的操作容易损害工件某些重要部位的表面精度，也会使探头损坏。

④ 接触式触发探头是以逐点方式进行测量的，所以测量速度慢。

⑤ 检测一些内部元件有先天的限制，如测量内圆直径、触发探头的直径必定要小于被测内圆直径。

⑥ 对三维曲面的测量，因传统接触式触发探头是感应元件，测得的数据是探头的球心位置，要测得物体真实外形，则需要对探头半径进行补偿，因此，可能会导致误差修正的问题，图 3.31 是探头半径补偿原理图。测量某一曲面时，假设此时探头正好定位在此被测点表面法线的方向上，探头尖端与被测零件间的接触点为 A，A 点至球心 C 点有一偏差量，而实际上要求的位置是接触点 A，所以，沿法线负方向必须补正一个探头半径值。整个曲面补正需繁杂及冗长的计算，同时，这也是测量误差的来源之一。

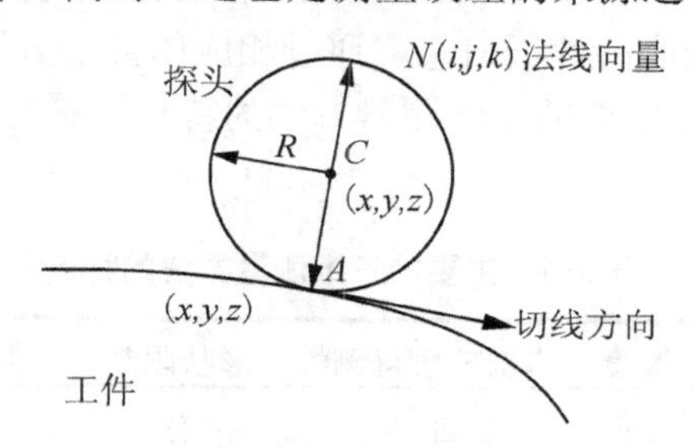

图 3.31　探头半径补偿原理

⑦ 接触探头在测量时，探头的力将使探头尖端部分与被测件之间发生局部变形，而影响测量值的实际读数。

⑧ 测量系统的支撑结构存在静态及动态误差。

⑨ 由于探头触发机构的惯性及时间延迟，使探头产生超越(overshoot)现象，趋近速度会产生动态误差。

⑩ 另外，测量接触力即使一定，而测量压力并不能保证一定，这是因为接触面积与工件表面纹路的几何形状有关，不能保证一样。

接触式测量存在的缺点限制了它的应用领域。随着测量技术的发展，由于接触式测量的一些不足和测量市场的需要，产生了非接触式扫描测量。非接触式测量克服了接触式测量的一些缺点，在逆向工程领域应用日益广泛。

(1) 非接触式测量有以下优点。

① 不必做探头半径补偿，因为激光光点位置就是工件表面的位置。

② 测量速度非常快，不必像接触触发探头那样逐点进行测量。

③ 软工件、薄工件、不可接触的高精密工件可直接测量。

(2) 非接触式测量主要缺点如下。

① 测量精度较差，因非接触式探头大多使用光敏位置探测器 PSD(Position Sensitive

Detector)来检测光点位置，目前的光敏位置探测器的精度仍不够，为 20μm 以上。

② 因非接触式探头大多是接收工件表面的反射光或散射光，易受工件表面的反射特性(reflectivity)的影响，如颜色、斜率等。

③ PSD 易受环境光线及杂散光影响，故噪声较高，噪声信号的处理比较困难。

④ 非接触式测量只做工件轮廓坐标点的大量取样，对边线处理、凹孔处理以及不连续形状的处理较困难。

⑤ 使用 CCD 作探测器时，成像镜头的焦距会影响测量精度，因工件几何外形变化大时成像会失焦，导致成像模糊。

⑥ 工件表面的粗糙度会影响测量结果。

不同的测量对象和测量目的，决定了测量过程和测量方法的不同。在实际进行三坐标测量时，应该根据测量对象的特点以及设计工作的要求确定合适的扫描方法并选择相应的扫描设备。例如，材质为硬质且形体曲面相对较为简单、容易定位的物体，应尽量使用接触式扫描仪；而在对橡胶、人体头像或超薄形物体进行扫描时，则需要采用非接触式测量方法。这些模型或者是在受到轻微外力时易变形，或者是模型表面凹凸不平而无法使用接触式测量设备进行三维测量。使用非接触式测量不仅可以不对测量模型进行任何力的加载，同时还可以大量获取测量表面的数据信息，通过相应的数学方法或软件即可生成测量表面的 CAD 模型。表 3-4 比较了主要的三维测量方法的特点。表 3-5 介绍了一些商用三维测量系统的技术参数。

表 3-4　主要的三维测量方法的特点

	精度	速度	内部轮廓可测性	形状限制	材料限制	价格
三坐标测量法	高 ±0.5μm	慢	否	有	有	高
激光三角法	较高 ±5μm	快	否	无	无	较高
投影光栅法	较低 ±20μm	快	否	表面变化不能过陡	无	较高
CT 断层扫描法	低 0.1mm	较慢	能	无	有	较高
层析法	较低 ±25μm	较慢	能	无	无	较高

表 3-5　商用三维测量系统的技术参数

公司	产品型号	技术	精度 (mm)	测量范围 (mm×mm)	测量速度
3D Scanners	ModelMaker, Replica, Reversa	Laser stripe/camera	0.02	100×100	
Aracor	Konoscaope 160/200	X-Ray/CT cone-beam	0.020	ϕ200	1024×1024×1024 scan in 16 hours

续表

公司	产品型号	技术	精度(mm)	测量范围(mm×mm)	测量速度
Breuckmann GmbH	opto TOP-HE100	Triangulation with pattern projection	±0.015	80×60×50	1300000 点每秒
Cyberware	Desktop 3D Scanner Bundle	Laser video/color	0.05～0.2	250×150×75	14580 点每秒
Genex	Rainbow 100	Projected white-light pattern/CCDcamera	0.025	32×25×20	442368 点每秒
GOM GmbH	ATOS Ⅱ	Structured white light / CCD camera, Photogrammetry	0.02	1200 × 960 × 960	(1300000/7)点每秒
INTECU	CyLan 3D	Triangulation with laser	0.01	10×10×10 375×350×350	4000 点每秒
Minota	VIVID 300	Laser stripe/CCD color	0.75	190×190 400×400	70000 点每秒
Riegl	LPM25 HA	Time of flight	4～8	360°×300°	1000 点每秒
Steinbichler Optotechnik	Comet C100 VZ	White light fringe projection	±0.02	100×80	6666 点每秒

3.5　数据测量的误差分析

对工程应用来说，测量精度是必须考虑的。影响测量精度的因素很多，如测量的原理误差、测量系统的精度及测量过程中的随机因素等，都会对测量结果造成影响，从而产生测量误差。影响数据测量的误差及精度的因素主要有以下几点。

1. *机房环境条件*

由于三坐标测量机是一种高精度的检测设备，其机房环境条件的好坏，对测量机的影响至关重要。这其中包括检测工件状态及环境、温度条件、振动、湿度、供电电源、压缩空气等因素。

(1) 检测工件的状态及环境：检测工件的物理形态对测量结果有一定的影响。最普遍的是工件表面粗糙度和加工留下的切屑。冷却液和机油对测量误差也有影响。通常，灰尘和脏东西可集中在测球上影响测量机的性能和精度。类似影响测量精度的情况还很多，大多数可以避免，建议在测量机开始工作之前和完成工作之后进行必要的清洁工作。

(2) 温度条件：在三坐标测量机系统中，温度是影响测量的主要环境因素。测量的标准温度一般为 20℃，大多数制造厂商都是在此温度下标定其三坐标测量机的各种性能指标的；而所有的几何量和误差的标准环境温度定义是(20±2)℃，所以，在进行测量时，最理想的情形是在这个温度进行，但实际状况却往往无法满足这个要求。在测量过程中，环境发生变化(主要包括：环境温度的变化、短时间的温度变化、长时间的温度变化、温度梯度的变化)或者三坐标测量机运动在内部产生热量，都将导致三坐标测量机与环境之间、三坐标测量机内部各部分之间变形不均匀，从而造成测量误差。

现代化大生产中，许多三坐标测量机都是直接在生产车间现场使用，这种情形往往不能满足对温度的要求。此时，测量结果将达不到原标定的精度。为减小温度变化对测量结果的影响，大多数测量机制造商开发了温度自动修正系统。温度自动修正补偿系统是通过对测量机光栅和检测工件零件温度的监控，根据不同金属的温度膨胀系数，基于标准温度(20±2)℃对测量结果进行修正。但对于快速温度或温度梯度的变化，无法进行补偿修正。除了温度自动修正补偿系统外，为减小温度变化对测量结果的影响，一方面要对制造三坐标测量机的材料进行选择，比如选择那些对温度变化不敏感的材料，或者选择一些热惯量小的材料，用这些材料制成的机器可以很快地跟随环境温度的变化，有利于从软件方面进行温度补偿。另一方面也要从结构上进行考虑，比如轻型的悬臂式结构的三坐标测量机比桥式的花岗岩制成的三坐标测量机更有利于减小温度的影响。

(3) 振动：由于较多的测量机应用在生产现场，振动成为一个常见的问题，比如，在测量机的周围的冲压机、空压机或其他重型设备将会对测量机产生严重影响。较难察觉的是小幅振动，如果同测量机自身的振动频率相混淆，对于测量精度也会产生较大影响。因此，测量机的制造商对于测量环境的振动频率与振幅均有一定的要求。

(4) 湿度：与其他环境因素相比，湿度对测量精度的影响就显得不那么重要。为防止块规或其他计量设备的氧化和生锈，要求保持环境湿度在40%以下。

(5) 供电电源：为保证控制系统和计算机系统以及同外部联网的良好运作，对于供电电源有一定的要求，包括电源电压变化、频率要求以及接地装置、屏蔽装置的要求等。

(6) 压缩空气：由于许多坐标测量机使用了精密的空气轴承，因此需要压缩空气。在使用坐标测量机的过程中，除了满足测量机对压缩空气的要求外，还要防止由于水和油侵入压缩空气对测量机产生影响；同时，应防止突然断气，以免对测量机空气轴承和导轨产生损害。

2. 物体自身的因素

在曲面测量中，被测物体本身的材料、粗糙度、颜色、光学性质及表面形状，对光的反射和吸收程度有很大的差异，尤其是物体表面的粗糙度和折射率等因素会对测量的精度产生重大的影响。

3. 标定的因素

所有的测量方法都需要标定。对于光学测量系统而言，由于光学测量系统的制造和装配必然存在误差，因此，对于物点到像点的非线性关系的标定技术更是获取物体三维坐标的关键，这一问题很早就被广泛地讨论。由于测头的变形以及标定对光学系统进行了许多理想假设，因此都会带来一些很复杂的非线性系统误差，影响测量数据的精度。

4. 摄像机的分辨率

CCD摄像机的分辨率主要是靠尺寸和像素间距的大小来决定的。对整个测量系统的分辨率而言，它主要取决于测量的范围。此外，扫描系统运动装置的移动误差也会降低测量精度。

5. 可测性的问题

在采用 CMM 或光学系统测量时，都存在着可测性问题。尽管多数情况下，可通过加长测杆或采用多个视点扫描的方式来解决，但在处理如通孔之类的不可测表面时，采用光学扫描的方法无法获取完整的采样数据。阻塞问题是由于阴影或障碍物遮挡了扫描介质而引起的。除了自阻塞外，固定被测物体的夹具也会引起阻塞问题，夹具表面成了测量的一部分，而被夹具覆盖的那一部分被测物体表面则未测到。

6. 参考点的误差

在对物体进行多次测量，然后进行拼合的情形中，参考点引起的误差。

7. 测量探头半径补偿误差

主要发生在接触式 CMM 测量系统中。当探头和被测表面接触时，实际得到的数据坐标并不是接触点的坐标，而是探头球心的坐标。对规则表面如平面，接触点数值和球心点数值相差一个半径值，当测量方向和平面的法线方向相同时，相应方向的坐标加上半径值即是接触点坐标(二维补偿)；但当测量表面是曲面时，测量方向和测量点的法矢不一致，用平面探头半径进行补偿会造成补偿误差。

如何提高测量精度，是一个理论和实践相结合的问题。尽可能地降低各种误差，提高测量精度，有利于后续处理。

3.6　三维测量技术的应用

三维测量作为逆向工程的首要步骤和关键技术，近年来得到了长足的发展。随着电子、光学、计算机技术的日趋完善以及图像处理、模式识别、人工智能等领域的巨大进步，以工业化的 CCD(Charge Coupled Device)摄像机、半导体激光器和液晶光栅技术及电子产品(计算机、图像采集系统和低级图像处理系统等)为基础的三维外形轮廓非接触、快速测量技术已成为国内外研究发展的热点和重点。三维测量技术具有检测速度快、测量精度高、数据处理易于自动化等优点，其需求和应用领域不断扩大，不仅仅局限在制造领域，在医学、服装、娱乐、文物保存工程等行业也得到了广泛的应用。

1. 产品检测与质量控制

在复杂型面的零件制造质量检测中，由于某些型面特征自身缺乏清晰的参考基准，型值点与整体设计基准间没有明确的尺寸对应关系，使得基于设计尺寸与加工尺寸直接度量比较的传统检测模式在复杂型面零件的制造误差评定中难以实行。基于三维 CAD 模型的复杂型面的产品数字化检测已成为复杂型面制造精度评价的最主要的发展趋势，即通过测量加工产品零件的三维型面数据，与产品原始设计的三维 CAD 模型进行配准比较和偏差分析，给出产品的制造精度。在 2003 年北美汽车制造技术论坛总结报告中明确指出：“多个国际著名的汽车制造厂，包括通用、福特、宝马、奔驰、奥迪、大众、本田、丰田等，已将数字化测量与检测技术应用于其产品开发中，体现出复杂型面产品数字化检测的重要意义，一方面数字化检测可大大降低产品开发制造成本，缩短产品开发周期，同时数字化检测结果的报告形式满足了全球合作技术交流的需求。”通用汽车采用光学测量技术，通过测量数据与CAD设计数据的直接比较对其OEM配套产品进行数字化检测来评测产品的制造精度(如图3.32所示)。

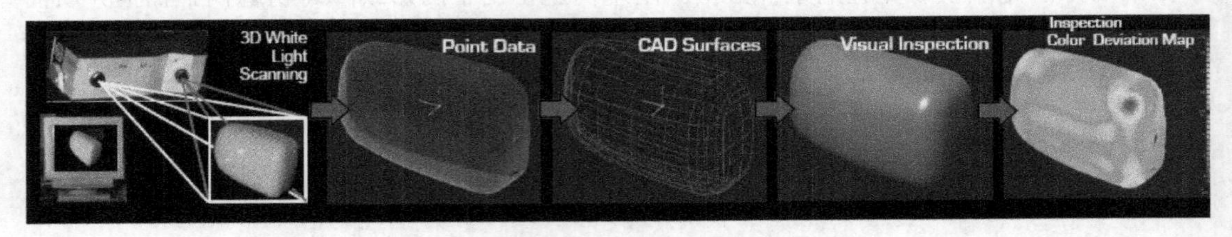

图3.32　三维测量在质量检测中的应用

2. 虚拟现实

通过三维测量提供虚拟现实系统所需要的大量与现实世界完全一致的三维模型数据，如图3.33所示。由于虚拟现实VR(Virtual Reality)技术可以展示三维景象、模拟未知环境和模型，以及具有很强的交互性，已被广泛应用于产品展示、规划设计、远程教育、建筑工程和商业应用等领域。

图3.33　根据三维数据建立的汽车模型

3. 人体测量

人体测量在服装设计、游戏娱乐等行业都有广泛的应用。采用非接触快速三维测量得到人体三维数据，然后获得人体三维特征，可进行服装定制设计，如图3.34所示。此外，人体测量可以为游戏、娱乐等系统提供大量的具有极强真实感的三维彩色模型，还可以将游戏者的形象扫描输入到系统中,如图3.35所示。

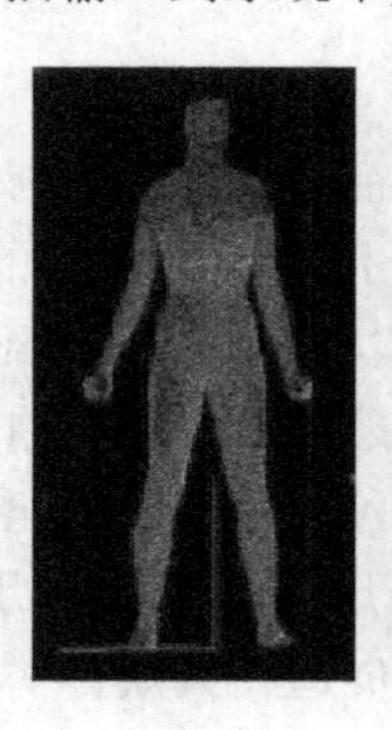
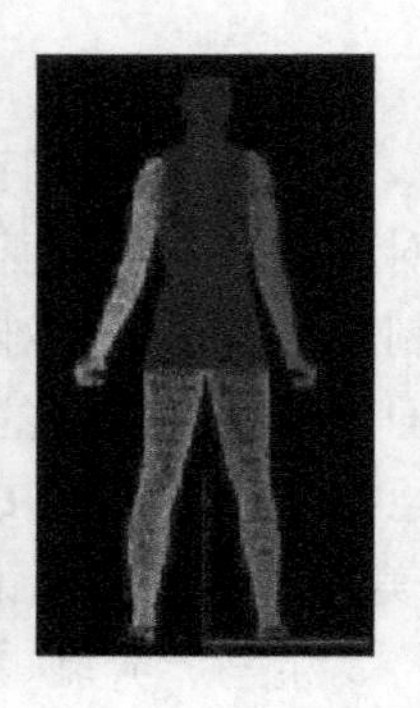
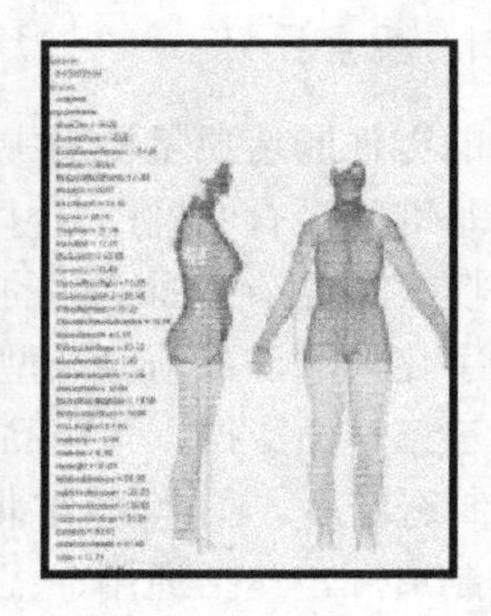

图3.34　人体测量

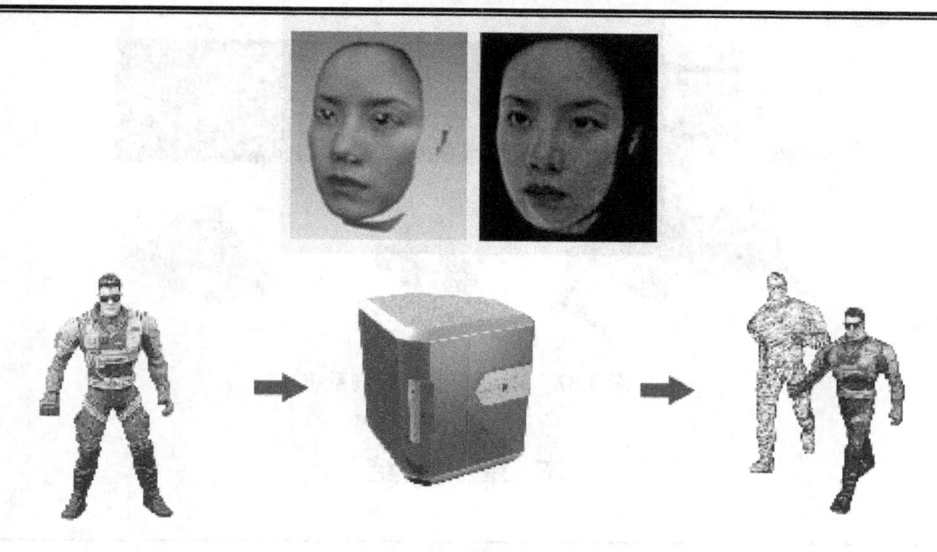

图 3.35　游戏者形象

4. 文物保存工程

如何将古文物、具有历史意义的传统雕刻或人类学中古人类的骨头、器皿快速地数字化且保存下来，一直是一个重要的研究课题。非接触三维测量可以不损伤物体，获得文物的外形尺寸和表面色彩、纹理，得到三维拷贝，图 3.36 给出的即是对著名的 Minerva 青铜头像的恢复。

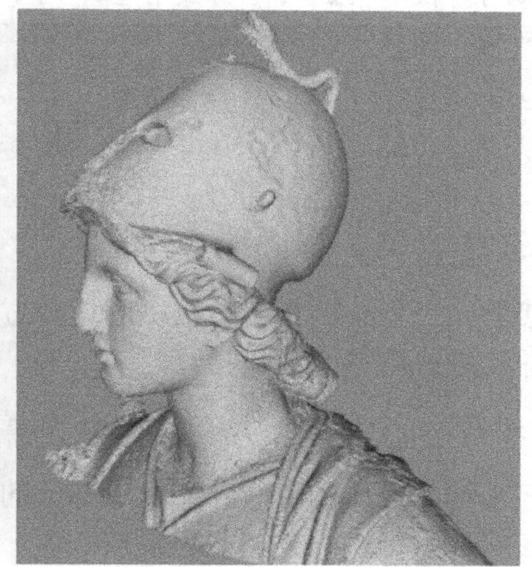

图 3.36　Minerva 青铜头像及三维模型

5. 医学工程

近年来，3D 影像扫描在医学领域上已被广泛应用于核磁共振、X 光断层照相、放射线医学等，分析并处理 3D 影像扫描所得到的数据极其重要。由 3D 影像扫描可辅助的范围有遥控医学、外科手术模拟训练、整形外科模拟、义肢设计、筋骨关节矫正和牙齿矫正、假牙设计等，如图 3.37 所示为 3D 假牙快速扫描系统。

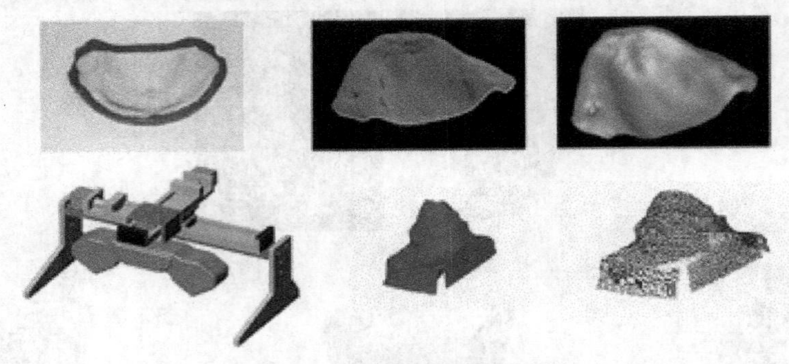

图 3.37　3D 假牙快速扫描系统

本章小结

本章就逆向建模技术中所涉及的点云数据获取方式进行叙述，在接触式测量技术中，以三坐标测量机为主，介绍了其组成、分类及用于曲面测量时的优缺点。非接触式测量技术中以激光和白光为光源的设备应用较多。Comet、ATOS、HandyScan 是目前主要的光学测量设备，本章对其作了简要介绍。由于断层扫描测量方法在原理上与传统的三角法有异，所以将其单独成节。

在学习各种测量方法的过程中，要了解其测量原理以及各种测量方法的优缺点，同时对三维测量技术的应用范畴要有基本的了解。

习　题

1. 填空题

(1) 接触式三坐标测量机按机械和运动方式分类，包括______________________________。

(2) 非接触式测量方法包括：______、________、________。

2. 思考题

(1) 三坐标测量机的组成及各组成部分的功能。

(2) 三坐标测量机的分类及优缺点。

(3) 接触式测量方法应用于哪些场合？其优缺点是什么？

(4) 扫描测头主要应用于哪些场合？有什么优点和缺点？

(5) 测头选择的原则有哪些？

(6) 简述三坐标测量机的测量过程。

(7) 非接触式测量可分为哪几类？并对各种测量方法作一简要比较。

(8) 断层扫描方法的原理及主要设备应用。

(9) 影响数据测量的误差及精度的主要因素有哪些？

第 4 章　逆向建模测量数据处理技术

教学目标

本章主要对逆向建模过程中点云数据预处理技术进行论述，为后续的逆向建模提供必要的前期准备。该部分主要以建模思路为主线展开介绍，包括数据预处理、多视配准技术、数据可视化技术和数据分割。在学习中，注意结合逆向软件实际数据处理来更好地理解本章内容。

教学要求

能力目标	知识要点	权重	自测分数
了解测量数据前期修补技术	了解修补技术的类型	10%	
掌握测量数据多视配准技术	掌握配准技术的原理	35%	
了解测量数据可视化分析技术	了解可视化分析技术的类型和作用	20%	
掌握测量数据分割技术	掌握数据分割技术的原理	35%	

引例

实物模型经过测量获得的数据是大量的离散点数据。由于测量过程中的一些不利因素，使得获得的测量数据的性态不是很理想，如存在一些噪声点、孔洞、数据不匹配等。另外，由于测量数据的离散性，其可视化效果不佳且特征不明显，这使得数据的可视化及分割成为必要。因此有必要对测量数据进行有效地处理，使得后续的模型重构方便可行。对于如右图所示的米老鼠头像数据，在模型重构之前需要对其作一系列的前期处理，如数据平滑、可视化分析、数据分割等。测量数据处理技术是产品逆向建模的重要基础。

随着数控、计算机和激光测量技术的发展，产品数字化测量手段和方法变得越来越丰富，庞大的测量数据为描述原型产品的基本形状特征和结构细节提供了充足的信息，通常我们将这些大规模的离散测量点称之为点云。逆向建模就是将这些点云数据输入到CAD系统或专用的逆向造型软件进行三维CAD模型的重建。然而，在逆向建模前存在一系列问题，如几乎所有的测量方式、测量系统在测量过程中都不可避免地存在误差，使测量数据失真；点云数据自身具有海量、离散的特点；通常需要从多个视角获得复杂对象的点云数据；点云不具有很好的拓扑结构，视觉上不能很好地表达实物原型的结构形状。本章主要是围绕这些问题介绍测量数据的预处理技术。

本章以逆向建模思路为主线，逐次介绍数据预处理技术，首先需要对原始的测量数据进行修补，包括噪声识别与去除，数据压缩与精简，数据补全和数据平滑，然后将修补后的测量数据进行匹配，匹配后的点云数据即为完整的点云模型。由于点云模型是由离散的数据组成的，所以难以看出点云所构成的几何形状及拓扑结构，通过点云数据的可视化分析，可以在视觉上更好地了解实物原型的形状结构，并在此基础上进行数据分割，将点云数据分割为具有单一特征的点云数据块，后续只需根据这些点云数据块构建曲面，各曲面间经过求交、裁剪、过渡即可获得完整的CAD模型。然而这些数据预处理过程的顺序并不是一成不变的，可以根据需要，适当地调整数据处理顺序。

4.1　测量数据前期修补技术

4.1.1　噪声识别与去除

通过测量设备来获取产品外形数据，无论是接触式测量还是非接触式测量，不可避免地会引入数据误差。通常由于测量设备的标定参数发生改变和测量环境突然变化产生噪声点，对于人工手动测量，还会由于操作误差如探头接触部位错误使得数据失真。另外，在对目标样件的测量过程中设备很可能错误地对其他物体的表面进行了采样并将获取的采样点混入了样件的测量数据。这些噪声点对后续的建模都是非常不利的，因此有必要在建模前有效地去除噪声。

1. 扫描线点云

对于扫描线点云，常用的检查方法是将这些数据点显示在图形终端上，或者生成曲线曲面，采用半交互、半自动的光顺方法对数据进行检查、调整。

扫描线点云通常是根据被测量对象的几何形状，锁定一个坐标轴进行数据扫描得到的，它是一个平面数据点集。由于数据量大，测量时，不可能对数据点重复测量(基准点除外)，这容易产生测量误差。在曲面造型中，数据中的“跳点”和“坏点”对曲线的光顺性影响较大。“跳点”也称失真点，通常由于测量设备的标定参数发生改变和测量环境突然变化造成；对人工手动测量，还会由于操作误差，如探头接触部位错误使数据失真。因此，测量数据的预处理首先是从数据点集中找出可能存在的“跳点”，如果在同一截面的数据扫描中，存在一个点与其相邻的点偏距较大，可以认为这样的点是“跳点”，判断“跳点”的方法有以下3种。

1) 直观检查法

通过图形终端，用肉眼直接将与截面数据点集偏离较大的点，或存在于屏幕上的孤点剔除。这种方法适合于数据的初步检查，可从数据点集中筛选出一些偏差比较大的异常点。

2) 曲线检查法

通过截面数据的首末数据点，用最小二乘法拟合得到一条样条曲线，曲线的阶次可根据曲面截面的形状设定，通常为 3～4 阶，然后分别计算中间数据点到样条曲线的欧氏距离，如果$\|e\| \geqslant [\varepsilon]$，$[\varepsilon]$为给定的允差，则认为$P_i$点是坏点，应予以剔除，如图 4.1 所示。

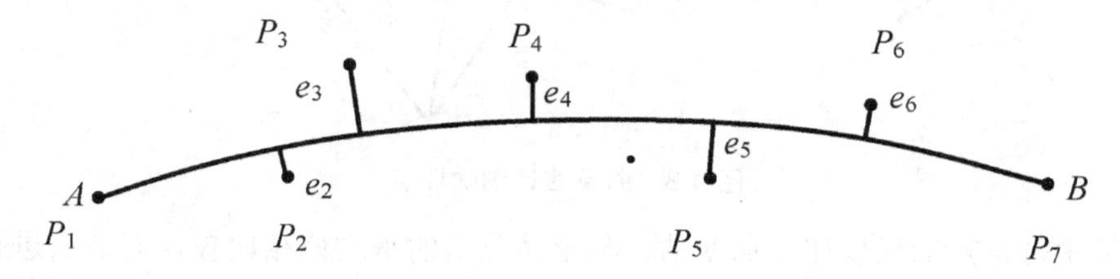

图 4.1　曲线检查法剔除坏点

3) 弦高差方法

连接检查点前后两点，计算检查点P_i到弦的距离，同样，如果$\|e\| \geqslant [\varepsilon]$，$[\varepsilon]$为给定的允差，认为$P_i$是坏点，应剔除。这种方法适合于测量点均匀分布且点较密集的场合，特别是在曲率变化较大的位置，如图 4.2 所示。

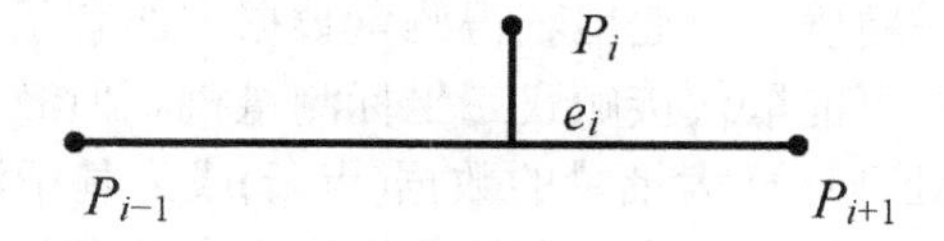

图 4.2　弦高差方法剔除坏点

2. 散乱点云

对于散乱点云，点与点之间不存在拓扑关系，必须首先在点与点间建立拓扑关系。这里借助于三角网格模型来建立散乱点云数据的拓扑关系。

考虑到误差点具有较高的局部特性和极端特性，可根据以下两个简单的判断法则来识别：三角面片的纵横比和局部顶点方向曲率。其中，三角面片的纵横比定义为最长边和最短边的长度的比值。假定点云所描述的是光顺曲面，方向曲率定义为与该顶点相交的三角面片的单位法矢沿 x、y 方向的投影变化，每个顶点的方向曲率可由三角网格曲面片直接估计得到。图 4.3 所示的是一个对两个顶点 V_i 和 V_j 的 y 方向曲率估计的例子。

图中，f_1 和 f_2 为顶点 V_i 附近的两个面片，面片 f_1 的单位法矢 $\boldsymbol{n}_1$ 和面片 f_2 的单位法矢 $\boldsymbol{n}_2$ 的差值为$(\boldsymbol{n}_2-\boldsymbol{n}_1)$，恰为顶点 V_i 附近的法矢方向的变化。假定 $\boldsymbol{j}$ 为 y 方向法矢，$(\boldsymbol{n}_2-\boldsymbol{n}_1)$在 y 方向的投影$(\boldsymbol{n}_2-\boldsymbol{n}_1)\cdot\boldsymbol{j}$ 等于顶点 V_i 在 y 方向的曲率估计值。同理，$(\boldsymbol{n}_4-\boldsymbol{n}_3)\cdot\boldsymbol{j}$ 可认为是顶点 V_j 在 y 方向的曲率估计值。很明显，对于外部顶点 V_j，其$(\boldsymbol{n}_4-\boldsymbol{n}_3)\cdot\boldsymbol{j} \geqslant (\boldsymbol{n}_2-\boldsymbol{n}_1)\cdot\boldsymbol{j}$。

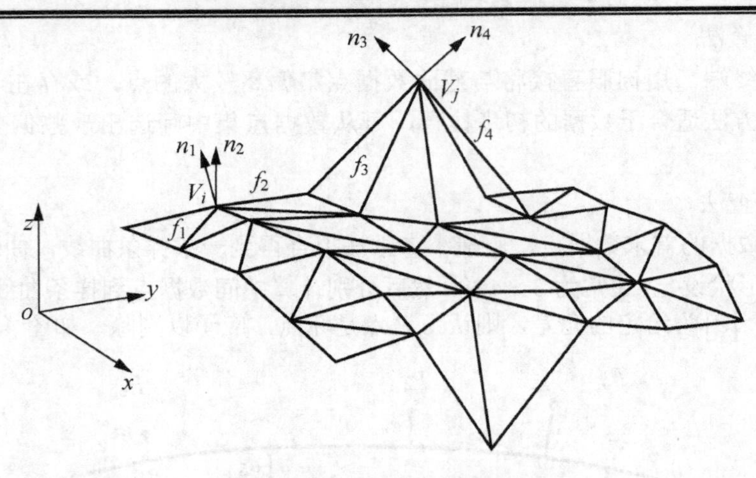

图 4.3 曲率估计剔除坏点

把点云中每一点的纵横比和曲率估计与整体点云的平均值相比较，对点云进行判断、筛选。具有极大曲率估计的点和大纵横比的三角面片的顶点即为误差点。一旦找到了误差点，就可以把误差点和与其相连的三角面片从三角网格中去除，当点在曲面中间时，就在三角网格中留下一个孔。这里可以通过孔洞的修补来保持三角网格的拓扑，以根据其相邻几何特性生成误差点的新位置。

4.1.2 数据压缩/精简

目前，激光扫描技术在精确、快速地获得测量数据方面有了很大的进展，激光扫描机在逆向工程数据测量方面有可能取代接触式三坐标测量机。但激光扫描测量每分钟会产生成千上万个数据点，如何处理这样大批量的数据(点云)成为基于激光扫描测量造型的主要问题。如果直接对点云进行造型处理，大量的数据进行存储和处理成为不可突破的瓶颈，从数据点生成模型表面要花很长一段时间，整个过程也会变得难以控制。实际上，并不是所有的数据对模型的重建都有用，因此，有必要在保证一定精度的前提下减少数据量。

在数据精简的研究中，提出了各种处理方法。用均匀网格(uniform grid)减少数据，选择广泛用于图像处理过程的中值滤波。首先是构建网格，然后将输入的数据点分配至对应的网格中，从同一网格的所有点中，选出一个中值点来代表其他数据点，实现数据精简。这种方法克服了均值和样条曲线简化的阻滞，但是它有一个缺点，就是所用的均匀化网格对捕捉产品的外形形状不敏感。用三角形减少数据，通过减少多边形三角形，从而达到减少数据点的方法。这种方法先直接将测得的数据转换生成 STL 文件，然后通过减少 STL 文件的三角形数量，以实现减少数据量。

以上方法存在一个共同的缺点，就是在考虑数据精简时，都没有考虑扫描设备的特性。不同类型的点云可采用不同的精简方式，散乱点云可通过随机采样的方法来精简；对于扫描线点云和多边形点云可采用等间距缩减、倍率缩减、等量缩减、弦偏差等方法；网格化点云可采用等分布密度法和最小包围区域法进行数据缩减。数据精简操作只是简单地对原始点云中的点进行删减，不产生新点。

下面介绍一种由韩国 K.H.Lee 等于 2001 年提出的，用于激光扫描测量的数据精简方法。

1. 三坐标激光扫描仪

三坐标激光扫描仪的激光束可以分为点状和条纹状，条纹状激光束成线形。所谓条纹，指在物体表面的几个点可以被同时测量。激光扫描设备可以按机构的不同配置分类，设备的选择主要根据被扫描零件的特性来作出决定。当激光头扫描物体时，射线被 CCD 相机感应并以大密度的像素存储起来，这些信息通过图像处理和三角化转变成三维坐标点集合。

2. 噪声点的剔除

原始数据的获取是整个过程中最为重要的一个环节，原始数据质量决定着曲面质量。一旦获得原始数据点，噪声数据也跟着产生，即所谓的“瑕点”，以下是清除瑕点的几种办法。

① 以两个连续点之间的夹角为判断依据，如果一个点与前一个点之间的夹角大于给定值，则这点被剔除。

② 那些可移向中值的点被剔除。

③ 那些可以沿指定的轴，并且在允许距离范围内进行上下移动，接近给定的水平的点被剔除。

数据精简工作一般在清除瑕点后进行，除此之外，整个过程还得考虑扫描设备的特性。

3. 数据点精简的均匀网格法

采用均匀网格方法可以去除大量的数据点，其原理是首先把所得的数据点进行均匀网格划分，然后从每个网格中提取样本点，网格中的其余点将被去除掉。网格通常垂直于扫描方向(Z 向)构建，由于激光扫描的特点，z 值对误差更加敏感，因此，选择中值滤波用于网格点筛选，数据减小率由网格大小决定，网格尺寸越小，从点云中采集的数据点越多，而网格尺寸通常由用户指定。具体步骤为：先在垂直于扫描方向建立一个包含尺寸大小相同的网格平面，将所有点投影至网格平面上，每个网格与对应的数据点匹配；然后，基于中值滤波的方法将网格中的某个点提取出来，如图 4.4 所示。

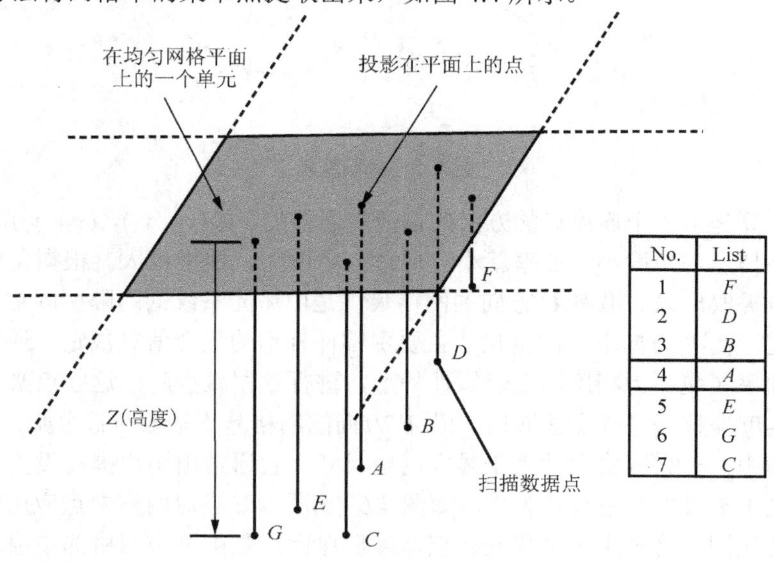

No.	List
1	*F*
2	*D*
3	*B*
4	*A*
5	*E*
6	*G*
7	*C*

图 4.4　均匀网格法

每个网格中的点按照点到网格平面距离的远近排序，如果某个点位于各个点的中间，那么这个点就被选中保留。这样当网格内有 n 个数据点，并且 n 为奇数时，将有 $(n+1)/2$ 个数据点被选择；而 n 为偶数时，被选择的数据点数为 $n/2$ 或 $(n+2)/2$。

通过均匀网格中值滤波方法，可以有效地去除那些被认为是噪声的点。当被处理的扫描平面垂直于测量方向时，这种方法显示出非常良好的操作性。另外，这种方法只是选用其中的某些点，而非改变点的位置，并且可以很好地保留原始数据。均匀网格方法特别适合于简单零件表面瑕点的快速去除。

4. 非均匀网格减少数据方法

当应用均匀网格方法的时候，某些表示零件形状的点，比如边，也许没有考虑所提供零件的形状会丢失，但它对零件的成形却尤为重要。在逆向工程技术中，精确地重现零件形状至关重要，而均匀网格方法在这方面却受到限制，因此网格尺寸能根据零件形状变化的非均匀网格方法应运而生。非均匀网格方法分为两种：单方向非均匀网格和双方向非均匀网格。应用时，可根据测量数据的特征来选择。

当用激光条纹测量零件时，扫描路径和条纹间隔都是由用户自己定义的，扫描路径控制着激光头的移动方向，条纹间的距离控制着扫描点的密度。当测量简单曲面时，扫描机不需要在每个方向上都进行高密度的扫描。如果点数据在沿着 ***V*** 方向的点多于沿着 ***U*** 方向的点，在这种情况下，单方向非均匀网格更适合于捕获零件的外表面。另一方面，当被测零件是复杂的自由曲面时，点数据在 ***U*** 方向和 ***V*** 方向的密度都需要增大，在这种情况下，双方向非均匀网格方法比单方向非均匀网格方法更加有效。

1) 单方向非均匀网格方法

在单方向非均匀网格方法中，可以由角偏差的方法从零件表面的点云数据中获取数据样本，如图 4.5 所示。

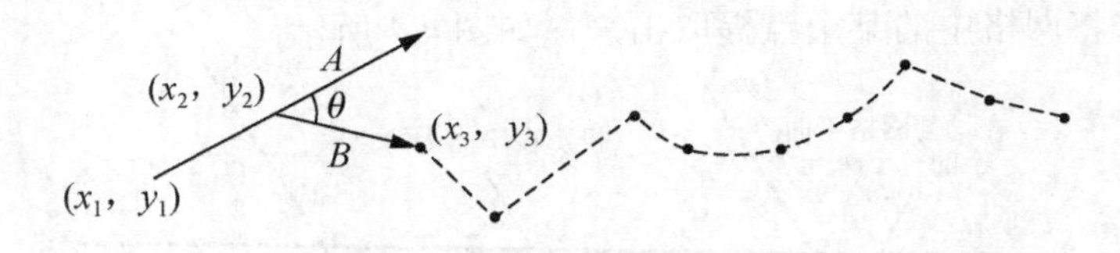

图 4.5　角偏差法

角度的计算是由 3 个连续点的方向矢量计算而得的，如 (x_1, y_1)，(x_2, y_2)，(x_3, y_3) 3 点。角度代表曲率信息，角度小，曲率就小；反之，角度大，曲率也大。根据角度大小，可以将高曲率的点提取出来。沿着 ***U*** 方向的网格尺寸是由激光条纹的间隔所固定的，这一般由用户自己决定。在 ***V*** 方向上，网格尺寸主要由零件外形的集合信息决定。通过角偏差抽取的点代表高曲率区域，为精确地表示零件外形，进行数据减少时，这些点必须保留下来。这样，使用角度偏移法进行点抽取后，沿 V 方向的网格基于抽取点被分割，如图 4.6(a)所示。分割过程中，如果网格尺寸大于最大网格尺寸，它通常由用户提前设置，网格被进一步分割，直到小于最大网格尺寸为止，如图 4.6 (b)所示。当对网格中点应用中值滤波时，和均匀网格法相同，将产生一个代表样点，最后保留点是由每个网格的中值滤波点和角度偏移提取的点组成的。与均匀网格法相比，这种方法可以在精确地保证零件外形的前提下，更有效地减少数据。

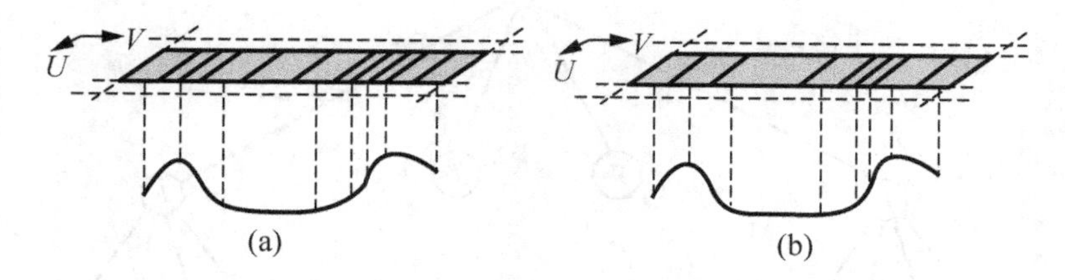

图 4.6　单方向均匀网格法

2) 双方向非均匀化网格方法

在双方向非均匀化网格方法中，应分别求得各个点的法矢，根据法矢信息再进行数据减少。法矢计算首先将点数据实行三角形多边化。当计算一个点的法矢时，需要利用相邻三角形的法矢信息。在需计算的点周围存在 6 个相邻的三角形，点的法矢 **N**，可以由下式计算

$$N = \frac{\sum_{i=1}^{6} n_i}{\left|\sum_{i=1}^{6} n_i\right|} \tag{4-1}$$

所有点的法矢都得到后，网格平面就产生了，网格尺寸由用户自己定义，主要取决于所给零件形状的计划数据减少率。如果需要大量地减少数据点，应增大网格。通过投影使点落在网格平面上，对应于每个网格的数据点被分成组，求出这些点的平均法矢。选择点法矢的标准偏差作为网格细分准则，标准偏差通常根据零件形状和数据减少率提前设定。如果网格的偏差大，那么就暗示被测量件的几何形状是复杂的，为获得更多的采样点，网格就需要进一步细分。图 4.7 给出了细分过程，称为网格细分的四叉树方法，在 20 世纪 70 年代初就开始广泛应用于计算机图像处理。如果标准的网格偏差大于给定值，网格桩就被分成 4 个子元，这个过程反复进行，直到网格的标准偏差小于给定值，或者网格尺寸达到用户设定的限制值，网格的最小尺寸根据零件的复杂程度选定。在网格建立完成之后，用中值滤波选出每个网格代表点。与单方向非均匀化网格方法相比，双方向非均匀化网格方法可以提取更多的数据点，所得的零件形状也就更加精确，特别是在处理具有变化尺寸的自由形状物体方面更加有效。

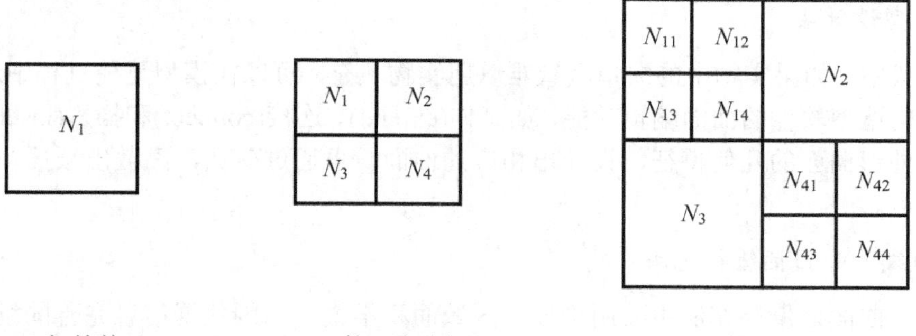

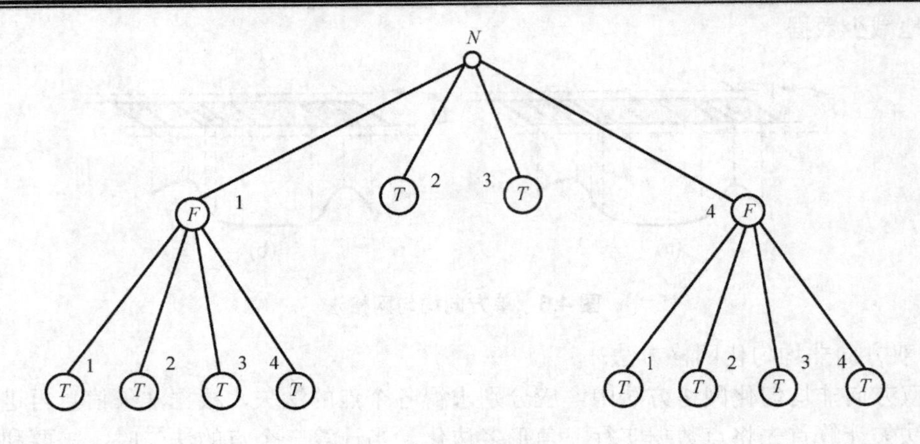

(d) 四叉树结构

图 4.7　双方向非均匀化网格方法

4.1.3　数据补全

由于实物拓扑结构以及测量机的限制，一种情况是在实物数字化时会存在一些探头无法测到的区域，另一种情况则是实物零件中经常存在经剪裁或“布尔减”运算等生成的外形特征，如表面凹边、孔及槽等，使曲面出现缺口，这样在造型时就会出现数据“空白”现象，这样的情况使逆向建模变得困难，一种可选的解决办法是通过数据插补的方法来补齐“空白”处的数据，最大限度地获得实物剪裁前的信息，这将有助于模型重建工作，并使恢复的模型更加准确。目前应用于逆向工程的数据插补方法或技术主要有实物填充法、造型设计法和曲线、曲面插值补充法。

1. 实物填充法

在测量之前，将凹边、孔及槽等区域用一种填充物填充好，要求填充表面尽量平滑、与周围区域光滑连接。填充物要求有一定的可塑性，在常温下则要求有一定的刚度特性(支持接触探头)。实践中，可以采用生石膏加水后将孔或槽的缺口补好，在短时间内固化，等其表面较硬时就可以开始测量。测量完毕后，将填充物去除，再测出孔或槽的边界，以用来确定剪裁边界。实物填充法虽然原始，但也是一种简单、方便并且行之有效的方法。

2. 造型设计法

在实践中，如果实物中的缺口区域难以用实物填充，可以在模型重建过程中运用 CAD 软件或逆向造型软件的曲面编辑功能，如延伸(extend)、连接(connect)和插入(insert)等功能，根据实物外形曲面的几何特征，设计出相应的曲面，再通过剪裁，离散出须插补的曲面，得到测量点。

3. 曲线、曲面插值补充法

曲线、曲面插值补充法主要用于插补区域面积不大，周围数据信息完善的场合。其中曲线插补主要适用于具有规则数据点或采用截面扫描测量的曲面；而曲面插补既适用于规则数据点也适用于散乱点，曲面类型包括参数曲面、B 样条曲面和三角曲面等。

1) 曲线拟合插补

首先利用已得到的测量数据拟合得到截面曲线，根据曲面的几何形状，利用曲线的编辑功能，选择曲线切向延拓、抛物线延拓和弦向延拓等不同的方式，将曲线延拓通过需插补的区域，然后再离散曲线形成点列，补充到空白区域，对特征边界处数据不整齐的情况也可以采用此方法进行数据的整形处理。

2) 曲面拟合插补

曲面拟合插补的方法和曲线相同，也是首先根据曲面特征，拟合出覆盖缺口或空洞区域的一张曲面，再离散曲面形成点阵补充测量数据，如空白区域处于拟合曲面之外，相应地，也是利用曲面编辑功能，将曲面延拓通过需插补的区域，进行数据补充。

无论是基于曲线还是曲面插补，这两种情况得到的数据点都需在生成曲面后，根据曲面的光顺和边界情况反复调整，以达到最佳的插补效果。

4.1.4 数据平滑

数据平滑的目的是消除测量噪声，以得到精确的模型和好的特征提取效果。采用平滑法处理方法，应力求保持待求参数所能提供的信息不变。考虑无限个节点处型值的平滑问题，平滑后的型值由原型值线性叠加而成，即

$$P_n = \sum_{v=-\infty}^{\infty} P_v L_{n-v}, \qquad \{P_v\} \qquad (v = \cdots, -1, 0, 1, \cdots) \tag{4-2}$$

式中，$\{L_v\}$是权因子，是偶系列$L_{-v} = L_v$。

所谓数据$\{P_n\}$比$\{P_v\}$“平滑”，直观上就是新数据$\{P_n\}$的“波动”不超过原数据的“波动”，这种“波动”可用各阶差分度量。实际应用时不但要求处理后的数据要较前平滑，同时要求前后两组数据的“偏离”也不能过大。但对同一平滑公式，这两个要求往往是相互矛盾的。

平滑处理方法有平均法、5 点 3 次平滑法和样条函数法。比较常用的是平均法，包括简单平均法、加权平均法和线滑动平均法。

1) 简单平均法

简单平均法的计算公式为

$$P_i = \frac{1}{2N+1} \sum_{n=-N}^{N} h(n) P(i-n) \tag{4-3}$$

式(4-3)又称为(2N+1)点的简单平均。当 N=1 时为 3 点简单平均，当 N=2 时为 5 点简单平均。如果将式(4-3)看作一个滤波公式，则滤波因子为

$$\begin{aligned} h(i) &= \left[h(-N), \cdots, h(0), \cdots, h(N)\right] \\ &= \left(\frac{1}{2N+1}, \cdots, \frac{1}{2N+1}, \cdots, \frac{1}{2N+1}\right) \\ &= \frac{1}{2N+1}(1, \cdots, 1, \cdots, 1) \end{aligned} \tag{4-4}$$

2) 加权平均法

取滤波因子 $h(i) = \left[h(-N), \cdots, h(0), \cdots, h(N)\right]$，要求

$$\sum_{n=-N}^{N} h(n) = 1 \tag{4-5}$$

3) 线滑动平均法

利用最小二乘法原理对离散数据进行线性平滑的方法即为线滑动平均法。其 3 点滑动平均的计算公式为(N=1)

$$\left.\begin{aligned} \boldsymbol{P}_i &= \frac{1}{3}\left(\boldsymbol{P}_{i-1} + \boldsymbol{P}_i + \boldsymbol{P}_{i+1}\right) \quad (i = 1, 2, \cdots, m-1) \\ \boldsymbol{P}_0 &= \frac{1}{6}\left(5\boldsymbol{P}_0 + 2\boldsymbol{P}_1 - \boldsymbol{P}_2\right) \\ \boldsymbol{P}_m &= \frac{1}{6}\left(\boldsymbol{P}_{m-2} + 2\boldsymbol{P}_{m-1} + 5\boldsymbol{P}_m\right) \end{aligned}\right\} \tag{4-6}$$

式(4-6)中 P_i 的滤波因子为

$$h(i) = \left[h(-1), h(0), h(1)\right] = (0.333, 0.333, 0.333) \tag{4-7}$$

4.2 测量数据的多视配准技术

随着测量技术以及反求工程技术的日益发展，实物模型的数字化已成为可能。首先采用测量技术将实物模型转化为计算机能够识别的点云数据，然后依据点云数据重构出实物的 CAD 模型。但在实际的测量过程中，由于各种原因，往往不能一次测量出实物的所有表面，需要从不同的视角多次测量，然后采用匹配的方法将从不同视角得到的点云数据统一起来表达一个完整的实物点云模型。重构模型的精度在很大程度上依赖于点云模型的匹配精度。

国内外学者对匹配问题做了大量研究，其中 Besl 和 McKay 提出的 ICP 算法已成为经典的算法，其思想是寻找两个匹配模型的对应点，通过最小化所有对应点距离的平方和以寻找合适的刚性变换使其匹配或重合。由于 ICP 算法是一个迭代下降的算法，因此需要一个好的初值以使其收敛到全局最优解。搜索正确的对应元素，进而获取好的初值是算法收敛到全局最优解的关键。下面就对 ICP 算法以及初值的获取作一具体的介绍。

4.2.1 ICP 匹配技术

1. ICP 匹配问题描述

采用 ICP 算法匹配模型 P 与 Q，其过程可描述如下。记点集 $P_1 = \{p_i\}_{i=1}^{N}$，$P_1 \subseteq P$，p_i 与模型 Q 的距离 $d(p_i, Q) = \min\limits_{q_x \in Q}\|q_x - p_i\|$，令 q_i 为 Q 中与 p_i 距离最近的点，即 $d(p_i, q_i) = d(p_i, Q)$，称 q_i 为 p_i 在 Q 中的对应点，那么 P 的对应点集 $Q_1 = \{q_i\}_{i=1}^{N}$，$Q_1 \subseteq Q$，对应点集 $P_1 = \{p_i\}_{i=1}^{N}$ 和 $Q_1 = \{q_i\}_{i=1}^{N}$ 具有如下关系

$$\boldsymbol{p}_i' = \boldsymbol{R}\boldsymbol{p}_i + \boldsymbol{T} + \boldsymbol{V}_i \tag{4-8}$$

式中，$\boldsymbol{R}$ 为 3×3 旋转矩阵；$\boldsymbol{T}$ 为三维平移矢量；$\boldsymbol{V}_i$ 为噪声矢量。模型 P 与 Q 匹配即是求解最优刚性变换 $[\hat{\boldsymbol{R}}, \hat{\boldsymbol{T}}]$，使得目标函数 E 最小

$$E=\sum_{i=1}^{N}\left\|p_i'-\hat{R}p_i-\hat{T}\right\|^2\to\min \tag{4-9}$$

ICP 算法的具体实现过程主要分为如下几个步骤：

(1) 计算对应点集，即计算模型 P 中每一点 p_i 在模型 Q 中的对应点 q_i；

(2) 计算刚性变换 $[\hat{R},\hat{T}]$；

(3) 将刚性变换作用于模型 P；

(4) 反复迭代上述操作，直到满足终止条件。

2. 对应点的搜索方法

对应点的搜索复杂度为 $O(N_P N_Q)$，N_P 为模型 P 中的点数，N_Q 为模型 Q 中的点数。当待匹配模型的规模较大时其匹配效率较低，有几种方法可以大大加速对应点的搜索效率，如 bucketing 技术、K-D 树以及八叉树，对应点的搜索也可以通过由粗及精的方式提高效率：即在 ICP 算法开始的几次迭代过程中粗略地选择一些采样点以搜索最近点，然后逐渐增加采样点以搜索最近点。

3. 刚性变换求解

基于特征三维刚性变换的求解方法一般分为迭代求解和封闭求解。从效率和鲁棒性方面考虑，封闭解一般优于迭代解，因为封闭求解不必考虑问题的收敛性，不必担心问题可能会收敛于局部最优解，也不必考虑一定要给定一个好的初值。目前广泛而有效的封闭解求解算法有：奇异值分解 (Singular Value Decomposition，SVD)、正交矩阵(orthonormal matrices)、单位四元数(unit quaternions)和双重四元数(dual number quaternions)。

在精度和鲁棒性方面，无论是对于非退化的三维点集还是具有一定噪声的点集，这几种算法基本相同。在稳定性方面，SVD 和单位四元数是相似的。对于平面数据集，正交矩阵算法是不稳定的；但是对于大尺寸的退化数据集，正交矩阵算法则表现出一定的优越性。与前 3 个算法相比，双重四元数算法是最不稳定的。在效率方面，对于小尺寸数据集，正交矩阵算法是最快的；对于大的数据集，双重四元数算法最快；其他 3 个算法效率虽然不同但差别不大。总之，这几种算法的精度和稳定性只有在理想的情况下才有可能表现出不同。在实际的应用环境中甚至在很低的噪声水平下，这几种算法除了运行时间没有任何差别。

4.2.2　基于统计特征的模型匹配初值获取技术

统计学是研究大量随机现象统计规律性的学科。从大量随机现象中提取出其内在的规律性，并以某种特征对象表达这种内在的规律性，将这种特征对象称为统计特征。点云模型中包含大量的随机点，这些随机点并不是孤立存在的，它们之间具有某种内在的联系和规律性。点云模型的统计特征是指能够表达点云模型中大量随机点的内在联系和规律性的特征对象。

1. 点云模型统计特征分类

三维欧氏空间中刚体的位姿由 6 个参数确定，包括 3 个定位参数和 3 个定向参数，由此将点云模型的统计特征分为两类：定位特征(点特征 $\boldsymbol{p}_S$)和定向特征(矢量特征 $\boldsymbol{v}_S$)。这里的点特征和矢量特征表达的是点云中大量点集内在的规律性，不同于一般意义上的点和矢量。点特征 $\boldsymbol{p}_S(x,y,z)\in R^3$ 由 3 个坐标分量组成，在实际的统计特征提取过程中，有时 3 个坐标分量并不能完全确定点特征，将不能确定的坐标分量称为点特征的一个自由度。根据点特征包含的自由度数目又可将点特征细分为 3 类：第一类点特征(0 个自由度)，第二类点特征(1 个自由度)和第三类点特征(2 个自由度)。统计特征的分类如表 4-1 所示。

表 4-1　统计特征的分类

统计特征	符　号	自 由 度
第一类点特征	$\boldsymbol{p}_{SI}$	0
第二类点特征	$\boldsymbol{p}_{SII}$	1
第三类点特征	$\boldsymbol{p}_{SIII}$	2
矢量特征	$\boldsymbol{v}_S$	

2. 点云模型统计特征提取

点云模型统计特征的提取依赖于点云模型中所对应的形状特征。形状特征可简单地分为 3 类：二次曲面，包括平面、球面、柱面和锥面；规则扫掠面，包括拉伸面和旋转面；自由曲面。二次曲面和规则扫掠面又统称为规则形状特征。由于自由曲面不具有明显的统计特征，故本节只描述规则形状特征的统计特征。对于点云模型中对应单一形状特征的一块点集 $P=\left\{\boldsymbol{p}_i \middle| \boldsymbol{p}_i\in R^3, i=0,1,\cdots,N\right\}$，根据其所对应的形状特征的不同，统计特征不尽相同，具体见表 4-2。具体可根据规则形状特征的提取技术来提取其对应的统计特征。

表 4-2　形状特征数据对应的统计特征

形状特征	统计特征(定位)	统计特征(定向)
平面数据	$\boldsymbol{p}_{SIII}$	$\boldsymbol{v}_S$
球面数据	$\boldsymbol{p}_{SI}$	
柱面数据	$\boldsymbol{p}_{SII}$	$\boldsymbol{v}_S$
锥面数据	$\boldsymbol{p}_{SI}$	$\boldsymbol{v}_S$
旋转面数据	$\boldsymbol{p}_{SII}$	$\boldsymbol{v}_S$
拉伸面数据		$\boldsymbol{v}_S$

3. 基于统计特征的模型匹配

实物对象从两个不同视角得到的点云模型分别为 P 和 Q，P 与 Q 匹配，是指固定模型 Q(固定模型)调整并约束模型 P(自由模型)的 6 个自由度，使其与 Q 位姿一致的过程。依据统计特征匹配模型 P 与 Q，是指调整模型 P 中的统计特征与模型 Q 中对应的统计特征重合或一致，使得模型 P 的 6 个自由度部分或全部被约束。

依据统计特征匹配模型 P 与 Q，依据模型 P 未被约束的自由度的数目，可将匹配分为完全匹配和部分匹配。令匹配后模型 P 的自由度数为 N_p，如果 $N_p=0$，则将匹配称为完全匹配；如果 $N_p>0$，则将匹配称为部分匹配。

1) 完全匹配问题

依据统计特征完全匹配模型 P 与 Q，即在模型 P 中寻找一组能够完全确定刚体位姿的统计特征，调整这组统计特征与模型 Q 中对应的统计特征重合或一致。下面给出能够完全确定刚体位姿的统计特征组合，并阐述完全匹配的具体实现过程。

由空间刚体表面的形状特征产生，且不位于空间刚体之上的点或矢量，如圆柱轴线方向、球面中心等，称为空间刚体的衍生点或衍生矢量。如果点或矢量属于刚体，则认为点或矢量要么位于刚体表面上，要么为刚体的衍生点或衍生矢量。固定“$3\boldsymbol{p}$”、“$2\boldsymbol{p}+\boldsymbol{v}$”、“$\boldsymbol{p}+2\boldsymbol{v}$”这 3 种组合中的一种(其中 $\boldsymbol{p}$ 为具有 0 自由度的点特征，$\boldsymbol{v}$ 为矢量特征)，即可完全确定空间刚体的位姿。这里的点是指具有 3 个独立参数的点。

在实际的操作过程中，无法直接操作统计特征，而是根据形状特征数据而间接获取统计特征。表 4-3 给出了组合形状特征分类，这些组合形状特征具有如下特点：满足从其中提取出来的统计特征能够构成“$3\boldsymbol{p}$”、“$2\boldsymbol{p}+\boldsymbol{v}$”、“$\boldsymbol{p}+2\boldsymbol{v}$”组合的同时，形状特征数目最少。由于圆柱面与旋转面数据具有相同的统计特征类型，这里仅以旋转面数据为例作介绍。模型 P 与 Q 匹配，即完全匹配的具体过程可描述如下：采用区域增长法交互从模型 P 的点云数据中分割出一组形状特征数据(为表 4-3 中所列组合的任一种)，同样从模型 Q 的点云数据中顺次分割出对应的形状特征数据，提取这些形状特征数据的统计特征，根据这些统计特征分别建立模型 P 与 Q 的局部坐标系 $OXYZ$ 和 $O'X'Y'Z'$，调整两坐标系重合即可实现模型 P 与 Q 的匹配。

由于统计特征组合“$3\boldsymbol{p}$”、“$\boldsymbol{p}+2\boldsymbol{v}$”和“$2\boldsymbol{p}+\boldsymbol{v}$”可归结为同一种情况：“$\boldsymbol{p}+2\boldsymbol{v}$”组合，所以这里仅以“$\boldsymbol{p}+2\boldsymbol{v}$”组合为例介绍局部坐标系的建立方法。记模型 P 的“$\boldsymbol{p}+2\boldsymbol{v}$”组合特征为 $\boldsymbol{p}_S^p$，$\boldsymbol{v}_{S1}^p$，$\boldsymbol{v}_{S2}^p$，根据组合特征建立局部坐标系 $OXYZ$：坐标原点 O 为 $\boldsymbol{p}_S^p$，X 轴方向为 $\boldsymbol{v}_{S1}^p$，Z 轴方向为 $\boldsymbol{v}_{S1}^p\times\boldsymbol{v}_{S2}^p$，$Y$ 轴方向为 $(\boldsymbol{v}_{S1}^p\times\boldsymbol{v}_{S2}^p)\times\boldsymbol{v}_{S1}^p$。

表 4-3　完全匹配的形状特征组合

形状特征组合	包含的统计特征组合
锥面+锥面	$\boldsymbol{p}+2\boldsymbol{v}$ 或 $2\boldsymbol{p}+\boldsymbol{v}$
锥面+旋转面	$\boldsymbol{p}+2\boldsymbol{v}$
锥面+球面	$2\boldsymbol{p}+\boldsymbol{v}$
锥面+平面	$\boldsymbol{p}+2\boldsymbol{v}$
锥面+拉伸面	$\boldsymbol{p}+2\boldsymbol{v}$
旋转面+旋转面	$\boldsymbol{p}+2\boldsymbol{v}$
旋转面+球面	$2\boldsymbol{p}+\boldsymbol{v}$
旋转面+平面	$\boldsymbol{p}+2\boldsymbol{v}$
球面+球面+球面	$3\boldsymbol{p}$
球面+球面+平面	$2\boldsymbol{p}+\boldsymbol{v}$
球面+球面+拉伸面	$2\boldsymbol{p}+\boldsymbol{v}$
球面+平面+平面	$\boldsymbol{p}+2\boldsymbol{v}$
球面+平面+拉伸面	$\boldsymbol{p}+2\boldsymbol{v}$
球面+拉伸面+拉伸面	$\boldsymbol{p}+2\boldsymbol{v}$
平面+平面+平面	$\boldsymbol{p}+2\boldsymbol{v}$

2) 部分匹配问题

对于有些模型，其表面可能包含较少的规则形状特征，不足以构成表 4-3 中的任一组合，这样，模型就不能完全匹配。这里根据统计特征给出一种初值的获取方法：首先根据统计特征对模型进行部分匹配，然后交互调整模型 P 未被约束的自由度，使得模型 P 与模型 Q 达到视觉上的匹配，最后采用 ICP 算法精确匹配。

为了方便交互调整，经过部分匹配后模型 P 未被约束的自由度数 N_p 越小越好。如果通过部分匹配仅仅约束模型的平移自由度(如采用球心定位模型)或者仅仅约束旋转自由度(如采用拉伸方向定向模型)，后续的交互操作都不是很方便；如果经过部分匹配后 $N_p > 3$(如采用拉伸方向定向模型)，交互起来也不是很方便。

基于这两条原则，给出了表 4-4 的形状特征组合，根据这些形状特征组合中蕴含的统计特征进行部分匹配，能够使部分匹配后模型 P 具有较少的自由度，方便后续初值的交互调整。对于第二类点特征和第三类点特征，其未知的自由度坐标可任意给定，最后通过初值调整来保证这些自由度坐标的近似重合。

表 4-4　部分匹配的形状特征组合

形状特征组合	包含的统计特征组合	独立坐标数(定位+定向)
锥面	$\boldsymbol{p}_{SI}+\boldsymbol{v}_S$	3+2
旋转面	$\boldsymbol{p}_{SII}+\boldsymbol{v}_S$	2+2
旋转面+拉伸面	$\boldsymbol{p}_{SII}+2\boldsymbol{v}_S$	2+3
球面+球面	$2\boldsymbol{p}_{SI}$ 或 $\boldsymbol{p}_{SI}+\boldsymbol{v}_S$	3+2
球面+平面	$\boldsymbol{p}_{SI}+\boldsymbol{v}_S$	3+2
球面+拉伸面	$\boldsymbol{p}_{SI}+\boldsymbol{v}_S$	3+2
平面	$\boldsymbol{p}_{SIII}+\boldsymbol{v}_S$	1+2
平面+平面	$\boldsymbol{p}_{SII}+2\boldsymbol{v}_S$	2+3
平面+拉伸面	$\boldsymbol{p}_{SIII}+2\boldsymbol{v}_S$	1+3

初值调整是指在部分匹配后，交互调整模型 P 未被约束的自由度，使得两匹配模型达到视觉上的匹配。例如采用“$\boldsymbol{p}_{SI}+\boldsymbol{v}_S$”统计特征组合部分匹配模型 P 与 Q 后，模型 P 只剩下一个绕轴线($\boldsymbol{p}_{SI}$ 与 $\boldsymbol{v}_S$ 构建而成)的旋转自由度未被约束，只需调整模型 P 绕轴线旋转，直至达到视觉上的匹配即可。

3) 实例分析

图 4.8 所示为某零件扫描数据中的规则形状特征，包括平面特征和球面特征，图 4.9 所示为球面数据及其对应的统计特征，图 4.10 所示为平面数据及其对应的统计特征，图 4.11 所示为该零件两块从不同视角得到的扫描数据，图 4.12 所示为不同视角扫描数据中蕴含的统计特征，包括 $\boldsymbol{p}_{SIII}$、$\boldsymbol{v}_S$、$\boldsymbol{p}_{SI}$ 及 $\boldsymbol{p}'_{SIII}$、$\boldsymbol{v}'_S$、$\boldsymbol{p}'_{SI}$，根据统计特征进行部分匹配，使得 $\boldsymbol{p}_{SI}$ 与 $\boldsymbol{p}'_{SI}$ 重合，$\boldsymbol{v}_S$ 与 $\boldsymbol{v}'_S$ 一致，其部分匹配结果如图 4.13 所示。经过部分匹配，自由模型的 3 个定位自由度和 2 个定向自由度已经与固定模型重合，只剩下一个定向自由度未被约束。以 $\boldsymbol{p}_{SI}$(或 $\boldsymbol{p}'_{SI}$)为轴上一点，$\boldsymbol{v}_S$(或 $\boldsymbol{v}'_S$)为轴的方向建立轴线，调整自由模型绕该轴线旋转，直到自由模型与固定模型达到视觉上的匹配，其交互调整结果如图 4.14 所示，在此基础上再采用 ICP 算法进行匹配，如图 4.15 所示为获得的全局最优解，图 4.16 所示为直接采用 ICP

算法进行模型匹配获得的局部最优解。

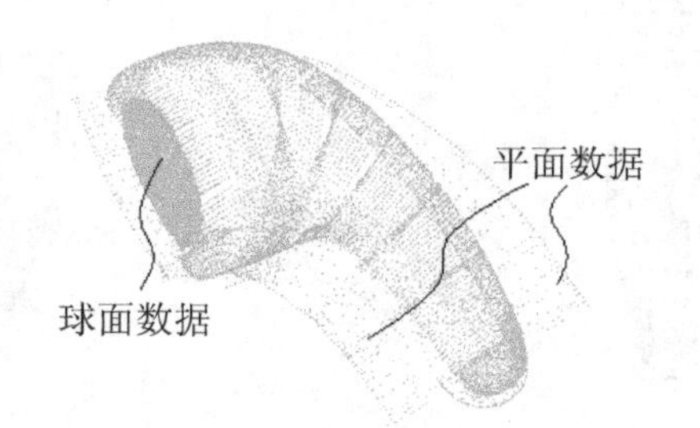

图 4.8　某零件扫描数据中的规则形状特征

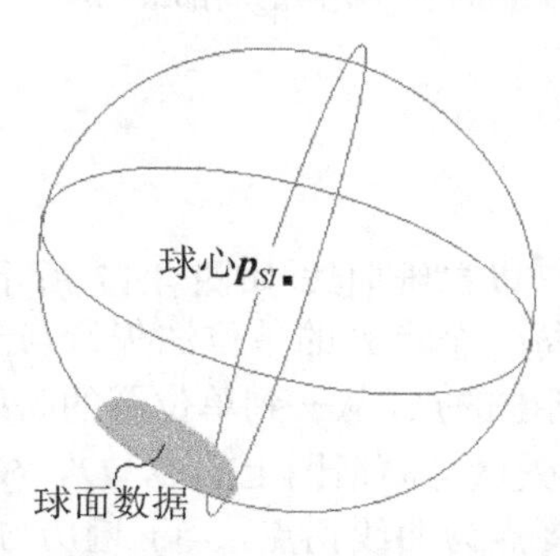

图 4.9　某零件扫描数据中的球面数据及其对应的统计特征

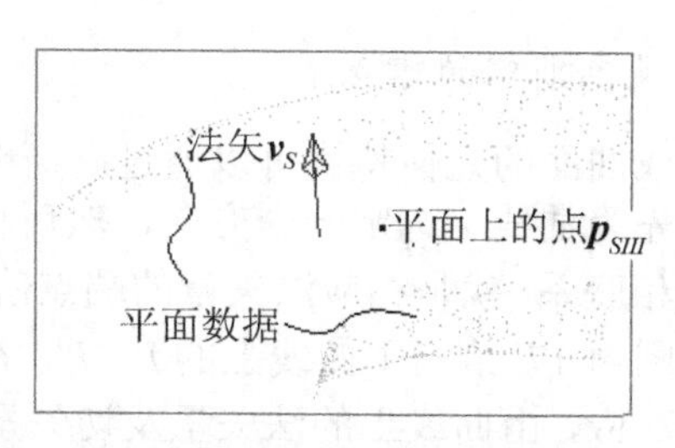

图 4.10　某零件扫描数据中的平面数据及其对应的统计特征

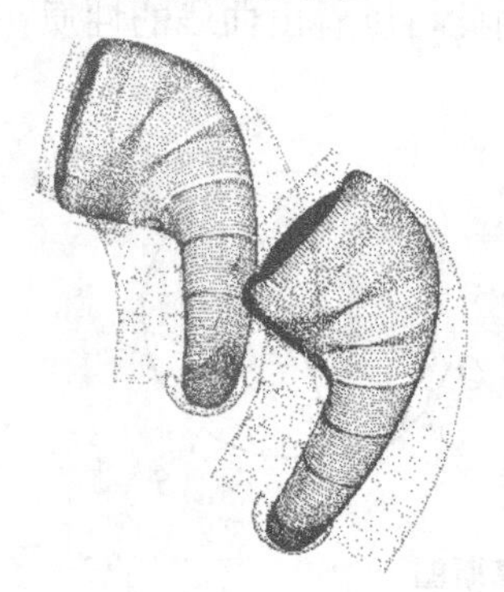

图 4.11　零件不同视角的扫描数据

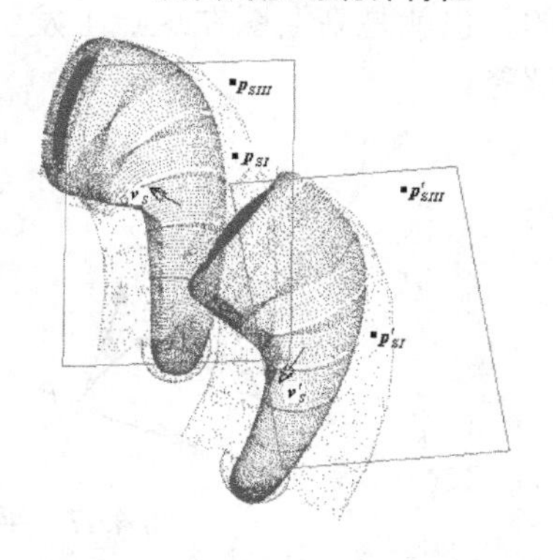

图 4.12　平面和球面数据统计特征

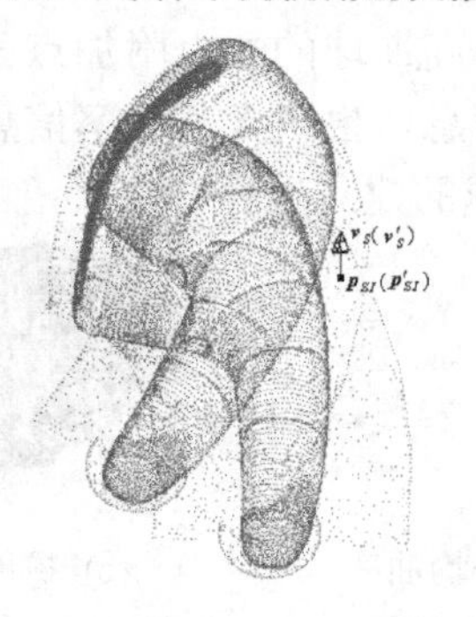

图 4.13　部分匹配结果

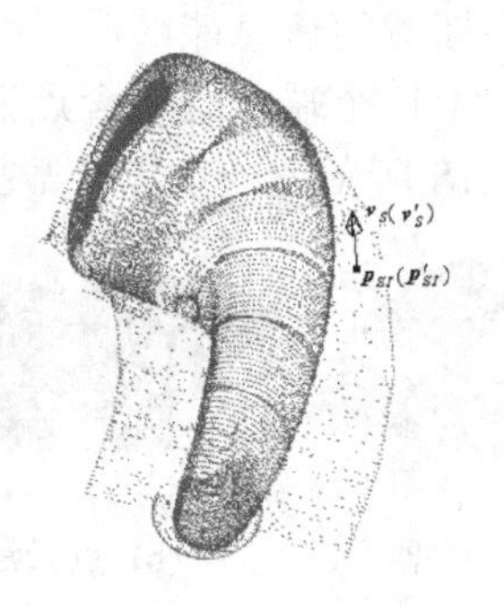

图 4.14　交互调整结果

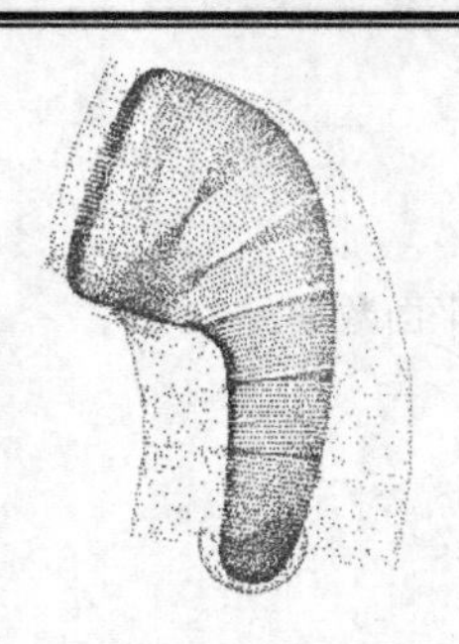

图 4.15　初值调整后再采用 ICP 算法匹配获得的全局最优解

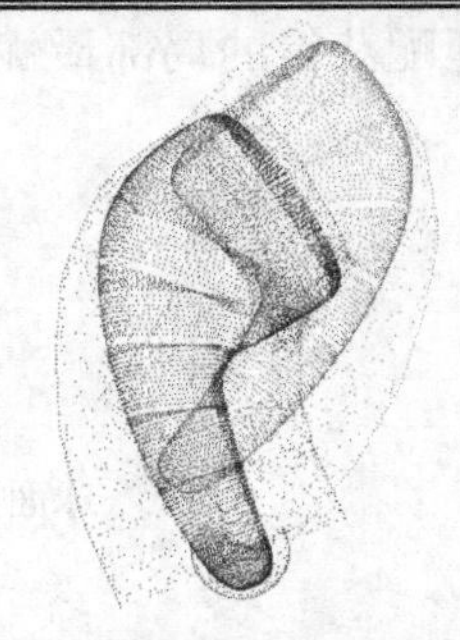

图 4.16　直接采用 ICP 算法匹配获得的局部最优解

4.2.3　基于扩展高斯球的模型匹配初值获取技术

1. 扩展高斯球的建立

曲线或曲面的几何特性可以通过高斯图来表示，以二维曲线(如图 4.17 所示)为例进行说明，首先为曲线 γ 选定一个方向，然后将 γ 上的每一个点 P 的单位法矢量与一个单位圆上的点 Q 相联系，就是相应法矢量的端点落在单位圆上的点，从 γ 到单位圆的映射即为 γ 的高斯图。图 4.17 给出了曲线上的 P，P'，P'' 处的法矢量与高斯图上的 Q，Q'，Q'' 所代表的法矢量相对应，由曲线上的法矢量及切矢量可知，P' 点为曲线拐点，当 γ 遍历方向不变时，由 P 经过拐点 P' 到 P'' 时，高斯图上的端点 Q 经过 Q' 到达 Q''，这表明在奇异点附近高斯图是双重覆盖的，也就是高斯图在这点上发生折叠，由此可以看出曲线的性质在高斯图上得到另外一种解释。

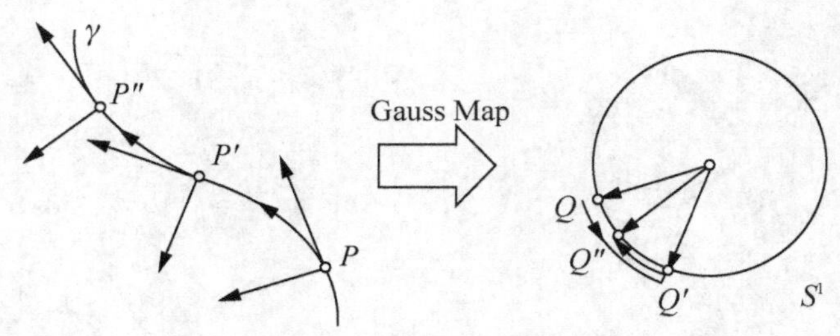

图 4.17　平面曲线的高斯图

由于点云数据属于三维空间域，所以基于同样原理建立的点云数据高斯图就变成了高斯球，为了使高斯球的信息能够满足配准的要求，将高斯球的端点附加点云数据的曲率信息，这样高斯球上每个端点既包含点云数据的法矢信息，也包含其曲率信息，所以称为扩展高斯球。图 4.18 所示为一个点云数据的扩展高斯球的建立过程。

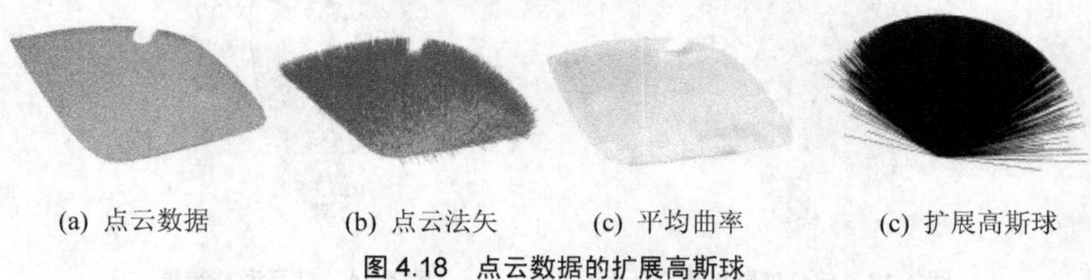

(a) 点云数据　　(b) 点云法矢　　(c) 平均曲率　　(c) 扩展高斯球

图 4.18　点云数据的扩展高斯球

建立点云数据的扩展高斯球需要法矢信息和曲率信息，对点云数据的法矢量和点云数据曲率进行估计，其计算过程如下所述。

首先确定点云数据的 k 邻域，用点云数据建立 K-D 树，通过 K-D 的遍历找到与 P 点的 k 邻域点，然后估计点云数据中各点处的法矢。点云数据中一点 P 的法矢 $\boldsymbol{N}$ 可以看作是该点及其邻域的最小二乘拟合曲面的法矢，点 O 为点 P 的邻域 $nbhd(P)$ 的重心

$$O=\frac{1}{k}\sum_{hi\in nbhd(P)}P_{hi} \tag{4-10}$$

最小二乘拟合曲面的法矢可以通过求解下列优化问题的最小值得到

$$f=\sum_{hi\in nbhd(P)}\left\|(P_{hi}-O)\cdot N\right\| \tag{4-11}$$

该优化问题可以转化为求协方差矩阵的最小特征值问题

$$\begin{bmatrix} \sum\limits_{hi}(x_{hi}-O_x)^2 & \sum\limits_{hi}(x_{hi}-O_x)(y_{hi}-O_y) & \sum\limits_{hi}(x_{hi}-O_x)(z_{hi}-O_z) \\ \sum\limits_{hi}(y_{hi}-O_y)(x_{hi}-O_x) & \sum\limits_{hi}(y_{hi}-O_y)^2 & \sum\limits_{hi}(y_{hi}-O_y)(z_{hi}-O_z) \\ \sum\limits_{hi}(z_{hi}-O_z)(x_{hi}-O_x) & \sum\limits_{hi}(z_{hi}-O_z)(y_{hi}-O_y) & \sum\limits_{hi}(z_{hi}-O_z)^2 \end{bmatrix} \tag{4-12}$$

其中，x_{hi},y_{hi},z_{hi} 为 P_{hi} 的 3 个坐标值，O_x,O_y,O_z 为重心 O 的 3 个坐标值。该矩阵为实对称矩阵，利用 Jacobian 方法就可以求解其特征值。设矩阵的最小特征值为 $\lambda_{\min}$，对应的特征向量为 $\boldsymbol{V}_{\min}$，则最小二乘拟合曲面的在 P 点的法矢为

$$\boldsymbol{N}=\boldsymbol{V}_{\min} \tag{4-13}$$

用此方法求得的法矢量可能存在方向不一致的问题，所以需要进行法矢的调整，具体调节方法见文献。

再以 p 为原点建立局部坐标系，坐标轴为 (u,v,h)，以点 p 的法矢方向作为其中一个坐标轴 h 的方向，其余两个坐标轴 u,v 在点 p 的切平面中选取。如式(4-14)所示取 5 项作为二次曲面的表示，则拟合最小二次曲面在局部坐标系中的表示为

$$h=au+bv+\frac{c}{2}u^2+duv+\frac{e}{2}v^2 \tag{4-14}$$

其中

$$a=f_u,b=f_v,c=f_{uu},d=f_{uv},e=f_{vv} \tag{4-15}$$

设点集 $P_i,i=1,2,\ldots n$ 中任意一点在局部坐标系中的对应参数为 (u_i,v_i,h_i)，建立方程组

$$\boldsymbol{AX}=\boldsymbol{B} \tag{4-16}$$

其中

$$\boldsymbol{A}=\begin{bmatrix} u_1 & v_1 & \frac{u_1^2}{2} & u_1v_1 & \frac{v_1^2}{2} \\ \cdots & \cdots & \cdots & \cdots & \cdots \\ u_n & v_n & \frac{u_n^2}{2} & u_nv_n & \frac{v_n^2}{2} \end{bmatrix},\quad \boldsymbol{X}=\begin{bmatrix} a \\ b \\ c \\ d \\ e \end{bmatrix},\quad \boldsymbol{B}=\begin{bmatrix} h_1 \\ h_2 \\ \vdots \\ h_n \end{bmatrix} \tag{4-17}$$

求解方程组得：$\boldsymbol{X}=\left[\boldsymbol{A}^{\mathrm{T}}\boldsymbol{A}\right]^{-1}\boldsymbol{A}^{\mathrm{T}}\boldsymbol{B}$

曲面第一、第二基本量为

$$E=1+a^2，F=ab，G=1+b^2，$$

$$L=\frac{c}{\sqrt{1+a^2+b^2}}，M=\frac{d}{\sqrt{1+a^2+b^2}}，\quad N=\frac{e}{\sqrt{1+a^2+b^2}}$$

两个主曲率满足如下等式

$$(1+a^2+b^2)k_n^2-(\frac{(1+a^2)e+(1+b^2)c-2abd}{\sqrt{1+a^2+b^2}})k_n+\frac{ce-d^2}{1+a^2+b^2}=0 \tag{4-18}$$

求解该方程，可以得到两个主曲率，并将结果代入如下公式，可以进一步得出两个主曲率对应的主方向

$$\left.\begin{array}{l}(L-k_nE)\mathrm{d}u+(M-k_nF)\mathrm{d}v=0\\(M-k_nF)\mathrm{d}u+(N-k_nG)\mathrm{d}v=0\end{array}\right\} \tag{4-19}$$

由上式可求出高斯曲率和平均曲率。

高斯曲率

$$K=k_{n1}\cdot k_{n2}=\frac{ce-d^2}{(1+a^2+b^2)^2} \tag{4-20}$$

平均曲率

$$H=\frac{k_{n1}+k_{n2}}{2}=\frac{(1+a^2)e+(1+b^2)c-2abd}{2(1+a^2+b^2)^{3/2}} \tag{4-21}$$

至此，建立点云数据扩展高斯球的所有信息都已得到，而对于CAD模型，由于其表面多为NURBS，表示如式(4-22)。

$$P(u,v)=\frac{\sum_{i=0}^{m}\sum_{j=0}^{n}\omega_{i,j}d_{i,j}N_{i,k}(u)N_{j,l}(v)}{\sum_{i=0}^{m}\sum_{j=0}^{n}\omega_{i,j}N_{i,k}(u)N_{j,l}(v)} \tag{4-22}$$

式中，$d_{i,j}$,$i=0,1\cdots$m; j=0,1…n 为控制顶点；$\omega_{i,j}$ 为与控制顶点相连的权因子；$N_{i,k}(u)$,$i=0,1\cdots$m 和 $N_{j,l}(v)$, $j=0,1\cdots$n 分别为 u 向 k 次和 v 向 l 次规范B样条基。

对于复杂型面可以通过细分 $u\in[0,1],v\in[0,1]$ 值达到对复杂型面的离散。由于在CAD模型中NURBS曲面的解析表达是完全已知的，所以可以根据需要，调整离散参数生成满足要求的点云数据。由CAD模型生成点云数据的目的是找到测量点云数据中对应的点，从而给外特征配准法提供比较好的初始位置。为了达到此目的，需要使CAD模型的离散点云数据与测量所得的点云数据具有相同的空间分辨率，因此在空间均匀采样时，采用基于Volumetric方法对两者进行空间均匀采样，然后采用同样的点云法矢及曲率计算方法生成CAD模型引导点云的扩展高斯球，如图4.19所示，其中图4.19(a)为CAD模型，图4.19(b)为CAD模型的引导点云数据，图4.19(c)为空间均匀采样后的引导点云数据法矢量显示，图4.19(d)为空间均匀采样后的引导点云数据曲率显示，图4.19(e)为空间均匀采样后的引导

点云数据扩展高斯球。实际配准过程中，CAD 模型引导点云的扩展高斯球(图 4.20)仅仅是其中的一个特征面，而不必是全部的曲面离散数据，这样可以使点云数据与 CAD 模型对应点的计算量降低。配准过程中测量点云数据可看成是原数据的一个拷贝，因此对其进行的空间采样不会影响到后续的偏差分析。虽然基于 Volumetric 方法的空间均匀采样方法会使采样点云数据的坐标位置发生轻微的移动，但由于是对其一个副本进行操作，所以不会变动原始测量点云数据的坐标，也就是在所有处理过程中都要时时保证原始数据的准确性。

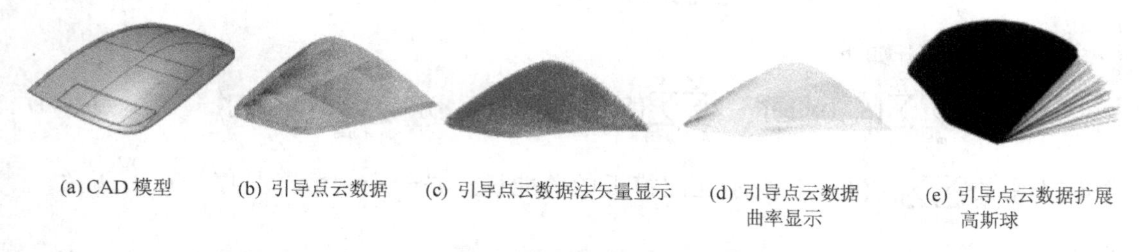

(a) CAD 模型　(b) 引导点云数据　(c) 引导点云数据法矢量显示　(d) 引导点云数据曲率显示　(e) 引导点云数据扩展高斯球

图 4.19　CAD 模型引导点云的扩展高斯球

2. 基于扩展高斯球模板匹配的对应点建立

柯映林和贺美芳分别于 2005 年通过高斯映像图进行了曲面特征匹配，首先将曲面上每一点的主曲率方向矢量(包括最大及最小主曲率方向的两个矢量统称为主方向)进行单位化，并将主方向的起点平移到单位球的球心，主方向的矢端落在球面上，从而形成了主方向的高斯映像，其过程与本文的扩展高斯球的建立过程相同。由于端点包括两处矢量信息，所以对于母线为自由曲线的旋转面，其中一个方向的矢量信息分布在一个圆上，而另一个方向的矢量信息则散布在球面上，通过快速聚类分析，可以从一个曲面的高斯映像图中找出包含旋转曲面的信息，从而完成特定曲面的特征匹配。

而本节建立扩展高斯球的目的是找点云数据与 CAD 模型的对应点，仔细分析可知，由于点云数据和 CAD 模型处于不同的坐标空间，所以无法直接找出其空间对应点。而对于扩展高斯球，由于其所有分布都是在一个球坐标系下，所以使寻找对应点成为可能。

(a)　(b)

图 4.20　CAD 模型引导点云的扩展高斯球

从另一个角度来考虑这一问题，在扩展高斯球上，由于 CAD 模型的点云数据所形成的扩展高斯图与测量点云数据所形成的扩展高斯图的法矢、曲率的计算方法相同，点云的空间分辨率也相同，所以点云扩展高斯图上必有一部分形状与 CAD 模型的扩展高斯图的形状相似，其原因是测量点云数据由于加工、测量等原因存在一定的误差，同时在进行空间均匀采样时，空间点的位置也存在一定的差异，所以形状完全的相同是不存在的，由此可以联想到数字图像处理中的模板匹配方法。在图像中为了检测出已知形状的目标物，可以使用目标物的形状模板与原图像进行匹配，在一定约定下检测出目标图像。下面以二维为例说明传统模板式匹配的算法。

设目标对象的图像模板为 T，大小为 $M\times N$，考察的图像为 S，大小为 $L\times W(L>M,W>N)$，通过模板 T 覆盖图像 S 来比较二者的一致性如下

$$D(i,j)=\sum_{m=1}^{M}\sum_{n=1}^{N}[S_{i,j}(m,n)-T(m,n)]^2 \tag{4-23}$$

将式(4-23)展开如下

$$D(i,j)=\sum_{m=1}^{M}\sum_{n=1}^{N}[S_{i,j}(m,n)]^2-2\sum_{m=1}^{M}\sum_{n=1}^{N}[S_{i,j}(m,n)\times T(m,n)]+\sum_{m=1}^{M}\sum_{n=1}^{N}[T(m,n)]^2 \tag{4-24}$$

式(4-24)中的 $\sum_{m=1}^{M}\sum_{n=1}^{N}[T(m,n)]^2$ 表示匹配模板的总能量，是一个常数，与序号 (i,j) 无关，$\sum_{m=1}^{M}\sum_{n=1}^{N}[S_{i,j}(m,n)]^2$ 是匹配模板覆盖下的考察图像的能量，它随着 (i,j) 而逐渐发生改变，$2\sum_{m=1}^{M}\sum_{n=1}^{N}[S_{i,j}(m,n)\times T(m,n)]$ 是子图像与模板相关的能量，随着 (i,j) 而变化，因此相似性函数可以写为

$$R(i,j)=\frac{\sum_{m=1}^{M}\sum_{n=1}^{N}[S_{i,j}(m,n)\times T(m,n)]}{\sum_{m=1}^{M}\sum_{n=1}^{N}[S_{i,j}(m,n)]^2} \tag{4-25}$$

或写成归一化的形式

$$R(i,j)=\frac{\sum_{m=1}^{M}\sum_{n=1}^{N}[S_{i,j}(m,n)\times T(m,n)]}{\sqrt{\sum_{m=1}^{M}\sum_{n=1}^{N}[S_{i,j}(m,n)]^2}\bullet\sqrt{\sum_{m=1}^{M}\sum_{n=1}^{N}[T(m,n)]^2}} \tag{4-26}$$

根据施瓦兹不等式

$$\sum_{m=1}^{M}\sum_{n=1}^{N}[S_{i,j}(m,n)\times T(m,n)]<\sum_{m=1}^{M}\sum_{n=1}^{N}[S_{i,j}(m,n)]+\sum_{m=1}^{M}\sum_{n=1}^{N}[T(m,n)] \tag{4-27}$$

可知归一化相似性测度的表达式 $R(i,j)$ 在 $[0,1]$ 之间，其值越大表示其相似性越高。

由模板匹配的过程可知，算法的计算量比较大，而且随着模板尺寸的增大，算法的计算量呈指数增加。另一方面，当考察图像发生偏转时，算法与模板相匹配的可靠性就大大降低，也就是算法缺少旋转不变性。为了克服传统算法的缺点，本文建立了一种基于局部球面积序列的模板匹配方法。

以二维模板进行说明，图 4.21 给出的是一个正方形模板，按半径相等的原则将模板进行平面均匀分割，对于每个分割区域进行面积计算，由于圆具有旋转不变性，所以以面积序列为判断依据进行相似性判断使模板匹配算法的鲁棒性增强，同时也具有旋转不变性的功能。对于点云数据的扩展高斯球的模板计算与此有微小的区别，主要过程如下。

(1) 在点云数据域，计算模板中心点 P_O 与模板其余点 $P_{i,j}$ 的距离，将其结果存入距离链表 L_D 中。

(2) 将距离链表 L_D 按从小到大的顺序进行遍历排序。

(3) 按实际要求对最大距离进行空间分割，分割数目要大于等于 5。

(4) 在扩展高斯球的球空间域进行分割面积的平均曲率统计，$S_r = \sum_{r=R_i}^{R_j} H_r$，$H_r$ 为点云空间分割域 r_i 和 r_j 之间的扩展高斯球面域的平均曲率。

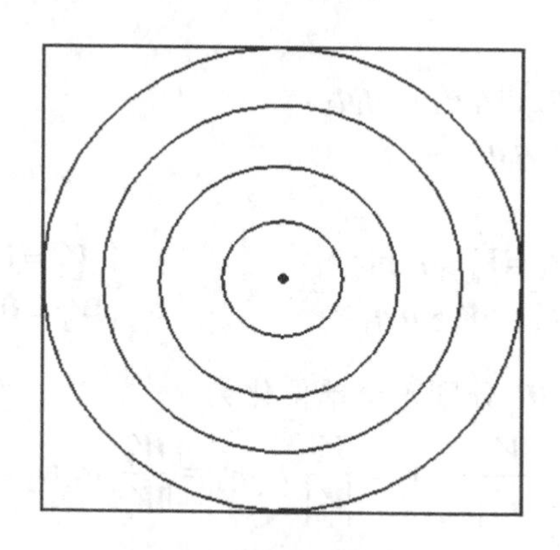

图 4.21　局部球面序列模板

由上述过程可知，算法以平均曲率的统计来代替局部面积的计算，使计算的复杂度降低，匹配过程以离散的统计值为基础，使参与匹配的数据量大大减少。至此解决了传统模板匹配算法中的两个根本性的问题。而新的相似性测度则变为

$$R_r = \frac{\sum_{n=1}^{N}[S_n(r) \times T(r)]}{\sqrt{\sum_{n=1}^{N}[S_n(r)]^2} \cdot \sqrt{\sum_{n=1}^{N}[T_n(r)]^2}} \tag{4-28}$$

计算过程中点云空间与扩展高斯球空间的联系是通过点云的下标索引来实现的，也就是在扩展高斯球空间的每一个矢量数据都要附加一个点云数据的下标索引，从而使两种空间的转换变得流畅自如。

当匹配过程完成后，通过搜索对应点的曲率找到最接近的点对数目，要求不能少于 3 对。

表 4-5 是图 4.21 给出的点云数据与 CAD 模型离散数据通过模板匹配后的对应点关系(按匹配的相似性关系只列出了其中 3 个点对)，可以看出对应点的曲率半径相差不超过 6%。

表 4-5　基于扩展高斯球的点云数据与 CAD 模型对应点

序号	点云数据			曲率半径	CAD 模型数据			曲率半径
	X	Y	Z		X	Y	Z	
1	−13.411	−200.200	−76.115	298	−22.813	54.638	−45.108	294
2	113.021	−36.500	−43.406	185	−9.559	−82.525	88.198	174
3	−60.623	−6.760	−42.700	498	−36.067	21.470	46.330	488

3. 点云数据与 CAD 模型对应点的粗配准

三维点云数据的坐标变换包括平移、旋转，因为在变换过程中要保持点云数据所代表的几何形体不变，所以变换中的比例和错切变换就要避免。因为 3 个线性无关点可以表示一个完整的坐标系，因此可以用 3 对匹配点进行粗配准。

假设上述匹配后找到的对应点为：p_1、p_2、p_3 和 q_1、q_2、q_3，则在变换时，先将 p_1 变换到 q_1，再将矢量 $\boldsymbol{p}_1\boldsymbol{p}_2$ 变换到 $\boldsymbol{q}_1\boldsymbol{q}_2$ 上，最后将包含 p_1、p_2、p_3 的平面变换到包含 q_1、q_2、q_3 的平面上。

计算步骤如下。

(1) 计算矢量 $\boldsymbol{p}_1\boldsymbol{p}_2$，$\boldsymbol{p}_1\boldsymbol{p}_3$ 和 $\boldsymbol{q}_1\boldsymbol{q}_2$，$\boldsymbol{q}_1\boldsymbol{q}_3$。

(2) 令：$\boldsymbol{V}_1 = \boldsymbol{p}_1\boldsymbol{p}_2$ 和 $\boldsymbol{W}_1 = \boldsymbol{q}_1\boldsymbol{q}_2$。

(3) 计算 $\boldsymbol{V}_2,\boldsymbol{V}_3$ 和 $\boldsymbol{W}_2,\boldsymbol{W}_3$

$$\begin{cases} \boldsymbol{V}_3 = \boldsymbol{V}_1 \times \boldsymbol{p}_1\boldsymbol{p}_3 \\ \boldsymbol{W}_3 = \boldsymbol{W}_1 \times \boldsymbol{q}_1\boldsymbol{q}_3 \end{cases} \qquad \begin{cases} \boldsymbol{V}_2 = \boldsymbol{V}_3 \times \boldsymbol{V}_1 \\ \boldsymbol{W}_2 = \boldsymbol{W}_3 \times \boldsymbol{W}_1 \end{cases}$$

(4) 将 $\boldsymbol{V}_1,\boldsymbol{V}_2,\boldsymbol{V}_3$ 和 $\boldsymbol{W}_1,\boldsymbol{W}_2,\boldsymbol{W}_3$ 分别正交单位化为

$$\boldsymbol{v}_1 = \frac{\boldsymbol{V}_1}{|\boldsymbol{V}_1|},\ \boldsymbol{v}_2 = \frac{\boldsymbol{V}_2}{|\boldsymbol{V}_2|},\ \boldsymbol{v}_3 = \frac{\boldsymbol{V}_3}{|\boldsymbol{V}_3|},\ \boldsymbol{w}_1 = \frac{\boldsymbol{W}_1}{|\boldsymbol{W}_1|},\ \boldsymbol{w}_2 = \frac{\boldsymbol{W}_2}{|\boldsymbol{W}_2|},\ \boldsymbol{w}_3 = \frac{\boldsymbol{W}_3}{|\boldsymbol{W}_3|}$$

(5) 旋转矩阵和平移矩阵为

$$\boldsymbol{R} = \begin{bmatrix} v_1 \\ v_2 \\ v_3 \end{bmatrix}^{-1} \begin{bmatrix} w_1 \\ w_2 \\ w_3 \end{bmatrix}$$

$$\boldsymbol{T} = q_1 - p_1\boldsymbol{R}$$

(6) 将 V 坐标系下的 p_i 变换到 W 坐标系下的 p_i'

$$p_i' = \boldsymbol{p}_i\boldsymbol{R} + \boldsymbol{T} \tag{4-29}$$

至此，完成了点云数据与 CAD 模型的粗配准。

对表 4-5 中的数据按上述过程进行计算，其旋转矩阵和平移矩阵分别为

$$\boldsymbol{R} = \begin{bmatrix} 0.394 & -0.913 & -0.110 \\ -0.032 & -0.133 & 0.990 \\ -0.919 & -0.387 & -0.082 \end{bmatrix}$$

$$\boldsymbol{T} = \begin{bmatrix} -93.928 & -13.691 & 145.489 \end{bmatrix}$$

图 4.20 所示的点云数据经过上面的旋转矩阵与平移矩阵变换后的结果如图 4.22 所示，其中图 4.22(a)是原始位置的情况，图 4.22(b)是粗配准对齐的情况，图 4.22(c)是粗配准对齐后偏差的分布情况。其中点云数据与 CAD 模型的最大欧氏偏差为 5.0000 mm，平均偏差为 2.2997 mm，标准偏差为 0.6674 mm，正法向方向的最大偏差为 4.9912 mm，平均偏差为 1.0842 mm，标准偏差为 0.4956 mm，负法向方向的最大偏差为 −5.0000 mm，平均偏差为 −2.7321 mm，标准偏差为 0.7133 mm，由图 4.22(c)可以看出其偏差的分布，所以粗配准后必须进行精配准。

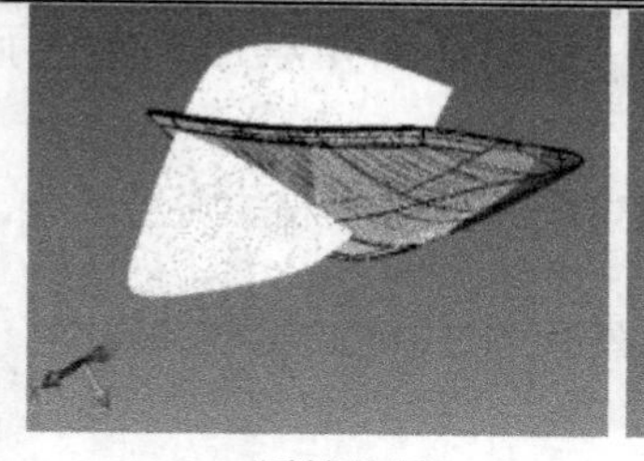

(a) 原始位置

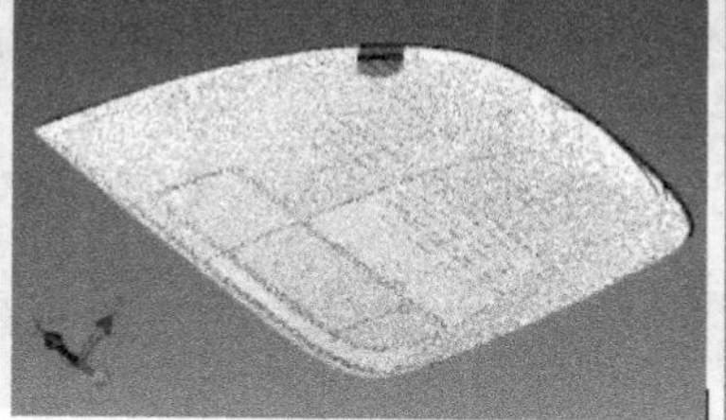

(b) 粗配准对齐的情况

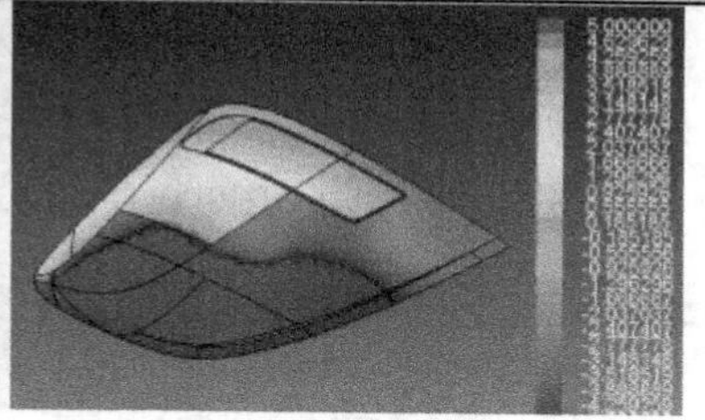

(c) 粗配准对齐后的偏差的分布情况

图 4.22　点云数据与 CAD 模型粗匹配结果

经过上述的粗配准后，再采用 ICP 算法进行精确匹配。

4.3　测量数据可视化分析技术

测量数据为离散的点云数据，因此难以看出点云所构成的几何形状及拓扑结构，给模型分析带来不便。而点云数据的可视化分析技术，是指通过相应的数学原理、光学模型等技术更好地勾勒出点云的轮廓，使得用户在视觉上能够更好地了解实物原型的形状结构，为后续的逆向建模提供视觉依据。这里主要介绍 3 种点云可视化分析技术：曲率分析、点云渲染和点云网格化。

4.3.1　曲率分析

曲率估算方法分为数值法和解析法两种。数值法首先要求将点云数据三角化，基于三角网格计算测量点的主曲率或主方向。数值法在处理大规模的点云数据时，将耗费大量的系统资源用于构建并储存三角网格和网格间的拓扑关系，这是数值法效率不高的主要原因。解析法的思路与数值法不同，其首先在局部坐标系内拟合一张解析曲面，然后通过曲面的一阶或二阶导数估算曲率。坐标转换法是应用较为广泛的一种解析法，这种方法采用的抛物面虽然表达简单，拟合速度快，但受曲面属性所限，只能被用来计算单个点的曲率，要估算点云数据中的每一个点的曲率则需要大量的拟合计算，效率较低。

为解决以上问题，文献 4 给出了一种基于全局曲面模型的曲率估算方法，算法共分 3 步：

(1) 在给定误差下对点云数据采样；

(2) 应用坐标转换法估算采样点曲率；

(3) 插值采样点在空间(x, y, z, c)中构造一个全局的 4D Shepard 曲面[其中，(x, y, z)表示测量点位置，c 表示测量点曲率]，快速计算点云中任意点的曲率。

算法将曲率作为一个新的坐标分量，建立四维空间，并插值构造曲面，因此，该算法也被称之为 4D 插值法。

1. 点云的拓扑关系建立

完备的拓扑关系是实现点云高效计算的基础，构建三角网格拓扑关系难度大、系统占用率高。相反，基于空间栅格划分建立点与点之间拓扑结构的算法则是计算机应用领域解决三维离散和排序问题的基本数据结构，具有简单实用、计算效率高等特点。

设点云中最大和最小 x、y、z 坐标分别为 x_{max}、y_{max}、z_{max}、x_{min}、y_{min}、z_{min}，且给定容差

ε，则定义以点$\left(x_{\max}+\varepsilon, y_{\max}+\varepsilon, z_{\max}+\varepsilon\right)$和$\left(x_{\min}-\varepsilon, y_{\min}-\varepsilon, z_{\min}-\varepsilon\right)$为对角点且表面平行于坐标平面的空间六面体为点云的空间包围盒。

将点云数据的空间包围盒沿坐标轴方向按等间隔λ划分成空间六面体栅格，则沿 x、y、z 坐标轴方向划分的栅格数分别为：$l=\left\lceil\frac{\left(x_{\max}+\varepsilon\right)-\left(x_{\min}-\varepsilon\right)}{\lambda}\right\rceil$，$m=\left\lceil\frac{\left(y_{\max}+\varepsilon\right)-\left(y_{\min}-\varepsilon\right)}{\lambda}\right\rceil$，$n=\left\lceil\frac{\left(z_{\max}+\varepsilon\right)-\left(z_{\min}-\varepsilon\right)}{\lambda}\right\rceil$。栅格总数为$l\cdot m\cdot n$，符号$\lceil\ \rceil$表示向上取整。用(x，y，z)表示栅格坐标，其中$x\in[1,l]$、$y\in[1,m]$、$z\in[1,n]$，且 x、y、z 为正整数。栅格宽度$\lambda$可以根据实际的点云分布的均匀性及应用情况的不同进行设置，一般取点云分布密度ρ的 k 倍。点云分布密度定义为：在测量数据集中随机取出 N 个点 P_i ($i=1, 2, \ldots, N$)，计算离点 P_i 最近点的距离 d_i，则令分布密度$\rho=\frac{\sum_{i=1}^{N}d_i}{N}$。N 可以根据数据的分布均匀程度进行设置，一般设为 10～20 个。将点云中散乱点根据坐标值的不同压入到不同的空间栅格，基于栅格就可以构建散乱数据点的空间拓扑关系，完成点云数据的空间三维划分。将空间栅格按是否包含散乱点分别定义为实格和空格。按照空间栅格是否包含散乱点对其进行二值化处理，并用函数$f(x,y,z)$表示。如果$f(x,y,z)$等于 1，则表示该栅格为实格；如果$f(x,y,z)$等于 0，则表示该栅格为空格。每个空间栅格存在 26 个相邻栅格(点云数据空间包围盒边界上的栅格除外)，如图 4.23 所示。定义(i,j,k)为栅格的拓扑方向，则空间某一栅格的 26 近邻可用(x+i，y+j，z+k)表示，其中$i\in[-1,1]$、$j\in[-1,1]$、$k\in[-1,1]$，且 i、j、k 不同时为 0。

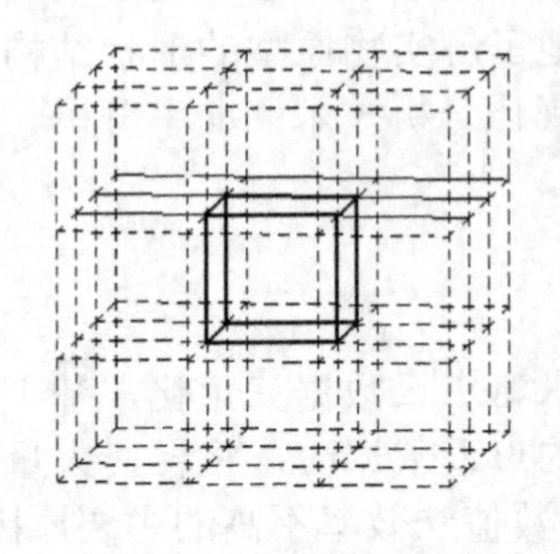

图 4.23　26 临近栅格

图 4.24 所示为某型飞机发动机叶片激光测量数据的三维划分结果。其中，图 4.24(a)是原始测量数据，包含 40712 个散乱点，点云密度为 0.02685；图 4.24(b)为空间三维划分结果。其中，空间栅格尺寸$\lambda=0.4$，且图中显示的栅格全部是实格。

(a) 点云数据

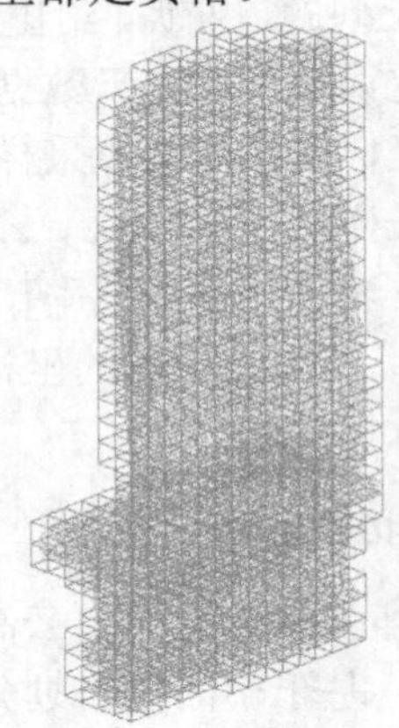

(b) 三维划分

图 4.24　点云数据三维划分

2. 给定公差下的点云数据采样

一般来说，大规模的测量数据难以直接处理，需要通过二次采样等方法进行压缩处理。自适应采样的主要步骤如下。

步骤 1：对包围盒进行网格划分，产生空间栅格，栅格宽度 $\lambda = 3\rho$；

步骤 2：如果空间栅格中的测量点数小于 4，执行步骤 4；否则利用最小二乘法逼近测量点构造局部抛物面；

步骤 3：如果逼近误差 $e_a > \varepsilon$ (给定误差)或者最小采样密度 $\Omega < \sqrt{3}\lambda$ (空间栅格边长)，利用八叉树法对栅格进行细分，执行步骤 2；

步骤 4：对每个栅格中的局部曲面片在公差 $e_b = \varepsilon - e_a$ 的控制下进行采样。

下面对其中的关键步骤进一步展开论述。

1) 局部抛物面构造

在每个栅格中，通过坐标转换法构造局部二次曲面。首先拟合切平面估算测量点法矢 $\boldsymbol{n}$，并在切平面上任意定义两个正交向量 $\boldsymbol{u}$ 和 $\boldsymbol{v}$ 作为参数坐标轴。$\boldsymbol{u}$，$\boldsymbol{v}$ 和 $\boldsymbol{n}$ 构成笛卡儿坐标系，并将位于全局坐标系中的空间测量点(x, y, z)转换到局部坐标系 u-v-n 中。最后，在局部坐标系中通过最小二乘法可得到抛物面

$$S(u,v) = [u, v, h(u,v)] = (u, v, au^2 + buv + cv^2) \tag{4-30}$$

抛物面拟合公式可以表示为矩阵形式

$$\boldsymbol{AX} = \boldsymbol{b} \tag{4-31}$$

式中，$\boldsymbol{A} = \begin{bmatrix} u_1^2 & u_1v_1 & v_1^2 \\ u_2^2 & u_2v_2 & v_2^2 \\ \vdots & \vdots & \vdots \\ u_n^2 & u_nv_n & v_n^2 \end{bmatrix}$；$\boldsymbol{X} = \begin{bmatrix} a \\ b \\ c \end{bmatrix}$；$\boldsymbol{b} = \begin{bmatrix} h_1 \\ h_2 \\ \vdots \\ h_n \end{bmatrix}$。

在矩阵方程两边同乘 $\boldsymbol{A}^{\mathrm{T}}$ 得到 $\boldsymbol{A}^{\mathrm{T}}\boldsymbol{AX} = \boldsymbol{A}^{\mathrm{T}}\boldsymbol{b}$。通过最小化 $\sum_i [h_i - (au_i^2 + bu_iv_i + cv_i^2)]^2$，可以解出抛物面的系数矩阵 $\boldsymbol{X} = [a,b,c]^{\mathrm{T}} = (\boldsymbol{A}^{\mathrm{T}}\boldsymbol{A})^{-1}\boldsymbol{A}^{\mathrm{T}}\boldsymbol{b}$。

拟合抛物面还必须满足以下两个条件，否则栅格会被进一步分割。

(1) $e_a < \varepsilon$；其中 e_a 为栅格内测量点集 P 和曲面 $S(u,v)$ 的最大距离误差 $e_a = \max\left|h_i - (au_i^2 + bu_iv_i + cv_i^2)\right|$，$\varepsilon$ 为用户给定的误差阈值，如图 4.25(a)所示。

(2) $\Omega > \sqrt{3}\lambda$；$\sqrt{3}\lambda$ 为采样密度阈值，λ 为栅格边长，Ω 是根据设定公差计算得到的最小采样密度(相邻采样点间的最大距离)。考虑到栅格内部两个点间距离的最大值为 $\sqrt{3}\lambda$，如果 $\sqrt{3}\lambda < \Omega$，则可以保证：在误差范围内，栅格内部的采样点集能够比较准确地描述原始曲面。Ω 的计算方法如下。

记插值于点集 P 的曲面为 $S(u,v)$，插值 P 中任意 3 个点的三角形为 T [如图 4.25 (b)所示]，$S(u,v)$和 T 间的误差应满足

$$\sup_{(u,v)\in T} \left\| S(u,v) - T(u,v) \right\| \leqslant \frac{1}{8}\Omega^2 (M_1 + 2M_2 + M_3) \tag{4-32}$$

式中，$M_1 = \sup\limits_{(u,v)\in T}\left\| \dfrac{\partial^2 S(u,v)}{\partial u^2} \right\|$；$M_2 = \sup\limits_{(u,v)\in T}\left\| \dfrac{\partial^2 S(u,v)}{\partial u \partial v} \right\|$；$M_3 = \sup\limits_{(u,v)\in T}\left\| \dfrac{\partial^2 S(u,v)}{\partial v^2} \right\|$；$\Omega$ 是在误差范

围内三角形边长的上限。

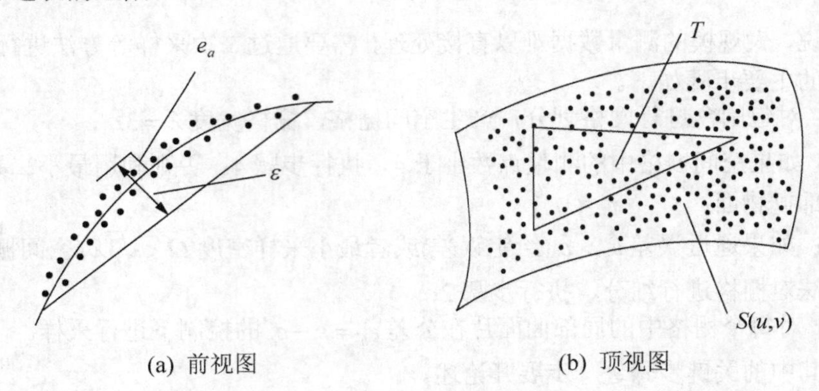

(a) 前视图　　(b) 顶视图

图 4.25　局部抛物面构造

考虑用户设定的采样误差为ε，局部曲面对散乱点的逼近误差为e_a，曲面$S(u,v)$和三角形T间的最大允差应为$\varepsilon - e_a$，即$\sup\limits_{(u,v)\in T}\|S(u,v)-T(u,v)\|=\varepsilon - e_a$，将此条件带入式(4-32)可进一步推出三角形边长的上限为$\Omega = 2\sqrt{\dfrac{2(\varepsilon - e_a)}{(M_1+M_2+M_3)}}$。

2) 栅格细分

基于法矢和采样密度阈值检查每个栅格中的局部抛物面，如果超出阈值范围，则对栅格进行八叉树分割。

广义立方体可定义为$E+\beta_1\boldsymbol{v}_1+\beta_2\boldsymbol{v}_2+\beta_3\boldsymbol{v}_3$，其中$E$是立方体顶点，$\boldsymbol{v}_1$，$\boldsymbol{v}_2$，$\boldsymbol{v}_3$定义了描述立方体的 3 个矢量，如图 4.26(a)所示。

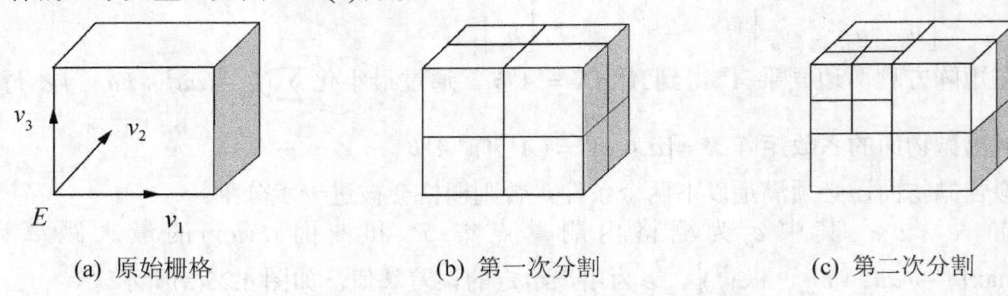

(a) 原始栅格　　(b) 第一次分割　　(c) 第二次分割

图 4.26　基于八叉数的栅格分割

根据以上定义，原始栅格可表示为

$$G=\{E_0,\beta_{01},\beta_{02},\beta_{03}\}\ (0\leqslant\beta_{01}\leqslant a,0\leqslant\beta_{02}\leqslant b,0\leqslant\beta_{03}\leqslant c) \tag{4-33}$$

分割一次后它的 8 个子栅格为

$$D_{ijk}=\{E_0+i\frac{a}{2}v_1+j\frac{b}{2}v_2+k\frac{c}{2}v_3,\frac{\beta_{01}}{2},\frac{\beta_{02}}{2},\frac{\beta_{03}}{2}\} \tag{4-34}$$

式中，$0\leqslant\beta_{01}\leqslant a$；$0\leqslant\beta_{02}\leqslant b$；$0\leqslant\beta_{03}\leqslant c$；$i, j, k=0,1$。

如果子栅格中局部抛物面的逼近误差和最小采样密度在阈值范围内，则按步进法对其进行优化采样。

3) 基于步进法的优化采样

步进法是 Erich 提出的一种隐式曲面三角化法，将该方法进一步改进并应用于局部曲面的优化采样。算法包括两步：首先，基于改进的步进法，将局部曲面三角化；而后提取栅格内的三角形顶点作为采样点。

如图 4.27 所示，B_0是抛物面所在坐标系的原点，围绕点B_0在其切平面上作一个半径为r的圆C，并在其上均匀取 6 个点$D_1,\cdots,D_6$。其中，$D_{i+1}=B_0+r\cos(i\pi/3)\boldsymbol{u}+r\sin(i\pi/3)\boldsymbol{v}$，$i=0,\cdots,5$，$r$是采样半径。将$D_1,\cdots,D_6$向曲面投影，可以得到 6 个三角形$\triangle B_0B_1B_2$，$\triangle B_0B_2B_3$，$\triangle B_0B_3B_4$，$\triangle B_0B_4B_5$，$\triangle B_0B_5B_6$，$\triangle B_0B_1B_6$。如$B_1,\cdots,B_6$位于栅格内，则将其作为二次曲面的采样点。采样半径$r$根据两个比例系数$G_1$和$G_2$计算得到。

G_1是有效测量点系数，将栅格内的测量点集 P 向 B_0 的切平面投影得到投影点集$Q=\{q_1,q_2,\cdots,q_n\}$，Q中位于圆内的投影点记为有效测量点，如图 4.28 所示，其总数为m，设点集P中测量点总数为n，则$G_1=\dfrac{m}{n}$。

G_2是有效面积系数，记圆C所围成的区域为N，覆盖投影点集Q的栅格所围成的区域为M，有效区域$V=N\bigcap M$，用A表示计算面积的函数，则$G_2=\dfrac{A(V)}{A(C)}=\dfrac{A(V)}{\pi r^2}$。其中有效面积$A(V)$的计算方法如下：首先计算$Q$中测量点的密度$\rho$，基于$\rho$用二维栅格分割$Q$(如图 4.28 所示)，记栅格为$b(i,j)$，其面积为$\rho^2$，如果$b(i,j)$包含投影点且$b(i,j)\bigcap N\neq\varnothing$，则$b(i,j)$被记入$C$的有效栅格集$VG(C)$。设$VG(C)$中共有$k$个栅格，则$A(V)=k\rho^2$。

定义$G=G_1+G_2=\dfrac{m}{n}+\dfrac{k\rho^2}{\pi r^2}$，通过迭代计算$\max(G)$就可以得到最优的半径 r。在实际应用中，通过细分边界包围盒可以进一步提高计算精度。

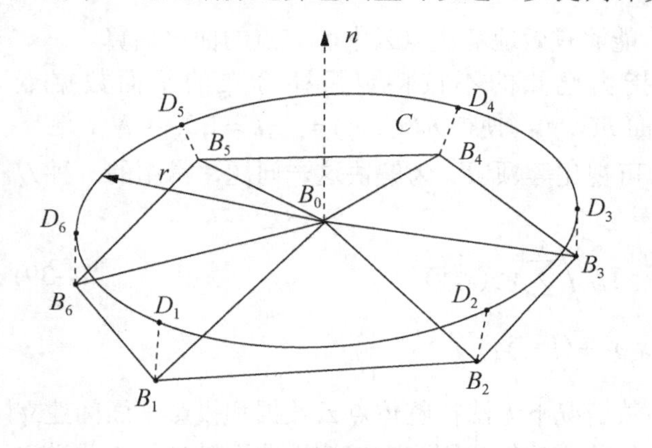

图 4.27　局部曲面采样

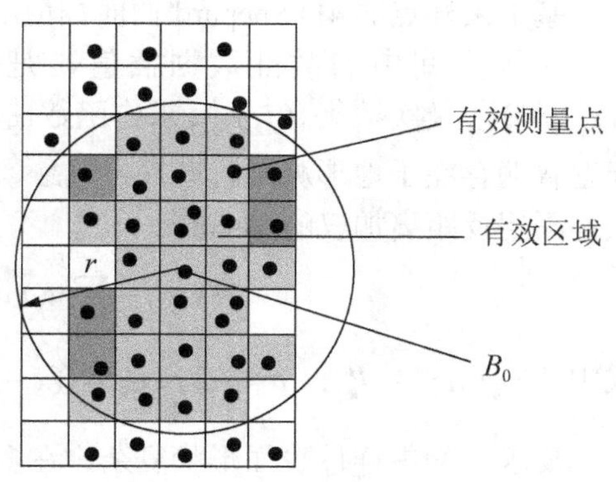

图 4.28　最优采样半径

3. 基于快速邻域点搜索算法估算曲率

使用坐标转换法计算采样点曲率，需先构造局部抛物面$S(u,v)=(u,v,au^2+buv+cv^2)$，主曲率$k_1$，$k_2$和主方向$m_1$，$m_2$可分别按下式计算

$$k_1=H-\sqrt{H^2-K}=a+c-\sqrt{(a-c)^2+b^2} \tag{4-35}$$

$$k_2=H+\sqrt{H^2-K}=a-c+\sqrt{(a-c)^2+b^2} \tag{4-36}$$

$$m_1 = \begin{cases} (c-a+\sqrt{(a-c)^2+b^2}, -b) & a < c \\ (b, c-a-\sqrt{(a-c)^2+b^2}) & a \geqslant c \end{cases} \tag{4-37}$$

$$m_2 = \begin{cases} (b, c-a+\sqrt{(a-c)^2+b^2}) & a < c \\ (c-a-\sqrt{(a-c)^2+b^2}, -b) & a \geqslant c \end{cases} \tag{4-38}$$

实验表明取采样点邻域内的24～32个点构造曲面可以同时保证效率和精度。为此，给出一种基于空间栅格结构的邻域点搜索算法。以任意一个采样点 p_i 为例，算法的主要步骤说明如下。

步骤1：将 p_i 所在栅格 G 中除 p_i 以外的所有测量点存入到邻域点链表 L_p 中；

步骤2：检索栅格 G 的26近邻，将其中的非空栅格加入到邻域栅格链表 L_g 中；

步骤3：计算 L_g 中栅格所包含的测量点总数，如果小于24，对 L_g 中的每个栅格执行步骤2；否则执行步骤4；

步骤4：将 L_g 中栅格所包含的测量点存入到 L_p 中，计算采样点 p_i 和 L_p 中的测量点 p_j 间的距离增量 $\tilde{d}(p_i, p_j) = (|x_i - x_j| + |y_i - y_j| + |z_i - z_j|)$；

步骤5：基于距离增量 $\tilde{d}$，将 L_p 中的邻域点由近至远排序。选取最近的24个点拟合抛物面计算采样点曲率。

这种算法采用了距离增量 $\tilde{d}(p_i, p_j)$，而不是传统意义上的 $d(p_i, p_j) = \sqrt{(x_i - x_j)^2 + (y_i - y_j)^2 + (z_i - z_j)^2}$。通常情况下开方运算所耗费的时间是减法或乘法运算的2～3倍，因此，这种处理方法使邻近点搜索算法具有明显的效率优势。

4. 基于4D Shepard曲面的曲率插值算法

基于采样点的4D Shepard曲面插值，能够有效地解决点云中所有点的曲率估算。

三维空间中的散乱数据插值，是指由已知的不按特定规律分布的平面数据点 $\{(x_k, y_k)\}_{k=1}^N$ 及实数集 $\{(f_k)\}_{k=1}^N$ 求作函数曲面 $F(x, y)$，使得 $F(x_k, y_k) = f_k, k = 1, 2, \cdots, N$。这一问题普遍存在于地形测绘、勘探、气象、可视化等领域。为解决这一问题，常用的一种方法是采用反距离加权的Shepard公式

$$F(x,y) = \sum_{k=1}^{N} w_k(x,y) f_k \Big/ \sum_{k=1}^{N} w_k(x,y) \tag{4-39}$$

式中，$w_k(x,y) = d_k^{\mu}$；$\mu = -2$；$d_k = ((x - x_k)^2 + (y - y_k)^2)^{1/2}$。

反求工程中样件表面形状复杂，在多数情况下无法在整体点云数据和投影平面间建立有效的单值映射，所以这种三维Shepard插值方法很难用来直接构造曲面模型。为此进一步将Shepard公式推广到四维，基于散乱空间采样点集 $\{(x_k, y_k, z_k)\}_{k=1}^N$ 和采样点曲率组成的实数集 $\{c_k\}_{k=1}^N$ 求作四维Shepard曲面 $F(x, y, z)$，使得 $F(x_k, y_k, z_k) = c_k, k = 1, 2, \cdots, N$。在四维空间中，Shepard函数可写为

$$F(x,y,z) = \sum_{k=1}^{N} w_k(x,y,z) c_k \Big/ \sum_{k=1}^{N} w_k(x,y,z) \tag{4-40}$$

其中：$w_k(x,y,z) = d_k^{\mu}$；$\mu = -2$；$d_k = ((x - x_k)^2 + (y - y_k)^2 + (z - z_k)^2)^{1/2}$。

实际应用中，为提高计算速度，重新定义 $w_k(x,y,z)=\left[\dfrac{(R-d_k)_+}{Rd_k}\right]^2$。其中，$R$ 根据栅格大小计算得到。

四维 Shepard 曲面 $F(x, y, z)$的构造不受样件表面形状的影响，表达能力强，$F(x, y, z)$直接插值于采样点的曲率。对于任意点 p，只要将其坐标(x,y,z)代入曲面 $F(x,y,z)$ 的公式，就可以得到其曲率。实际上，Shepard 函数是以距离作为权因子，通过周围采样点曲率的线性组合得到点 p 的曲率的，同样的方法也可以用来估算 p 点的主方向。

5. 实例分析

基于 4D 插值法估算的曲率可用于绘制曲率云图，通过云图可进一步分析点云中蕴含的形状特征。绘制云图需要根据曲率为每个测量点着色，将点云中曲率的极大值点设为红色，极小值点设为蓝色，其余每个点的颜色通过光滑插值函数计算得到。给出 3 个点云曲率分析实例，数据 A 为一个设计模型的虚拟测量数据，数据 B 为某汽车零件的实测数据，数据 C 为某飞机工装零件的实测数据。分析结果(如图 4.29 所示)清晰地展现了这些样件的形状特点。

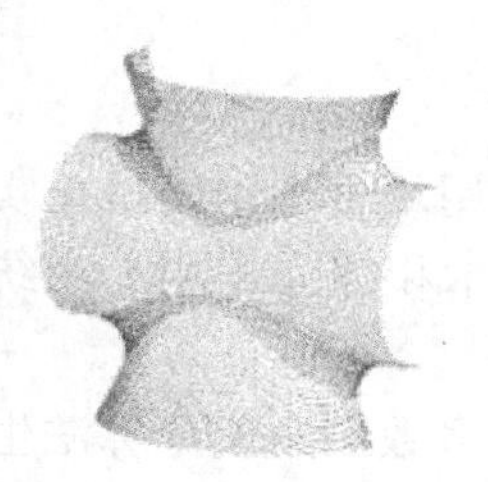
(a) 虚拟测量数据

(b) 某汽车覆盖件测量数据

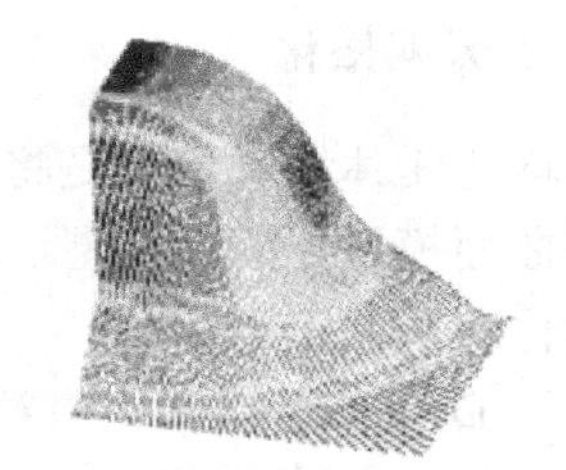
(c) 某工装零件测量数据

图 4.29　测量数据的曲率分布图

4.3.2　点云渲染

通过上述的几何量估算方法可以获得每个测量点的法矢方向，过测量点 p 和其法矢 $\boldsymbol{n}$ 构建一个理想的板壳单元(如图 4.30 所示)，此单元仅具有两个可见表面 S_1,S_2 (单元厚度 $d=0$)，其法矢 $\boldsymbol{n}_1=\boldsymbol{n}$，$\boldsymbol{n}_2=-\boldsymbol{n}$ (皆指向板壳外部)，其颜色为测量点的颜色。以平行光入射此单元的表面，设入射光线的方向为 $\boldsymbol{l}$，若 $\boldsymbol{l}\cdot\boldsymbol{n}=0$ 则光线和 S_1,S_2 平行，无反射光；若 $\boldsymbol{l}\cdot\boldsymbol{n}<0$ 表明 S_1 可见，否则 S_2 可见。将可见表面的法矢 $\boldsymbol{n}_i$、光线方向 $\boldsymbol{l}$、测量点颜色、入射光源属性和环境光属性等参数带入基本光照模型，即可计算每个板壳单元的光照效果，考虑到平面法矢的一致性和入射光属性，一个板壳的可见表面具有相同的光照颜色，将此颜色绘于其对应点的像素上，就能模拟该测量点的渲染效果，对点云中所有测量点按上述方法处理就能实现点云的渲染绘制。最后需要指出的是模型在三维空间转动时通过对模型视点矩阵求逆来固定光源位置，这使得光线能够以不同的入射方向模拟不同的照射效果。

点云渲染的实例如图 4.31 所示，原始数据[如图 4.31(a)所示]包含 85591 点，渲染时间为 2.051s。通过图 4.31(b)可以发现法矢的计算精度能够满足实际要求，点云的渲染效果可以较好地表达样件形貌。

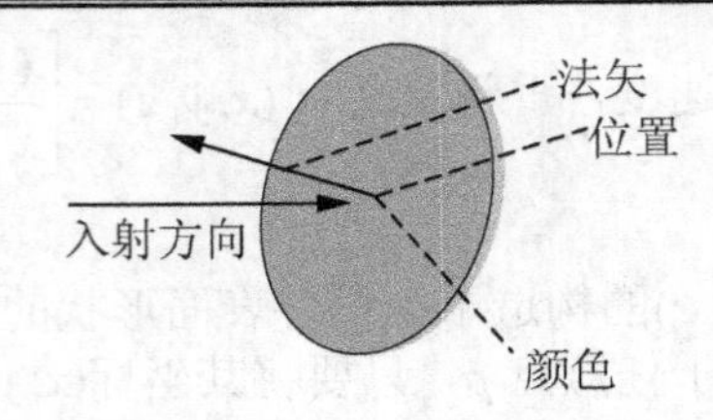

图 4.30　板壳单元示意图

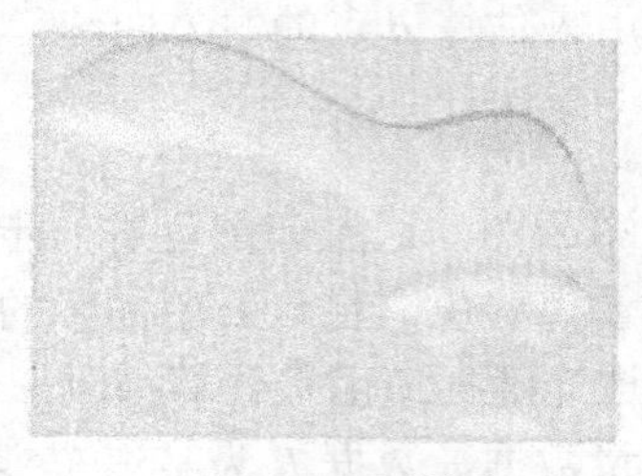

(a) 原始测量数据

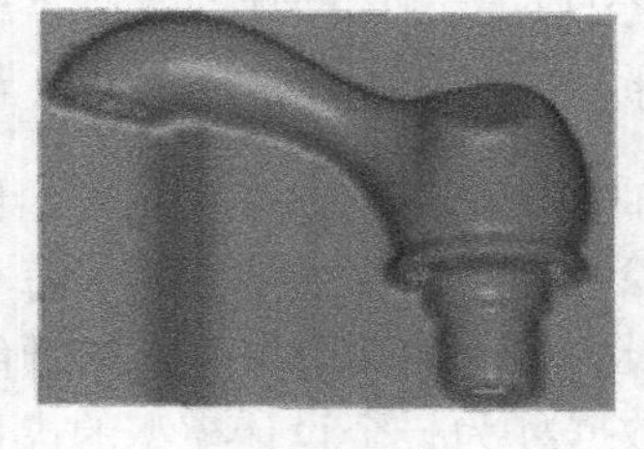

(b) 渲染效果

图 4.31　某卫生洁具测量数据的渲染显示

4.3.3　点云网格化

网格化实体模型通常是将数据点连接成三角面片，在某些应用场合上用网格化实体模型代替曲面模型能简化造型过程，获得较高的效率，快速原型技术和部分 CAM 系统也可用网格化实现加工。

基于 Delaunay 三角化方法是目前广为流行的三角剖分方法，多数三角剖分算法生成的都是 Delaunay 三角网格。根据实现的方法不同，Delaunay 三角化方法可以分为 3 类：换边法、加点法和分治法。换边法首先构造非优化的初始三角形，然后对 2 个共边三角形形成的凸四边形进行迭代换边优化。以 Lawson 为代表提出的对角线交换算法属于换边法。换边法适用于二维 Delaunay 三角化，对于三维情形则需对共面四面体进行换面优化。加点法是从一个三角形开始，每次加入一个点，并保证每一步得到的当前三角形是局部优化的。以 Bowyer、Green、Sibson 为代表的计算 Dirichlet 图的方法属于加点法。加点算法是目前应用最多的算法。分治法将数据域递归细分为若干子块，然后对每一分块实现局部优化的三角化，最后进行合并。

Delaunay 三角剖分是将空间测量数据点投影到平面来实现的二维划分方法。设空间测量点集 P_1，P_2，…，P_n 在平面上的投影为 p_1，p_2，…，p_n，对每个投影点 p_i 划定一个区域 V_i，$1 \leqslant i \leqslant n$，区域内任何一点距 P_i 的距离比距其他任一投影节点 $P_j(1 \leqslant j \leqslant n, j \neq i)$ 的距离都要小，即

$$V_i = \left\{ x : d(x - P_i) < d(x - P_j), j \neq i \right\} \tag{4-41}$$

这种域分割称为 Dirichlet Tessellation，又称 Voronoi 图，是一个凸多边形，如图 4.32 所示。由上面的定义可知，V_i 域的边界是由节点 P_j 与相邻节点连线的中垂线所构成的。每个 Voronoi 多边形内只包含一个节点。Voronoi 多边形的集合 $\left\{V_i\right\}_{i=1}^n$ 也称作 Dirichlet 图。连接两相邻 Voronoi 多边形中的节点可以形成三角网格，这就是 Delaunay 三角网格。

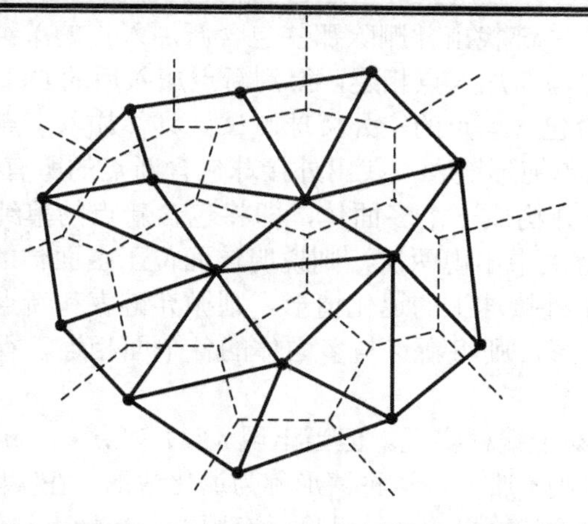

图 4.32　Dirichlet 图(虚线)和 Delaunay 三角剖分(实线)

1. Bowyer 算法

Bowyer算法是A.Bowyer在Sibson和Green于20世纪70年代所作工作的基础上于1981年提出的。该算法更新 Voronoi 图的基本思想是：第一步，识别出所有由于新节点 N 的插入而将要被删除的 Voronoi 多边形顶点，这些顶点离新节点 N 比离自己的 3 个生成点近；第二步，构造节点 N 的邻接点，节点 N 的邻接点是所有生成被删除顶点的网格节点，即如图 4.33 所示的网格节点(P_2、P_3、P_4、P_5、P_7)；第三步，修改其他节点的邻接点；最后，计算节点 N 的 Voronoi 多边形顶点、每个顶点的生成点及相邻的顶点。

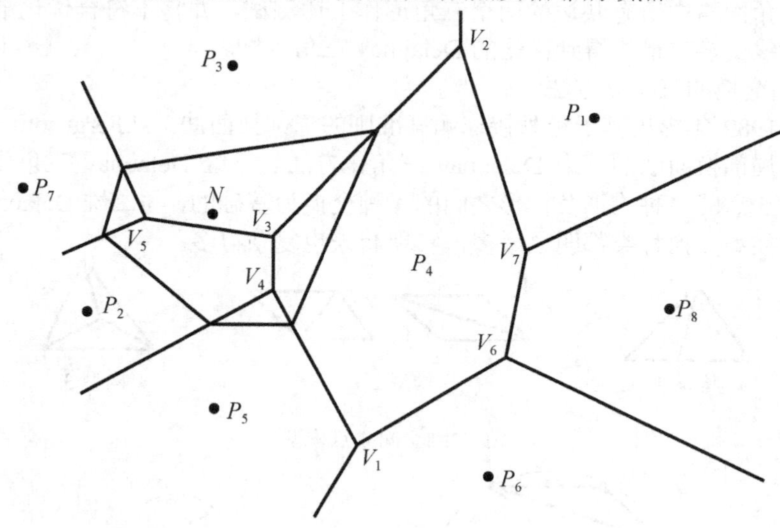

图 4.33　用 Bowyer 方法插入新节点 N

2. Watson 算法

该算法是 D.F.Watson 于 1981 年提出的。这是他构造多晶体模型的研究成果。其思想是首先给出一个符合空外接球准则的初始网格，然后往其中加入一个数据点，并考察外接球的包含情况。也就是去除那些包含新点的 n 维单纯形，并用 n+2 个点组合成的单纯形(符合空外接球准则)将其取代。

在实现时，可一次性全部找出并删除那些包含新加入点的单纯形，以得到一个包含新点的空洞。将空洞的边界与新加入点相连，得到新点加入后的 Delaunay 网格，这样可避免对新生成的单元进行是否包含老点的空外接球测试。具体加入一点的算法流程叙述如下。

(1) 加入新点，搜索单纯形链表，找出外接球包含新点的所有单纯形。

(2) 将这些单纯形合并构成一个多面体，即将包含新点的单纯形的各个面加入一个临时链表。若一个面在该链表中出现两次，则说明该面位于多面体的内部，需要将其从链表中删除；若出现新点位于外接球上的退化情形，则抛弃链表和新点，改用其他方法处理。

(3) 若未出现退化情形，则将新点与多面体的各个面相连，得到新的单纯形，新点加入过程结束。

Watson 算法简明，易于编程实现。但当出现 $M(M \geqslant n+2$，n 为空间维数)个点位于同一球面上时，三角化结果则不唯一，这种情形称为退化情形。在实际应用中，散乱数据点集很少出现退化情形，但由于计算机的计算精度是有限的，当新点与外接球球面之间的距离小于给定计算精度时，则会认为新点位于球面上，这种计算误差可能引起拓扑关系不一致。

3. 换边法与换面法

1977 年，C.L.Lawson 提出了基于边交换的二维 Delaunay 三角化，而 B.Joe 分别于 1989 年和 1991 年给出了基于局部换面的三维 Delaunay 网格算法和证明。

1) 基于边交换的三角化方法

换边法是以二维平面上 4 点的 3 种构形为基础，如图 4.34(a)所示，对于网格中的两个公共边的三角形进行空外接圆测试，若外接圆内包含其他点，则进行图 4.34(b)所示的换边操作。对于三角网格中所有共边的两个三角形作上述测试，并将不符合优化准则的两个三角形进行对角线交换，最终得到优化的 Delaunay 三角网格。

2) 基于面交换的三角化方法

B.Joe 于 1989 年提出基于空外接球测试准则的局部换面法。N.Ferguson 在 1987 年也独立提出基于局部换面法的三维 Delaunay 三角化方法。三维 Delaunay 三角化的局部换面是以三维空间 5 点的 5 种构形及构形之间的 4 种交换为基础的，与二维 Delaunay 三角化相比，其构型种类和交换种类都明显增多，实现起来也复杂得多。

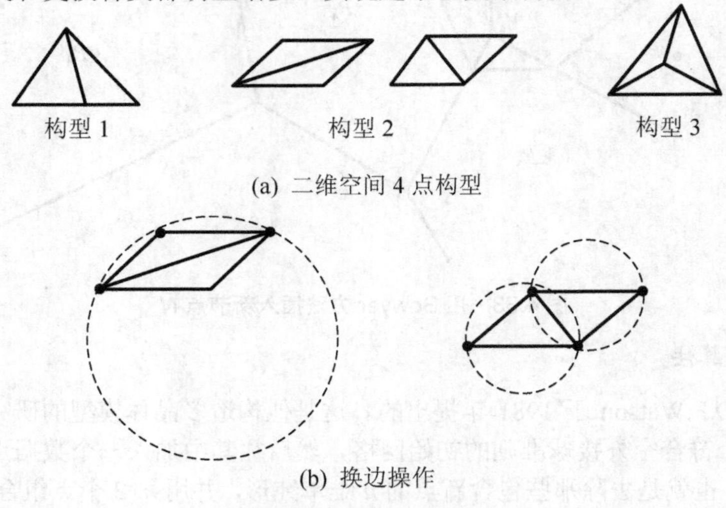

(a) 二维空间 4 点构型

(b) 换边操作

图 4.34　边交换法原理

换边法、换面法适用于散乱点剖分和域剖分。如何有效地控制交换范围、选用合理的数据结构和快速查询算法，是提高算法效率的关键。换面法最大的困难在于如何处理不可交换情形，只有解决了不可交换情形，才能得到 Delaunay 三角网格，否则结果为非 Delaunay 的。

此外，典型的 Delaunay 三角化算法，还有基于四叉树、八叉树的方法和网格前沿法(Advancing Front Technique)等。M.A.Yerry 和 M.S.Shephard 于 1983 年和 1984 年发表了四叉树、八叉树在二维、三维网格剖分中的应用。他们的算法也被称为 Shephard.Yerry 算法。算法的基本思路是以剖分域的边界为网格的初始前沿，按预设网格单元的形状、尺度等要求，向域内生成节点，连成单元，同时更新网格前沿，如此逐层向剖分域内推进，直至所有空间被剖分为止。网格前沿法自提出以来发展很快，迄今已有很多种实现方法。

如图 4.35 所示为鼠标模型的点云数据和三角化模型，从图中可以看出，三角化模型能够更好地突出模型的轮廓，也可以更好地辅助逆向建模。

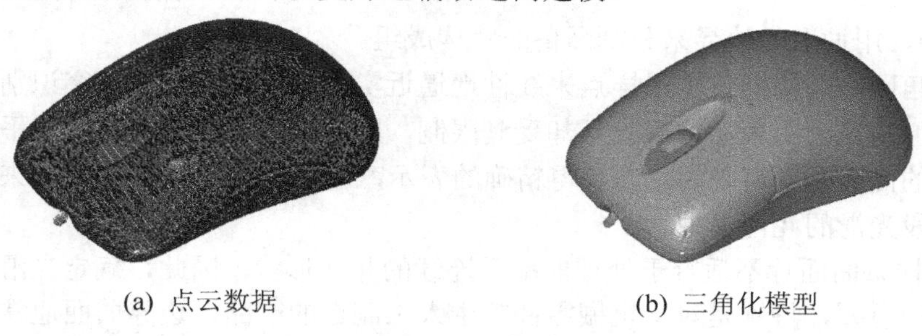

(a) 点云数据　　(b) 三角化模型

图 4.35　鼠标模型

4.4　测量数据分割技术

逆向工程中，在进行造型之前，还要进行一个重要工作——数据分割(data segmentation)。实际产品只由一张曲面构成的情况不多，产品型面往往由多张曲面混合而成。数据分割是根据组成实物外形曲面的子曲面类型，将属于同一子曲面类型的数据成组，将全部数据划分成代表不同曲面类型的数据域，后续的曲面模型重建时，先分别拟合单个曲面片，再通过曲面的过渡、相交、裁减、倒圆等手段，将多个曲面“缝合”成一个整体，获得重建模型。

基于大规模的点云数据区域分割算法一直是反求工程领域研究的热点，其主要是指将具有单一曲面特征的点云数据从整个点云数据中分割出来。目前的点云数据区域的分割方法主要有 4 类：基于边的方法(edge-based)、基于面的方法(face-based)、上述两种方法的混合方法(hybrid)以及交互式分割方法。基于边的方法认为测量点的法矢或曲率的突变是一个区域与另一个区域的边界，将封闭边界包围的区域作为最终的分割结果。基于面的方法根据单一曲面特征数据具有某种相似特征属性的性质，将具有相似特征属性的点云数据作为单一特征区域分割出来，根据方法不同又可细分为基于曲面法矢、曲率相似性的方法和拟合误差控制的方法。陈曦提出了基于点云几何属性的特征区域的自动分割算法，该算法不需要三角化，可以稳定、高效地提取点云中的特征信息。与基于边的方法相比，基于面的方法受噪声影响较小，但对域值十分敏感，因此，不少学者将两者混合使用。综合目前算法来看，任何一种算法都不能将所有曲面类型的点云数据进行准确无误地分块，所以一般实际应用中，通过用户交互进行点云分块仍然是必不可少的。

4.4.1 散乱数据的自动分割

本节主要介绍 Huang Jianbing 等于 2001 年提出的，针对无规则的 3D 数据点的自动分割方法，该方法也是一种基于边的方法，在分割过程中实现曲面几何特征信息的抽取，方法由 3 步组成：

① 建立一个三角网格曲面，目的是在离散数据点中建立清晰的拓扑关系，相邻的拓扑进一步优化来建立二阶的实物几何；

② 对无序的网格应用基于曲率的边界识别法来识别切矢不连续的尖锐边和曲率不连续的光滑边；

③ 最终，用抽取的边界来分割网格面片构成组。

利用三角网格结构插值于采样点来线性地逼近实物外形，可用于冲突识别、计算机视觉和动画。但对逆向工程，网格表示却受到限制，因为用许多法矢不连续的平面三角面片来表示光滑的曲面是不精确的。为获得精确的表示，应采用 B-spline 曲面片来构建网格以获得一个分段光滑的几何模型。

因为 B 样条曲面片不适合于处理曲率不连续的几何形状，因此，确定光滑曲面之间的边界曲线变得重要，特别是对于机械零件等由人工制造的产品，边界曲面通常包含专为特殊功能、加工过程和工程意义而设计的几何特征曲面。一般地，几何特征包括平面、球面、柱面、圆环面和雕塑曲面，这些特征曲面至少是二阶连续的。正如前面数据分割的意义所指出的，如果能将属于不同特征的数据点成组，将会给重建高精度的几何模型带来方便。

由于离散数据点中的拓扑关系是未知和模糊的，直接进行数据分割是不容易的。因此，一种可用的解决办法是先构建一个能捕捉实物外形的三角网格，并且使网格曲面达到原始曲面几何的二阶逼近，这样每个网格曲面将与相应的几何曲面特征相对应。在这基础上将网格边作为基本的边界元，就能实现边界直接识别。因为这个过程中识别的边界不是完整的，为自动构建连续的边界，在这里提出一个边界区的概念，尽管边界区并没有给出精确的边界位置，但它们能有效地分割网格，最终的实际边界曲线可以由相邻曲面的求交获得。

具体的分割方法包括 3 个顺序的过程：多域构建(Manifold Domain Construction)、边界识别(Border Detection)和网格面片成组(Mesh Patch Grouping)。

1. 多域构建

利用增长算法，从无序的数据点云中首先构建一个插值于采样点的分片的线性三角网格，对于一个连续的、由多种面片类型组成的曲面，三角网格通过在采样点中建立组合结构来捕捉实物拓扑，并达到对实物几何的一阶逼近，然后计算曲率信息，通过改变三角网格的局部拓扑，使原始曲面和重建的网格曲面之间的曲率导数达到最小，实现对三角网格结构的优化，最终优化的三角网格结构为二阶几何的恢复提供了多种类的域和进行 3D 数据分割所需的导数特性。

2. 边界识别

利用前面所建立的拓扑和曲率信息就可进行边界识别，比较每个网格边和相邻顶点在同一方向的方向曲率，根据曲率信息，位于边界或附近的网格边被首先识别为边界，靠近边界曲线附近的边界区域，包括顶点、边和面被抽取，利用识别的边界就可将多域数据分割成不相连的子组。由于测量噪声的影响，为避免位于边界或附近的网格边被误识为边界，精确的边界曲线需通过两相邻曲面的求交来获得。

1) 边界分类

为方便边界识别，根据实物曲面及曲率是否连续，可将实物边界分为 3 类：D^0 边界、D^1 边界和 D^2 边界。

对 D^1 边界，物体曲面是连续的，但边界的切矢量不连续；而 D^2 边界，物体曲面和边界切矢量都是连续的，但方向矢量不连续；如果数据没有完全扫描整个曲面，这时会出现位置不连续，称 D^0 边界，如图 4.36 所示。D^0 边界在多域创建过程中可自动识别。图 4.37 给出了不同离散点边界的横截面曲线特性。

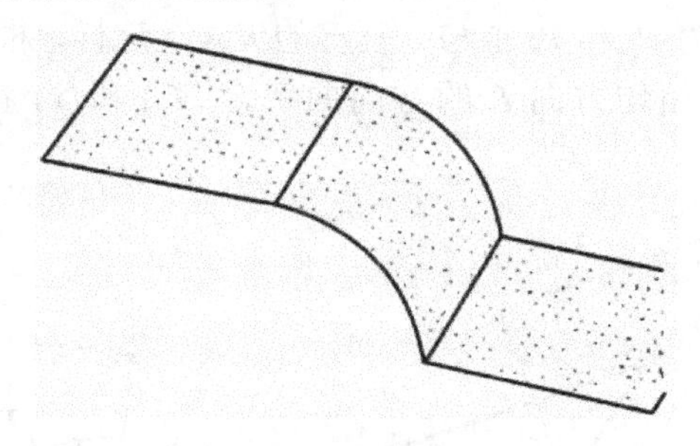

图 4.36　三种类型的边界

2) 边界识别方法

传统的边界识别(border edge identification)方法将离散点当作边界元，它是无方向的，结果会受到噪声的干扰，因为每个点是零维实体，不能进行方向识别。一个连续网格域的构建，不仅建立起了采样点之间明确的相邻关系，还因为一维网格边实体的引进，使方向识别成为可能。具体的识别方法又分为两种：面向边的边界识别和基于曲率的边界识别。

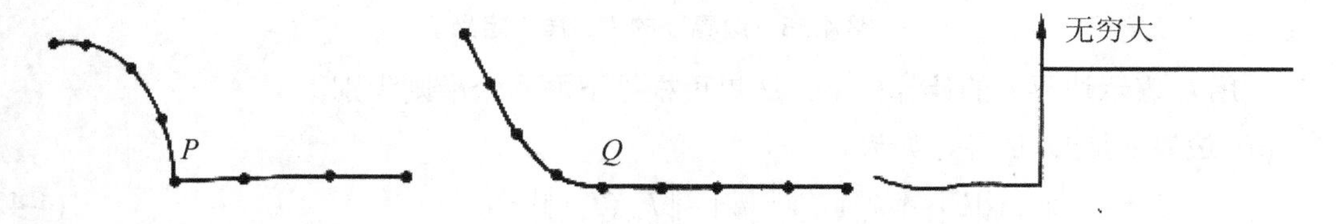

(a) 横切 D^1 边界的横截面曲线　(b) 横切 D^2 边界的横截面曲线　(c) 在点 P 的曲线曲率无穷大

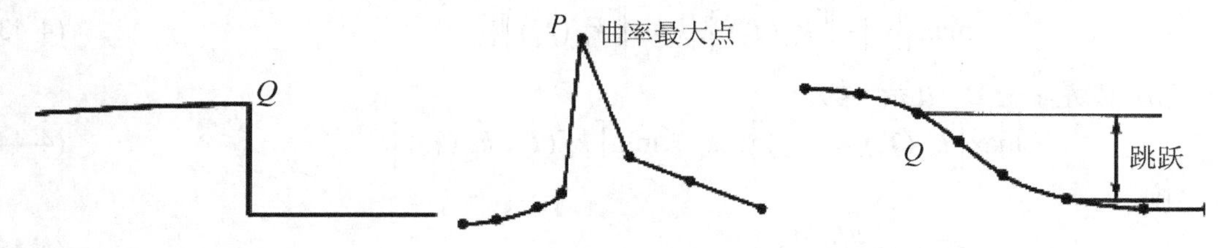

(d) 在点 Q 的曲率显示突然改变　(e) 点 P 的计算曲率最大　(f) 在点 Q 计算曲率表现为跳跃

图 4.37　不同离散点边界的横截面曲线特性

① 面向边的边界识别。面向边的边界识别是将边界点或像素当作边界元，然后构建边界曲线。通过边点进行边界线识别会存在一定的困难，因为边点以及相关边界的方向是未知的，识别边点时会产生另外的噪声。此外，从识别的边点进行边界线构造通常是非定常的，需要复杂的图形搜索过程来试探。与面向点的识别不同，当分割用于具有恢复的曲率性质的网格域时，如将网格边作为基本的构造元，可实现边的方向的识别。因为每个边本身就具有方向，无论它是否位于边界线上，都能通过检查垂直于它的方向曲率来决定。边界边被定义为网格边，网格边的两个端点从位于两个特征曲面的边界线上或附近采样得到。

② 基于曲率的边界识别。边界边识别的第二种方法是基于计算的方向曲率的改变来识别，在过程进行之前，首先定义网格边的“邻居”。每个网格边的邻居定义为它的两个邻接面片的两个位置相反的顶点，如图 4.38 所示，边 e 的邻居是顶点 v_3 和 v_4，分别具有切平面 P_3 和 P_4，$\boldsymbol{T}_3$ 和 $\boldsymbol{T}_4$ 分别为 P_3 和 P_4 上与 e 垂直的矢量。这样，根据在两个顶点计算的曲率张量，就能计算出 v_3 在相切方向 $\boldsymbol{T}_3$ 的方向曲率 $k_{v_3}(\boldsymbol{T}_3)$ 和 v_4 在相切方向 $\boldsymbol{T}_4$ 的方向曲率 $k_{v_4}(\boldsymbol{T}_4)$。

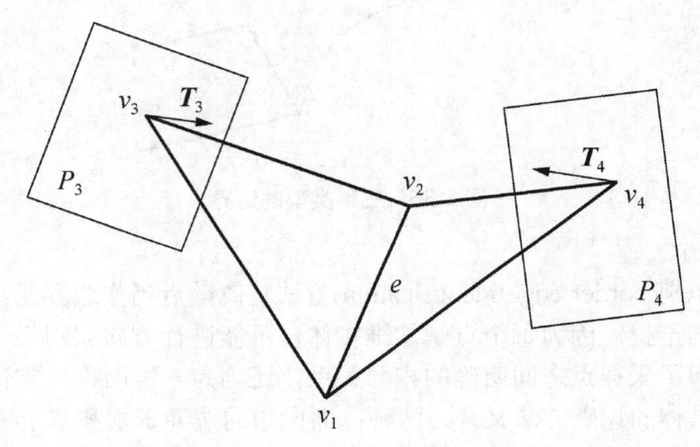

图 4.38　边界 e 的“邻居”定义

如用 k_e 表示边界 e 的计算曲率，边界可根据下面两个准则识别。

(a) 边界 e 是 D^1 边界，如果

$$\min\left\{|k_e|-\left[\!\left[k_{v_3}(\boldsymbol{T}_3)\right]\!\right],|k_e|-\left[\!\left[k_{v_4}(\boldsymbol{T}_4)\right]\!\right]\right\}>0 \tag{4-42}$$

则

$$\max\left\{|k_e|-\left[\!\left[k_{v_3}(\boldsymbol{T}_3)\right]\!\right],|k_e|-\left[\!\left[k_{v_4}(\boldsymbol{T}_4)\right]\!\right]\right\}>t_1 \tag{4-43}$$

(b) 边界 e 是 D^2 边界，如果

$$\max\left[k_{v_3}(\boldsymbol{T}_3),k_{v_4}(\boldsymbol{T}_4)\right]>k_e>\min\left[k_{v_3}(\boldsymbol{T}_3),k_{v_4}(\boldsymbol{T}_4)\right] \tag{4-44}$$

则

$$\left|k_{v_3}(\boldsymbol{T}_3)-k_{v_4}(\boldsymbol{T}_4)\right|>t_2 \tag{4-45}$$

这里，t_1 和 t_2 是指定的阈值。

(c) 边界区抽取

要精确地确定边界曲线是困难的，这是因为：采样点并不一定是准确位于边界线上的点；靠近边界的测量点信息是不可靠的；根据带有噪声的点计算的曲率不一定是准确的。因此，“边界区”的概念被提出来，以处理不完整边界的识别问题。边界区由靠近边界曲线的网格单元组成，尽管边界区并没有给出边界线的精确位置，但它能有效地将网格分为不同及不相连的组，这样，特征曲面能根据各自的数据组拟合得到，特征曲面之间的拓扑关系也能根据建立的网格拓扑找出，最终边界线的精确位置则可以通过相邻特征曲面的相交来求出。边界区抽取(border region extraction)过程分为 3 步：边界树抽取(border tree extraction)、边界区构建(border region construction)和分支修剪(branch pruning)。

与已经识别的边界边连接的边集称为边界树，在边界树的任何两边之间至少存在一个包含边界边的封闭折线路径(polygon path)。开始时，一个边界树桩初始化为一个任意的边界边，称为种子边，接下来所有与种子相连的边界边被增加到边界树，这些边界边又作为新的种子边，再增加补充，直到没有新的边界边增加，搜寻过程结束。

已经抽取的边界边仅包含网格边，需要扩增相关的面片、顶点来构建边界区，边界树之间也许会由非边界边连接。

由边界树扩增建立的边界区的结构中，也许会存在一些具有“死端点(dead end)”的分支，在边界区的一条边如果仅有一个端点和边界区有关，就认为这条边具有死端点。对数据分割来说，包含有死端点的分支没有包含有用的信息，需要被剪除。剪除操作可以通过搜寻死端点完成。

3. 网格面片成组

抽取出的边界区域将三角面片分割成没有连接的网格面片，每一个网格面片都和一个曲面特征对应。网格面片抽取由面片成组过程完成，它将分离的网格单元集合在一起，整个过程通过网格域的增长算法实现，如图 4.39 所示。

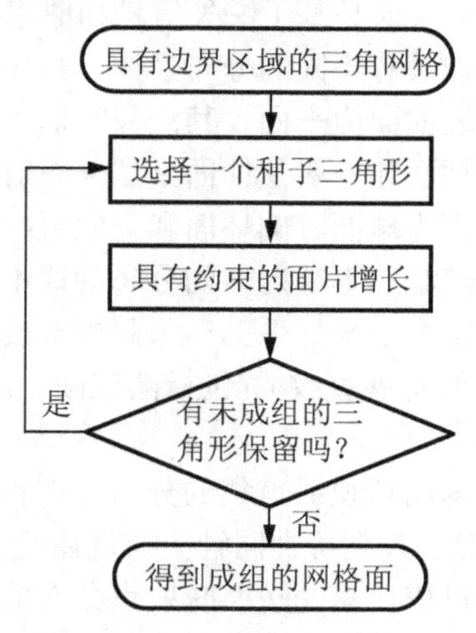

图 4.39　网格面片成组

每个网格面片从一个初始的种子三角形开始，沿面片边界增长，碰到边界区域的单元时停止。不在边界区域的所有三角形都成组后，面片成组过程停止。

4. 多极分割

一条 D^1 边界曲线的法矢量和 D^2 边界曲线的曲率大小可以用来表示一条边界曲线的强度，因为边界周围处于不同的曲面中，因此，由邻域得到的计算曲率(estimated curvature)是不可靠的，自然地，网格附近强的边界线的计算曲率将受到边界形状的影响。对于具有复杂几何外形的实物，会存在具有不同强度的边界曲线，这样，用单一阈值进行边界识别，不能保证得到最优的结果：如果阈值较高，不能有效地识别“弱”的边界；反之，一条虚假的边界会出现在“强”的边界周围。这时，在边界识别中采用多阈值是一种理想的解决途径。

多级分割即采用多阈值来识别边界线，首先采用较高的阈值将原始网格曲面分成“强”边界区隔离的网格面片。利用抽取的形状信息，靠近“强”边界区的网格单元的曲率信息被再测定，期间，只考虑那些具有相同网格面片的邻域，这样，测定的曲率将会较好地反映这个单一网格面片的局部形状。在再测定曲率的基础上，较低的阈值被用来从抽取面片中识别“弱”的边界线，实现多级分割。

4.4.2　基于点云几何属性的特征区域自动分割方法

基于点云几何属性的特征区域自动分割方法，该方法首先通过划分三维空间栅格建立散乱数据点的拓扑关系，而后利用高斯球和主曲率坐标系识别栅格的特征属性，最后基于特征相似性实现数据聚类，分离特征区域。该算法可识别包括平面、球面、柱面、锥面、拉伸面、圆环面和直纹面在内的 7 种特征曲面，通过建立高斯映射和法曲率映射辅助识别上述特征。高斯映射一般也叫做高斯球和高斯映像，将曲面上所有点的法矢信息单位化，并将法矢的始端平移到单位球的球心，则法矢的终端落在单位球面上所形成的投影点构成的图像，就是高斯映射。将曲面上所有点对应的法曲率极值映射到坐标平面中形成的图像即为法曲率映射，法曲率坐标系的横轴记录法曲率绝对值的最小值，纵轴记录法曲率绝对值的最大值。高斯映射和法曲率映射是基于法矢信息和曲率信息的两种特征识别机制。

不同类型曲面的高斯映射点具有不同的分布规律，具体可分为零维分布、一维分布和二维分布。零维分布的典型代表曲面为平面，其法矢映射点在高斯球上重合于一点；一维分布的典型代表为圆锥面、圆柱面和一般拉伸面，法矢映射在高斯球上构成一条二次圆弧曲线；二维分布的典型代表曲面为球面、圆环面和一般直纹面，法矢在高斯球上的映射点分布在球面上。不同特征曲面其法曲率映射点的分布规律不同：平面的法曲率映射点位于坐标原点；球面法曲率映射点重合于坐标系第一象限平分线上的一点；圆柱面的法曲率映射点重合于纵轴上的一点；一般可展直纹面(包括圆锥面、线性拉伸面等)的法曲率映射点位于纵轴上。

基于上述原理，首先将根据高斯映射点集的分布特点将其分为零维分布、一维分布和二维分布，然后利用法曲率映射法判别符合同种分布规律的不同特征曲面，如图 4.40 所示。整个识别过程类似于一个排出过程，系统按照映射点分布的复杂程度，依次检测平面、圆锥面、圆柱面、拉伸面、球面、直纹面和圆环面。如果测量点的高斯映射点重合为一点，则可断定测量点为平面特征上的测量点。如果测量点的高斯映射构成一条圆弧曲线，则判定测量点可能为圆柱面、圆锥面和拉伸面上的测量点。根据高斯球上圆弧曲线所在平面与原点的距离 d 首先识别圆锥面，如果 $d \neq 0$，则测量点为圆锥面上的点；如果 $d = 0$，则测量点可能为圆柱面或者是线性拉伸面上的点，需进一步根据法曲率坐标系识别圆柱面和线性拉伸面的特征。由于圆柱面的法曲率映射为纵轴上的一点，而线性拉伸面的法曲率映射分布于整个纵轴，因此很容易将圆柱面与线性拉伸面区别开来。如果测量点的高斯映射点均匀分布在高斯球面上，则判定测量点可能为球面、一般直纹面和圆环面上的测量点，需根据法曲率映射识别这 3 种曲面。球面法曲率映射点重合于坐标系第一象限平分线上的一点，直纹面法曲率映射点分布于纵轴上，圆环面的法曲率映射点与球面和直纹面均不同，因此可以将球面和直纹面识别出来。圆环面的识别过程较为复杂，可以通过检验两个主曲率来识别圆环面。

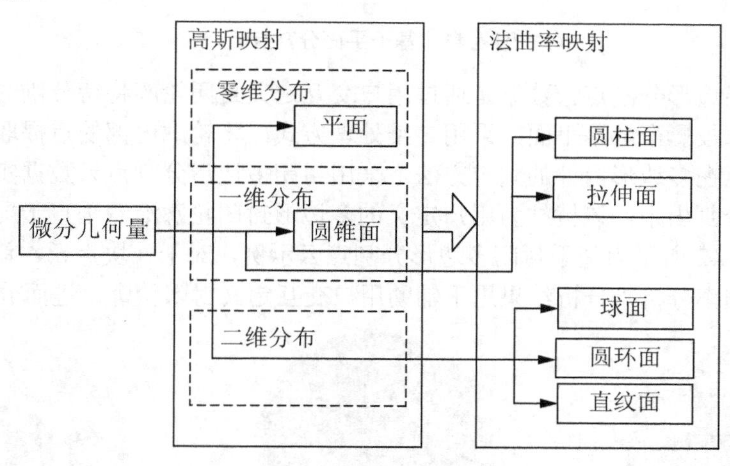

图 4.40 栅格属性识别

4.4.3 交互分割方法

经过实践检验，自动分割方法并不总是理想的，通常具有某种局限性。这时通过人为的介入，直观地判断分割区域，在某种程度上可以弥补自动分割方法的不足。交互分割方法即是通过人为的交互实现数据分割，具有直观、简单、方便等特点。通常在交互分割之前，一般先对点云数据进行曲率分析、三角化、渲染等操作，辅助用户判断需要分割的区域，然后将点云数据旋转至合适的视角，通过交互定义分割工具(平面、封闭多边形等)分割点云数据。

平面分割点云数据是利用平面工具 Π 将点云数据 $PC=\{p_i(x_i,y_i,z_i)\}$ 分为两部分 PC_1 和 PC_2，如图 4.41 所示，具体可根据点云中的点 p_i 到分割平面 Π 距离 $d_i(p_i,\Pi)$ 的符号进行分割。记分割平面 Π 方程

$$Ax+By+Cz+D=0 \tag{4-46}$$

点到平面的距离

$$d_i(p_i,\Pi)=\frac{Ax_i+By_i+Cz_i+D}{\sqrt{A^2+B^2+C^2}} \tag{4-47}$$

则分割后的两块点云数据分别为

$$PC_1=\{p_i \mid d_i(p_i,\Pi)\leqslant 0, i=0,1,\cdots,M\} \tag{4-48}$$

$$PC_2=\{p_i \mid d_i(p_i,\Pi)>0, i=0,1,\cdots,N\} \tag{4-49}$$

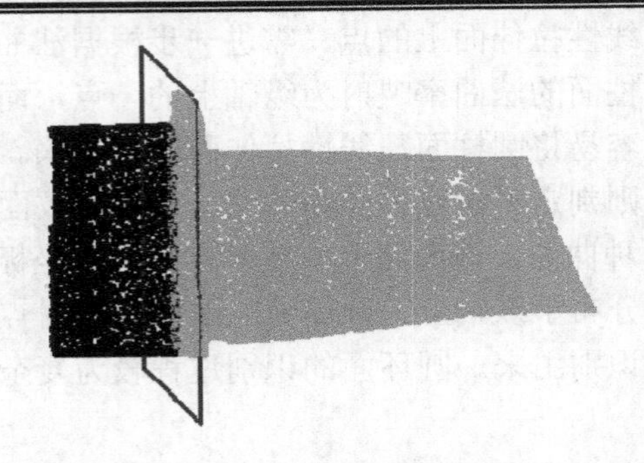

图 4.41　基于平面分割点云

采用封闭多边形分割点云数据是通过用户交互定义封闭轮廓将待分割的区域圈定，将点云和封闭轮廓投影至屏幕平面，采用二维处理方式，将轮廓内部的点提取并分割出来，其关键算法为点在多边形内外的判定方法。采用封闭多边形分割点云数据实质上是将棱柱内的点云数据分割出来，该棱柱为用户定义的多边形封闭轮廓沿着垂直于屏幕的方向拉伸而成的。如图 4.42 所示为基于封闭多边形分割点云示例，对于一块点云，首先对其进行渲染、三角化或曲率分析，分析结果用于辅助用户交互定义封闭轮廓，进而分割点云数据。

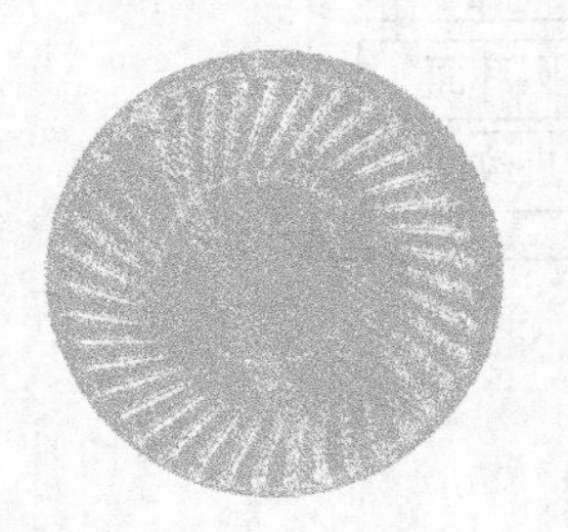

(a) 原始点云数据

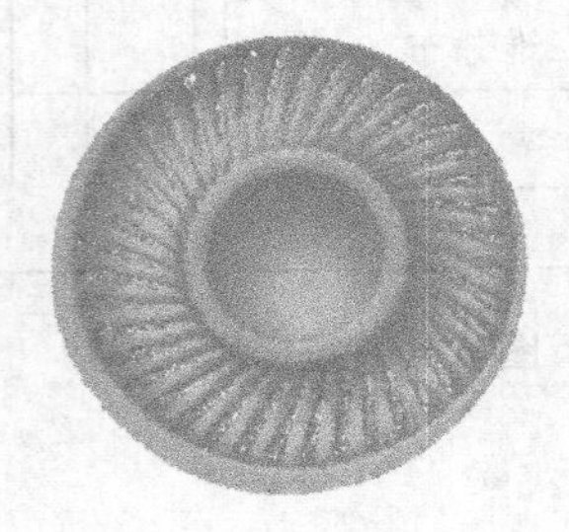

(b) 渲染后的点云数据

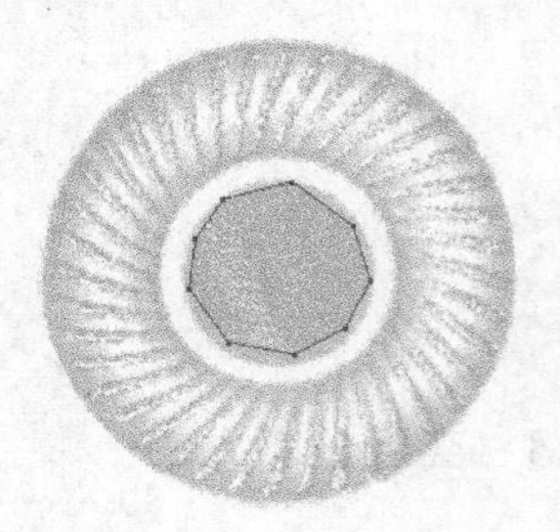

(c) 点云分割

图 4.42　基于封闭多边形分割点云

自动分割方法和交互分割方法各有千秋，实际中可根据需要选择不同的分割方法实现数据分割。

本 章 小 结

数据预处理是逆向工程的一项重要的技术环节，它决定着后续的模型重建过程能否方便、准确地进行。本章就逆向建模技术中的数据预处理理论知识进行论述，主要以逆向建模的思路为主线，逐次对数据的预处理技术展开讨论，包括数据前期的修补、数据配准技术、数据可视化分析技术以及数据分割技术。通过数据预处理，用户能够很好地进行后续的建模，可以提高后续逆向建模的质量和效率。

习　　题

(1) 测量数据前期修补技术都包括哪些？

(2) 测量数据的多视配准的目的是什么？

(3) 测量数据的可视化分析技术都包括哪些？你常用哪种方法？

(4) 测量数据分割方法技术包括哪些？你认为最实用的是哪种？

(5) 结合具体实例以及相应的逆向软件，对测量数据的处理技术进行巩固，了解其具体应用。

第5章　逆向建模曲线构建技术

教学目标

本章主要对产品建模中所涉及的曲线特征进行论述，介绍了曲线插值与逼近的数学原理。同时以Bézier曲线为对象介绍了曲线的升阶及降阶原理。在此基础上以实例说明基于点云数据的曲线重构过程。本章涉及大量的数学公式，在学习的过程中应重点掌握曲线的生成原理，不要将重点放在公式的推导上。由于逆向软件如Imageware等工具已完全实现了曲线的插值与逼近，故以Imageware为手段，重点掌握曲线的生成、延伸、切割及融合技术。

教学要求

能力目标	知识要点	权重	自测分数
了解曲线拟合的概念	插值与逼近的物理意义及特点	20%	
了解B样条曲线插值与逼近	其数学原理	25%	
了解曲线升阶及降阶的概念	其数学原理及应用	25%	
掌握曲线的构造及编辑方法	曲线拟合、延伸、切割及融合	30%	

引例

曲线是产品CAD模型重构的主要特征。由二次曲面构成的规则产品形体，可以通过曲线的拟合与逼近技术，由产品点云数据生成造型特征，然后通过拉伸及切除等特征操作生成所需要的面体。由于此特征的生成基础是曲线，所以曲线的品质决定面体的生成质量。以点云为基础数据，如何合理地构建曲线是建模过程中必须解决的关键技术之一。对于由复杂曲面构成的产品如右图所示的米老鼠头像，在其CAD模型重构过程中可以先将表面点云数据分割成四边曲线及中间包围点云，然后由四边曲线及中间点云拟合出一个个面片，面片之间通过条件连续约束形成产品的整个外部表面。因此，曲线构建技术是产品逆向建模的重要基础。

曲线是构建曲面的基础，在逆向工程中，一种常用的模型重建方法是，先将数据点通过插值(interpolation)或逼近(approximation)拟合成样条曲线(或参数曲线)，再利用造型工具，如 sweep、blend、lofting、四边曲面(boundary)等，完成曲面片造型，再通过延伸、剪裁和过渡等曲面编辑，得到完整的曲面模型。

5.1 曲线拟合概念

给定一组有序的数据点 $P_i\,(i=0,1\cdots,n)$，这些点既可以是从实物测量得到的，也可以是设计员给出的。要求构造一条曲线顺序通过这些数据点，称为对这些数据点进行插值，所构造的曲线称为插值曲线，所采用的数学方法称为曲线插值法。把曲线插值推广到曲面，类似地就有插值曲面与曲面插值法等。

以插值方式来建立曲线，其优点是所得到的曲线必会通过所有测量的点数据，因此曲线与点数据的误差为 0。缺点是当点数据过多时，曲线控制点会相对增多。同时，若点数据有噪声存在，使用插值法拟合曲线时，应先进行数据平滑处理以去除噪声。

在某些情况下，如果测量得到的数据点较粗糙、误差较大，构造一条曲线严格通过给定的一组数据点，则所建立的曲线将不平滑，尽管可以对数据进行平滑处理，但会丢失曲线或曲面的几何特征信息。这时可构造一条曲线使之在某种意义下最接近给定的数据点，称之为对这些数据点进行逼近，所构造的曲线称为逼近曲线，所采用的数学方法称为曲线逼近法。

采用曲线逼近法，首先指定一个允许的误差值(tolerance)，并设定控制点的数目，基于所有测量数据点，用最小二乘法求出一条曲线后，计算测量点到曲线的距离，若最大的距离大于设定的误差值，则需增加控制点的数目，以最小二乘法重新拟合曲线，直到误差满足为止。类似地，可将曲线逼近推广到曲面。

5.2 参数曲线、曲面插值与逼近

参数多项式的数学形式最早是用来表示曲线和曲面的，在用参数多项式构造插值曲线或曲面时，可以采用不同的多项式基函数，这导致插值曲线或曲面的不同基的表示形式有不同的优缺点。

1. 参数多项式

多项式表示形式简单，当选定一组多项式基函数后，通过改变多项式的次数及基表示中定义形状的系数矢量，能获得丰富的形状表达力，经过无穷次可微，得到的曲线曲面足够光滑，且容易计算函数值及各阶导数值，能较好地满足要求。采用多项式函数作为基函数即多项式基，相应得到参数多项式曲线曲面。

n 次多项式的全体构成 n 次多项式空间。n 次多项式空间任一组 $n+1$ 个线性无关的多项式都可以作为一组基，因此存在无穷多组基。不同组基之间仅仅相差一个线性变换。

幂(又称单项式，monomial)基 $u^j\,(j=0,1\cdots,n)$ 是最简单的多项式基，相应的参数多项式

曲线方程为

$$P(u)=\sum_{j=0}^{n}a_j u^j \tag{5-1}$$

式中，a_j 为系数矢量。

2. 数据点参数化

在采用参数多项式曲线作为插值曲线和逼近曲线之前，插值法和逼近法就已被广泛应用于科研与生产实践。那时，插值曲线与逼近曲线都采用多项式函数来构造，取定 xoy 坐标后，x 坐标严格递增的 3 个点唯一决定一条抛物线，$n+1$ 个点唯一决定一个不超过 n 次的插值多项式。但采用参数多项式插值时，顺序通过 3 个点可以有无数条抛物线，顺序通过 $n+1$ 个点的不超过 n 次的参数多项式曲线也可以有无数条。欲唯一地决定一条插值于 $n+1$ 个点 $P_i\,(i=0,1\cdots,n)$ 的参数插值曲线或逼近曲线，必须先给数据点 P_i 赋予相应的参数值，使其形成一个严格递增的序列 $\Delta_u: u_0<u_1<\cdots<u_n$，$u_n$ 称为关于参数的一个分割(partition)。其中每个参数值称为节点(knot)或断点(breakpoint)，它决定了位于插值曲线上的数据点与其参数域 $u\in[u_0,\cdots,u_n]$ 内的点之间的一种对应关系。对一组有序数据点决定一个参数分割，称之为对这组数据点实行参数化(parametrization)。同一组数据点，即使采用同样的插值法，如果数据点的参数化不同，将产生不同的插值曲线。因此，对数据点的参数化，应尽可能地反映被插(逼)曲线的性质。对数据点进行参数化有如下方法。

1) 均匀参数化(等距参数化)法

使每个节点区间长度(用向前差分表示) $\Delta_i=u_{i+1}-u_i$ 为正常数，$i=0,1\cdots,n-1$，即节点在参数轴上呈等距分布。为处理方便，常取成整数序列

$$u_i=i, i=0,1,\cdots,n \tag{5-2}$$

均匀参数化法适合于数据点多边形各边(弦)接近相等的场合。否则，在相邻段弦长相差悬殊的情况下，生成插值曲线后弦长较长的那段曲线显得较扁平，弦长较短的那段曲线则凸得厉害，甚至出现尖点或打圈自交（又称为二重点）的情况。

2) 积累弦长参数化(或简称弦长参数化)法

$$\left.\begin{aligned}&u_0=0\\&u_i=u_{i-1}+\left|\Delta P_{i-1}\right|\quad i=1,2,\cdots,n\end{aligned}\right\} \tag{5-3}$$

其中 ΔP_k 为向前差分矢量，$\Delta P_k=P_{k+1}-P_k$ 即弦线矢量。积累弦长参数化法克服了数据点在弦长分布不均匀的情况下采用均匀参数化所出现的问题，如实反映了数据点按弦长的分布情况，在多数情况下能获得满意的结果。

3) 向心参数化法

$$\left.\begin{aligned}&u_0=0\\&u_i=u_{i-1}+\left|\Delta P_{i-1}\right|^{1/2}\quad i=1,2,\cdots,n\end{aligned}\right\} \tag{5-4}$$

这是波音公司的 Lee 于 1989 年提出的，由于积累弦长参数化法并不能完全保证生成光顺的插值曲线，所以 Lee 提出了这一修正公式，但实际结果反映不出数据点相邻弦线的折拐情况。

4) 修正弦长参数化法

$$\left.\begin{aligned} u_0 &= 0 \\ u_i &= u_{i-1} + k_i\left|\Delta P_{i-1}\right| \quad i = 1,2,\cdots,n \end{aligned}\right\} \tag{5-5}$$

其中
$$k_i = 1 + \frac{3}{2}\left(\frac{\left|\Delta P_{i-2}\right|\theta_{i-1}}{\left|\Delta P_{i-2}\right| + \left|\Delta P_{i-1}\right|} + \frac{\left|\Delta P_i\right|\theta_i}{\left|\Delta P_{i-1}\right| + \left|\Delta P_i\right|}\right)$$

$$\theta_i = \min\left(\pi - \angle P_{i-1}P_iP_{i+1}, \frac{\pi}{2}\right)$$

$$\left|\Delta P_{-1}\right| = \left|\Delta P_n\right| = 0$$

可见这里采用了修正弦长，修正系数 $k_i \geqslant 1$。与前后邻弦长$\left|\Delta P_{i-2}\right|$及$\left|\Delta P_i\right|$ 相比，若弦长$\left|\Delta P_{i-1}\right|$越小，且与前后邻弦长夹角的外角$\theta_{i-1}$， θ_i(不超过$\pi/2$时)越大，则修正系数k_i就越大，因而修正弦长即参数区间$\Delta_{i-1} = k_i\left|\Delta P_{i-1}\right|$也就越大。这样就对因该曲线段绝对曲率偏大，与实际弧长相比，实际弦长偏短的情况起到了修正作用。

图 5.1 给出了同一组数据点分别采用均匀、弦长、向心与修正弦长参数化法生成的参数多项式插值曲线图。虚线、实线、点画线与双点画线分别表示均匀、弦长、向心与修正弦长参数化法。

上述各种对数据点的参数化法都是非规范的，欲获得规范参数化$[u_0, u_n] = [0,1]$，只需将上述参数化结果作如下简单处理

$$u_i \Leftarrow u_i / u_n, \qquad i = 0,1,\cdots,n \tag{5-6}$$

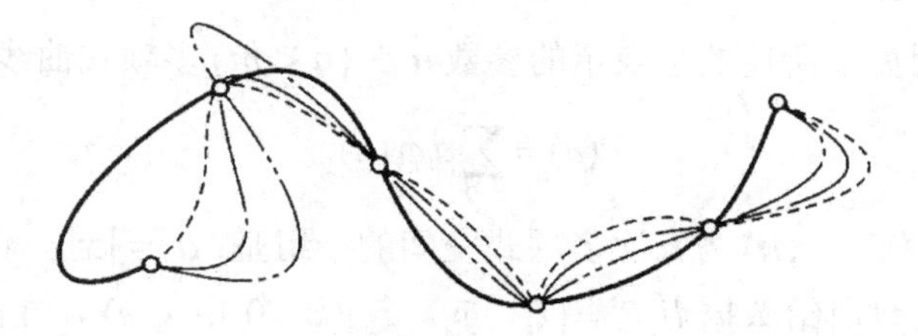

图 5.1　采用不同参数化法生成不同的参数多项式插值曲线

3. 多项式插值曲线

当构造多项式插值曲线时，必须使曲线方程待定系数的矢量个数等于数据点的数目。若采用的多项式基为幂基，插值曲线方程为

$$P(u_i) = \sum_{j=0}^{n} a_j u_i^{\,j} \tag{5-7}$$

其中，系数矢量 $a_j (j = 0,1,\cdots,n)$ 待定。设已对数据点实行了参数化，将参数值 $u_i (i = 0,1,\cdots,n)$ 代入方程，使之满足插值条件

$$P(u_i) = \sum_{j=0}^{n} a_j u_i^{\,j} = P_i, i = 0,1,\cdots,n \tag{5-8}$$

式(5-8)为一线性方程组

$$\begin{bmatrix} 1 & u_0 & u_0^2 & \cdots & u_0^n \\ 1 & u_1 & u_1^2 & \cdots & u_1^n \\ \vdots & \vdots & \vdots & \cdots & \vdots \\ 1 & u_n & u_n^2 & \cdots & u_n^n \end{bmatrix} \begin{bmatrix} a_0 \\ a_1 \\ \vdots \\ a_n \end{bmatrix} = \begin{bmatrix} P_0 \\ P_1 \\ \vdots \\ P_n \end{bmatrix} \tag{5-9}$$

由线性代数知，其系数矩阵是范德蒙(Vandermonde)矩阵，是非奇异的，因此存在唯一解。采用幂基的多项式曲线具有形式简单、易于计算的优点，但系数矢量的几何意义不明显。构造插值曲线时，必须解一个线性方程组。当n很大时，系数矩阵会呈病态。

除幂基外，其他常用的多项式基还有拉格朗日(Lagrange)基，相应的插值方法为拉格朗日插值法，其广义形式包括牛顿(Newton)均差形式和埃尔米特(Hermite)插值。

对多项式插值，当需要满足的插值条件愈多时，一般将导致曲线的次数愈高。次数越高，曲线出现过多的扭摆的可能性越大。解决的办法是将一段段低次曲线在满足一定连续条件下逐段拼接起来。这样以分段(piecewise)方式定义的曲线称为组合或复合(composite)曲线，相应方式定义的曲面就是组合曲面。

在大多数应用案例里，三次是一个好的折中。参数三次曲线既可生成带有拐点的平面曲线，又能生成空间曲线次数最低的参数多项式曲线。事实上，大多数形状表示与设计都是用三次参数化来实现的。由于美国波音公司的弗格森(Ferguson)首先引入参数三次方程，因此将参数三次曲线、曲面又称为弗格森曲线及弗格森样条曲面。曲线用幂基表示为

$$P(t) = a_0 + a_1 t + a_2 t^2 + a_3 t^3, t \in [0,1] \tag{5-10}$$

4. 最小二乘逼近

若逼近曲线采用如下所述的基表示的参数n次$(n < m)$多项式曲线

$$P(u) = \sum_{i=0}^{n} a_i \varphi_i(u) \tag{5-11}$$

其中，$\varphi_i(u)(i = 0,1,\cdots,n)$为$n$次多项式空间的一组基；$a_i = [x_i \quad y_i \quad z_i](i = 0,1,\cdots,n)$为待定的系数矢量。设所给数据点$P_k = [\overline{x}_k \quad \overline{y}_k \quad \overline{z}_k](k = 0,1,\cdots,m)$，并已实行参数化，决定了参数分割$\Delta_u : u_0 < u_1 < \cdots < u_m$,若用插值方法处理，由于矢量方程个数$m+1$超出了未知矢量个数，方程组是超定的，一般情况下，解是不存在的。这时只能寻求在某种意义下最接近这些数据点的参数多项式曲线$P(u)$作为逼近曲线。

最常用的方法是最小二乘逼近法(least square approximation)，即取逼近曲线$P(u)$上具有参数值u_k的点$P(u_k)$与数据点P_k间的距离的平方和

$$J = \sum_{k=0}^{m} \left| P(u_k) - P_k \right|^2 = J_x + J_y + J_z \tag{5-12}$$

达到最小，J称为目标函数。其中

$$J_x = \sum_{k=0}^{m} \left[\sum_{i=0}^{n} x_i \varphi_i(u_k) - \overline{x}_k \right]^2$$

$$J_y = \sum_{k=0}^{m}\left[\sum_{i=0}^{n} y_i \varphi_i(u_k) - \overline{y}_k\right]^2 \tag{5-13}$$

$$J_z = \sum_{k=0}^{m}\left[\sum_{i=0}^{n} z_i \varphi_i(u_k) - \overline{z}_k\right]^2$$

欲使 J 为最小，J_x、J_y、J_z 应都为最小。即应使下列的偏导数为 0

$$\begin{cases} \dfrac{\partial J_x}{\partial x_j} = 0 \\ \dfrac{\partial J_y}{\partial y_j} = 0 \qquad j = 0,1,\cdots,n \\ \dfrac{\partial J_z}{\partial z_j} = 0 \end{cases} \tag{5-14}$$

由上式可推出高斯(Gaussian)正交方程组

$$\boldsymbol{\Phi}^{\mathrm{T}}\boldsymbol{\Phi}\boldsymbol{A} = \boldsymbol{\Phi}^{\mathrm{T}}\boldsymbol{P} \tag{5-15}$$

式(5-15)又称为法方程。其中 $\boldsymbol{\Phi}^{\mathrm{T}}$ 是 $\boldsymbol{\Phi}$ 的转置。由于 $\varphi_i(u)(i = 0,1,\cdots,n)$ 线性无关，故 $\boldsymbol{\Phi}$ 是满秩的。$\boldsymbol{\Phi}^{\mathrm{T}}\boldsymbol{\Phi}$ 是 $n+1$ 阶对称可逆阵，方程存在唯一解。

如果需要考虑各个数据点具有不同的重要性和可靠性，此时可对每个数据点引入相应的权(weight，或称权因子) $h_k(k = 0,1,\cdots,m)$ 。于是目标函数变为

$$J = \sum_{k=0}^{m} h_k \left|P(u_k) - P_k\right|^2 \tag{5-16}$$

法方程相应为

$$(\boldsymbol{H\Phi})^{\mathrm{T}}(\boldsymbol{H\Phi})A = (\boldsymbol{H\Phi})^{\mathrm{T}}(\boldsymbol{HP})$$

其中

$$\boldsymbol{H} = \begin{bmatrix} \sqrt{h_0} & 0 & 0 & \cdots & 0 \\ 0 & \sqrt{h_1} & 0 & \cdots & 0 \\ \vdots & \vdots & \ddots & \vdots & \vdots \\ 0 & 0 & 0 & \cdots & \sqrt{h_m} \end{bmatrix} \tag{5-17}$$

5.3　B 样条曲线插值与逼近

B 样条曲线方程可写为

$$P(u) = \sum_{i=0}^{n} d_i N_{i,k}(u) \tag{5-18}$$

其中，$d_i(i = 0,1,\cdots,n)$ 为控制顶点，顺序连接成的折线称为 B 样条控制多边形；$N_{i,k}(i = 0,1,\cdots,n)$ 称为 k 次规范 B 样条基函数。B 样条基是多项式样条空间具有最小支承的一组基，故被称为基本样条(Basic Spline)，简称 B 样条。

B 样条曲线除保留了 Bézier 方法的优点外，还具有能描述复杂形状的功能和局部性质。因此 B 样条方法是最广泛流行的形状数学描述的主流方法之一，已成为关于工业产品几何定义国际标准的有理 B 样条方法的基础。B 样条的生成见第 2 章。

1. B 样条曲线插值

B 样条曲线插值一般称为反算 B 样条曲线插值曲线，为了使一条 k 次 B 样条曲线通过一组数据点 $q_i(i=0,1,\cdots,m)$，一般使曲线的首末端点分别与首末数据点一致，使曲线的分段连接点分别依次与 B 样条曲线定义域内的节点一一对应，即 q_i 点有节点值 $u_{k+i}(i=0,1,\cdots,m)$，B 样条插值曲线将由 n 个控制顶点 $d_i(i=0,1,\cdots,n)$ 与节点矢量 $\boldsymbol{U}=[u_0,u_1,\cdots,u_{n+k+1}]$ 来定义。其中，$n=m+k-1$ 即控制点数要比数据点数多 $k-1$ 个，共有 $m+k$ 个未知顶点。根据端点插值要求，可取 $k+1$ 个重节点的端点为固定支撑条件。于是有 $u_0=u_1=\cdots=u_k=0$，$u_{n+1}=u_{n+2}=\cdots=u_{n+k+1}=1$。接着对数据点取规范积累弦长参数化得 $\tilde{u}_i(i=0,1,\cdots,m)$，相应可确定定义域内的节点值为 $u_{k+1}=\tilde{u}_i(i=0,1,\cdots,m)$。这样可由插值条件给出以 $n+1$ 个控制顶点为未知矢量的 $m+1$ 个线性方程组成的线性方程组

$$P(u_i)=\sum_{i=0}^{n}d_iN_{i,k}(u)=\sum_{j=i-k}^{i}d_jN_{j,k}(u_i)=q_{i-k} \tag{5-19}$$

$$u\in[u_i,u_{i+1}]\subset[u_k,u_{n+1}];\quad i=k,k+1,\cdots,n$$

在实际构造 B 样条插值曲线时，对次数 k，广泛采用 C^2 连续的三次 B 样条曲线作为插值曲线。如果数据点数 $m+1$ 小于等于 4，且又未给出边界条件要求时，就不必采用一般的 B 样条曲线作为插值曲线，可采用特殊的 B 样条曲线即 Bézier 曲线作为插值曲线，依次得到一次 Bézier 曲线(直线)、二次 Bézier 曲线(抛物线段)、三次 Bézier 曲线。

2. B 样条曲线逼近

以 B 样条曲线作为逼近曲线，可以解决参数曲线和 Bézier 曲线仅靠提高次数来满足逼近精度的要求的问题。在插值问题里，控制顶点的数目由选择次数和数据点的数目自动确定，不存在误差问题，而在逼近问题里，曲线误差界 E 与要被拟合的数据点一起给出。通常预先不知道需要多少控制顶点才能达到所要的这个逼近精度，因此，逼近一般是一个迭代的过程。

用 B 样条曲线对数据点整体逼近可按下列两种方案之一进行。

方案一　①由最少的或一个小数目的控制顶点开始；②用整体拟合方法对数据点拟合一条逼近曲线；③检查逼近曲线对数据点的偏差；④如果偏差处处小于给定误差界 E，返回；否则增加控制顶点的数目，转到步骤②。

方案二　①由最大的或一个大数目的控制顶点开始，误差为 e；②用整体拟合方法对数据点拟合一条逼近曲线；③检查逼近曲线对数据点的偏差；④如果不满足且步骤③未执行则转到步骤①，如③已执行过，返回上次结果；否则减少控制顶点的数目，转到步骤②。

两种方案的中心问题是怎样给定控制顶点的数目，以便拟合一条对给定数据点的逼近曲线。

1) 最小二乘曲线逼近

为了避免非线性问题，预先计算数据点的参数值 $\tilde{u}_i$ 和节点矢量 $\boldsymbol{U}$，可以建立并求解未知控制顶点的线性最小二乘问题。设给定 $m+1$ 个数据点 $q_0,q_1,\cdots,q_m(m>(n-k-1))$，逼近曲线次数 $k\geqslant 1$，试图寻找一条 k 次 B 样条曲线

$$P(u)=\sum_{i=0}^{n}d_iN_{i,k}(u),u\in[0,1] \tag{5-20}$$

满足 $q_0=P(0),q_m=P(1)$。其余数据点 $q_i(i=1,2,\cdots,m-1)$ 在最小二乘意义上被逼近，即目标函数

$$f=\sum_{i=1}^{m-1}[q_i-P(\tilde{u}_i)]^2 \tag{5-21}$$

是关于 $n-1$ 个控制顶点 $d_j(j=0,1,\cdots,n-1)$ 的一个最小值。

这里 $\tilde{u}_i(i=0,1,\cdots,m)$ 是数据点的参数值，可由规范积累弦长参数化决定。为了决定 B 样条基函数 $N_{j,k}(u)$，必须给定节点矢量 $\boldsymbol{U}=[u_0,u_1,\cdots,u_{n+k+1}]$。根据端点插值与曲线定义域要求，采用定义域两端节点为 $k+1$ 的重节点端点条件，即固定支撑条件。于是有 $u_0=u_1=\cdots=u_k=0$，$u_{n+1}=u_{n+2}=\cdots=u_{n+k+1}=1$。定义域共包含 $n-k+1$ 个节点区间，其节点值的选取应反映数据点参数值 $\tilde{u}_i$ 的分布情况，可按如下决定。

设 c 是一个正实数，$i=\text{int}(c)$ 表示 $i\leqslant c$ 最大整数。令

$$c=\frac{m+1}{n-k+1}$$

则定义域的内节点为

$$i=\text{int}(jc),\alpha=jc-i$$

$$u_{k+j}=(1-\alpha)\tilde{u}_{i-1}\alpha+\alpha\tilde{u}_i\quad j=1,2,\cdots,n-k$$

按如上决定的内节点值保证了定义域每个节点区间至少包含一个 $\tilde{u}_i$。

注意：生成的逼近曲线一般不精确通过数据点 $q_i(i=1,2,\cdots,m-1)$，且 $P(\tilde{u}_i)$ 不是在曲线上与 q_i 的最近点。设

$$r_i=q_i-q_0N_{0,k}(\tilde{u}_i)-q_mN_{n,k}(\tilde{u}_i)\quad i=1,2,\cdots,m-1 \tag{5-22}$$

将参数值 $\tilde{u}_i$ 及上式(5-22)一起代入式(5-21)，有

$$f=\sum_{i=1}^{m-1}[q_i-P(\tilde{u}_i)]^2=\sum_{i=1}^{m-1}\Big[r_i-\sum_{j=1}^{n-1}d_jN_{j,k}(\tilde{u}_i)\Big]^2 \tag{5-23}$$

应用标准的线性最小二乘拟合技术，欲使目标函数 f 最小，应使它关于 $n-1$ 个控制顶点 $d_j(j=0,1,\cdots,n-1)$ 的导数等于 0。它的第 l 个导数为

$$\frac{\partial f}{\partial d_l}=\sum_{i=1}^{m-1}[-2r_iN_{l,k}(\tilde{u}_i)+2N_{l,k}(\tilde{u}_i)\sum_{j=1}^{n-1}d_jN_{j,k}(\tilde{u}_i)] \tag{5-24}$$

这意味着

$$-\sum_{i=1}^{m-1}r_iN_{l,k}(\tilde{u}_i)+\sum_{i=1}^{m-1}\sum_{j=1}^{n-1}d_jN_{l,k}(\tilde{u}_i)N_{j,k}(\tilde{u}_i)=0$$

于是

$$\sum_{j=1}^{n-1}\left(\sum_{i=1}^{m-1}N_{l,k}(\tilde{u}_i)N_{j,k}(\tilde{u}_i)\right)d_j=\sum_{i=1}^{m-1}r_iN_{l,k}(\tilde{u}_i)$$

这里给出了一个以控制顶点 $d_1,d_2,\cdots,d_{n-1}$ 为未知量的线性方程。让 $l=1,2,\cdots,m-1$，则得到含 $n-1$ 个未知量的 $n-1$ 个方程的方程组

$$(\boldsymbol{N}^{\mathrm{T}}\boldsymbol{N})\boldsymbol{D}=\boldsymbol{R} \tag{5-25}$$

这里 $\boldsymbol{N}$ 是 $(m-1)\times(n-1)$ 标量矩阵

$$\boldsymbol{N}=\begin{bmatrix} N_{1,k}(\tilde{u}_1) & \cdots & N_{n-1,k}(\tilde{u}_1) \\ \vdots & \ddots & \vdots \\ N_{n-1,k}(\tilde{u}_{m-1}) & \cdots & N_{n-1,k}(\tilde{u}_{m-1}) \end{bmatrix} \tag{5-26}$$

$\boldsymbol{N}^{\mathrm{T}}$ 是 $\boldsymbol{N}$ 的转置阵。$\boldsymbol{R}$ 和 $\boldsymbol{D}$ 都是含 $n-1$ 个矢量元素的列阵

$$\boldsymbol{R}=\begin{bmatrix} N_{1,k}(\tilde{u}_1)r_1 & \cdots & N_{n-1,k}(\tilde{u}_1)r_{m-1} \\ \vdots & \ddots & \vdots \\ N_{n-1,k}(\tilde{u}_1)r_1 & \cdots & N_{n-1,k}(\tilde{u}_{m-1})r_{m-1} \end{bmatrix},\ \boldsymbol{D}=\begin{bmatrix} d_1 \\ \vdots \\ d_{n-1} \end{bmatrix} \tag{5-27}$$

德布尔(de Boor)于 1978 年表明在前所确定的内节点条件下，式(5-25)中的矩阵 $(\boldsymbol{N}^{\mathrm{T}}\boldsymbol{N})$ 是正定的和情况良好的，可由高斯消元法求解。进而，$(\boldsymbol{N}^{\mathrm{T}}\boldsymbol{N})$ 有一个小于 $k+1$ 的半带宽，即如果 $N_{i,j}$ 是第 i 行，第 j 列元素，当 $|i-j|>k$ 时，则 $N_{i,j}=0$。在计算机编程实现时，应考虑仅存储非零元素以节省存储空间。在一定的数据点下，皮格尔和蒂勒，于 1997 年给出如图 5.2 所示的简单例子。给定 17 个数据点 $(m=16)$，在图 5.2(a)、(b)和(c)中，分别有 7、9 与 11 个控制点。可见，当控制顶点数目增加时，可以改善对数据点的逼近。然而当控制顶点数目接近数据点数目时，如果数据存在噪声或不想要的扭摆，可能会出现不需要的形状。

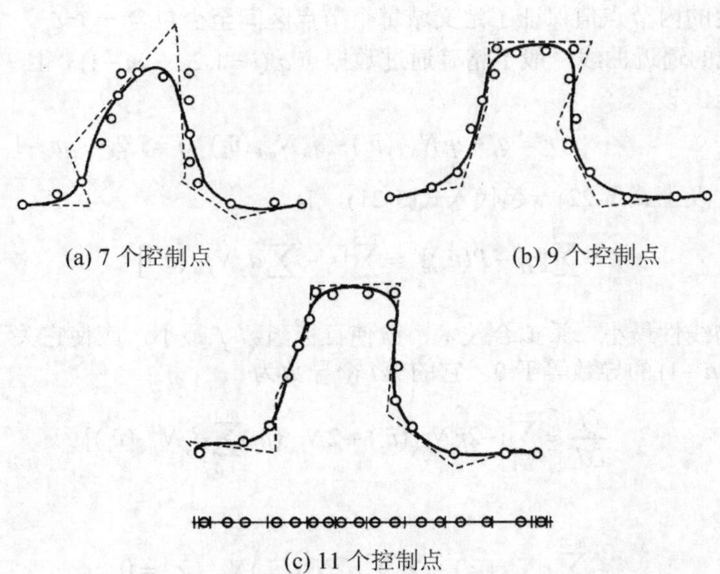

(a) 7 个控制点　　(b) 9 个控制点

(c) 11 个控制点

图 5.2　用 B 样条曲线对数据点作线性最小二乘逼近

皮格尔和蒂勒进一步介绍了一种带权和约束最小二乘曲线拟合方法。数据点分成受约束和无约束两部分，在数据点处的一阶导数可以给定也可以不给定，拟合曲线插值于受约束的数据点。对每一个无约束数据点允许赋予一个正的权，默认权等于 1。增加某个数据点的权就增加了逼近曲线对该数据点的接近度，否则反之。求解拟合曲线是一个以未知顶点和约束为未知量的约束优化问题，可采用拉格朗日乘子法求解。

2) 在规定精度内的曲线逼近

现在讨论用户规定的某个误差界 E 内逼近数据点的问题。前面我们介绍的两种方案中，方案一由小数目控制顶点开始，方案二则由大数目控制顶点开始，经过拟合，检查偏差，如果必要，前者增加控制顶点，后者减少控制顶点。偏差检查通常是检查最大距离

$$\max_{0\leqslant i\leqslant m}\left|q_i - P(\tilde{u}_i)\right| \tag{5-28}$$

或

$$\max(\min_{0\leqslant i\leqslant m,0\leqslant u\leqslant 1}\left|q_i - P(u)\right|)$$

后者称为最大范数距离。尽管后者要比前者的计算开销大，但用户通常还是应用后者。一般地，由于

$$\min_{0\leqslant u\leqslant 1}\left|q_i - P(u)\right| \leqslant \left|q_i - P(\tilde{u}_i)\right| \tag{5-29}$$

这将导致曲线具有较少的控制顶点。要强调的是，方案一、方案二可能都不收敛，应在软件实现时加以处理。

在方案一里，曲线逼近的过程如下：由最少即 $k+1$ 个控制顶点开始，拟合得一逼近曲线，然后用最大范数距离式(5-28)检查曲线偏差是否小于 E。对于每一个节点区间，维持一个记录，以表明是否已经收敛。如果式(5-28)对于所有 i，$\tilde{u}_i \in [u_j, u_{j+1}]$ 都满足，则该节点区间 $[u_j, u_{j+1}]$ 已经收敛。在每次拟合和随后的偏差检查中，在每一个非收敛节点区间的中点插入一个节点，相应就增加了一个顶点。过程进行中还应注意处理某些节点区间根本就不包含 $\tilde{u}_i$ 以致生成奇异方程组的情况。

在方案二里，从一个等于数据点数目的控制顶点，生成一次 B 样条曲线即插值曲线，进入循环：在最大误差界 E 内消去节点，升阶一次后，用其次数、节点矢量对数据点进行最小二乘拟合得到新控制顶点，将所有数据点投影到当前曲线上，得到并修正它们到当前曲线的距离，到指定次数为止。进行最后的最小二乘拟合，投影所有数据点到当前曲线上，得到并修正它们到当前曲线的距离，并在最大误差界 E 内消去节点。为了减少控制顶点数目，可采用节点消去技术消去节点，消去节点后的曲线一般不同于原曲线，控制顶点与节点矢量都发生了变化。但是，消去一个节点所产生的影响是局部的，如图 5.3 所示。

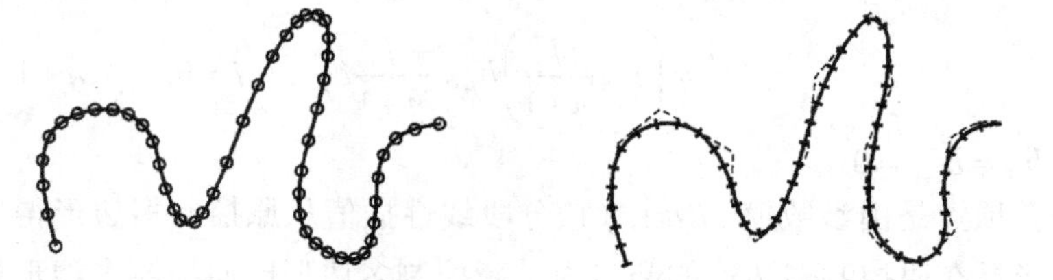

(a) 用方案二对数据点的三次曲线拟合　　(b) 拟合曲线的参数化及控制点

图 5.3 在规定精度内的最小二乘曲线逼近

事实上，上述曲面拟合算法就是数据减少算法，对给定大量数据点，情况是好的。算法假设在节点消去阶段，就可以消去相当数目的节点。否则，因为升阶，有可能要求比现有数据点更多的控制顶点，或者存在许多重节点将会使方程组奇异，结果可能导致这个最小二乘逼近步骤失败。这种情况下，可选用一个较高次数曲线重新开始这一过程。

5.4　样条曲线的升阶与降阶

5.4.1　Bézier 曲线的升阶

这里说 n 次 Bézier 曲线，其次数 n 是指曲线在伯恩斯坦基表示中的伯恩斯坦基函数[如式(5-30)所示]的最高次数，它也等于最后那个控制顶点的下标值，称该次数为名义次数。相对而言，Bézier 曲线还有一个真实次数。将 Bézier 曲线的伯恩斯坦基表示转换成幂基表示，则按幂次升序排列，加权于最后那个非零系数矢量的那个具有最高次数的单项式函数的次数就是该 Bézier 曲线的真实次数。名义次数可能等于或高于真实次数。保持 Bézier 曲线的形状与定向不变，增加定义它的控制顶点数，也即增加它的名义次数，怎样从老控制顶点求出新控制顶点，就是 Bézier 曲线的升阶问题。

为什么要升阶？Bézier 曲线是参数多项式曲线段，具有整体性质。在某些情况下，有可能无论怎样调整顶点都达不到理想的曲线形状。例如，一个 Bézier 二边形定义一条二次 Bézier 曲线，无论怎样调整顶点都不可能使曲线产生拐点。显然是曲线的“刚性”有余，“柔性”不足。升阶可以降低其“刚性”，增加其“柔性”。增加控制顶点，就增加了对曲线进行形状控制的潜在灵活性。升阶虽增加了 Bézier 曲线的控制顶点，因曲线形状及定向保持不变，所以曲线的真实次数不变。但一旦移动生成了新控制顶点，曲线的形状也就发生了变化，曲线的真实次数也升高至由顶点数决定的次数，即 Bézier 曲线的名义次数。

设给定控制顶点 $b_0, b_1, \cdots, b_n$，定义一条 n 次 Bézier 曲线

$$P(t) = \sum_{j=0}^{n} b_j B_{j,n}(t), \quad t \in [0,1] \tag{5-30}$$

式中，$B_{j,n}(t) = C_n^j t^j (1-t)^{n-j}, j = 0,1,\cdots,n$ 为伯恩斯坦基函数；

$C_n^j = \dfrac{n!}{j!(n-j)!}$ 为组合数。

增加一个顶点后，仍定义同一条曲线的新控制顶点 $b_0^*, b_1^*, \cdots, b_{n+1}^*$。可按如下升阶公式决定控制点

$$b_j^* = \left(1 - \frac{j}{n+1}\right) b_j + \frac{j}{n+1} b_{j-1}, \quad j = 0,1,\cdots,n+1 \tag{5-31}$$

其中，$b_{-1} = b_{n+1} = 0$。

可见，新顶点是由参数值 $j/(n+1)$ 按分段线性插值从原控制多边形得出的。由此得出新控制多边形是在原控制多边形的凸包内，新控制多边形比原控制多边形更靠近曲线，如图 5.4 所示。

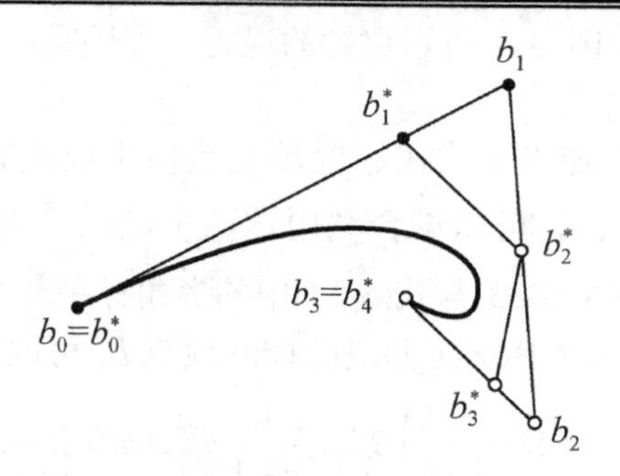

图 5.4　Bézier 曲线的升阶

对于 Bézier 曲线的升阶可以无止境地进行下去，从而得到一个控制多边形序列，它们都定义同一条 Bézier 曲线。这个多边形序列将收敛到一个极限，就是所定义的该 Bézier 曲线。

升阶在构造曲面方面有着重要的应用。对于一些由曲线生成曲面的算法，要求那些曲线必须是同次的。应用升阶方法，可以把所有曲线中低于最高次数者都提升到最高次数，而获得统一的次数。

5.4.2　Bézier 曲线的降阶

降阶是升阶的逆过程。其问题是：一条 n 次 Bézier 曲线能否表示成 $n-1$ 次?如果 n 次 Bézier 的名义次数 n 高于它的真实次数，那么它可以被精确降阶到真实次数。

一般地，精确的降阶是不可能的。例如，具有拐点的三次 Bézier 曲线不可能表示成二次。因此，降阶仅能被看做一条曲线被较低次的曲线逼近的方法。现在的问题是：给定一条由原控制顶点 $b_0,b_1,\cdots,b_n$ 定义的 n 次 Bézier 曲线，怎样找到一条由新控制顶点 $b_0^*,b_1^*,\cdots,b_{n-1}^*$ 定义的 $n-1$ 次 Bézier 曲线来逼近它?

假定 b_j 是从 b_j^* 升阶得到的，那么由升阶公式(5-31)就有

$$b_j=\frac{n-j}{n}b_j^*+\frac{j}{n}b_{j-1}^* \tag{5-32}$$

从这个方程可以导出两个递推公式，用于从 b_j 生成 b_j^*

$$b_j^*=\frac{nb_j-jb_{j-1}^*}{n-j},\quad j=0,1,\cdots,n-1 \tag{5-33}$$

和

$$b_{j-1}^*=\frac{nb_j-(n-j)b_j^*}{j},\quad j=n,n-1,\cdots,1 \tag{5-34}$$

图 5.5 说明其中第一个递推公式：给定 b_j 定义了一条 n 次 Bézier 曲线，由从左到右解开升阶过程，构造一条 $n-1$ 次 Bézier 曲线来逼近它。如果这 n 次 Bézier 曲线实际上是 $n-1$ 次的，降阶成为 $n-1$ 次 Bézier 曲线，其生成的新控制顶点 $b_0^*,b_1^*,\cdots,b_{n-1}^*$ 与老控制顶点 $b_0,b_1,\cdots,b_n$ 定义同一条曲线。然而，这样的结果一般是不存在的，仅仅能得到一个逼近，

且在大多数情况下是一个像图 5.5 所示那样的逼近。原因是：上述两个递推公式在数值上都是趋向不稳定的外插公式。

人们注意到其中第一个递推公式在靠近 b_0 处趋向生成较好的逼近,而第二个递推公式在靠近 b_n 处生成较好的逼近。可以综合利用这两个趋向，合并它们得到最后的 $n-1$ 次 Bézier 曲线的控制顶点。将式(5-33)与式(5-34)中的上角标星号“*”分别换成“$*^1$”与“$*^2$”，则综合两者得到最后的 $n-1$ 次 Bézier 曲线的控制顶点 B_i^* 可取成式(5- 35)，如图 5.6 所示。

$$B_i^* = \left(1-\frac{i}{n-1}\right)B_i^{*1} + \frac{i}{n-1}B_i^{*2}, i=0,1,\cdots,n-1 \tag{5-35}$$

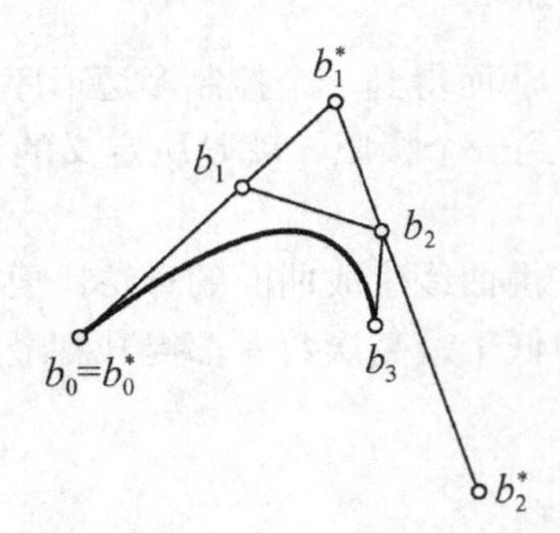

图 5.5　Bézier 曲线按式(5-33)降阶，三次用二次逼近

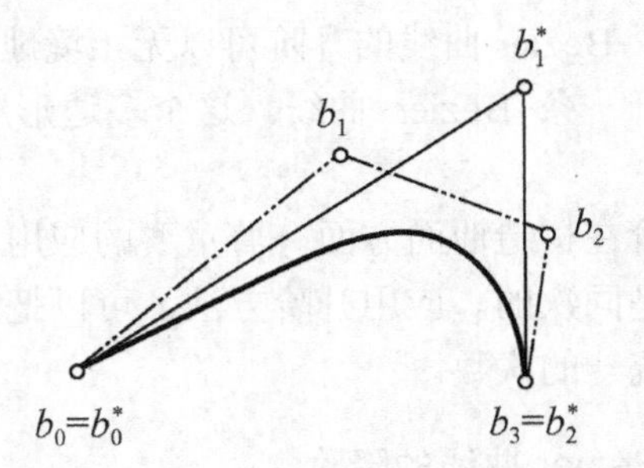

图 5.6　综合式(5-33)和式(5-34)的 Bézier 曲线降阶

5.4.3　B 样条曲线的升阶与降阶

B 样条曲线的次数提升或通常所称之升阶是 B 样条方法配套技术中另一项重要技术。Bézier 曲线通过升阶可以增加曲线的柔性，B 样条曲线的升阶也可以增加曲线的柔性，或者说可以提高其形状控制潜在的灵活性。因为通过升阶，增加了控制顶点数，也就增加了自由度。通过插入节点的分割过程可以精确地在某个区域增加形状控制的灵活性。但是一旦移动对应于插入节点后生成的新控制顶点，样条曲线在插入节点处的连续性将遭受破坏。如果所插节点在原节点矢量里已有重复度 r，又同时插入 l 次，则 k 次 B 样条曲线在该处的参数连续性将从 C^{k-r} 连续降为 C^{k-r-l} 连续。如果 $r=0$，则参数连续性将从 C^k 连续降为 C^{k-l} 连续。如采用升阶方法，则不论怎样移动升阶后生成的新控制顶点，样条曲线的参数连续性将保持不变。其主要意义不仅在于此，还在于曲线、曲面的表示和设计的需要。B 样条曲线的升阶在表示与设计组合曲线时是必不可少的手段之一。两条或者若干条不同次的 B 样条曲线要顺序连接成为一条组合 B 样条曲线，用一个统一的方程表示，必须先采用升阶方法，使它们的次数统一起来，才有可能实现这样的连接。就像组合 Bézier 曲线那样，其中各 Bézier 曲线都应有统一的次数。B 样条曲线的升阶在生成曲面时，在表示与设计组合曲面时同样有重要的用途。与 Bézier 曲线的升阶相比，B 样条曲线的升阶要复杂得多。

B 样条曲线的节点消去与降阶分别是节点插入与升阶的逆过程。这里所指精确的含义就是在节点消去或降阶后，B 样条曲线的形状保持不变。

显然，如果给定的B样条曲线的控制顶点与节点矢量是由某一B样条曲线的节点矢量插入某些(个)节点或经升阶得到，那么插入的这些(个)节点就可以消去，提升的次数就可以降下来，从而恢复到原来的B样条表示。然而，实际上，定义B样条曲线的控制顶点与节点矢量往往不是这样来的。

判定k次B样条曲线节点矢量中某个具有重复度r的节点能否降低重复度，可由检查曲线在该节点处实际达到的参数连续性确定。如果是C^l又$l=k-r$，则该节点不能消去；如果是C^∞，则该节点可被完全消去；如果是C^l又$l>k-r$，则该节点重复度可从r降到$k-l$。对于后两种情况，就可按B样条曲线插入节点算法的逆过程进行，便可求出消去节点后的控制顶点。在节点过于细密的情况下，节点消去算法具有工程实际意义。

k次B样条曲线能否降阶为$k-1$次B样条曲线?显然，如果次数k既是曲线的名义次数又是它的真实次数，则该k次B样条曲线就不能精确降阶。如果名义次数k高于曲线的真实次数，则可以精确降阶。逐段转换成幂基表示形式，便可逐段判断可否精确降阶，在此基础上再判定整条曲线能否降阶及在能降阶情况下确定能降到的统一次数即真实次数。从参数连续性考虑，若节点矢量中存在单个节点，即重复度为1的节点，首先检查该节点能否被消去，若否，则不能降阶；若均能消去，则在执行节点消去算法后，节点矢量中将不复存在单个节点，全部都是重复度$r\geqslant 2$的节点。然后，检查每一个相异内节点处的参数连续性，如果曲线在具有重复度r的节点处有参数连续性C^l及$l=k-r-1$，对所有节点成立，则曲线可降阶到$k-1$次。最后，可按升阶算法的逆过程进行，求出降阶后的控制顶点。降阶后的节点矢量由降阶前的节点矢量中所有相异节点的重复度减1得到。

可见，降阶要求的条件很严格，一般情况下难以满足。所以，实践中在构造组合曲线与生成曲面时，为了获得统一的次数，通常都采用升阶算法来实现。若想了解更多关于曲线的分割与组合、节点的插入与删除可参阅文献4的内容。

以直线为例说明其升阶与降阶过程如图5.7～图5.10所示。升阶可为曲线生成曲面获得统一的次数外，还可降低曲线的刚性，使曲线的形状控制性增强，在产品设计过程中更容易达到设计人员的位置要求。

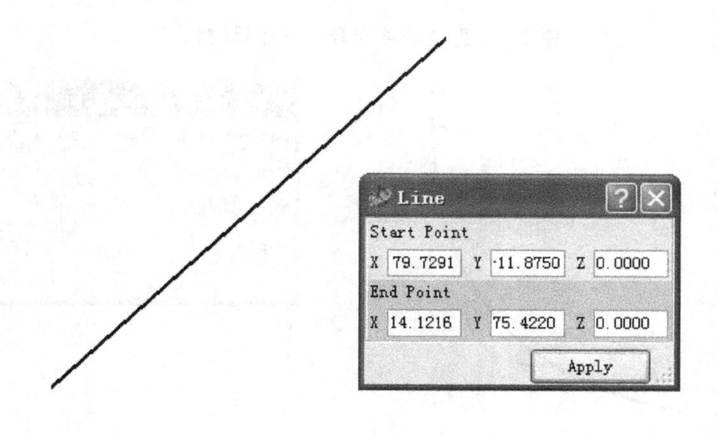

图 5.7　直线

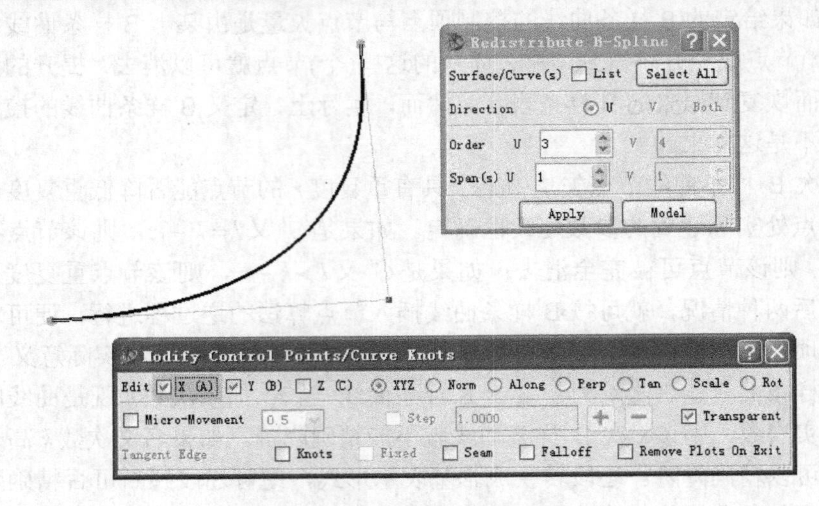

图 5.8 直线的 1 次升阶及形状控制

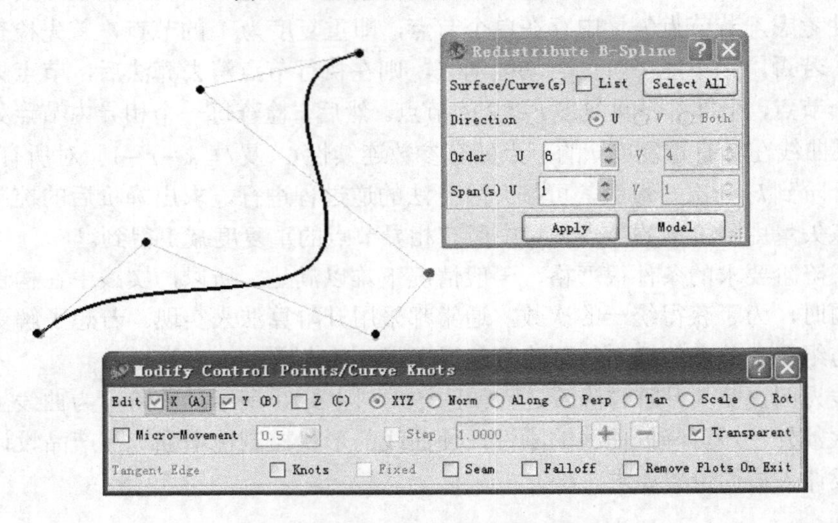

图 5.9 直线的 4 次升阶及形状控制

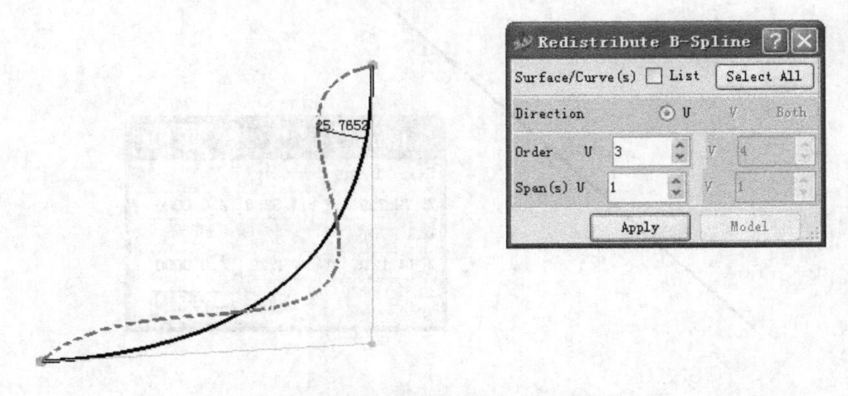

图 5.10 B 样条曲线的降阶及形状控制

5.5　逆向建模曲线构建实例

特征线是 CAD 模型重建的重要信息，特征线构建质量的好坏直接影响逆向建模的质量。本节以米老鼠的点云数据(如图 5.11 所示)为例，说明曲线的构建过程。

图 5.11　米老鼠点云数据

5.5.1　建模规划分析

由于逆向建模所面对的产品多以自由曲面为主，所以，要使 CAD 模型重建达到高效、正确，建模前的规划必不可少，正确的规划能够使后续建模的错误减至最低。CAD 模型品质的好坏在很大程度上依赖于点云的质量，在好的点云质量的前提下构建特征曲线，由特征曲线构建自由曲面，然后通过实体造型生成三维实体。

在大多数情况下，由于测量误差及测量设备的限制，所生成点云数据的品质不是很好，在这种情况下，构造特征曲线时，主要保证特征曲线的品质，构造曲线与点云数据的偏差可以适当放宽。对于精度要求不是很高的产品，如玩具、艺术品等，在 CAD 模型重建的过程中曲面的光顺度要求比曲面与点云数据的偏差精度要求更高。所以在构建特征曲线时首要保证曲线的光顺性，因为光顺性好的特征曲线是光顺曲面重构的保证。

对于以自由曲面为主要构成要素的产品，型面分析是建模规划的主要内容，即如何将一个复杂曲面产品分解成单张自由曲面。以米老鼠点云数据为例，该 CAD 模型可以分解为耳朵、脸部、眼睛、鼻子和嘴巴等，这些部分又可以再次细分为由四边形构成的曲面。

米老鼠的逆向建模过程如图 5.12 所示。

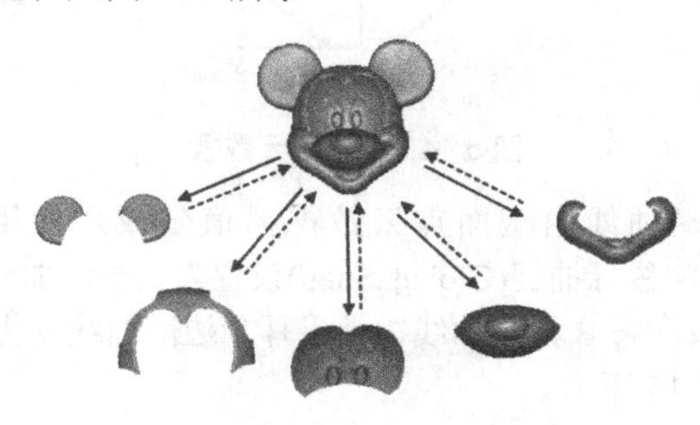

图 5.12　米老鼠逆向建模过程

5.5.2　创建轮廓曲线

下面轮廓线的创建由 Imageware R12.1 完成。

(1) 米老鼠点云数据放置如图 5.13 所示，使用菜单命令 Construct→Cross Section→Cloud Interactive，单击 Select Screen Lines 栏，然后在 Imageware 工作区中用鼠标在靠近点云下底面左侧单击，按住 Ctrl 键，在点云数据的右侧单击鼠标，形成一条水平分割线。单击 Apply 按钮，生成图 5.14 所示的截面点云数据。

图 5.13　作截面点云数据

(2) 由图 5.14 可知，截面点云数据以 X=0 坐标平面成对称。故在轮廓线的构建过程中，只需要构建一半的曲线轮廓，然后使用镜像操作即可生成全部的曲线轮廓。

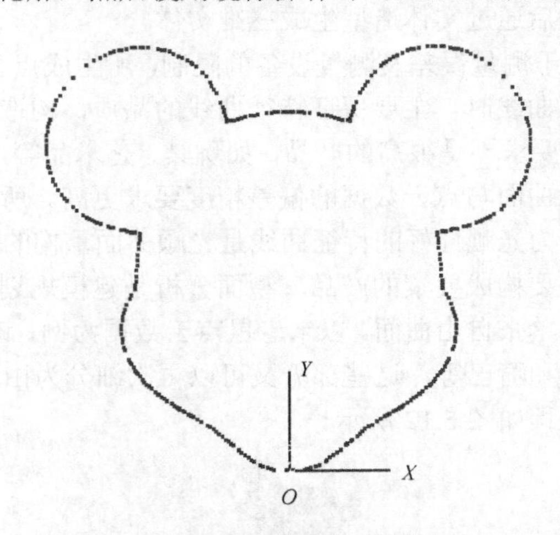

图 5.14　截面点云数据

(3) 米老鼠耳朵边沿曲线由截面点云数据插值生成，使用菜单命令 Create→3D Curve→3D B-Spline，并将鼠标捕捉(Global Snap)设置为点云。曲线采用次数采用 4，依次用鼠标单击点云数据生成一条 B 样条曲线。由于耳朵边沿曲线变化平缓，在取点时尽量使插值点分布均匀，如图 5.15 所示。

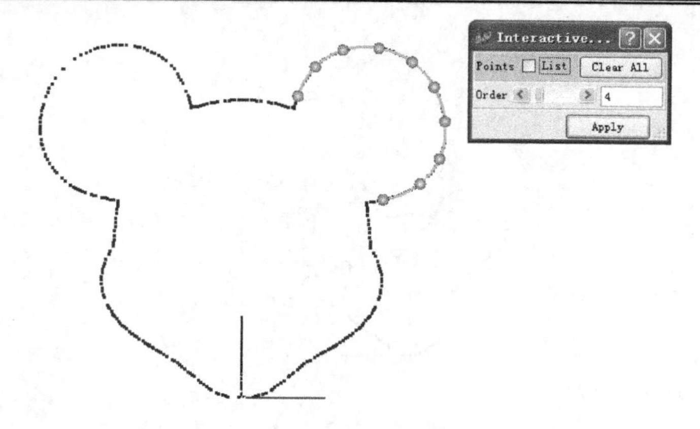

图 5.15　插值点均匀分布的截面点云数据

（4）使用菜单命令 Evaluate→Curvature→Curve Curvature ，分析重构曲线的曲率分布情况，结果如图 5.16 所示。

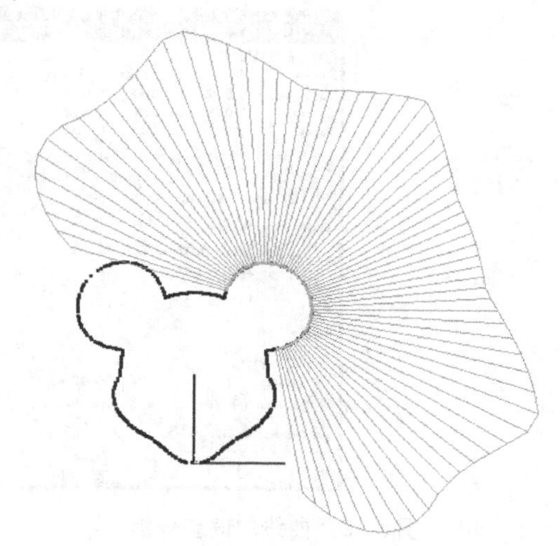

图 5.16　耳边曲线的曲率分布

（5）使用菜单命令 Modify→Smooth→B-Spline，对曲线进行光顺处理如图 5.17 所示。处理结果如图 5.18 所示。

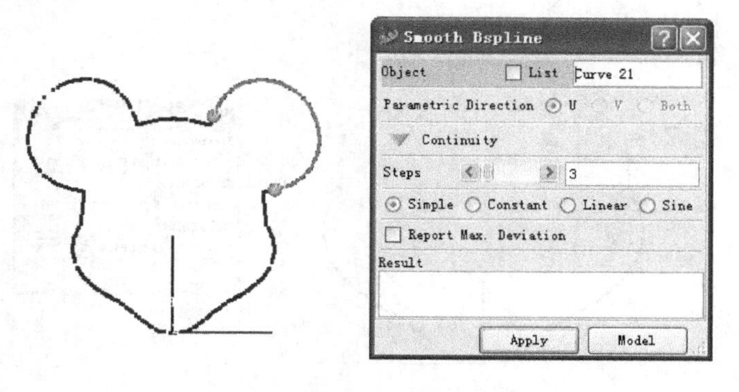

图 5.17　耳边曲线的光顺处理

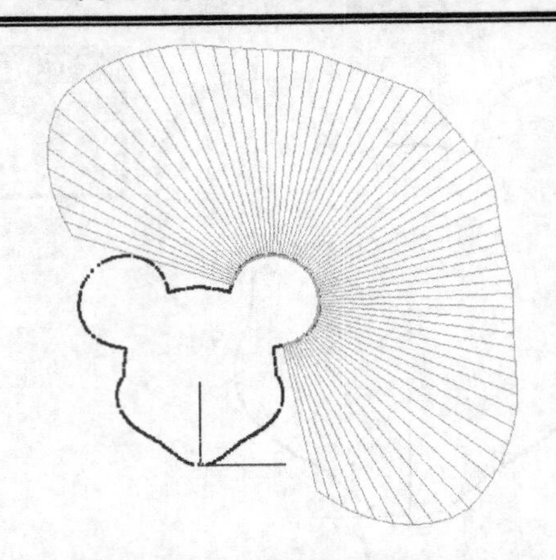

图 5.18　耳边曲线光顺处理后的曲率分布

(6) 使用菜单命令 Measure→Curve to →Cloud Difference，比较生成曲线与点云数据的偏差，如图 5.19 所示。由比较结果可以看出平均偏差为 0.0162mm，符合一般逆向建模要求。

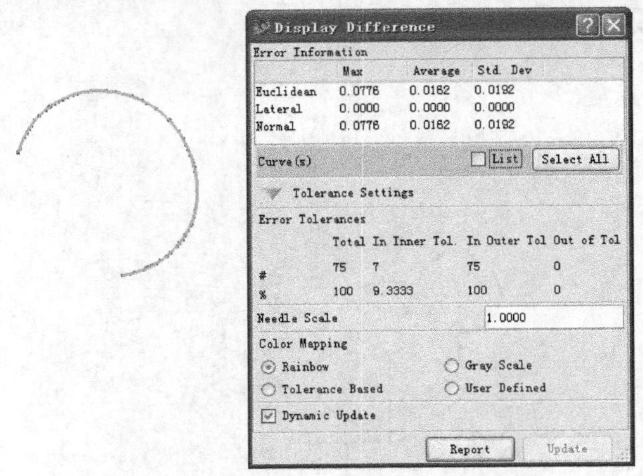

图 5.19　曲线的偏差分析

(7) 使用菜单命令 Create→Curve Primitive→Arc w/3 Points，对点云数据进行插值生成圆弧曲线，如图 5.20 所示。注意圆弧的长度不要太长。

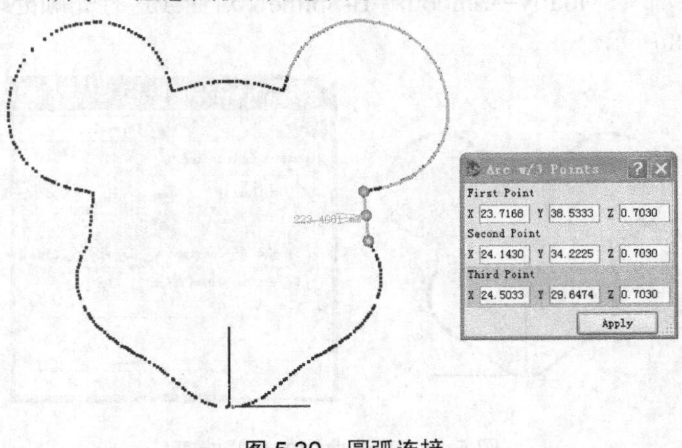

图 5.20　圆弧连接

(8) 使用菜单命令 Create→3D Curve→3D B-Spline，对点云数据进行 B 样条曲线生成，如图 5.21 所示。

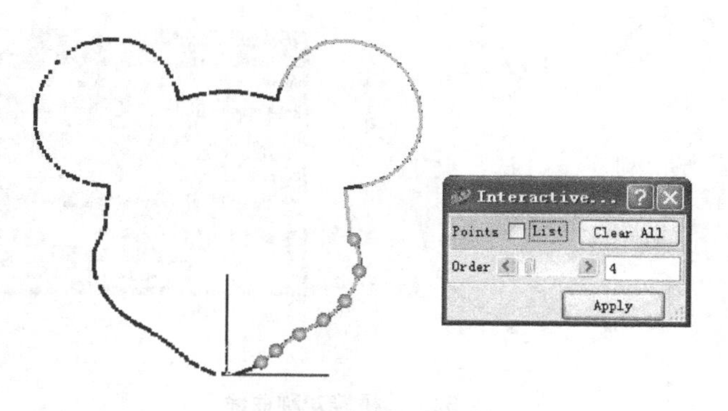

图 5.21　B 样条曲线插值

(9) 使用菜单命令 Create→Curve Primitive→Arc w/3 Points，对点云数据进行插值生成圆弧曲线，如图 5.22 所示。注意圆弧长度不要太长。

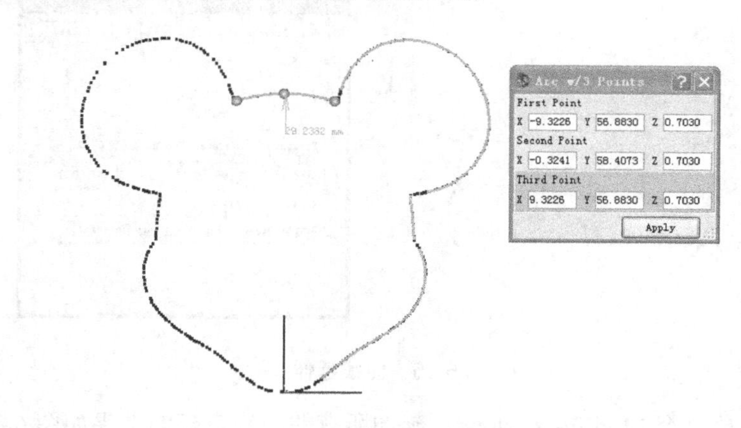

图 5.22　圆弧连接

(10) 曲线以 X=0 坐标平面成对称，使用菜单命令 Modify→Orient→Mirror，对上述生成的曲线进行镜像操作，生成样条曲线如图 5.23 所示。

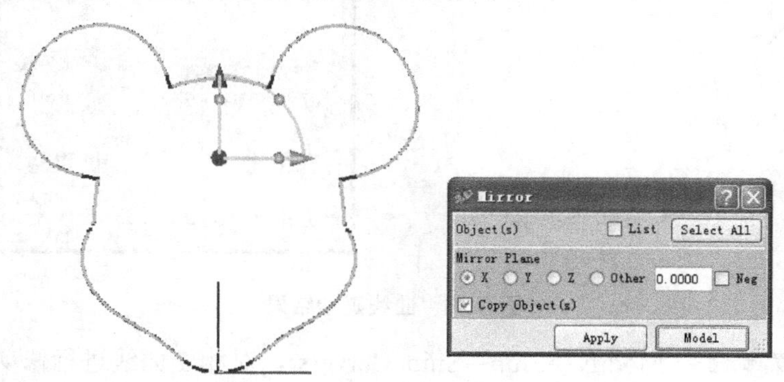

图 5.23　曲线镜像操作

(11) 使用菜单命令 Construct→Blend→Curve，桥接对称曲线在对称曲面附近的部分。处理结果如图 5.24 所示。

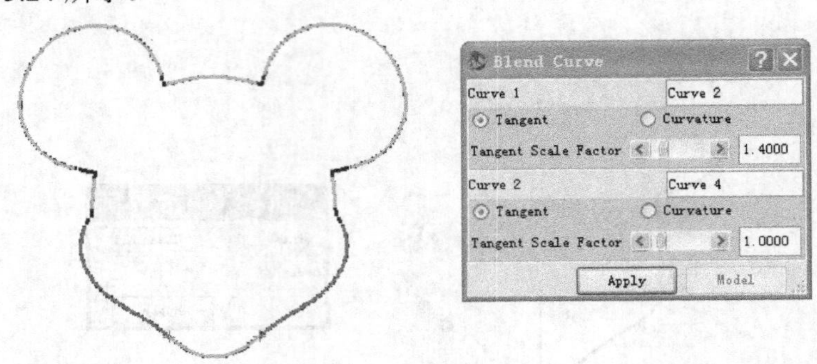

图 5.24　桥接对称曲线

(12) 由于图 5.24 中的曲线两两之间并不相接，为使曲线首尾相连，首先要对曲线进行延伸使其相互相交。延伸命令如图 5.25 所示。

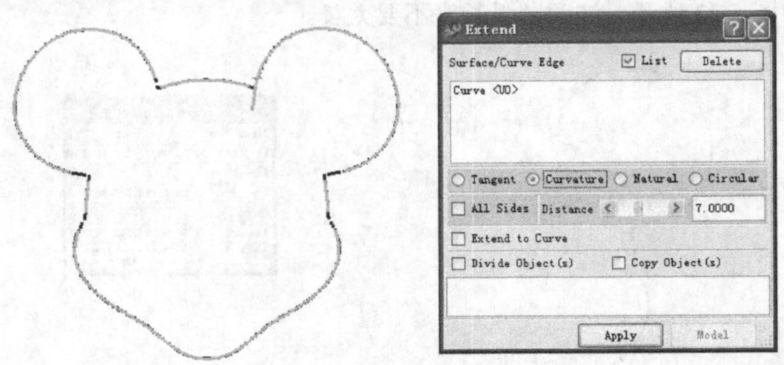

图 5.25　曲线延伸

(13) 使用菜单命令 Modify→Extend，延伸所有的曲线。延伸结果如图 5.26 所示。

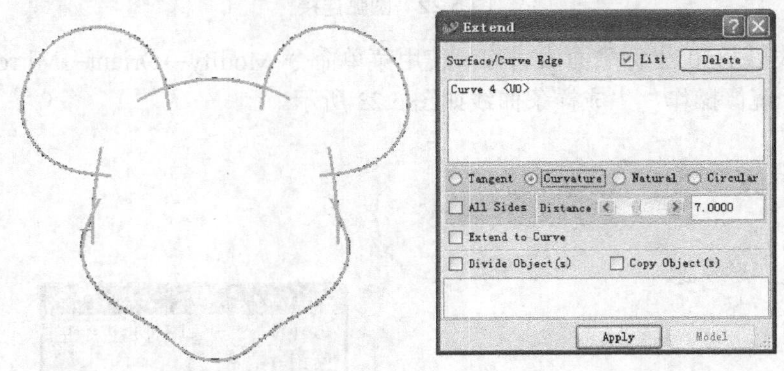

图 5.26　曲线延伸结果

(14) 使用菜单命令 Modify→Snip→Snip Curve(s)，对相交曲线进行修剪，修剪命令如图 5.27 所示。在修剪类型上选中 With Curves 单选按钮，在相交类型上选中 View 单选按钮和 Both 复选框，在保留类型上选中 Selected 单选按钮。

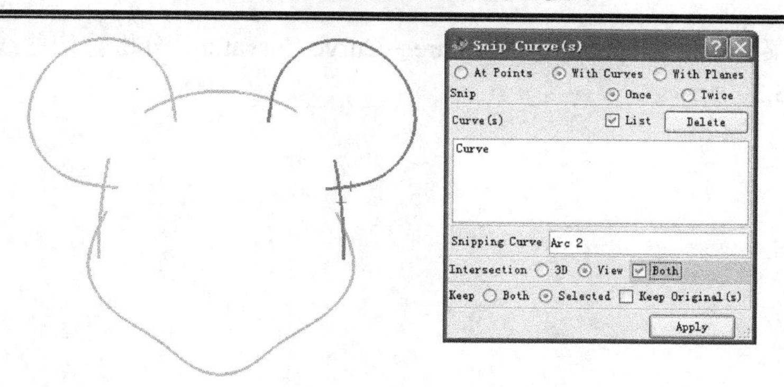

图 5.27　修剪曲线

(15) 使用菜单命令 Modify→Snip→Snip Curve(s)，修剪所有曲线。修剪结果如图 5.28 所示。

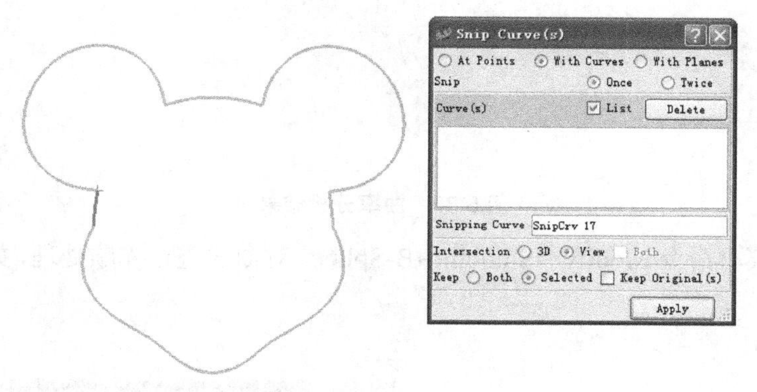

图 5.28　修剪曲线结果

(16) 米老鼠眼部轮廓曲线由眼部点云数据插值生成，使用菜单命令 Create→3D Curve→3D B-Spline，并使鼠标捕捉(Global Snap)设置为点云。曲线次数采用 4，依次用鼠标单击点云数据生成一条 B 样条曲线，如图 5.29 所示。

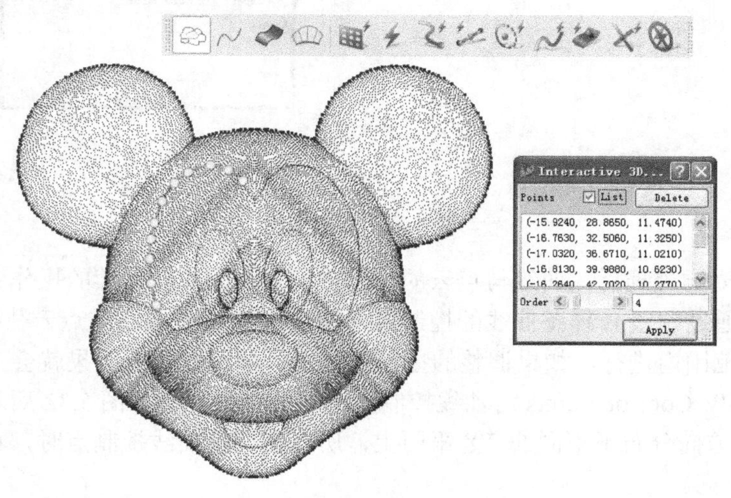

图 5.29　眼部空间曲线生成

(17) 使用菜单命令 Evaluate→Curvature→Curve Curvature，分析重构曲线的曲率分布情况，结果如图 5.30 所示。

图 5.30　曲率分析结果

(18) 使用菜单命令 Modify→Smooth→B-Spline，对曲线进行光顺处理，如图 5.31 所示。

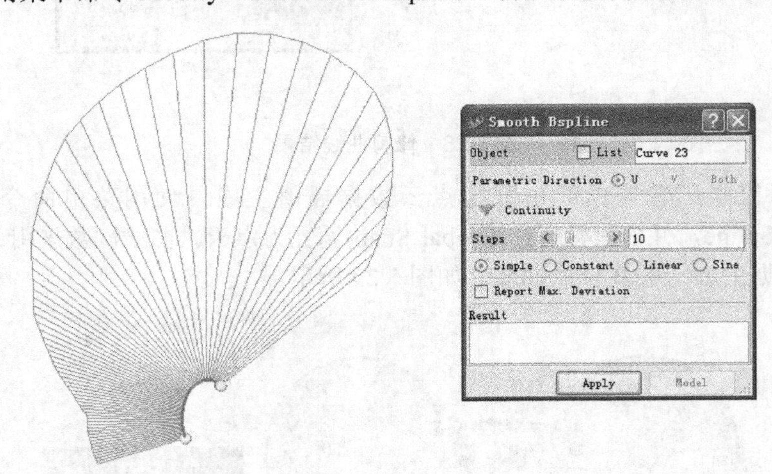

图 5.31　光顺曲线

(19) 曲线光顺处理后，曲线与点云的偏差会增大，因而在后续的操作中需要对曲线进行编辑处理，通过调整 B 样条曲线的控制点，使重构 B 样条曲线与点云数据尽可能接近。调整应在小的范围内进行，如果调整的控制点过多，曲线光顺的效果就会全部失效。使用菜单命令 Modify Control Points 对曲线控制点进行调整处理，如图 5.32 所示。由于点云数据沿坐标 Z 轴方向分布于不同的 XY 平面上，所以在调整曲线控制点时，将调整方向只限于坐标 X、Y 方向。

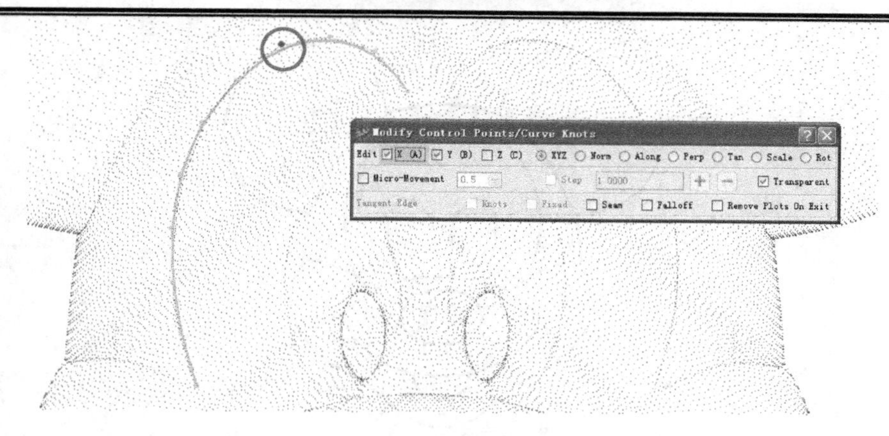

图 5.32　眼部曲线编辑

(20) 眼部曲线以 X=0 坐标平面成对称，使用菜单命令 Modify→Orient→Mirror，对上述所生成的曲线进行镜像操作，生成眼部 B 样条曲线如图 5.33 所示。

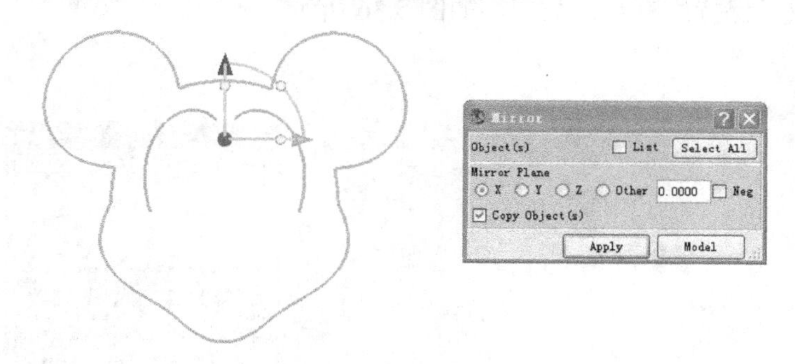

图 5.33　镜像曲线

(21) 使用菜单命令 Construct→Blend→Curve，桥接眼部对称曲线在对称曲面附近的部分。处理结果如图 5.34 所示。

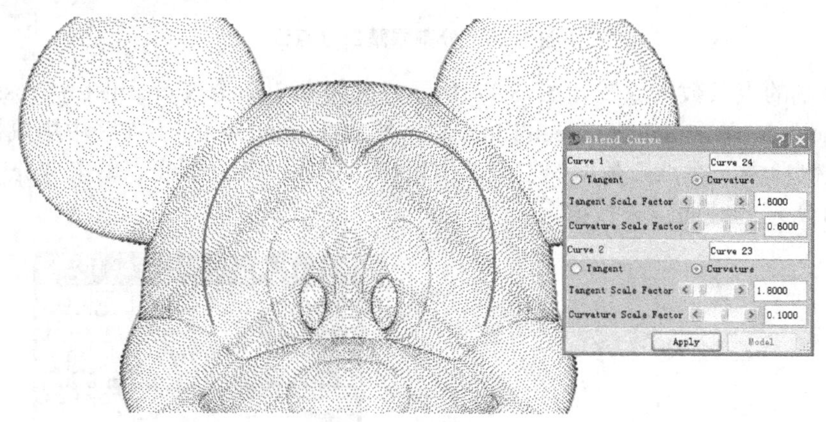

图 5.34　桥接曲线

(22) 按照上述同样的构建思路对米老鼠点云数据中的嘴巴部分的曲线、鼻子部分的曲线、舌头部分的曲线进行重建，结果如图 5.35 所示。

图 5.35　曲线轮廓构建

(23) 使用菜单命令 Modify→Extract→Circle-Select Points 对米老鼠点云数据眼珠部分的点云进行提取，保持原有点云数据，如图 5.36 所示。

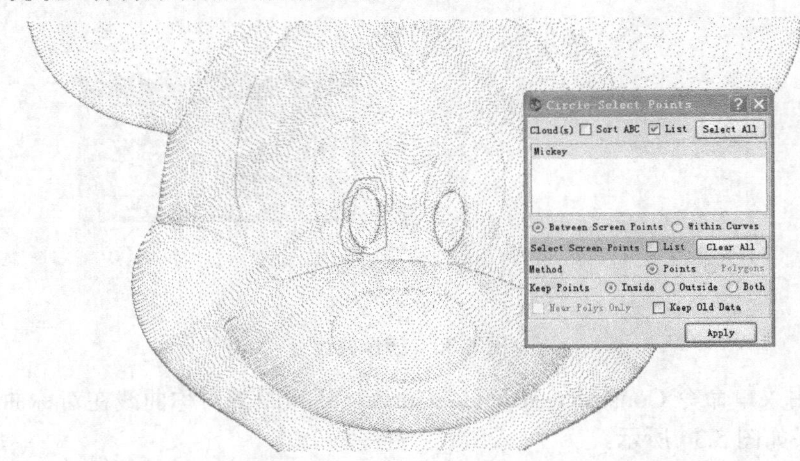

图 5.36　分割眼睛部分点云

(24) 分割的点云数据放置如图 5.37 所示，使用菜单命令 Construct→Cross Section→Cloud Interactive，单击 Select Screen Lines 栏，然后在 Imageware 工作区中用鼠标在靠近点云下底面左侧单击，在点云数据的右侧单击鼠标，形成一条分割线。单击 Apply 按钮，生成如图 5.38 所示的截面点云数据。

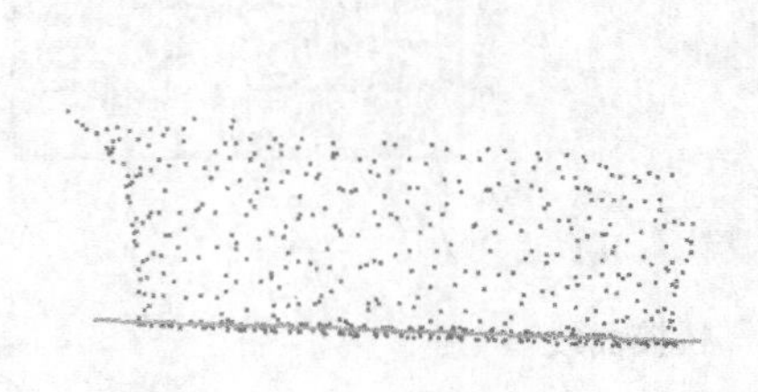

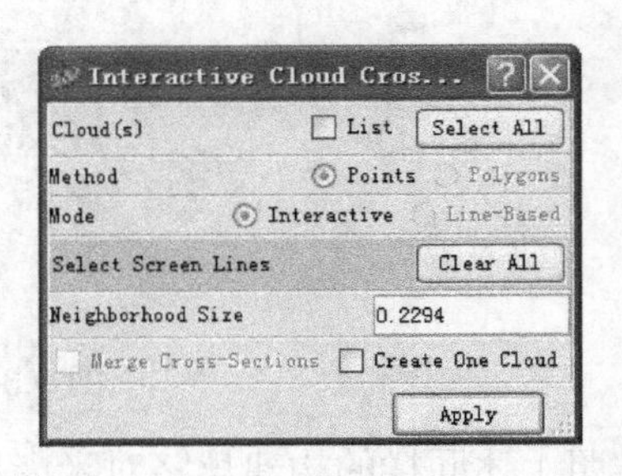

图 5.37　生成眼珠截面点云

(25) 使用菜单命令 Create→Curve Primitive→Fit Ellipse 对米老鼠点云数据眼珠部分的截面点云进行拟合，处理结果如图 5.38 所示。

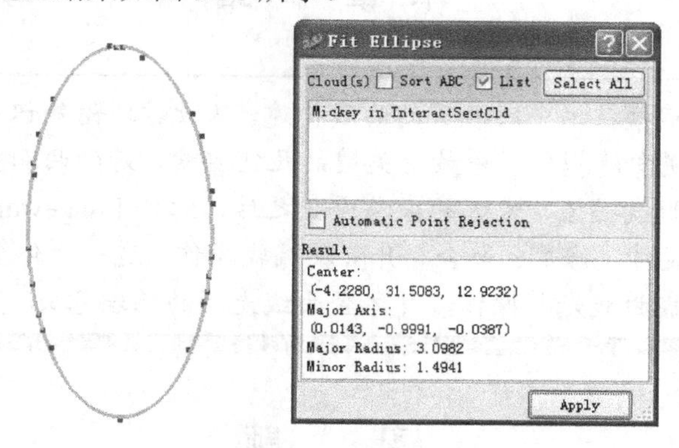

图 5.38　椭圆拟合

(26) 米老鼠点云数据放置如图 5.39 所示，使用菜单命令 Construct→Cross Section→Cloud Interactive，单击 Select Screen Lines 栏，然后在 Imageware 工作区中用鼠标在靠近点云下底面左上侧单击，按住 Ctrl 键，在点云数据的右上侧单击鼠标，形成一条水平分割线。单击 Apply 按钮，生成靠近耳朵上部的截面点云数据，按上述方法进行曲线拟合，结果如图 5.40 所示。

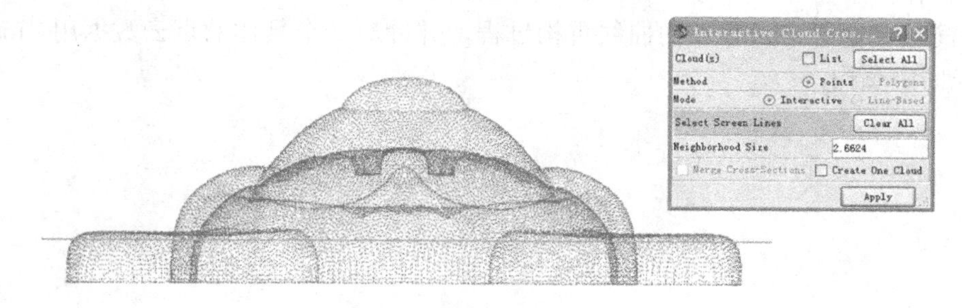

图 5.39　生成截面点云

(27) 米老鼠头像完整曲线特征如图 5.40 所示。

图 5.40　完整轮廓曲线

本章小结

本章介绍逆向建模技术中所涉及的曲线构建，从数学理论知识对曲线的插值及逼近进行叙述，曲线是逆向建模技术中最为关键的几何要素，好的曲面要靠好品质的曲线来保证。所以在了解曲线插值、逼近的数学原理之后，结合 Imageware 进行非均匀有理 B 样条曲线的创建、延伸、修剪、融合、升阶及编辑操作，进一步体会非均匀有理 B 样条曲线的灵活性。掌握曲线光顺操作，并体会曲线光顺的物理意义。

习　题

(1) 解释样条曲线插值与逼近的物理意义与数学含义。

(2) 解释样条曲线的连续性定义及数学含义。

(3) 简答曲线在产品逆向建模中的应用。

(4) 曲线拟合过程中，对数据点的参数化方法有哪些？简要说明其区别。

(5) 解释样条曲线升阶与降阶的数学原理及应用。

(6) 简答米老鼠点云数据的曲线重构过程，并针对一个具体的点云数据用 Imageware 进行特征曲线重构。

第6章 逆向建模曲面构建与造型技术

教学目标

本章主要对逆向工程中的曲面重构、曲面编辑和模型质量评价技术进行论述，在此基础上着重介绍二次曲面、规则自由曲面和纯自由曲面的重构技术，并对CAD模型的模型质量评价方法作了具体阐述。本章主要以逆向建模为主线，逐次介绍曲面建模与造型的相关技术。在学习中，需要重点掌握曲面的重构技术，结合UG等相关三维造型软件理解曲面编辑及模型质量评价等相关概念，并能应用这些技术熟练地进行逆向建模。

教学要求

能力目标	知识要点	权重	自测分数
掌握二次曲线约束重构及拟合技术	其数学原理	20%	
掌握规则自由曲面的特征提取及重构技术	规则自由曲面的特征提取原理	50%	
了解自由曲面的重构技术	自由曲面的重构的分类	10%	
了解曲面编辑技术	模型编辑的方法	10%	
了解模型质量评价	模型质量评价的应用	10%	

引例

产品CAD模型重构的流程是由点构线，由线构面，再由面经过求交、裁剪、过渡等一系列编辑操作最终生成B-Rep模型。因此曲面是B-Rep模型的基础，B-Rep模型重构质量的好坏取决于曲面重构的质量。以点云为基础数据，如何合理地构建曲面是建模过程中必须解决的关键技术之一。对于由复杂曲面构成的产品如右图所示的米老鼠头像，在其CAD模型重构过程中可以先将表面点云数据分割成一块块具有单一特征的数据，然后根据相应的重构方法重构出一个个面片，面片之间通过边界条件约束形成产品的整个外部表面。因此，曲面构建技术是产品逆向建模的重要基础。

在逆向工程领域中，曲面构建与造型技术是逆向建模的关键，其中包括曲面的重构、曲面的编辑和模型质量的评价。曲面根据其类型可分为二次曲面和自由曲面，而二次曲面又可分为平面、球面、柱面和锥面；自由曲面又可分为规则自由曲面和纯自由曲面。本章首先介绍二次曲面的约束拟合技术，而后分别介绍规则曲面的特征提取及重构技术，最后阐述纯自由曲面的重构技术。重构的曲面片之间需要通过求交、裁剪、过渡等曲面编辑操作最终生成 CAD 模型，最后对生成的 CAD 模型的质量进行评价，分析重构结果是否满足要求。

6.1 二次曲面约束重建及拟合

6.1.1 二次曲面的参数化表达

在三维空间中，满足方程

$$F(x,y,z)=c_1x^2+c_2y^2+c_3z^2+c_4xy+c_5yz+c_6zx+c_7x+c_8y+c_9z+c_{10}=0$$

的曲面称为一般二次曲面(General Quadric Surface，GQS)，如球面、圆柱面、圆锥面、抛物面、双曲面、椭圆面等，其中球面、圆柱面和圆锥面称为自然二次曲面(Natural Quadric Surface，NQS)。在工程应用中，尤其在机械类产品中，产品表面通常由平面和自然二次曲面构成，而很少出现一般二次曲面。

平面方程为

$$F\left(x,y,z\right)=ax+by+cz+d=0 \tag{6-1}$$

其中，平面参数为 a、b、c 和 d，$\boldsymbol{n}$=(a，b，c)表示平面法向量。

球面方程为

$$F(x,y,z)=\sqrt{(x-x_0)^2+(y-y_0)^2+(z-z_0)^2}-R=0 \tag{6-2}$$

其中 x_0、y_0、z_0 与 R 为球面参数，o (x_0，y_0，z_0)表示球面中心，R 表示球面半径。将球面方程展开可得其一般形式

$$F(x,y,z)=x^2+y^2+z^2+ax+by+cz+d=0 \quad \begin{cases} x_0=-\dfrac{a}{2} \\ y_0=-\dfrac{b}{2} \\ z_0=-\dfrac{c}{2} \\ R=\dfrac{\sqrt{a^2+b^2+c^2-4d}}{2} \end{cases} \tag{6-3}$$

圆柱面方程为

$$\begin{aligned} &F(x,y,z) \\ &=\sqrt{[(x-x_0)n-(y-y_0)m]^2+[(y-y_0)l-(z-z_0)n]^2+[(z-z_0)m-(x-x_0)l]^2}-R \\ &=0 \end{aligned} \tag{6-4}$$

其中 x_0、y_0、z_0、m、n、l 及 R 为圆柱面参数，o (x_0，y_0，z_0)表示圆柱面轴线上的一点，$\boldsymbol{a}$=(m，n，l)表示圆柱面轴线方向的单位向量，R 表示圆柱面半径。

圆锥面方程为

$$
\begin{aligned}
& F(x,y,z) \\
& = \sqrt{[(x-x_0)n-(y-y_0)m]^2+[(y-y_0)l-(z-z_0)n]^2+[(z-z_0)m-(x-x_0)l]^2} - \\
& \sqrt{[(x-x_0)^2+(y-y_0)^2+(z-z_0)^2]}\sin\theta \\
& = 0
\end{aligned}
\tag{6-5}
$$

其中，圆锥面参数为 x_0、y_0、z_0、m、n、l 与 θ，$c\ (x_0,\ y_0,\ z_0)$表示圆锥面顶点，$\boldsymbol{a}=(m,\ n,\ l)$表示圆锥面轴线方向的单位向量，$\theta$ 表示圆锥面的半锥顶角。

6.1.2　二次曲面的拟合构建

1. 平面拟合

由平面方程(6-1)可知，平面拟合(如图 6.1 所示)属于线性最小二乘法，平面方程的系数 a, b, c,d 由数据点$\{(x_i, y_i, z_i), i=1, \cdots, n\}$来确定。平面拟合方程组

$$\boldsymbol{Ax}=0$$

其中

$$\boldsymbol{A}=\begin{bmatrix} x_1 & y_1 & z_1 & 1 \\ x_2 & y_2 & z_2 & 1 \\ \vdots & \vdots & \vdots & \vdots \\ x_n & y_n & z_n & 1 \end{bmatrix},\quad \boldsymbol{x}=(a,b,c,d)^{\mathrm{T}}$$

采用特征向量估计法进行求解，求得矩阵$(\boldsymbol{A}^{\mathrm{T}}\boldsymbol{A})$的特征值 λ_i 和特征向量 $\boldsymbol{x}_i\ (i=1, \cdots, 4)$，对应绝对值最小的特征值 λ_j 的特征向量 $\boldsymbol{x}_j$ 即是待求平面参数(a, b, c, d)的最小二乘解。

图 6.1　平面拟合

2. 球面拟合

由球面方程(6-2)可知，球面拟合(如图 6.2 所示)属于非线性最小二乘法。但通过参数变换后得到球面方程(6-3)，球面拟合又可以采用线性最小二乘法实现。下面分别采用这两种方法求解球面方程的参数。

1) 线性最小二乘球面拟合

由于式(6-3)中包含常数项 $x_i^2 + y_i^2 + z_i^2$，故可以采用奇异值分解法求解。球面拟合方程组

$$\boldsymbol{AX}=\boldsymbol{B}$$

其中

$$\boldsymbol{A}=\begin{bmatrix} x_1 & y_1 & z_1 & 1 \\ x_2 & y_2 & z_2 & 1 \\ \vdots & \vdots & \vdots & \vdots \\ x_n & y_n & z_n & 1 \end{bmatrix},\quad \boldsymbol{X}=(a,b,c,d)^{\mathrm{T}},\quad \boldsymbol{B}=-\begin{bmatrix} x_1^2+y_1^2+z_1^2 \\ x_2^2+y_2^2+z_2^2 \\ \vdots \\ x_n^2+y_n^2+z_n^2 \end{bmatrix}$$

在求得最小二乘解 $\boldsymbol{X}$ 后，通过坐标转换公式(6-3)就可得到球面的参数：球心坐标(x_0, y_0, z_0)和半径 R。

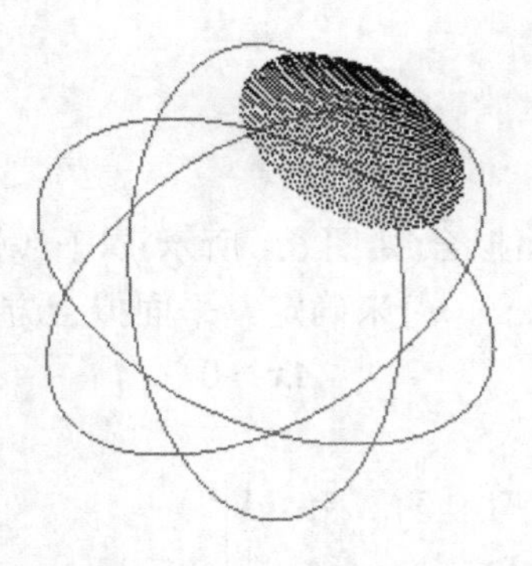

图 6.2　球面拟合

2) 非线性最小二乘球面拟合

空间数据点 P_i 到球面(球心为 o，半径为 R)的距离为

$$d(P_i)=|P_i-o|-R=\sqrt{(P_i-o)\cdot(P_i-o)}-R \tag{6-6}$$

通过求解残差平方和

$$E=\sum_{i=1}^{n}d(P_i)^2$$

的最小值来计算球面参数。由于以上函数中含有根式求和的形式，为了简化求导计算，需要对距离函数式(6-6)进行修正。首先对二次曲面重新进行参数化。球面的重新参数化如图 6.3 所示，其中 $\rho\boldsymbol{n}$ 为球面上离原点距离最近的点，ρ 为原点到球面的距离，$\boldsymbol{n}$ 为单位向量，$1/k$ 表示球面半径。将 $\boldsymbol{n}$ 用球坐标表示，即

$$\boldsymbol{n}=(\cos\varphi\sin\theta,\sin\varphi\sin\theta,\cos\theta) \tag{6-7}$$

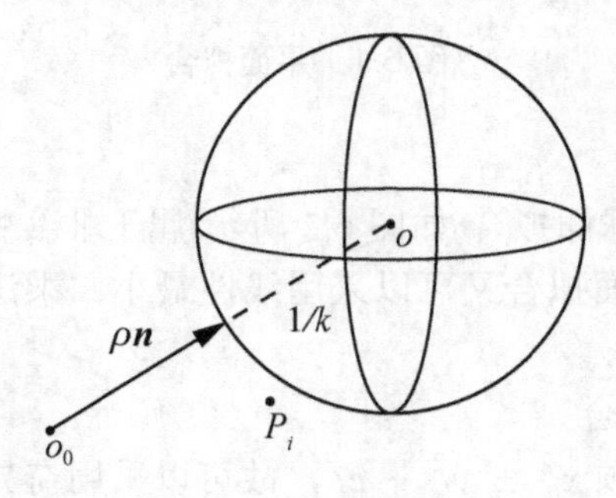

图 6.3　球面参数化

则球面就可参数化为 $S=(\rho,\ \varphi,\theta,k)$，数据点 P_i 到球面的距离函数为

$$d(P_i)=\left|P_i-(\rho+\frac{1}{k})\boldsymbol{n}\right|-\frac{1}{k}=\sqrt{[P_i-(\rho+\frac{1}{k})\boldsymbol{n}]\cdot[P_i-(\rho+\frac{1}{k})\boldsymbol{n}]}-\frac{1}{k} \tag{6-8}$$

然后将形为

$$d(P_i)=\sqrt{g}-h$$

的距离函数用

$$\tilde{d}(P_i)=\frac{g-h^2}{2h}=d+\frac{d^2}{2h}$$

来近似，避免对根式的求解，以简化计算。对于球面，距离函数式(6-8)就可用

$$\tilde{d}(P_i)=\frac{k}{2}(|P_i|^2-2\rho\, P_i\cdot\boldsymbol{n}+\rho^2)+\rho-P_i\cdot\boldsymbol{n}$$

来近似表示。

对于法方程的求解，应用 Levenberg-Marquardt 迭代法。同时，通过估算数据点的局部曲率特性的方法确定迭代法的初值。

3. 圆柱面拟合

与非线性最小二乘球面拟合一样，首先对圆柱面重新进行参数化，如图 6.4 所示，其中 $\rho\boldsymbol{n}$ 为圆柱面上离原点距离最近的点，$\boldsymbol{a}$ 表示圆柱面的轴线方向，$\boldsymbol{a}$ 和 $\boldsymbol{n}$ 均为单位向量，显然 $\mathbf{a}\cdot\mathbf{n}=0$，$1/k$ 表示圆柱面半径。$\boldsymbol{n}$ 可用式(6-7)表示为球坐标，$\boldsymbol{n}$ 对 φ,θ 的偏导数为

$$\mathbf{n}^{\varphi}=(-\sin\varphi\sin\theta,\cos\varphi\sin\theta,0)$$

$$\mathbf{n}^{\theta}=(\cos\varphi\cos\theta,\sin\varphi\cos\theta,-\sin\theta)$$

将 $\boldsymbol{n}^{\varphi}$ 标准化

$$\overline{\boldsymbol{n}}^{\varphi}=(-\sin\varphi,\cos\varphi,0)=\frac{\boldsymbol{n}^{\varphi}}{\sin\theta}$$

则 $\boldsymbol{n}^{\theta}$，$\overline{\boldsymbol{n}}^{\varphi}$ 和 $\boldsymbol{n}$ 构成一个正交基，向量 $\boldsymbol{a}$ 就可以参数化为

$$\boldsymbol{a}=\boldsymbol{n}^{\theta}\cos\alpha+\boldsymbol{n}^{\varphi}\sin\alpha$$

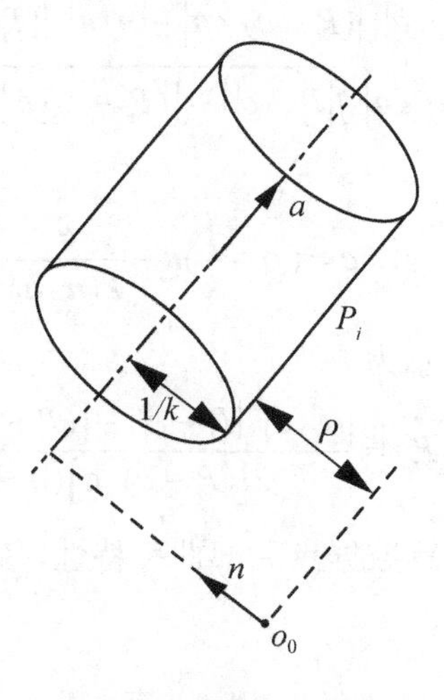

图 6.4 圆柱面参数化

这样，圆柱面就可参数化为 $S=(\rho, \varphi, \theta, k, \alpha)$。可见，经过重新参数化后，圆柱面的参数由方程(6-4)中相互关联的 7 个参数($x_0, y_0, z_0, m, n, l, R$)转变为相互独立的 5 个参数($\rho, \varphi, \theta, k, \alpha$)。

然后将数据点 P_i 代到圆柱面的距离函数

$$
\begin{aligned}
d(P_i) &= \left|(P_i-(\rho+\frac{1}{k})\boldsymbol{n})\times \boldsymbol{a}\right|-\frac{1}{k} \\
&= \sqrt{\left|P_i-(\rho+\frac{1}{k})\boldsymbol{n}\right|^2-\left\{\left[(P_i-(\rho+\frac{1}{k})\boldsymbol{n})\right]\cdot \boldsymbol{a}\right\}^2}-\frac{1}{k}
\end{aligned}
$$

用

$$
\tilde{d}(P_i)=\frac{k}{2}\left[\left|P_i\right|^2-2\rho\, P_i\cdot \boldsymbol{n}-(P_i\cdot \boldsymbol{a})+\rho^2\right]+\rho-P_i\cdot \boldsymbol{n} \tag{6-9}
$$

来近似表示。

在求解过程中，通过估算数据点局部曲率特性，确定 Levenberg-Marquardt 迭代法的初值。

4. 圆锥面拟合

圆锥面的重新参数化与圆柱面相类似，如图 6.5 所示，$\rho\boldsymbol{n}$ 为圆锥面上离原点距离最近的点，k 表示在点 $\rho\boldsymbol{n}$ 处圆锥面的最大曲率，$\boldsymbol{a}$ 表示圆柱面的轴线方向，$\boldsymbol{a}$ 和 $\boldsymbol{n}$ 均为单位向量，$\boldsymbol{n}$ 仍然用式(6-7)表示为球坐标，与圆柱面不同，在圆锥面中 $\boldsymbol{a}$ 和 $\boldsymbol{n}$ 并不垂直，因此将 $\boldsymbol{a}$ 也用球坐标表示为

$$
\boldsymbol{a}=(\cos\sigma\sin\tau, \sin\sigma\sin\tau, \cos\tau)
$$

这样，圆锥面就可参数化为 $S=(\rho, \varphi, \theta, k, \sigma, t)$。可见，经过重新参数化后，圆锥面的参数由方程(6-5)中相互关联的 7 个参数($x_0, y_0, z_0, m, n, l, \theta$)转变为相互独立的 6 个参数($\rho, \varphi, \theta, k, \sigma, t$)。

数据点 P_i 到圆锥面的距离函数为

$$
\begin{aligned}
d(P_i) &= \left|\boldsymbol{n}\times \boldsymbol{a}\right|\ \left|(P_i-c)\times \boldsymbol{a}\right|-\left|\boldsymbol{n}\cdot \boldsymbol{a}\right|\ \left|(P_i-c)\cdot \boldsymbol{a}\right| \\
&= \left|\boldsymbol{n}\times \boldsymbol{a}\right|\sqrt{\left|P_i-c\right|^2-\left[(P_i-c)\cdot \boldsymbol{a}\right]^2}-\left|\boldsymbol{n}\cdot \boldsymbol{a}\right|\ \left|(P_i-c)\cdot \boldsymbol{a}\right|
\end{aligned} \tag{6-10}
$$

其中，c 表示圆锥面的顶点

$$
c=(\rho+\frac{1}{k})\boldsymbol{n}-\frac{\boldsymbol{a}}{k(\boldsymbol{n}\cdot \boldsymbol{a})}
$$

同样，距离函数也可近似表示为

$$
\tilde{d}(P_i)=\frac{\left|\boldsymbol{n}\times \boldsymbol{a}\right|^2\left|P_i-c\right|^2-\left[(P_i-c)\cdot \boldsymbol{a}\right]^2}{2\left[(P_i-c)\cdot \boldsymbol{a}\right](\boldsymbol{n}\cdot \boldsymbol{a})}
$$

在求解过程中，同样通过估算数据点局部曲率特性，确定 Levenberg-Marquardt 迭代法的初值。

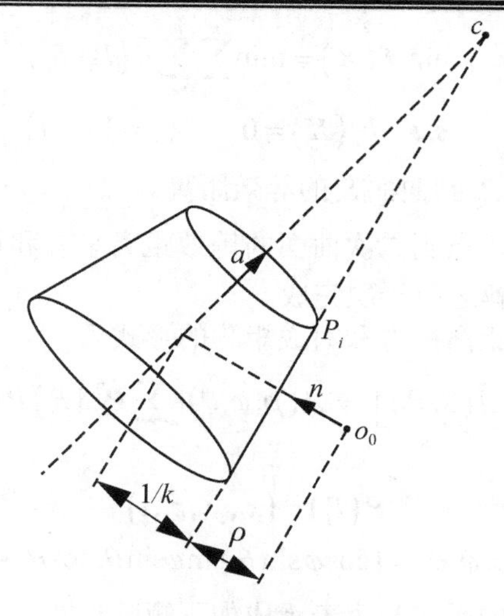

图 6.5　圆锥面参数化

6.1.3　二次曲面的约束逼近

理论上讲，任何 CAD 模型都可以看成是一些简单特征的组合，而特征面是产品特征的再分解。组成特征的二次曲面之间又经常满足垂直、平行、相切、尺寸及距离等几何约束。在产品制造过程中，这些曲面的制造精度一般也有较高的要求，制造出的产品特征曲面之间经常要满足垂直度、平行度、尺寸公差等形位公差的要求。在产品逆向建模过程中，由于测量误差或产品制造误差、使用过程中的磨损误差、曲面逼近误差的影响，重构 CAD 模型的特征曲面之间往往不能保持设计时的几何约束关系。正是由于上述误差的影响，使得追求单一曲面逼近误差最小，忽略特征曲面之间几何约束的重建 CAD 模型很难满足产品装配对齐及产品对称等要求。因此，点云数据区域分割完毕后，要对点云数据进行几何约束下的逼近，以再现特征曲面之间的几何约束。

1. 约束最优化数学模型

二次曲面在满足几何约束的情况下对数据点的逼近可转化为最优化数学模型求解。

假定：

(1) 物体表面包含 n 张二次曲面片 S_i，点 P_{ik} 属于曲面片 S_i 上的第 k 个测量点 ($k=1,\cdots,m$)，点 P_{ik} 到曲面 S_i 的距离为 $d\left(P_{ik},S_i\right)$；

(2) 表达这 n 张二次曲面片的 s 维向量用 $\boldsymbol{X}=\left\{x_1,x_{2,},\cdots,x_s\right\}$ 表示，它是所有曲面片参数的集合；

(3) 曲面片之间满足约束集 $h_j\left(\boldsymbol{X}\right)=0$，$j=1,\cdots,l$。则约束优化模型可表达如下：

$$\left.\begin{aligned}&\min f\left(\boldsymbol{X}\right)=\min\sum_{i=1}^{n}\sum_{k=1}^{m}d\left(P_{ik},S_i\right)^2\\&s.t\quad h_j\left(\boldsymbol{X}\right)=0\qquad\left(j=1,\cdots,l\right)\end{aligned}\right\}\tag{6-11}$$

为避免距离平方和中的根式计算，减少变量个数，应用二次曲面的几何参数表达形式，并用数据点到曲面的等效距离取代真实距离进行约束逼近，约束优化模型可转变为

$$\left.\begin{aligned}&\min f(\boldsymbol{X})=\min\sum_{i=1}^{n}\sum_{k=1}^{m}\tilde{d}\left(P_{ik},S_i\right)^2\\&s.t\quad h_j(\boldsymbol{X})=0\qquad(j=1,\cdots,l)\end{aligned}\right\}\tag{6-12}$$

其中，$\tilde{d}\left(P_{ik},S_i\right)$表示点$P_{ik}$到曲面$S_i$的等效距离。

为提高约束求解的速度，点到二次曲面的等效距离平方和可应用矩阵表达形式，使得有关数据点的计算在迭代求解之前一次完成。

测量点P_i到平面的等效距离平方和写成矩阵的形式为

$$\sum\left[\tilde{d}\left(S,P_i\right)\right]^2=\boldsymbol{A}(\rho,\varphi,\theta)\left[\sum\boldsymbol{P}^{\mathrm{T}}\left(P_i\right)\boldsymbol{P}\left(P_i\right)\right]\boldsymbol{A}(\rho,\varphi,\theta)^{\mathrm{T}}\tag{6-13}$$

其中

$$\boldsymbol{P}\left(P_i\right)=\left(x_i,y_i,z_i,1\right)$$

$$\boldsymbol{A}(\rho,\varphi,\theta)=(\cos\varphi\sin\theta,\sin\varphi\sin\theta,\cos\theta,-\rho)$$

测量点到球面等效距离的平方和可表示成如下矩阵形式

$$\sum\left[\tilde{d}\left(S,P_i\right)\right]^2=\boldsymbol{A}(\rho,\varphi,\theta,\kappa)\left[\sum\boldsymbol{P}^{\mathrm{T}}\left(P_i\right)\boldsymbol{P}\left(P_i\right)\right]\boldsymbol{A}(\rho,\varphi,\theta,\kappa)^{\mathrm{T}}\tag{6-14}$$

其中

$$\boldsymbol{P}\left(P_i\right)=\left(x_i^2+y_i^2+z_i^2,x_i,y_i,z_i,1\right)$$

$$\boldsymbol{A}(\rho,\varphi,\theta,\kappa)=\left(\kappa/2,-(\kappa\rho+1)\cos\varphi\sin\theta,-(\kappa\rho+1)\sin\varphi\sin\theta,-(\kappa\rho+1)\cos\theta,\kappa\rho^2/2+\rho\right)$$

测量点到柱面等效距离的平方和写成矩阵形式为

$$\sum\left[\tilde{d}\left(S,P_i\right)\right]^2=\boldsymbol{A}(\rho,\varphi,\theta,\kappa,\alpha)\left[\sum\boldsymbol{P}^{\mathrm{T}}\left(P_i\right)\boldsymbol{P}\left(P_i\right)\right]\boldsymbol{A}(\rho,\varphi,\theta,\kappa,\alpha)^{\mathrm{T}}\tag{6-15}$$

其中，

$$\boldsymbol{P}\left(P_i\right)=\left(x_i^2,y_i^2,z_i^2,x_iy_i,x_iz_i,y_iz_i,x_i,y_i,z_i,1\right)$$

$$A(\rho,\varphi,\theta,\kappa,\alpha)=\begin{pmatrix}\kappa/2\left[1-(\cos\varphi\cos\theta\cos\alpha-\sin\varphi\sin\alpha)^2\right]\\\kappa/2\left[1-(\sin\varphi\cos\theta\cos\alpha+\cos\varphi\sin\alpha)^2\right]\\\kappa/2\left[1-(\sin\theta\cos\alpha)^2\right]\\-k(\cos\varphi\cos\theta\cos\alpha-\sin\varphi\sin\alpha)(\sin\varphi\cos\theta\cos\alpha+\cos\varphi\sin\alpha)\\-k(\cos\varphi\cos\theta\cos\alpha-\sin\varphi\sin\alpha)(-\sin\theta\cos\alpha)\\-k(\sin\varphi\cos\theta\cos\alpha+\cos\varphi\sin\alpha)(-\sin\theta\cos\alpha)\\-(\kappa\rho+1)\cos\varphi\sin\theta\\-(\kappa\rho+1)\sin\varphi\sin\theta\\-(\kappa\rho+1)\cos\theta\\\kappa\rho^2/2+\rho\end{pmatrix}^{\mathrm{T}}$$

遗憾的是，点到锥面“等效距离”的平方和分解写成了矩阵的形式，从而使得有关锥面的约束求解速度较慢。

2. 二次曲面之间约束的数学表达

在约束优化模型中必须将二次曲面之间的约束用数学等式或不等式的形式表达方能进行数学模型求解。表 5-1 列出了常见的二次曲面之间约束的数学表达式。

表 5-1　二次曲面之间部分约束

约束类型	约束方程
两直线垂直 (PER_PP，P_1，P_2，1)	$\boldsymbol{n}_1^x\boldsymbol{n}_2^x+\boldsymbol{n}_1^y\boldsymbol{n}_2^y+\boldsymbol{n}_1^z\boldsymbol{n}_2^z=0$
两直线平行 (PAR_PP，P_1，P_2，1)	(1) $\boldsymbol{n}_1^x\boldsymbol{n}_2^z-\boldsymbol{n}_2^x\boldsymbol{n}_1^z=0$；(2) $\boldsymbol{n}_1^x\boldsymbol{n}_2^y-\boldsymbol{n}_2^x\boldsymbol{n}_1^y=0$
两直线共线($COPLN\_PP$，P_1，P_2，1)	(2) $\rho_1-\rho_2=0$；(2) $\varphi_1-\varphi_2=0$；(3) $\theta_1-\theta_2=0$
两直线成 β 角 (ANG_PP，P_1，P_2，β)	$\boldsymbol{n}_1^x\boldsymbol{n}_2^x+\boldsymbol{n}_1^y\boldsymbol{n}_2^y+\boldsymbol{n}_1^z\boldsymbol{n}_2^z-\cos\beta=0$
两平面平行 ($DIST\_PP$，P_1，P_2，d)	(1) $(\rho_1\pm\rho_2)^2-(d)^2=0$； (2) $\boldsymbol{n}_1^x\boldsymbol{n}_2^z-\boldsymbol{n}_2^x\boldsymbol{n}_1^z=0$；(3) $\boldsymbol{n}_1^x\boldsymbol{n}_2^y-\boldsymbol{n}_2^x\boldsymbol{n}_1^y=0$
平面与柱在相切(TAN_PC，P，C，1)	(1) $\boldsymbol{n}_1^x\boldsymbol{a}_2^x+\boldsymbol{n}_1^y\boldsymbol{a}_2^y+\boldsymbol{n}_1^z\boldsymbol{a}_2^z=0$ (2) $\left[\left(\rho_2+1/k_2\right)\left(\boldsymbol{n}_2^x\boldsymbol{n}_1^x+\boldsymbol{n}_2^y\boldsymbol{n}_1^y+\boldsymbol{n}_2^z\boldsymbol{n}_1^z\right)\pm\rho_1\right]^2-\left(1/k_2\right)^2=0$
两平面共面($COPNT\_SS$，S_1，S_2，1)	(1) $\left(\rho_1+1/k_1\right)\boldsymbol{n}_1^x-\left(\rho_2+1/k_2\right)\boldsymbol{n}_2^x=0$ (2) $\left(\rho_1+1/k_1\right)\boldsymbol{n}_1^y-\left(\rho_2+1/k_2\right)\boldsymbol{n}_2^y=0$ (3) $\left(\rho_1+1/k_1\right)\boldsymbol{n}_1^z-\left(\rho_2+1/k_2\right)\boldsymbol{n}_2^z=0$
两球面外切 ($OTAN\_SS$，S_1，S_2，1)	$\left[\left(\rho_1+1/k_1\right)\boldsymbol{n}_1^x-\left(\rho_2+1/k_2\right)\boldsymbol{n}_2^x\right]^2$ $+\left[\left(\rho_1+1/k_1\right)\boldsymbol{n}_1^y-\left(\rho_2+1/k_2\right)\boldsymbol{n}_2^y\right]^2$ $+\left[\left(\rho_1+1/k_1\right)\boldsymbol{n}_1^z-\left(\rho_2+1/k_2\right)\boldsymbol{n}_2^z\right]^2$ $-\left(\left\lvert 1/k_1\right\rvert+\left\lvert 1/k_2\right\rvert\right)^2=0$
两球面内切 ($ITAN\_SS$，S_1，S_2，1)	$\left[\left(\rho_1+1/k_1\right)\boldsymbol{n}_1^x-\left(\rho_2+1/k_2\right)\boldsymbol{n}_2^x\right]^2$ $+\left[\left(\rho_1+1/k_1\right)\boldsymbol{n}_1^y-\left(\rho_2+1/k_2\right)\boldsymbol{n}_2^y\right]^2$ $+\left[\left(\rho_1+1/k_1\right)\boldsymbol{n}_1^z-\left(\rho_2+1/k_2\right)\boldsymbol{n}_2^z\right]^2$ $-\left(\left\lvert 1/k_1\right\rvert-\left\lvert 1/k_2\right\rvert\right)^2=0$

约束方程中变量是表达二次曲面的几何参数，其中

$$\left(\boldsymbol{n}^x,\boldsymbol{n}^y,\boldsymbol{n}^z\right)=\left(\cos\varphi\sin\theta,\sin\varphi\sin\theta,\cos\theta\right)$$

$$\left(\boldsymbol{a}^x,\boldsymbol{a}^y,\boldsymbol{a}^z\right)=\left(\cos\varphi\cos\theta\cos\alpha-\sin\varphi\sin\alpha,\sin\varphi\cos\theta\cos\alpha+\cos\varphi\sin\alpha,-\sin\theta\cos\alpha\right)$$

是引入变量，其下标表示约束对象的序号。需要说明的是：①本文未将所有的二次曲面之间的约束类型及约束方程列出；②同一约束条件的表达式并非唯一。

在区域分割后，需要建立一定的约束识别规则进一步识别特征面之间隐含的几何约束。由于逆向工程中的二次曲面之间的邻接关系并未建立，完全自动的约束识别可能带来约束错误。目前，一般应用交互的方式添加逆向工程中的几何约束。

6.2 旋转面特征拾取及重构技术

旋转面的设计由两个特征参数构成：旋转轴和母线。在逆向工程中，曲面的重构有两种方法：一是根据选定的数学模型，如 Bézier 曲面、B 样条曲面、放样曲面或扫掠面等直接逼近点云数据，将曲面近似地表达成一般的自由曲面；另一种方法是基于特征的重构，即从点云中提取出与曲面对应的原始设计参数，如旋转面的旋转轴和母线，拉伸面的拉伸方向和截面线等，然后用正向设计方法构造曲面。很显然，第一种方法会丢失曲面的特征信息。对于旋转面来说，由于通过旋转轴参数可以较容易地获得母线参数数据，因此，旋转轴的提取是解决旋转面特征重构的关键。

6.2.1 旋转面的曲率线

若曲面 Σ 上一条曲线 Γ 在每一点的切线总是沿着该点的一个主方向，则称 Γ 为 Σ 上的一条曲率线。E,F,G 为曲面第一基本量，L,M,N 为曲面第二基本量。脐点的概念来自微分几何，它是曲面上所有方向的法曲率都相等的点。

引理：在一片不含脐点的曲面上，参数曲线为曲率线的充要条件是 $F=M=0$。

证明如下。

(1) 若 $F=M=0$ 成立，则曲率线的微分方程(主方向方程)

$$\begin{vmatrix} E\mathrm{d}u+F\mathrm{d}v & F\mathrm{d}u+G\mathrm{d}v \\ L\mathrm{d}u+M\mathrm{d}v & M\mathrm{d}u+N\mathrm{d}v \end{vmatrix}=0 \tag{6-16}$$

上式可化为

$$(EN-GL)\mathrm{d}u\mathrm{d}v=0 \tag{6-17}$$

已知，$(EN-GL)\neq 0$，因为若 $(EN-GL)=0$，则 $L:M:N=E:F:G$，与曲面上没有脐点的假定不符。所以方程(6-17)化为 $\mathrm{d}u\mathrm{d}v=0$。即 $\mathrm{d}u=0$ 或 $\mathrm{d}v=0$，这证明了参数曲线就是曲率线。

(2) 若参数曲线为曲率线，则 $\mathrm{d}u\neq 0$，$\mathrm{d}v=0$ 和 $\mathrm{d}u=0,\mathrm{d}v\neq 0$ 都应当适合方程(6-16)，故：

$$\begin{vmatrix} E & F \\ L & M \end{vmatrix}=\begin{vmatrix} F & G \\ M & N \end{vmatrix}=0 \tag{6-18}$$

可见 $F=0$。因为若 $F\neq 0$，则上式 $L/E=M/F=N/G$ 与假定不符。

根据式(6-18)，由 $F=0, E\neq 0$，$G\neq 0$，又可得 $M=0$，引理得证。

定理：旋转面的经线和纬线都是曲率线。

证明如下。

设旋转面的参数方程为：$r(u, v)=\{f(v)\cos u, f(v)\sin u, g(v)\}$，其中 $0<u<2\pi, a<v<b$，则 u 线称为旋转面的纬线，它是一个圆；v 线称为经线，它的形状与 Γ 相同。旋转面参数曲线的切向量及二阶混合偏导为

$$\boldsymbol{r}_u=\{-f\sin u, f\cos u, 0\}, \boldsymbol{r}_v=\{f'\cos u, f'\sin u, g'\}, \boldsymbol{r}_{uv}=\{-f'\sin u, f'\cos u, 0\}$$

它的单位法向量为

$$\boldsymbol{n}=\boldsymbol{r}_u\times\boldsymbol{r}_v/|\boldsymbol{r}_u\times\boldsymbol{r}_v|=\{g'\cos u, g'\sin u, -f'\}/\sqrt{f'^2+g'^2}$$

因为 $\boldsymbol{r}_u\cdot\boldsymbol{r}_v=0$，故经线与纬线是正交的。

旋转面的第一基本量为

$$E=\boldsymbol{r}_u\cdot\boldsymbol{r}_u, F=\boldsymbol{r}_u\cdot\boldsymbol{r}_v, G=\boldsymbol{r}_v\cdot\boldsymbol{r}_v$$

其中，$F=\boldsymbol{r}_u\cdot\boldsymbol{r}_v=-ff'\sin u\cos u+ff'\cos u\sin u+0=0$

旋转面的第二基本量为

$$L=\boldsymbol{n}\cdot\boldsymbol{r}_{uu}, M=\boldsymbol{n}\cdot\boldsymbol{r}_{uv}, N=\boldsymbol{n}\cdot\boldsymbol{r}_{vv}$$

其中，$M=(-ff'g'\sin u\cos u+ff'g'\sin u\cos u+0)/\sqrt{f'^2+g'^2}=0$

所以，$F=M=0$，故定理得证。

6.2.2 主方向高斯映射

将曲面上每一点处的主曲率方向矢量(包括最大及最小主曲率方向两个矢量，以下统称主方向)进行单位化，并将主方向的起点平移到单位球的球心，则主方向的矢端落在球面上。由主方向矢量的矢端在球面上形成的图像，就是主方向的高斯映像，或称新高斯映像。

1. 旋转面的主方向高斯映像

旋转面可以看作是由经线和纬线两种曲线所构成的。经线与旋转轴在同一平面上，纬线在垂直于旋转轴的平面上，各个平面彼此平行。由于经线与纬线都是曲率线(如图 6.6 所示)，所以可得出这样一个结论：旋转面上任意一点处的两个主方向，必有一个处于纬线所在的平面内。所以理论上，可用一定数目的经线与纬线表示一个旋转面，如图 6.6 所示。如在这些经线与纬线上采样一些点，则当旋转面上每一点处的两个主曲率方向(经单位化)均平移到一个单位球的球心处时，分布在纬线上的主方向矢量将处于同一个平面 π 内，且该平面与纬线所在平面平行，与旋转轴垂直。也就是纬线上各点的主方向矢量的矢端在高斯球上张成一个半径为 $r=1$ 的大圆；而经线上的主方向矢端则随着经线形状的不同而落在球面的不同位置。所以旋转面的主方向高斯映射是由一个垂直于旋转轴的大圆和一些散乱点组成的。而旋转面上任意一点处均有两个主方向，所以大圆上的点数和所有散乱点的点数的总和相等。这就使得高斯球上大圆的特征强烈地凸现出来，使得大圆数据的提取成为可能。

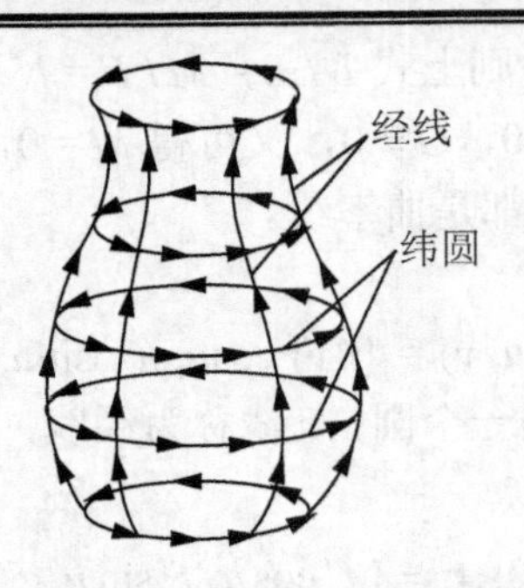

图 6.6　经线和纬圆上的主方向的分布规律

2. 各种旋转面的高斯映像特点

由以上分析易知，要得到大圆数据，必须要进行数据分离。在分离数据之前，先考察各种类型的旋转面的主方向的高斯映像的特点。旋转面一般可分为柱面、锥面、圆环面、母线为自由曲线的旋转面(以下简称为自由旋转面)。通过观察可知，柱面的最大主曲率方向的高斯映像是一个大圆，而最小主曲率方向会形成两个极点处的圆斑点。锥面的最大主曲率方向也形成一个大圆，而最小主曲率方向会形成分布在大圆两侧且与大圆所在平面平行的两个对称的小圆。圆环面的最小主方向将形成大圆，最大主方向会均匀地分布在高斯球上。自由旋转面的高斯映像则是一个大圆与其他“散乱点”分布在高斯球上，如图 6.7 所示。

6.2.3　基于快速聚类分析的数据分离

将高斯球上大圆数据准确地分离是算法的关键。分析高斯图像可以得出：①大圆上的点数据与其他散乱分布的点数据的数目相同，但分布集中，形成带宽很细的圆环，密度远大于其他部分；②大圆数据所在的平面将通过球心。根据这两个特点，采用聚类分析法进行数据分离，获得分类点，进行连通域搜索等步骤而获得最终要求的大圆数据。聚类技术在计算机视觉(Computer Vision)，模式识别等领域有了较广泛的应用。聚类的方法很多，不同的聚类方法产生不同特性的类。快速聚类法在主方向高斯球上的应用如下。

1. 包围盒划分及采样

由于主方向高斯球上的点是离散的，较难描述其性质，所以采样时利用网格划分是一种较好的办法。对高斯球进行网格划分有几种方法，如正五面体，正十二面体，正二十面体等。考虑到旋转面的主方向高斯映像的特点，采用了规则包围盒的划分方法，将对主方向高斯球的栅格划分转化为对高斯球外切立方体的划分。然后，将高斯球上的点分配到包围盒中，从而完成采样过程。这样，每一个小包围盒就成为一个样品，其所含的点数表示样品的值。

由于高斯球的半径 $r=1$，所以高斯球划分的栅格数目就表示了采样的精度。理论上，主曲率方向应落在大圆上并形成一条没有宽度的线，而实际上主方向估算质量的好坏会形成或宽或窄的圆环带。根据大量的实测数据显示，将单位高斯球划分为 40×40×40 个包围盒是较理想的划分方式。

2. 确定分类数及聚点

由于任何旋转面的主方向高斯映像都由一个大圆和一些散乱点构成，所以确定分类数目为二。一类是分布在大圆上的数据集 C 类，而另一类视为噪声数据 N 类。选择所有非空(含有点的)包围盒中含点数最多及最少的包围盒作为两个聚点。然后利用聚类过程，完成数据的分类，如图 6.7 所示。

3. 大圆数据的识别

样品分成两类后，需要从中识别出 C 类。一般来说，C 类数据集中分布在大圆附近，样品的数值大(也就是密度大)而数量少；N 类数据分布散乱，样品数值小(密度小)而数量大。然而，C 类数据与 N 类数据的总量(注意不是样品值)却是相同的。在大多数情况下，N 类样品数量远远大于 C 类样品数量，所以两类数据样品中密度大、数量小的就是 C 类。

然而，前面已说过，柱面和接近于柱面的锥面的最小主方向会在高斯球的两极形成两个半径很小的圆斑[如图 6.7(h)和(i)所示]或接近圆斑的两个小圆。由于圆斑的密度非常高，远高于大圆数据，所以聚类的结果是 C 类的密度反而小于由两个圆斑或半径很小的小圆聚成的 N 类[如图 6.7 的(g)、(h)、(i)]，从而导致了大圆数据识别的失败。因此，需对识别原则加以修正，以处理这种情况。当锥顶角为零时，圆锥的最小主方向的高斯映像(不考虑最大主方向)会退化为圆柱，形成两个圆斑。当锥顶角逐渐增大时，两个圆斑变为两个小圆，其所在的平面也逐渐向大圆所在平面靠近，且平面间一直保持平行关系。当锥顶角为 90 度时，两个小圆与大圆重合，此时圆锥展成平面，而小圆的密度也由理论上的无穷大变为大圆密度的一半。所以可推知必有一个临界点 P 满足：当小圆在 P 之上时，小圆的密度将大于大圆的密度；而小圆在 P 之下时，小圆的密度小于大圆的密度；在临界点处，小圆密度等于大圆密度。所以只要找到临界点 P，就能正确识别大圆的 C 类。临界点的计算如下所述。

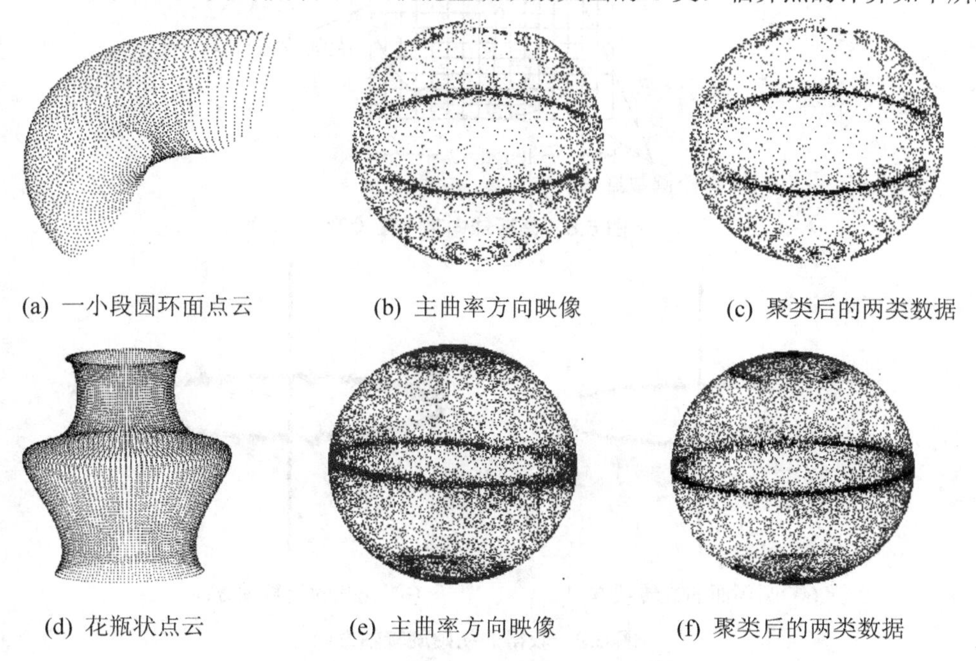

(a) 一小段圆环面点云　(b) 主曲率方向映像　(c) 聚类后的两类数据

(d) 花瓶状点云　(e) 主曲率方向映像　(f) 聚类后的两类数据

图 6.7　各类旋转面点云及其对应的高斯球

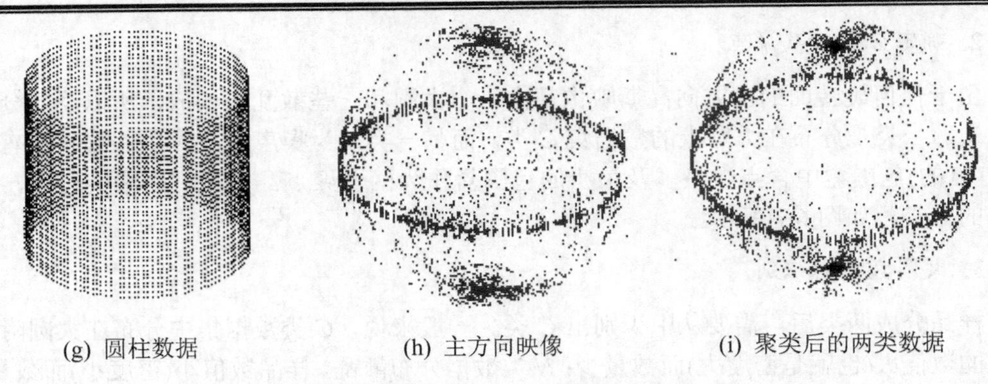

(g) 圆柱数据　　(h) 主方向映像　　(i) 聚类后的两类数据

图 6.7　各类旋转面点云及其对应的高斯球(续)

由于小圆与大圆所在的平面总是平行的，而包围盒又是均匀划分的，所以当小圆周长是大圆周长的一半时，两个小圆所含的包围盒数之和等于大圆所含的包围盒数。又由于小圆和大圆的数据总量始终是相等的，所以此时它们的密度(样品数值)在理论上必相等，此时小圆的位置就是临界点 P，如图 6.8 所示。

大圆数据识别后，拟合大圆平面 π，获得旋转轴的方向。为了增加准确度，可进行过球心 o 的带约束的平面拟合和噪声剔除。平面的法矢即是旋转轴的方向，如图 6.9 所示，图中未画出平面。具体算法流程如图 6.10 所示。

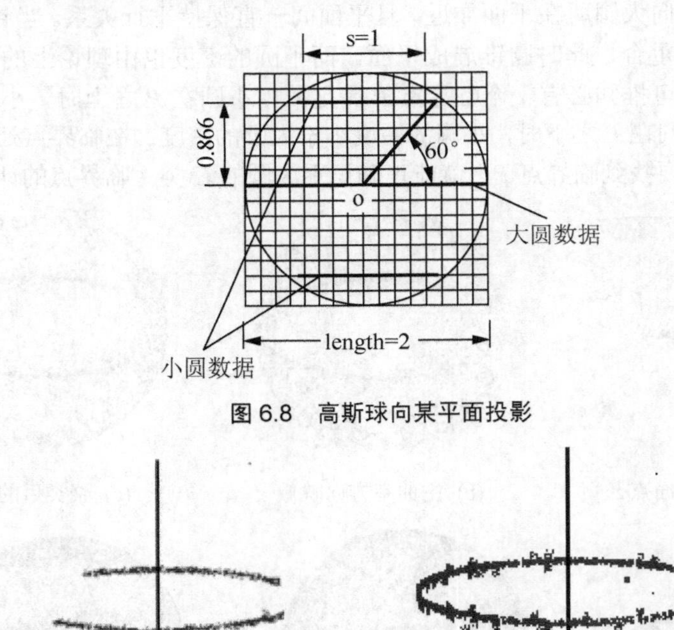

图 6.8　高斯球向某平面投影

(a) 圆环面的旋转轴方向　　(b) 花瓶的旋转轴方向

图 6.9　获得的初始旋转轴方向

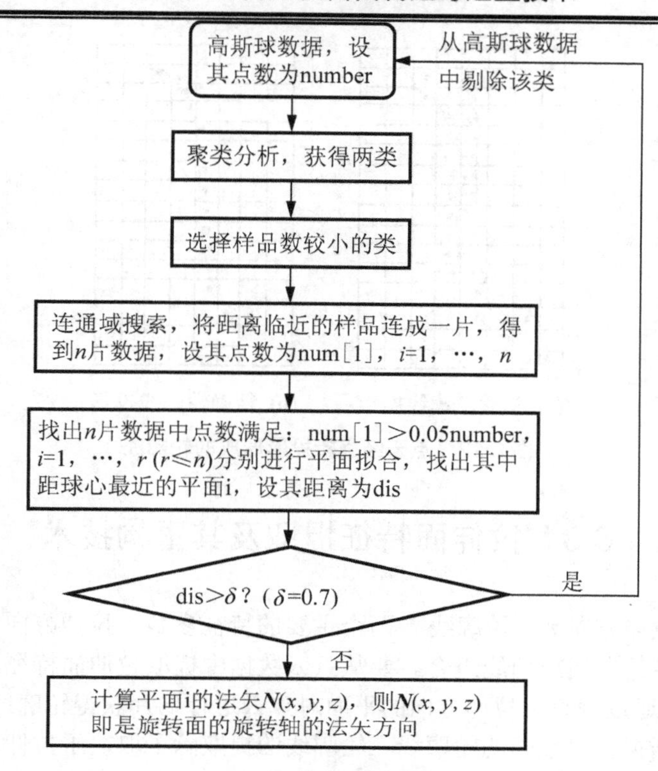

图 6.10 大圆数据分离流程

6.2.4 旋转轴获取

在获得了较精确的旋转轴方向后，开始计算旋转轴通过的点。对于一般旋转面来说，若沿着平行于旋转轴的方向看过去，则会发现在垂直于旋转轴的平面上(可称其为投影面)，旋转面的法矢在该投影面上的投影线将汇集到一点，如图 6.11 所示，该点即是旋转轴通过的点的位置。将点云的每一点处的法矢表示成直线 $L_i(i = 1,\cdots, n)$，并将所有的法矢直线 L_i 向过任一点 $O(x, y, z)$垂直于旋转轴平面 M 投影，获得投影方程 $l_i(a_{i1}x_1 + a_{i2}x_2 = b_i, i = 1,\cdots, n)$。将投影方程表示成矩阵形式 $\boldsymbol{Ax} = \boldsymbol{b}$，其最小二乘解 $\boldsymbol{x} = (\boldsymbol{A}^{\mathrm{T}}\boldsymbol{A})^{-1}\boldsymbol{A}^{\mathrm{T}}\boldsymbol{b}$ 就是投影点。

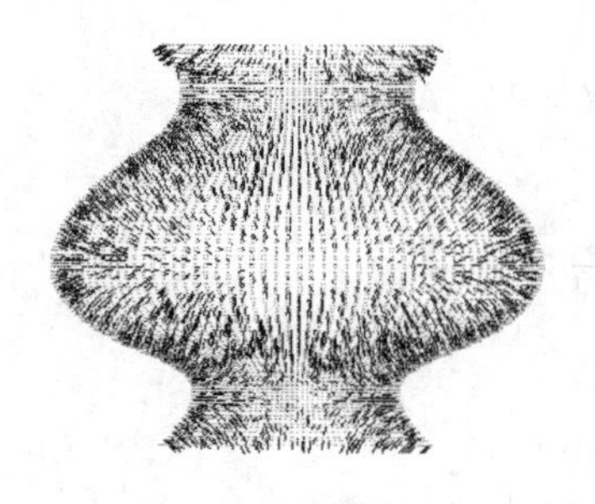

(a) 旋转面的法矢

(b) 在垂直于旋转轴的平面上的投影

图 6.11 法矢在垂直于旋转轴的平面内的投影交于一点

通过上述步骤获得旋转轴后，一般来说旋转面的计算已经较准确了，然而随着对精度要求的不同，需要对旋转轴进行进一步的优化，如图 6.12 所示。

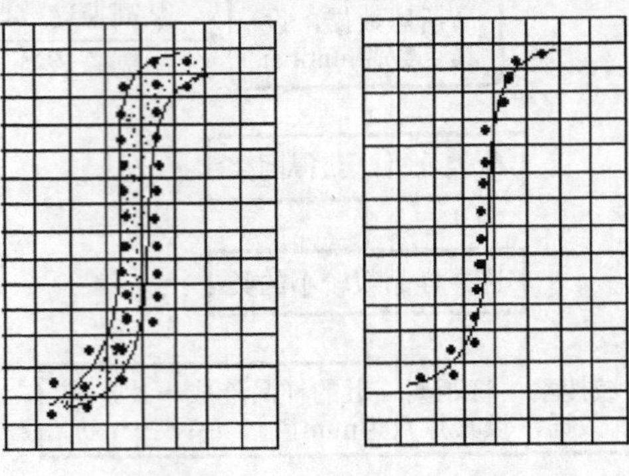

(a) 初始轮廓线投影　(b) 精确轮廓线投影

图 6.12 点云经旋转投影形成的轮廓线

6.3 拉伸面特征提取及其重构技术

拉伸面包括拉伸方向 $\boldsymbol{\tau}$ 和轮廓线 Γ 两个主要的特征参数，拉伸方向为矢量方向，轮廓线可以是任意类型的曲线或曲线组合。要从点云数据中提取拉伸面特征，首先要解决拉伸方向的提取问题。通过垂直于拉伸方向的平面对点云进行切片获得轮廓线定义的初始信息，进而应用切片数据拟合出准确的轮廓线。轮廓线的提取除了取决于拉伸方向之外，与拉伸面的类型也有关系，不同的拉伸面，轮廓线的计算方法也有所差异。

为进行拉伸面拉伸方向的提取，首先给出如下定理。

定理：拉伸面的最小主曲率方向即为拉伸面的拉伸方向。

证明如下。

如图 6.13 所示，设轮廓线 Γ 的参数方程为 $\rho=\rho(u)$，拉伸直线的单位向量为 $\boldsymbol{\tau}$，那么拉伸面的参数方程可以写为

$$r(u,v)=\rho(u)+v\boldsymbol{\tau}$$

曲面第一基本量

$$E=\boldsymbol{\rho}_u\cdot\boldsymbol{\rho}_u\text{，}\quad F=\boldsymbol{\rho}_u\cdot\boldsymbol{\tau}\text{，}\quad G=\boldsymbol{\tau}\cdot\boldsymbol{\tau} \tag{6-19}$$

曲面第二基本量

$$L=\boldsymbol{\rho}_{uu}\cdot\boldsymbol{n}\text{，}\quad M=0\text{，}\quad N=0 \tag{6-20}$$

式中 $\boldsymbol{n}$ 为曲面的法矢，且

$$\boldsymbol{n}=\frac{\boldsymbol{\rho}_u\times\boldsymbol{\rho}_v}{\left|\boldsymbol{\rho}_u\times\boldsymbol{\rho}_v\right|}$$

若两个主方向分别为 $\mathrm{d}u,\mathrm{d}v$，则主方向方程是

$$\begin{vmatrix}(\mathrm{d}u)^2 & -\mathrm{d}u\mathrm{d}v & (\mathrm{d}v)^2\\ E & F & G\\ L & M & N\end{vmatrix}=0$$

即

$$(FN-GM)\mathrm{d}u^2+(EN-GL)\mathrm{d}u\mathrm{d}v+(EM-FL)\mathrm{d}v^2=0 \tag{6-21}$$

将式(6-19)及式(6-20)分别代入式(6-21)中，得

$$G\mathrm{d}u + F\mathrm{d}v = 0$$

整理得

$$\mathrm{d}u : \mathrm{d}v = -(F : G)$$

式中 $F = \boldsymbol{\rho}_u \cdot \boldsymbol{\tau}$，且 $\boldsymbol{\rho}_u$ 与 $\boldsymbol{\tau}$ 正交，故 $F = \boldsymbol{\rho}_u \cdot \boldsymbol{\tau} = 0$，且 $G = \boldsymbol{\tau} \cdot \boldsymbol{\tau} = 1$。

所以

$$\mathrm{d}u : \mathrm{d}v = -(F : G) = 0 : 1$$

由上式及图 6.13 和图 6.14 可知，拉伸面在任意一点处的两个主方向分别为沿着轮廓线 Γ 的切线方向和沿着直线 $\boldsymbol{\tau}$ 的拉伸方向。由于直线的曲率为 0，故沿着拉伸直线 $\boldsymbol{\tau}$ 方向的主曲率为 0，由此可见，拉伸方向即为 $\boldsymbol{\tau}$ 方向，且为最小主曲率方向。

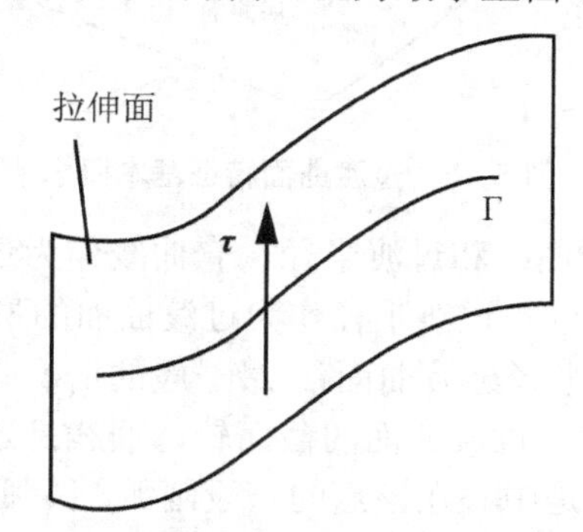

图 6.13　拉伸面参数示意图

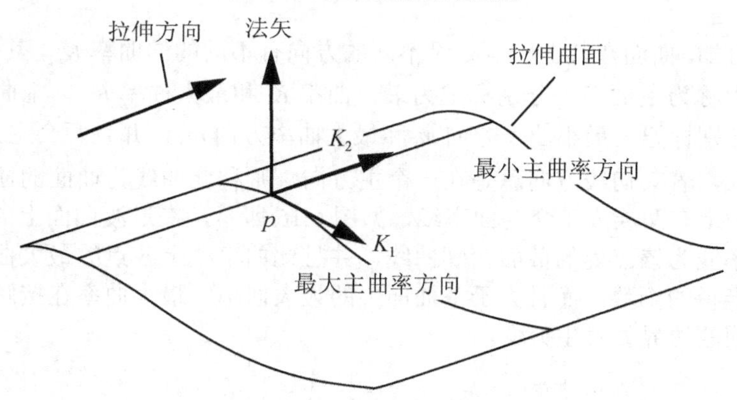

图 6.14　拉伸面的微分几何性质

6.4　过渡面特征提取及其重构技术

在曲面造型中，往往需要在两张曲面间构造一张过渡曲面，以取代曲面相交形成的尖锐连接。过渡曲面光顺连接的曲面称为基曲面，过渡曲面和基曲面之间的交线称为接触曲线，如图 6.15 所示。过渡曲面可以看成是由一个滚球沿着两张相交的基曲面滚动而形成的裁剪包迹，滚球的中心轨迹称为脊曲线。滚球在滚动时半径固定不变，则生成等半径过渡曲面。滚球半径在滚动时发生变化，则生成变半径过渡曲面。在实际工程应用中，等半径

过渡曲面和线性变半径过渡曲面较为常见。

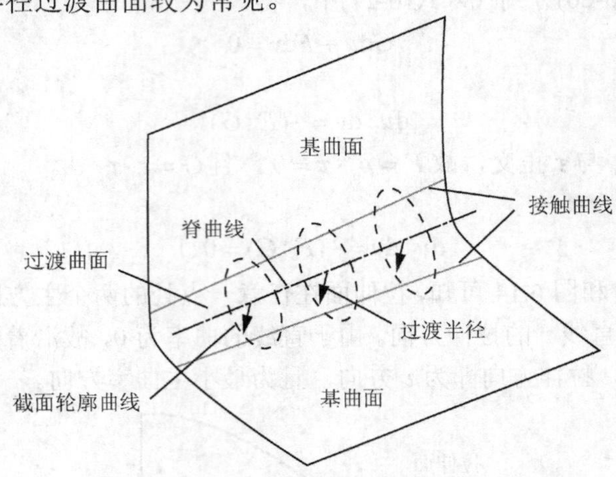

图 6.15　过渡曲面特征基本概念

过渡曲面的参数主要是脊曲线和过渡半径。脊曲线作为过渡曲面的位置参数，可以是直线，也可以是任意的空间曲线。过渡半径作为过渡曲面的形状参数，可以是常量(等半径过渡曲面)，也可以是变量(变半径过渡曲面)。最一般的情况就是脊曲线为空间曲线，而且过渡半径为脊曲线弧长的函数。过渡曲面的截面轮廓曲线是过渡曲面在脊曲线上一点处垂直脊曲线的平面上的截面线，是中心在该点的一段圆弧，圆弧半径即为该点处的过渡半径，即代表过渡曲面在此位置的参数值。因而，过渡曲面的参数值可以用一系列的截面轮廓曲线来离散表示。

由曲面论可知，曲面在其上一点处沿不同的方向有不同的法曲率 K_n，其中法曲率 K_n 的最小值和最大值称为主曲率，分别标记为最小曲率 K_1 和最大曲率 K_2，主曲率所在的方向称为主方向，分别标记为最小曲率方向 m_1 和最大曲率方向 m_2，并且两个主方向互相垂直。曲面上一条曲线，若其切线方向总是在一个主方向，则称此曲线为曲面的曲率线。对应两个主曲率，曲面上有两族成正交的曲率线，如图 6.16 所示，在过渡曲面上的一点处，对应最大曲率的曲率线为该点处的截面轮廓曲线，并且此曲率线上各点的最大曲率相等，即为当前位置过渡半径的倒数，而且大于基曲面上的最大曲率。最大曲率在接触曲线处，即过渡曲面与基曲面的边界处发生突变。

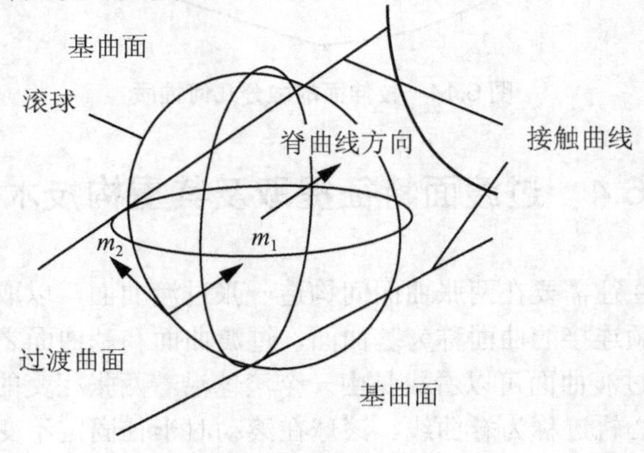

图 6.16　过渡曲面曲率特性

根据过渡曲面的形成方法，变半径过渡曲面是由变半径的滚球沿着两张相交的基曲面滚动而形成的裁剪包迹。过渡曲面的脊曲线为空间曲线，过渡半径为脊曲线弧长的函数。根据微积分理论，在某一微小范围内，滚球运动可以近似为沿着直线，并且半径固定不变的滚动。在垂直脊曲线的某一微小薄片范围内，脊曲线可以近似为直线段，过渡半径可以近似为等半径。所以过渡曲面在某一位置处可以由一薄片圆柱面近似地表达。由于过渡曲面的最小曲率方向近似于脊曲线的切线方向，因此，在垂直最小曲率方向上，截取薄片数据，如图 6.17 所示，可以近似为圆柱面。

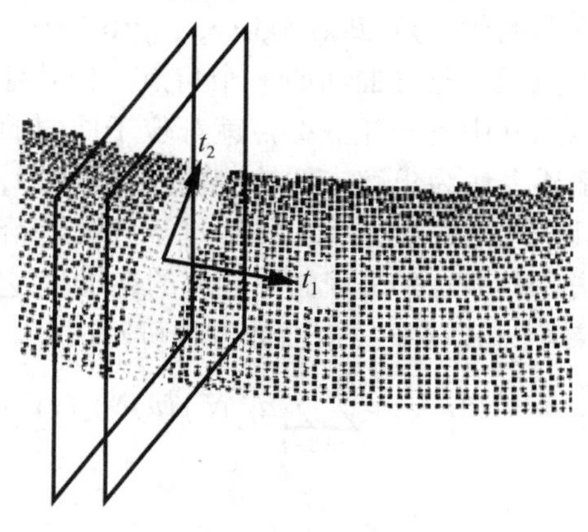

图 6.17　带状区域

对种子点处的带状数成功拟合圆柱后，获得了过渡区域的第一个截面线。以此为基准，沿着第一个圆柱的轴线方向移动一个步长，在给定的切片厚度下，进行切片获得了第二个带状数据集。重新进行圆柱拟合，获得了新的截面线。由于步长及切片厚度等均与点云密度有关，所以设点云密度为 δ，同时设最小切片厚度为 d，步长为 λ。在追踪过程中，决定追踪能够顺利进行的关键因素有两个，第一个就是圆柱拟合的初值是否准确，第二个是切片厚度是否合适。而步长的大小决定了提取出的截面线的个数的多少，所以步长决定了提取出的截面线能否准确、客观地反映整个过渡区域特征。所以步长过大及过小都不合适。经过对点云切片、圆柱拟合、脊线追踪后可以获得一系列过渡区域的截面线，如图 6.18 所示。

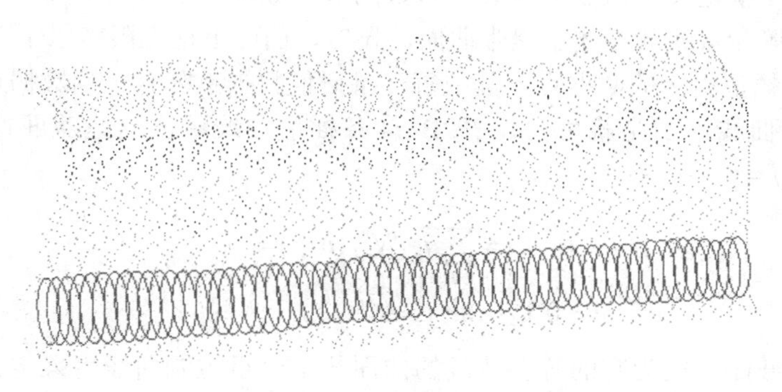

图 6.18　提取的过渡特征截面线

6.5 自由曲面重构技术

6.5.1 基于有序点的B样条曲面插值

1. 曲面插值的一般过程

B样条曲面对数据点的插值也称为曲面反算或逆过程，就是要构造一张 $k\times l$ 次B样条曲面插值给定呈拓扑矩形阵列的数据点 $P_{i,j}(i=0,1,\cdots,r;\ j=0,1,\cdots,s)$，通常，类似曲线反算，使数据点阵四角的4个数据点成为整张曲面的4个角点，使其他数据点成为相应的相邻曲面片的公共角点。这样数据点阵中每一排数据点就都位于曲面的一条等参数上。曲面反算问题虽然也能像曲线反算那样表达为求解未知控制顶点 $d_{i,j}(i=0,1,\cdots,m; j=0,1,\cdots,n; m=s+k+1; n=r-1;\ )$的一个线性方程组，但这线性方程组往往过于庞大，给求解及在计算机上实现带来困难。更一般的解题方法是表达为张量积曲面计算的逆过程,它把曲面的反算问题化解为两阶段的曲线反算问题。待求的B样条插值曲面方程可写成

$$P(u,v)=\sum_{i=0}^{m}\sum_{j=0}^{n}d_{i,j}N_{i,k}(u)N_{j,l}(v) \tag{6-22}$$

又可改写为

$$P(u,v)=\sum_{i=0}^{m}\sum_{j=0}^{n}d_{i,j}N_{j,l}(v)N_{i,k}(u) \tag{6-23}$$

这给出类似于B样条曲线方程的表达式

$$P(u,v)=\sum_{i=0}^{m}c_i(v)N_{i,k}(u) \tag{6-24}$$

这里控制顶点被下述控制曲线所替代

$$c_i(v)=\sum_{j=0}^{n}d_{i,j}N_{j,l}(v) \qquad i=0,1,\cdots,m \tag{6-25}$$

若固定一参数值 v，就给出了在这些控制曲线上 $m+1$ 个点 $c_i(v)(i=0,1,\cdots,m)$。这些点又作为控制顶点，就定义了曲面上以 u 为参数的等参数线。当参数 v 值扫过它的整个定义域时，无限多的等参数线就描述了整张曲面，显然，曲面上这无限多以 u 为参数的等参数线中，有 n+1 条插值给定的数据点，其中每一条插值数据点阵有一列数据点。这 n+l 条等参数线称为截面曲线，于是就可由反算 B 样条插值曲线求出这些截面曲线的控制顶点 $\overline{d}_{i,j}(i=0,1,\cdots,m; j=0,1,\cdots,s)$。

$$\begin{gathered}s_j(u_{k+i})=\sum_{r=0}^{n}\overline{d}_{r,k}N_{r,k}(u_{k+i})=p_{i,j}\\ i=0,1,\cdots,m; j=0,1,\cdots,n\end{gathered} \tag{6-26}$$

一张以这些截面曲线为它的等参数线的曲面要求一组控制曲线用来定义截面曲线的控制顶点 $c_i(v_{l+j})=\overline{d}_{i,j}(i=0,1,\cdots,m; j=0,1,\cdots,s)$。类似曲线插值，这里选择了一组 v 参数值 $v_{l+j}(j=0,1,\cdots,s)$ 为控制曲线的节点，即数据点 $P_{i,j}$ 的 v 参数值，于是，这个问题就被表达

为 $m+1$ 条插值曲线的反算问题

$$\sum_{s=0}^{n} d_{i,s} N_{s,l}(v_{l+j}) = \overline{d}_{i,j} \qquad j = 0,1,\cdots,s; i = 0,1,\cdots,m \qquad (6\text{-}27)$$

解这些方程组，得到所求 B 样条插值曲面的$(m+1)\times(n+1)$个控制顶点 $d_{i,j}(i = 0,1,\cdots,m;$ $j = 0,1,\cdots,n)$。图 6.19 给出了 B 样条曲面反算过程的图解。

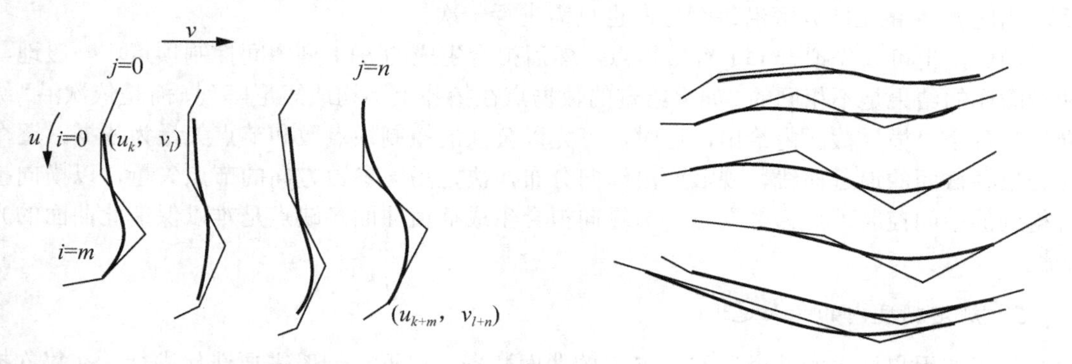

(a) 截面曲线及其控制多边形　　(b) 控制曲线及其控制多边形

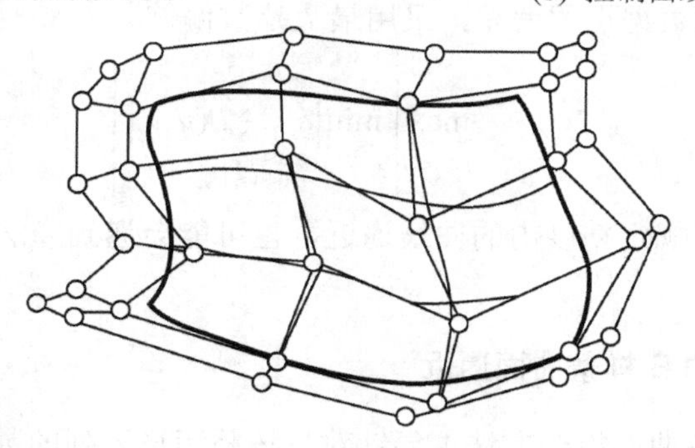

(c) 插值曲线及其控制网格

图 6.19　B 样条曲面反算过程

6.5.2　B 样条曲面逼近

1. 最小二乘曲面逼近

以一个固定数目$(m+1)\times(n+1)$个控制顶点的 $k\times l$ 次 B 样条曲面

$$P(u,v) = \sum_{i=0}^{m}\sum_{j=0}^{n} d_{i,j} N_{i,k}(u) N_{j,l}(v) \qquad 0 \leqslant u,v \leqslant 1 \qquad (6\text{-}28)$$

逼近给定曲面数据点阵 $q_{i,j}(i = 0,1,\cdots,r; j = 0,1,\cdots,s)$。皮格尔的方法和 B 样条曲面反算解决整体曲面插值类似，简单地沿一个方向的数据点拟合曲线，然后沿另一个方向拟合曲线，通过生成的控制顶点，最后生成的逼近曲面精确地插值数据点阵的 4 个角点 $q_{0,0}$、$q_{r,0}$、$q_{s,0}$、$q_{r,s}$。此过程重复最小二乘曲线的拟合过程：首先，对曲面数据点实行双向规范累积弦长参数化，接着决定沿两个方向的节点矢量 $\boldsymbol{U}$ 与 $\boldsymbol{V}$，计算 u 向的 $\boldsymbol{N}$ 和 $\boldsymbol{N}^{\mathrm{T}}\boldsymbol{N}$ 阵，对其进行 LU 分解。依次对每列 $r+1$ 个数据点用 $m+1$ 个控制顶点的 k 次 B 样条曲线拟合(计算 u 向

右端列阵 $\boldsymbol{R}$，对方程组执行向前消元、向后回代，解出 m+1 个中间控制顶点)，共生成(m+1)×(s+1)个中间控制顶点。然后，以(n+1)×(s+1)个控制顶点为数据点，计算 v 向的 $\boldsymbol{N}$ 和 $\boldsymbol{N}^{\mathrm{T}}\boldsymbol{N}$ 矩阵，对其进行 LU 分解，依次对每行 s+1 个数据点用 n+l 个控制顶点的 l 次 B 样条曲线拟合(计算 v 向右端列阵 $\boldsymbol{R}$。对方程组执行向前消元、向后回代，解出 n+1 个中间控制顶点)，共生成定义曲面的(m+1)×(n+1)个控制顶点。注意沿每个方向，矩阵 $\boldsymbol{N}$ 和 $\boldsymbol{N}^{\mathrm{T}}\boldsymbol{N}$ 仅需计算一次，相应 $\boldsymbol{N}^{\mathrm{T}}\boldsymbol{N}$ 的 LU 分解沿每个方向也只需进行一次。

当然，也可以先拟合 r+1 行数据点，然后拟合生成的 n+1 列中间控制顶点。一般地，两种顺序的结果是不相同的。如果给定的数据点在拓扑上不构成矩形阵列，而是依次沿“纵向”在各个“横”截面内给出，这时，可先以公共的控制顶点数和节点矢量为依据，逐个拟合出各截面的逼近曲线，视截面沿纵向分布，决定另一参数方向的节点矢量，以横向拟合得到的中间控制顶点为数据点，沿纵向拟合生成插值曲面。缺点是难以保证此曲面的光顺性。

2. 规定精度内的曲面逼近

对于在用户规定的某个误差界 E 内的曲面数据点逼近，一般需要迭代进行。在每次拟合后，检查拟合曲面对数据点的偏差，采用最大范数偏差

$$\max_{\substack{0\leqslant i\leqslant r\\0\leqslant j\leqslant s}}\left[\min_{\substack{0\leqslant u\leqslant 1\\0\leqslant v\leqslant 1}}\left|q_{i,j}-P(u,v)\right|\right]$$

度量逼近精度。类似在规定精度内的曲线逼近，也可能会遇到算法失败的问题，需作相应的处理。

6.5.3 对任意测量点的 B 样条曲面逼近

上面介绍的 B 样条曲面拟合方法主要针对呈拓扑矩形阵列的数据点，对曲线来说则是点链，如图 6.20(a)和 6.20(b)所示。对数据点是不规则的[如图 6.20(c)]或呈散乱状的情况[如图 6.20(d)]，Weiyin Ma 和 J.P.Kruth 于 1995 年提出了一种将任意测量点参数化实现 B 样条曲线、曲面拟合的方法，如果是规则数据点，此方法的直接拟合将更加有效，下面简要介绍他们的方法。

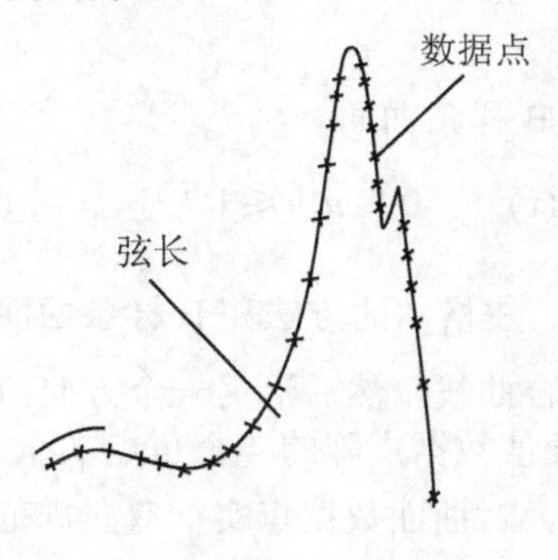

(a) 选择的曲线点链

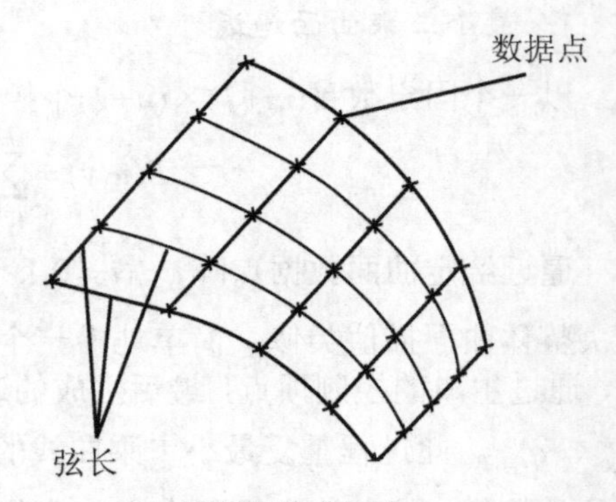

(b) 规则网格曲面点

图 6.20　测量点分布

数据点

弦长

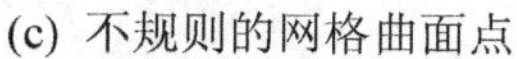

(c) 不规则的网格曲面点

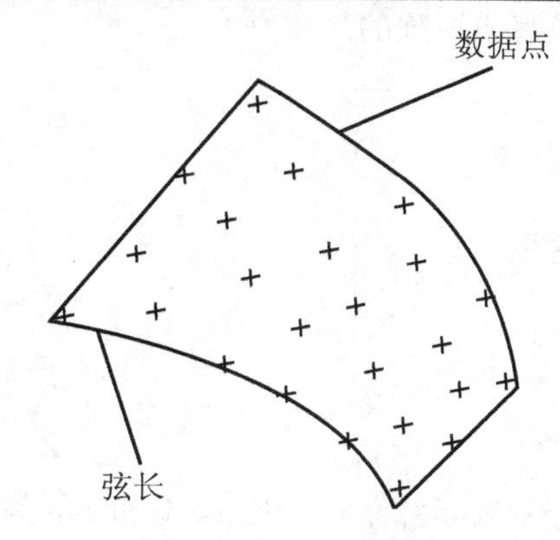

(d) 随机分布的网格曲面点

图 6.20 测量点分布(续)

B 样条、曲面能用下面的等式定义

$$P(u,v)=\sum_{i=0}^{m}\sum_{j=0}^{n}d_{i,j}N_{i,k}(u)N_{j,l}(u) \qquad 0\leqslant u,v\leqslant 1 \tag{6-29}$$

将等式(6-29)写成矩阵的形式

$$\begin{cases}\boldsymbol{b}^{\mathrm{T}}(\bullet)\cdot\boldsymbol{X}=x(\bullet)\\ \boldsymbol{b}^{\mathrm{T}}(\bullet)\cdot\boldsymbol{Y}=y(\bullet)\\ \boldsymbol{b}^{\mathrm{T}}(\bullet)\cdot\boldsymbol{Z}=z(\bullet)\end{cases} \tag{6-30}$$

这里 $x(\bullet)$，$y(\bullet)$，$z(\bullet)$表示在曲面上的点 P；$\boldsymbol{X}$，$\boldsymbol{Y}$，$\boldsymbol{Z}$ 表示点坐标 x，y 和 z 的集合。对 B 样条曲面

$$(\bullet)=(u)$$

$$\boldsymbol{X}=\left[x_1,x_2,\cdots,x_n\right]^{\mathrm{T}}=\left[x_{11},x_{12},\cdots,x_{1n_u},x_{21},\cdots x_{n_un_v}\right]^{\mathrm{T}}$$

$$\boldsymbol{Y}=\left[y_1,y_2,\cdots,y_n\right]^{\mathrm{T}}=\left[y_{11},y_{12},\cdots,y_{1n_u},y_{21},\cdots y_{n_un_v}\right]^{\mathrm{T}}$$

$$\boldsymbol{Z}=\left[z_1,z_2,\cdots,z_n\right]^{\mathrm{T}}=\left[z_{11},z_{12},\cdots,z_{1n_u},z_{21},\cdots z_{n_un_v}\right]^{\mathrm{T}}$$

$$\begin{aligned}\boldsymbol{b}(u,v)&=[N_1(u,v),N_2(u,v),\cdots,N_n(u,v)]^{\mathrm{T}}\\&=[N_{u1}(u)N_{v1}(v),N_{u1}(u)N_{v2}(v),\cdots,\\&\quad N_{u1}(u)N_{un_v}(v),N_{u2}(u)N_{v1}(v),\cdots,N_{un_u}(u)N_{vn_v}(v)]^{\mathrm{T}}\end{aligned}$$

这里 $n=n_un_v$ 是总控制点数。

设 m 为测量点集，即

$$m=\left\{\overline{P}_i=\left[\overline{x}_i,\overline{y}_i,\overline{z}_i\right]^{\mathrm{T}},i=0,1,\cdots,m\right\}$$

并且 $u=[u_i,i=1,2,\cdots,m]$和 $v=[v_i,i=1,2,\cdots,m]$为对应于 m 的曲面位置参数点。将测量点和位置参数代入等式(6-30)，得

$$\begin{cases}\boldsymbol{b}^{\mathrm{T}}(\bullet_i)\cdot\boldsymbol{X}=\overline{x}_i\\ \boldsymbol{b}^{\mathrm{T}}(\bullet_i)\cdot\boldsymbol{Y}=\overline{y}_i \qquad i=1,2,\cdots,m\\ \boldsymbol{b}^{\mathrm{T}}(\bullet_i)\cdot\boldsymbol{Z}=\overline{z}_i\end{cases}$$

或写成矩阵的形式

$$\boldsymbol{B}\cdot\boldsymbol{X}=\overline{X}$$
$$\boldsymbol{B}\cdot\boldsymbol{Y}=\overline{Y}$$
$$\boldsymbol{B}\cdot\boldsymbol{Z}=\overline{Z}$$

这里

$$\overline{X}=\left[\overline{x}_1,\overline{x}_2,\cdots,\overline{x}_m\right]^{\mathrm{T}}$$
$$\overline{Y}=\left[\overline{y}_1,\overline{y}_2,\cdots,\overline{y}_m\right]^{\mathrm{T}}$$
$$\overline{Z}=\left[\overline{z}_1,\overline{z}_2,\cdots,\overline{z}_m\right]^{\mathrm{T}}$$

分别表示测量点坐标 x、y 和 z 的集合。

矩阵 $\boldsymbol{B}$ 为

$$\boldsymbol{B}=\begin{bmatrix} B_1(\bullet_1) & B_2(\bullet_1) & B_3(\bullet_1) & \cdots & B_n(\bullet_1) \\ B_1(\bullet_2) & B_2(\bullet_2) & B_3(\bullet_2) & \cdots & B_n(\bullet_2) \\ \vdots & \vdots & \vdots & & \vdots \\ B_1(\bullet_m) & B_2(\bullet_m) & B_3(\bullet_m) & \cdots & B_n(\bullet_m) \end{bmatrix}_{m\times n} \tag{6-31}$$

对 B 样条曲面$(\bullet_i)=(u_i,\ v_i)$，$i=1,2,\cdots,m$。

当 $m=n$ 时，求解方程(6-31)得到 B 样条面插值于测量点的解；当 $m>n$ 时，可得最小二乘解。最小二乘表达式为

$$\min_{X}\boldsymbol{S}=(\boldsymbol{B}\cdot\boldsymbol{X}-\overline{\boldsymbol{X}})^{\mathrm{T}}\cdot(\boldsymbol{B}\cdot\boldsymbol{X}-\overline{\boldsymbol{X}}) \tag{6-32}$$

6.6 曲面编辑

仅由一张曲面构成的模型外形是不多的，多数零件的外形都是由一些简单和复杂的自由曲面通过求交、裁剪、过渡、拼合等操作而形成最终的封闭曲面模型。由前面介绍的曲面片造型方法得到的曲面片生成最终的曲面模型，都必须利用各种曲面编辑功能，根据已知的模型几何特征信息，将曲面片拼接成完整的曲面模型。在这个过程中，曲面编辑功能的强弱，对最终的模型重构的速度、质量有着直接的影响。

下面将介绍在模型重构过程中最常用的几种曲面编辑功能。

(1) 等半径倒圆曲面：一定半径的圆弧段与两原始曲面相切，并沿着它们的交线方向运动而生成的圆弧形过渡面。

(2) 变半径倒圆曲面：半径值按一定的规律变化的圆弧段与两原始曲面相切，并沿它们的交线方向运动而生成的圆弧形过渡面。

(3) 延伸曲面：在曲面的指定边界线处，按曲面的原有趋势(或某一给定的矢量方向)进行给定条件的曲面扩展而生成的曲面。

(4) 扩大曲面：在曲面的四周边界线处，按曲面的原有趋势(或某一给定的矢量方向)进行给定条件的曲面扩展而生成的曲面。

(5) 修剪曲面：把原始曲面的某一部分去掉而生成的曲面。

(6) 缝合曲面：把具有公共边界线的两个或多个曲面缝合为封闭的曲面模型，进而根

据封闭的曲面模型构建实体模型。

6.7　逆向建模曲面构建实例

曲面建模是CAD模型重建的关键。第5章的曲线构建实例以米老鼠的点云数据为对象，对米老鼠的特征曲线进行重构，如图 6.21 所示。在对米老鼠曲面的构建之前，首先要进行曲面构建规划，米老鼠点云数据曲面的构建可以分为 5 部分：耳朵、脸、眼睛、嘴巴、鼻子，如图 6.22 所示。在曲面的重构过程中，为了便于元素的选择，建议将耳朵、脸、眼睛、嘴巴、鼻子分别建立在不同的层上，各自的特征线也归属于自己的层，Imageware 有十分方便的层操作。为了不影响建模思路的连续性，在后面的叙述中对层的操作不再说明。

图 6.21　米老鼠点云数据与特征线

图 6.22　米老鼠曲面构建规划

6.7.1　耳朵的曲面重构

特别提示

建模思路：耳朵部分的曲面构建可以通过顶部的点云拟合出一个曲面，耳朵侧面由其轮廓线拉伸形成，然后通过倒圆角命令生成圆弧过渡，从而完成耳朵部分的曲面构建。

(1) 使用 Evaluate→Curvature→Cloud Curvature 命令分析耳朵部分点云的曲率分布，中间部分的点云较平坦，曲率分布相近，具体如图 6.23 所示。

(2) 使用 Circle→Select Points 命令选择中间部分的点云数据，并用 Construct→Surface from Cloud→Uniform Surface 命令拟合出曲面，如图 6.24 所示。

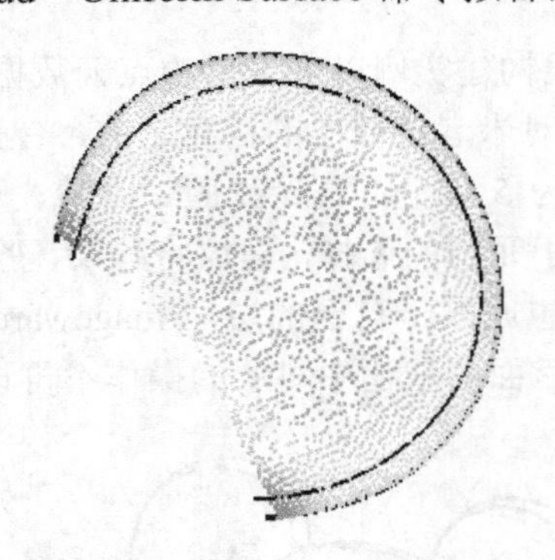

图 6.23 耳朵部分点云的曲率分布

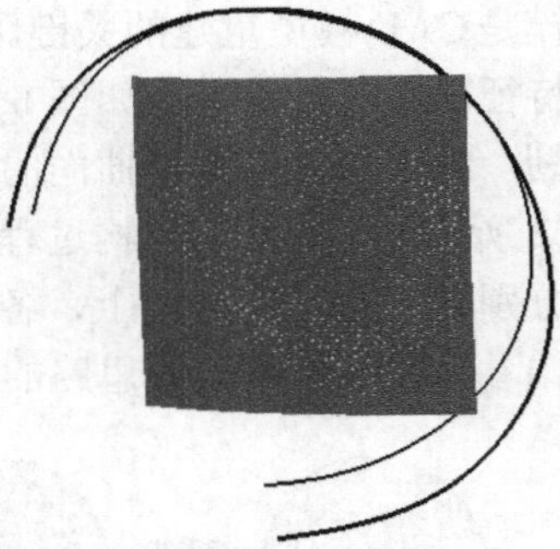

图 6.24 中间部分的点云数据及拟合曲面

(3) 使用 Modify→Extend 命令延伸所有边界，侧面轮廓线也进行同样的延伸，如图 6.25 所示。

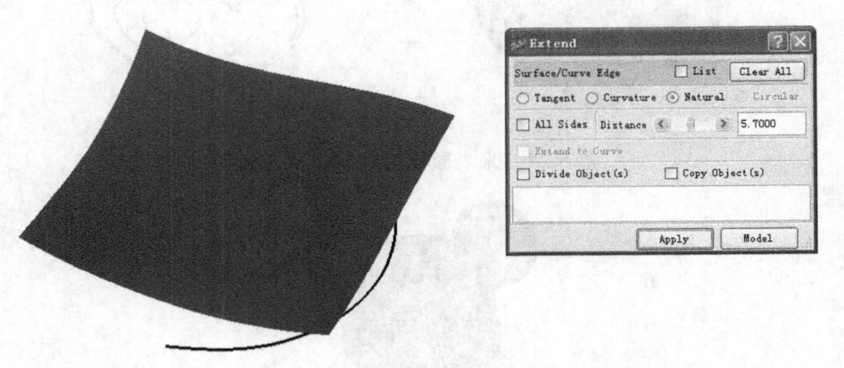

图 6.25 曲面边界及侧面轮廓的延伸

(4) 使用 Construct→Swept Surface→Exturde in Direction 命令对侧面轮廓进行拉伸，如图 6.26 所示。

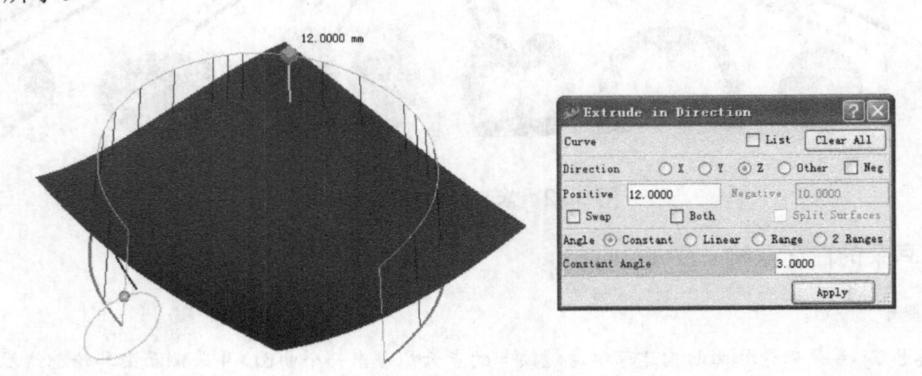

图 6.26 侧面轮廓的拉伸

(5) 如果生成的面法矢方向向内，则使用 Modify→Direction→Reverse Surface Normal 命令将生成面的法矢向外，然后使用 Construct→Fillet→Surface 命令生成倒圆，如图 6.27 所示。

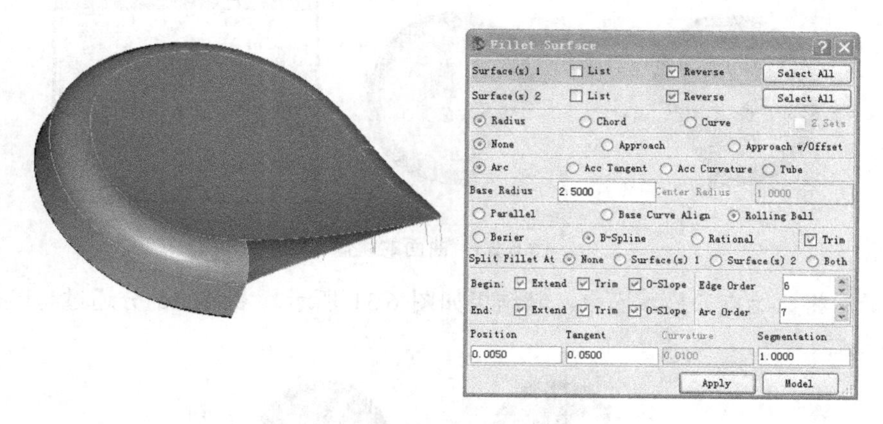

图 6.27　倒圆的生成

(6) 在倒圆角的延伸段部分，使用 Cut Entity 命令删除多余的小面。使用 Construct→Curve on Surface→Interactive B-Spline 命令，并将全局捕捉设置为曲线端点，在面上生成线，如图 6.28 所示。

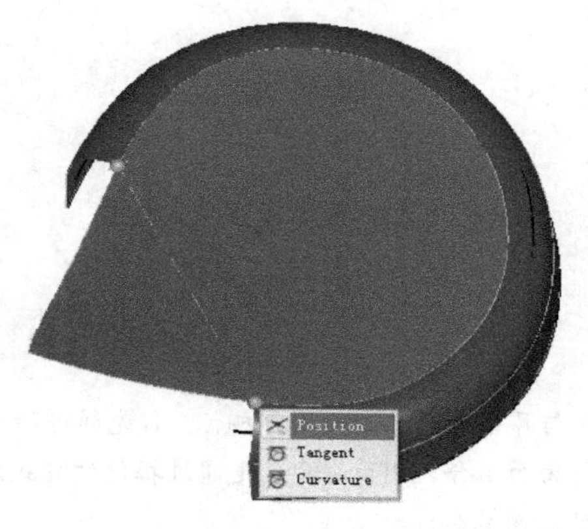

图 6.28　倒圆角延伸段部分多余小面的删除

(7) 使用 Modify→Trim 命令，修剪上面的曲面，结果如图 6.29 所示。

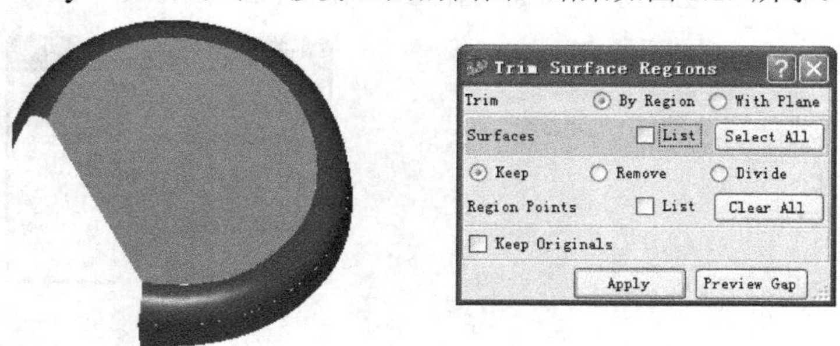

图 6.29　曲面的修剪

(8) 使用 Modify→Orient→Mirror 命令，以 X 轴为零作为对称面对耳朵部分进行镜像，如图 6.30 所示。

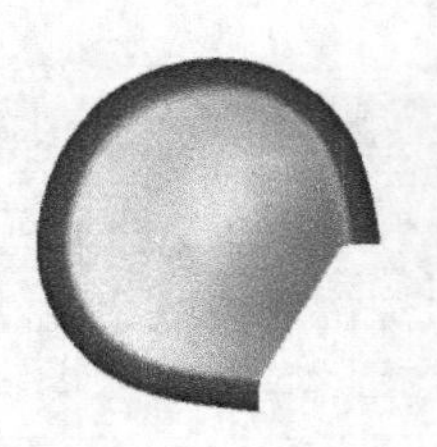

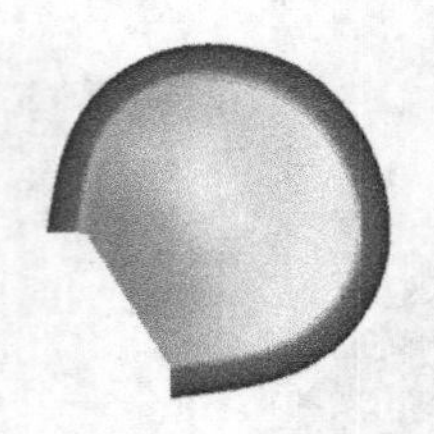

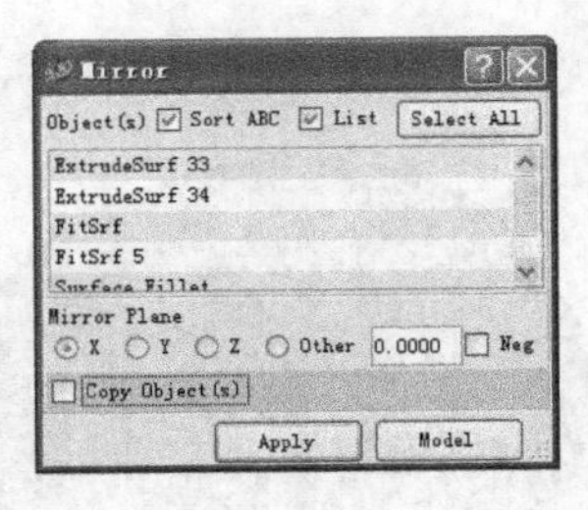

图 6.30　曲面的镜像

(9) 最后将原始点云显示出来，其结果如图 6.31 所示。多余的部分通过与脸部曲面的相交线剪裁掉。

图 6.31　显示原始点云数据

6.7.2　脸部的曲面重构

特别提示

建模思路：脸部的曲面重构与耳朵部分的曲面构建相似，首先通过脸部的特征线将脸部的点云数据提取出来，然后基于点云数据进行曲面拟合，侧面曲面也是通过拉伸的方式建立起来的，然后通过倒圆角命令生成圆弧过渡，完成脸部分的曲面构建。

(1) 打开脸部特征曲线，由于脸部与耳朵部相交的地方缺少曲线，使用 Construct→BlendCurve 命令将耳朵部分所缺失的曲线补上，如图 6.32 所示。

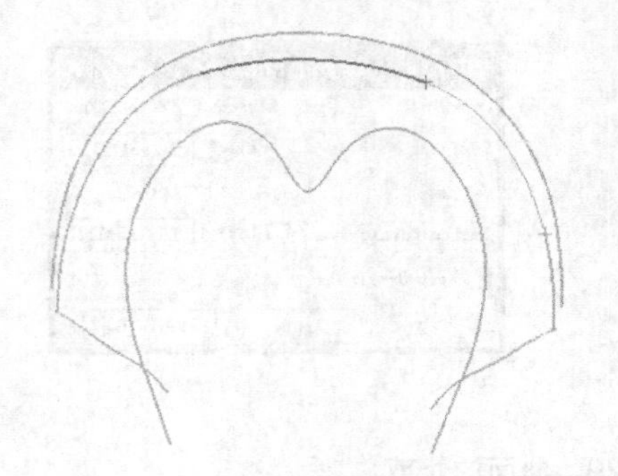

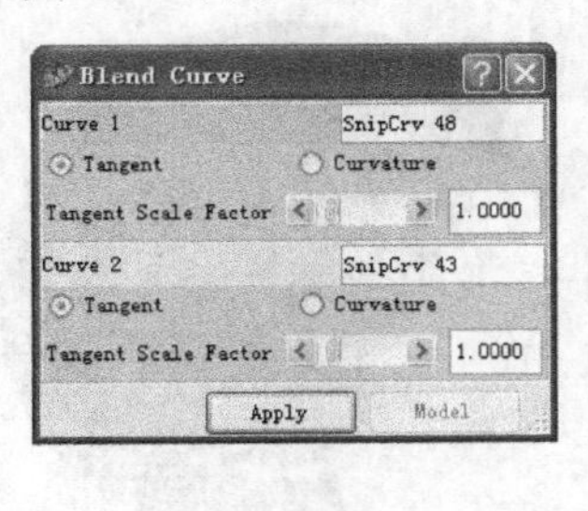

图 6.32　耳朵部分缺失曲线的补充

(2) 使用 Modify→Extract→Points Within Curves 命令提取脸部点云数据，如图 6.33 所示。

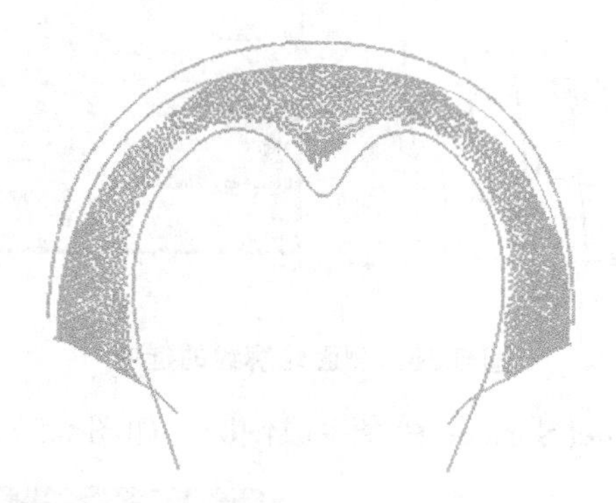

图 6.33　脸部点云数据的提取

(3) 用 Construct→Surface from Cloud→Uniform Surface 命令拟合出曲面，如图 6.34 所示。

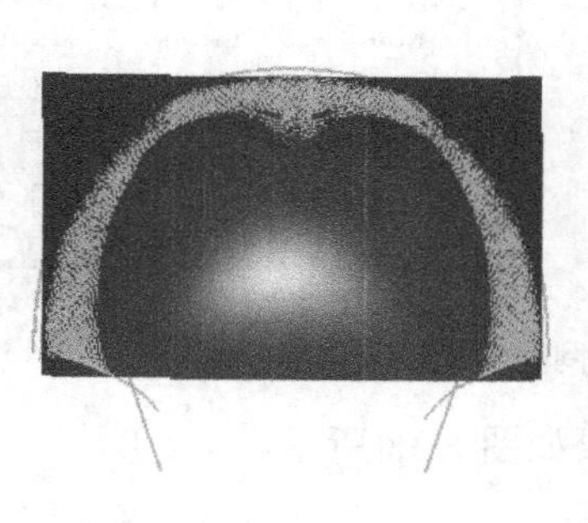

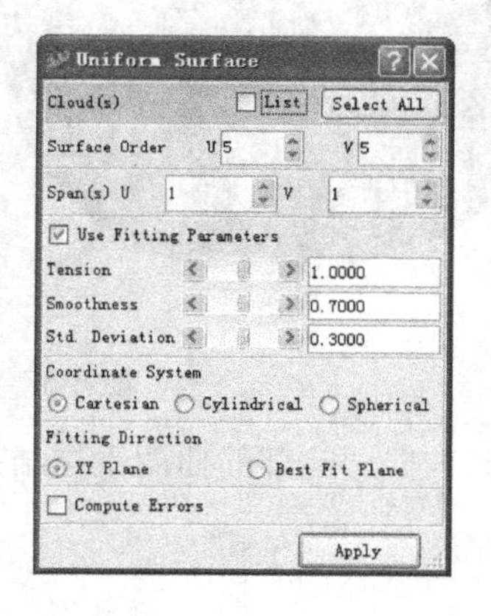

图 6.34　曲面的拟合

(4) 使用 Modify→Extend 命令延伸所有边界，侧面轮廓线也进行同样的延伸，如图 6.35 所示。

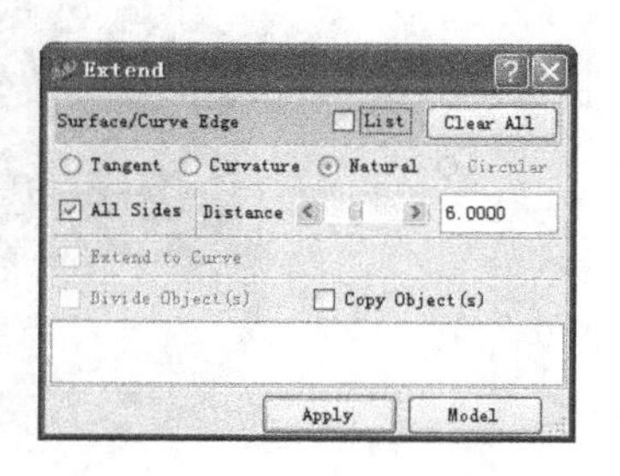

图 6.35　曲面边界及侧面轮廓线的延伸

(5) 使用 Construct→Swept Surface→Extrude in Direction 命令对侧面轮廓进行拉伸，如图 6.36 所示。

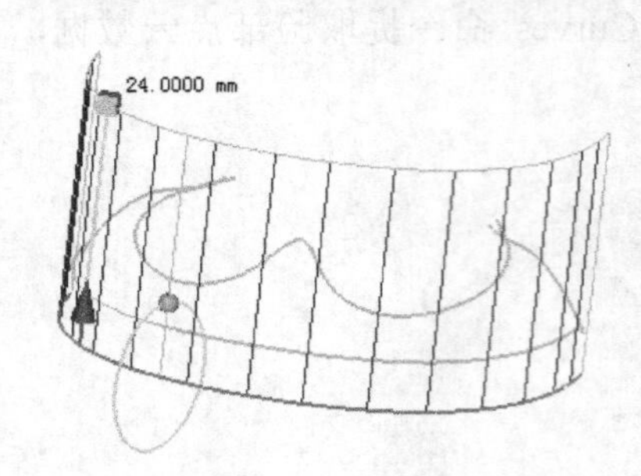

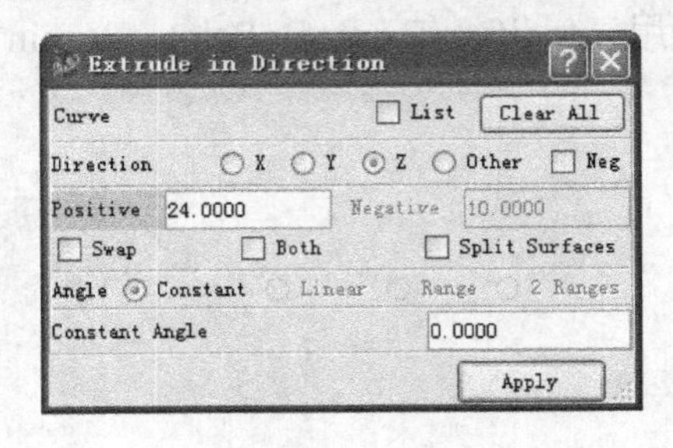

图 6.36　侧面轮廓线的延伸

(6) 使用 Construct→Fillet Surface 命令生成倒圆，如图 6.37 所示。

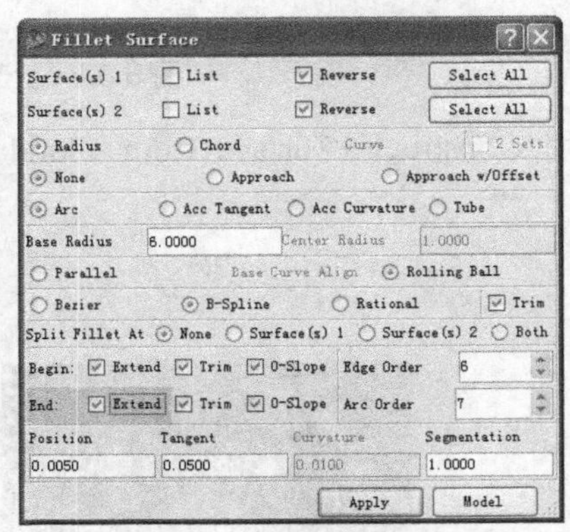

图 6.37　倒圆的生成

(7) 显示点云数据，脸部的曲面重构结果如图 6.38 所示。

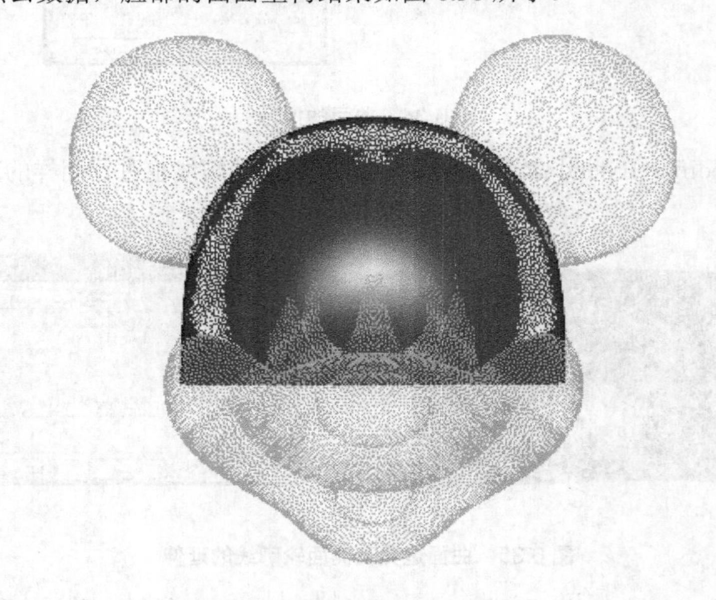

图 6.38　脸部的曲面重构结果

6.7.3　脸部与耳朵部分的曲面修剪

特别提示

建模思路：脸部曲面与耳朵部分的曲面存在部分相交，对相交的部分进行修剪，首先求出脸部曲面与耳朵部分曲面之间的交线，然后，通过修剪命令分别修剪脸部曲面和耳朵部分的曲面。

(1) 显示耳朵部分曲面与脸部曲面，如图 6.39 所示。

图 6.39　耳朵部分曲面与脸部曲面

(2) 使用 Construct→Intersection→With Surface 命令求出耳朵部分曲面与脸部曲面的交线，如图 6.40 所示。.

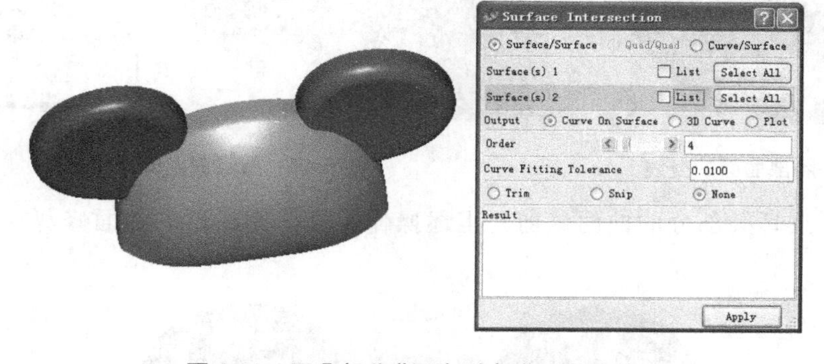

图 6.40　耳朵部分曲面与脸部曲面的交线

(3) 使用 Modify→Trim→Trim Surface 命令对耳朵部分的曲面进行修剪，如图 6.41 所示。注意在面的选择时，用窗口选择全部面。

图 6.41　耳朵部分的曲面的修剪

(4) 修剪结果如图 6.42 所示。

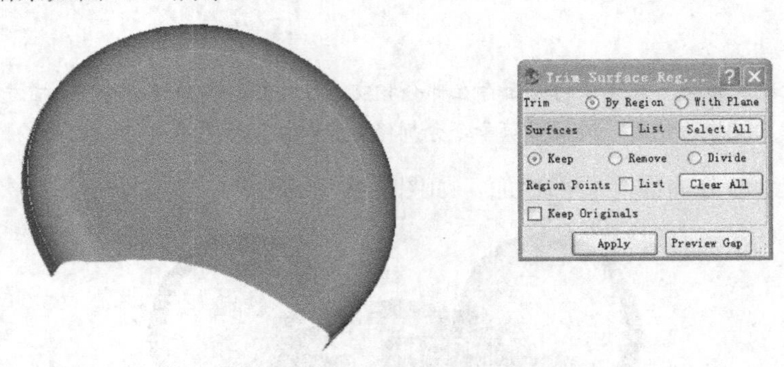

图 6.42　耳朵部分曲面的修剪结果

(5) 脸部曲面的交线显示如图 6.43 所示。

(6) 使用 Modify→Trim→Trim Surface 命令对脸部的曲面进行修剪，注意在面的选择时，用窗口选择全部面。修剪结果如图 6.44 所示。

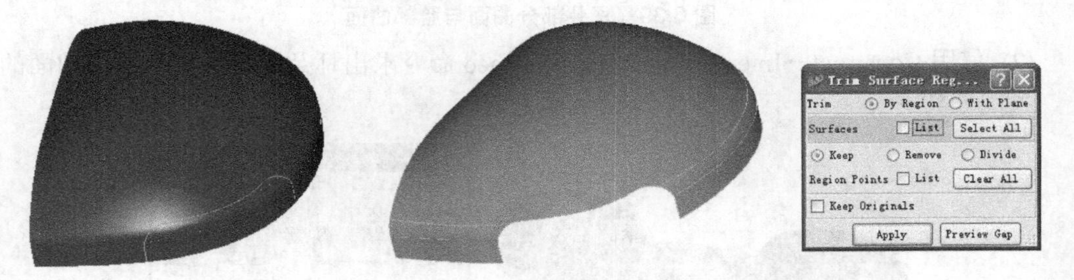

图 6.43　脸部曲面的交线　　　　图 6.44　脸部曲面的修剪结果

(7) 另一只耳朵部分的曲面修剪与上述操作相同，完成后的曲面修剪结果如图 6.45 所示。

图 6.45　脸部与耳朵部分的曲面修剪结果

6.7.4　眼睛部分的曲面重构

特别提示

建模思路：眼睛部分的曲面重构与脸部的曲面构建相似，首先通过眼睛部分的特征线将眼部的点云数据提取出来，然后基于点云数据进行曲面拟合。将拟合曲面扩展后，将特征线投影到重构面上，然后进行剪裁完成面的重构。

(1) 打开眼部操作层，显示出原始点云和眼睛部分的特征曲线，如图 6.46 所示。

(2) 使用 Modify→Extract→Points Within Curves 命令提取脸部点云数据，如图 6.47 所示。

图 6.46　原始点云和眼睛部分的特征曲线

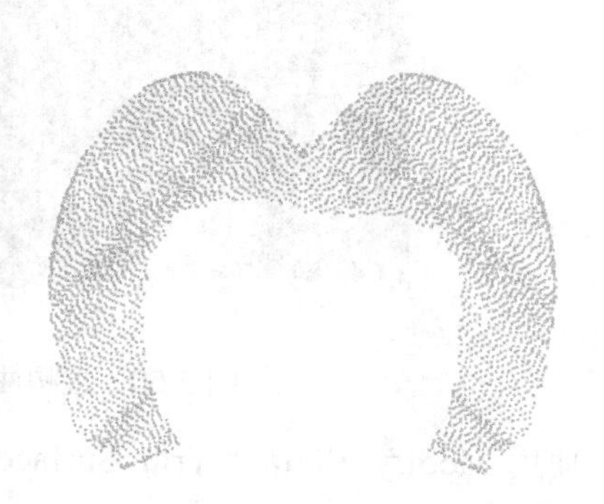

图 6.47　脸部点云数据的提取

(3) 用 Construct→Surface from Cloud→Uniform Surface 命令拟合出曲面，如图 6.48 所示。

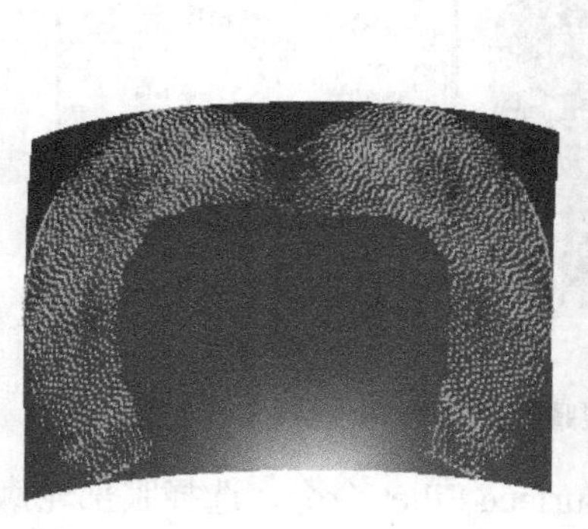

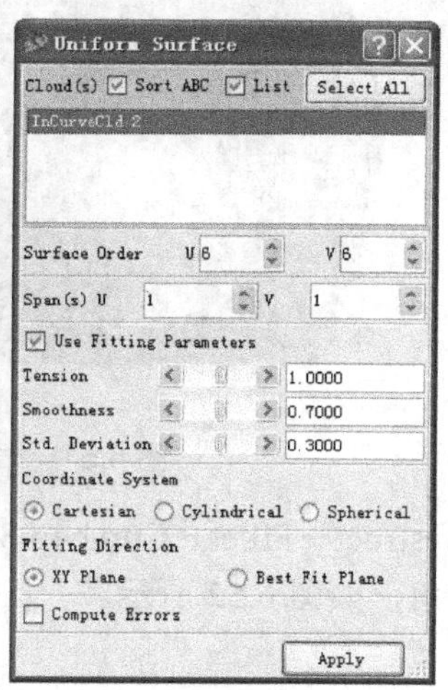

图 6.48　曲面的拟合

(4) 使用 Modify→Extend 命令延伸所有边界，如图 6.49 所示。

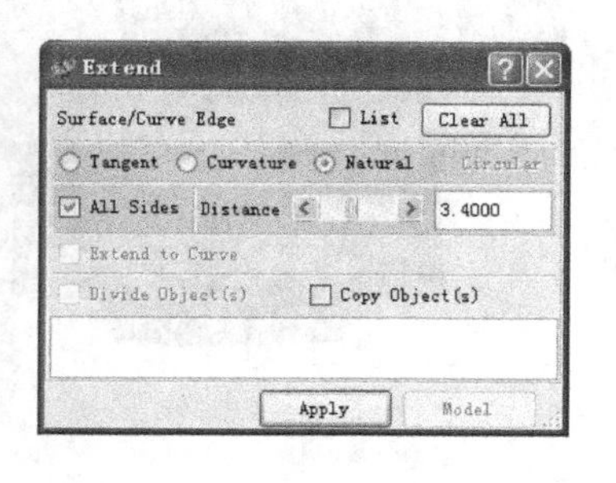

图 6.49　曲面边界的延伸

(5) 使用 Construct→Curve on Surface→Project Curve to Surface 命令，将眼睛轮廓线投影到重构的曲面上，如图 6.50 所示。

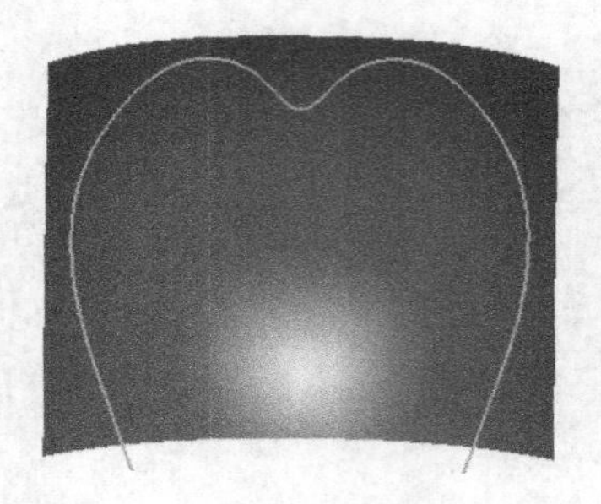

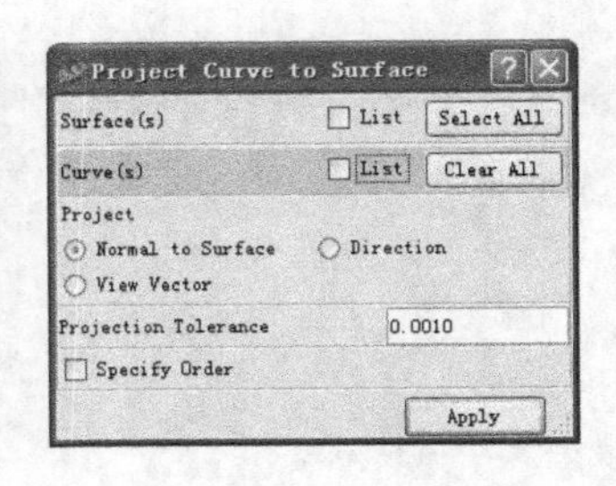

图 6.50　重构曲面上眼睛轮廓线的投影

(6) 使用 Modify→Trim→Trim Surface w/Curves 命令对眼睛部分的曲面进行修剪，结果如图 6.51 所示。

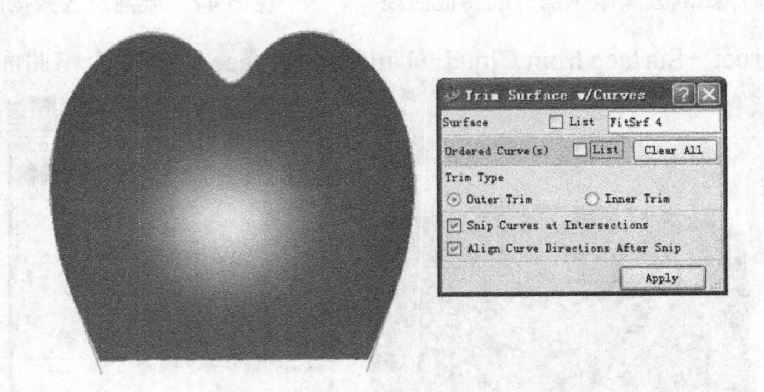

图 6.51　眼睛部分曲面的修剪

(7) 使用 Construct→Fillet→Curve to Surface Fillet 命令，选择眼部轮廓线，选取脸部曲面，生成过渡倒角，如图 6.52 所示。

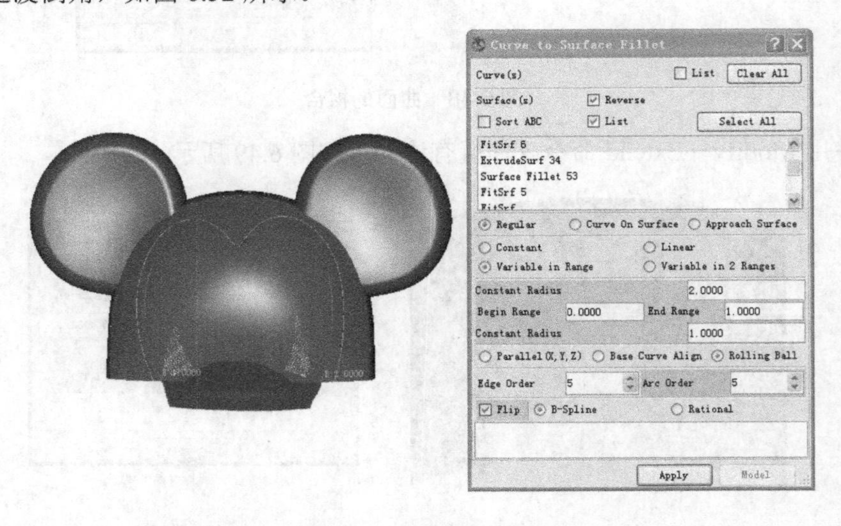

图 6.52　过渡倒角的生成

(8) 眼部重构结果如图 6.53 所示。

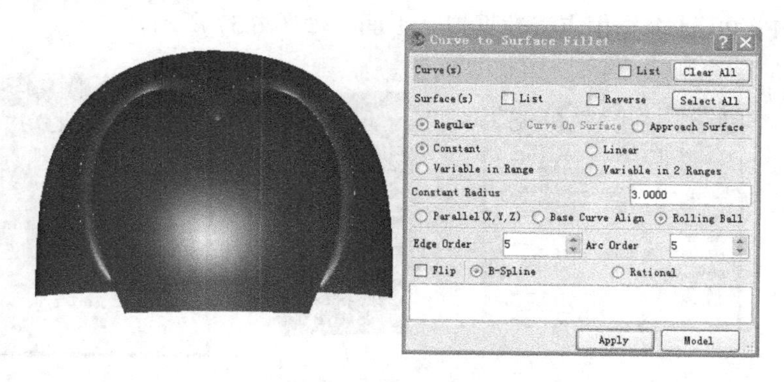

图 6.53　眼部重构结构

6.7.5　眼珠部分的曲面重构

特别提示

建模思路：首先通过交互方法将眼珠的点云数据提取出来，然后，生成底部椭圆面，由上面的椭圆轮廓创建 5 条特征线，由包围的 4 条线提取点云，然后由线与点云重构曲面，依次完成眼珠部分的曲面重构。

(1) 使用 Circle→Select Points 命令对点云数据进行分割，提取出眼珠部分的点云，如图 6.54 所示。

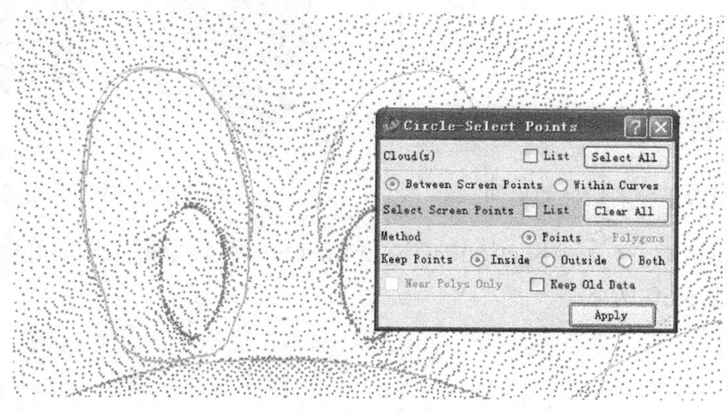

图 6.54　眼珠部分的点云

(2) 使用 Construct→Cross Section→Cloud Interactive 命令截取点云底部数据，如图 6.55 所示。

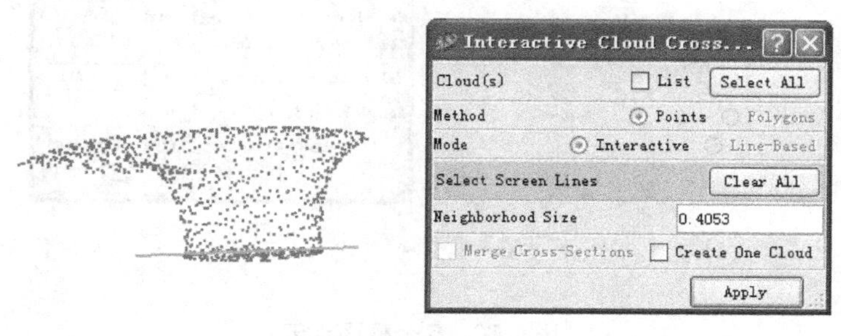

图 6.55　点云底部数据

(3) 使用 Fit Ellipse 命令，拟合椭圆，如图 6.56 所示。

(4) 使用 Fit Plane 命令由点云数据拟合平面，如图 6.57 所示。

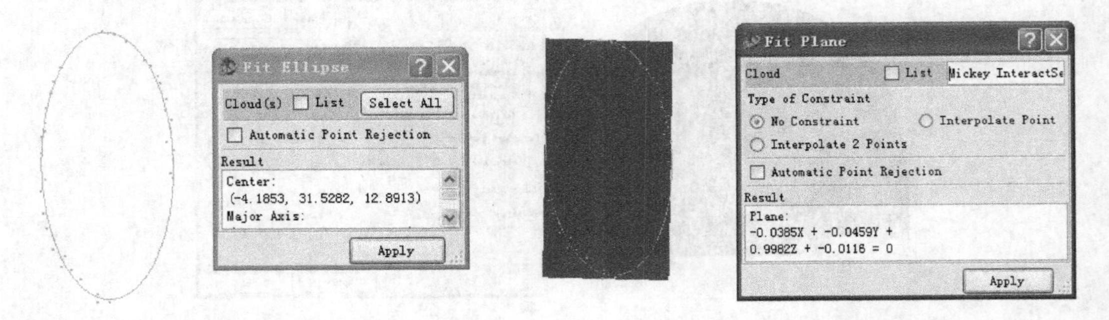

图 6.56　椭圆的拟合　　图 6.57　平面的拟合

(5) 使用 Modify→Extend 命令延伸所有边界，如图 6.58 所示。

(6) 使用 Trim Surface w/Curves 命令对拟合平面进行修剪，结果如图 6.59 所示。

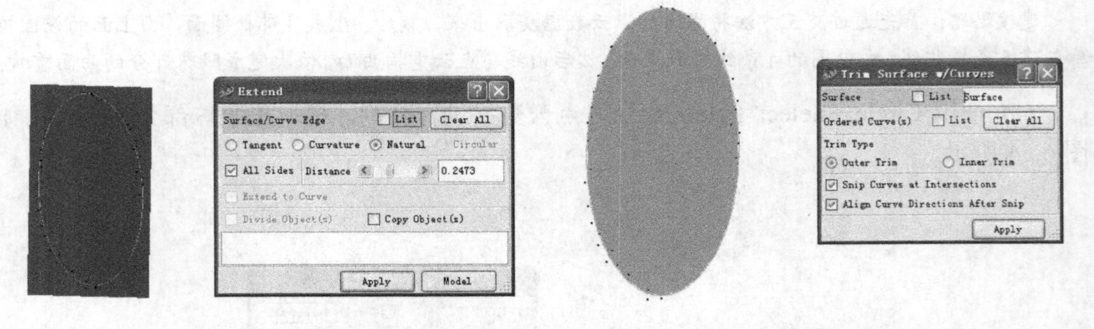

图 6.58　拟合平面的边界的延伸　　图 6.59　拟合平面的修剪结果

(7) 使用 Construct→Cross Section→Cloud Interactive 命令截取眼珠的点云数据，生成 5 个截面点云，如图 6.60 所示。

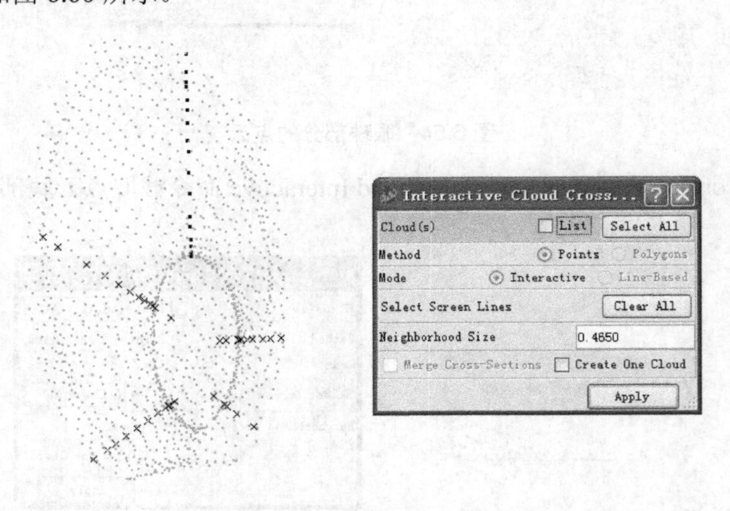

图 6.60　5 个截面点云

(8) 曲线构建时注意端点取在眼珠的上下轮廓线上，将捕捉设置为线模式，其余点使用点云模式进行捕捉。构建曲线如图 6.61 所示。

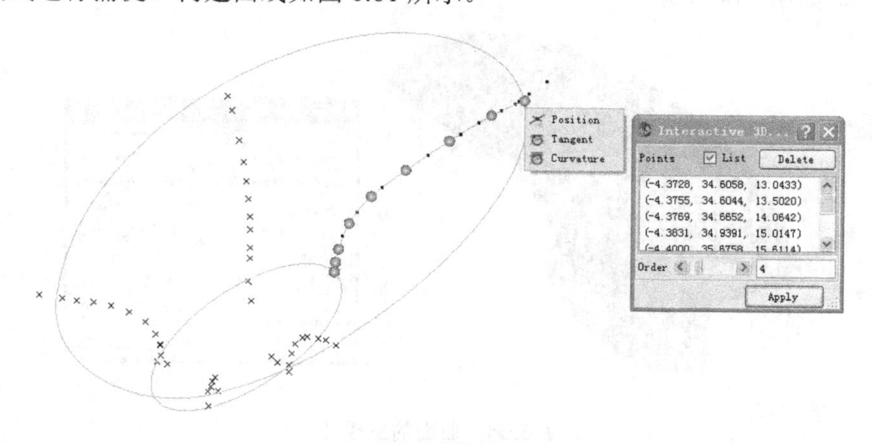

图 6.61　曲线的构建

(9) 全部构建的曲线如图 6.62 所示。

(10) 使用 Modify→Extract Points Within Curves 命令提取特征线内点云数据，如图 6.63 所示。

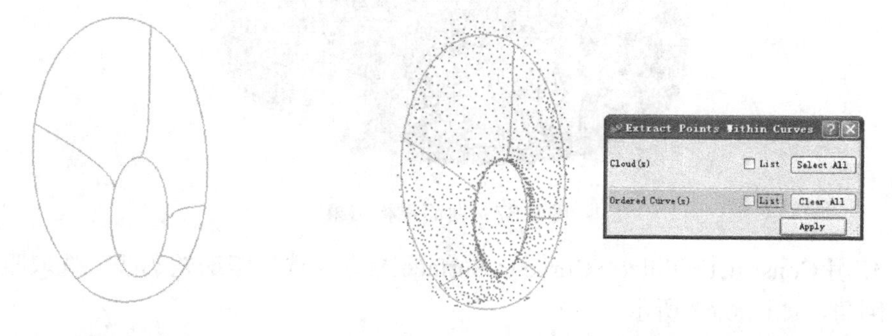

图 6.62　所有构建的曲线　　图 6.63　特征线内点云数据

(11) 提取结果如图 6.64 所示。

(12) 使用 Construct→Surface Fit w/Cloud and Curves 命令生成曲面，如图 6.65 所示。

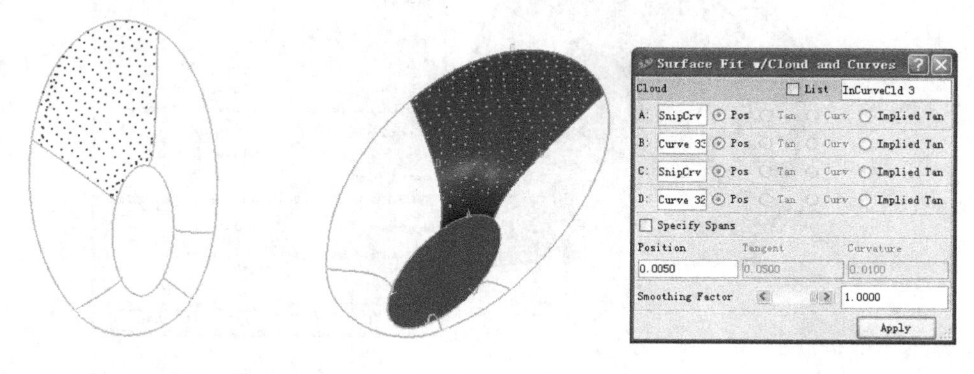

图 6.64　特征线内点云数据的提取结果　　图 6.65　曲面的生成 I

(13) 采用同样的方法提取点云，然后使用 Construct→Surface Fit w/Cloud and Curves 命令生成曲面，如图 6.66 所示。

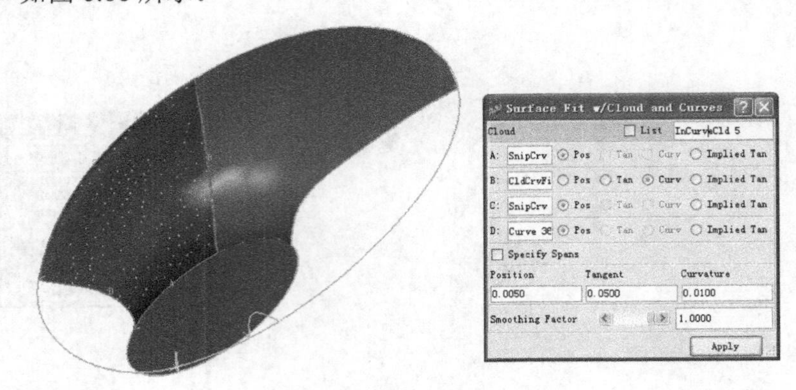

图 6.66　曲面的生成 II

(14) 眼珠部分的曲面重构结果如图 6.67 所示。

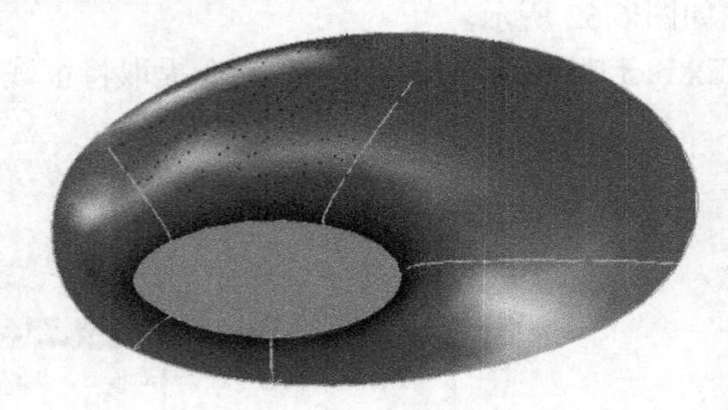

图 6.67　曲面重构结果

(15) 使用 Construct→Fillet→Curve to Surface 命令，选择眼珠轮廓线，选取眼部曲面，生成过渡倒角，如图 6.68 所示。

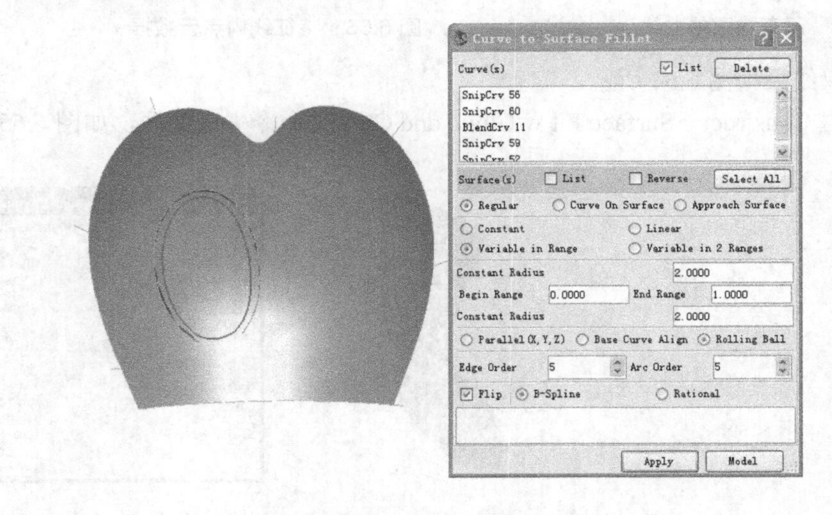

图 6.68　过渡倒角的生成

(16) 与上述方法相同，经过修剪后，眼部曲面重构结果如图 6.69 所示。

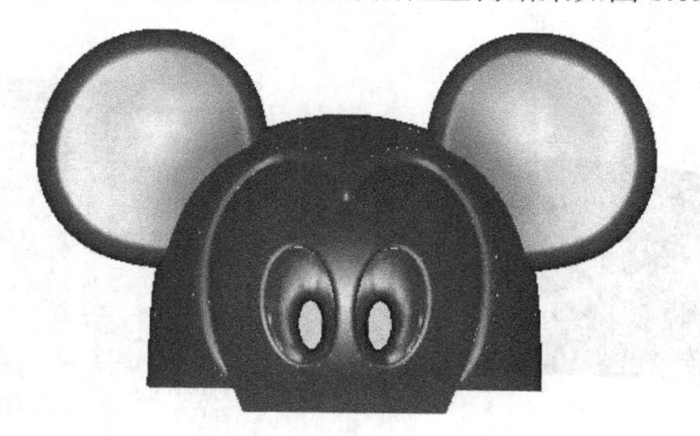

图 6.69　修剪后的眼部曲面重构结果

6.7.6　鼻子的曲面重构

特别提示

建模思路：首先通过交互的方法将鼻子部分的点云数据提取出来，然后，去掉鼻尖部分的点云，对处理过的点云进行曲面拟合，鼻尖部分的曲面重构方法与此相似，最后通过倒圆角命令生成完整的曲面。

(1) 使用 Circle→Select Points 命令对原始点云数据中的鼻子部分进行提取，如图 6.70 所示。

图 6.70　鼻子部分点云数据的提取

(2) 对鼻尖部分的点云数据进行删除，如图 6.71 所示。

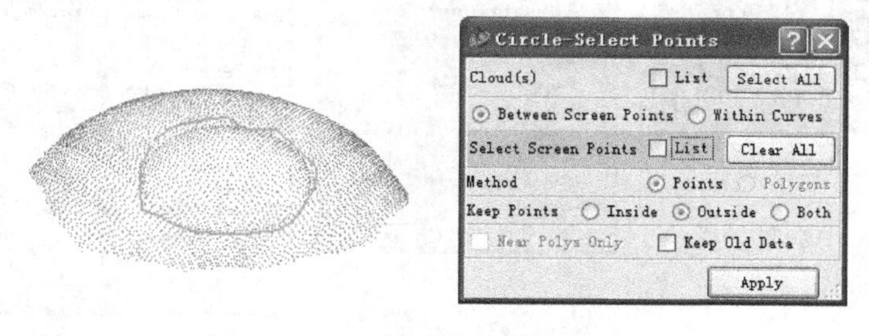

图 6.71　鼻尖部分点云数据的删除

(3) 用 Construct→Surface from Cloud→Uniform Surface 命令拟合出曲面，如图 6.72 所示。

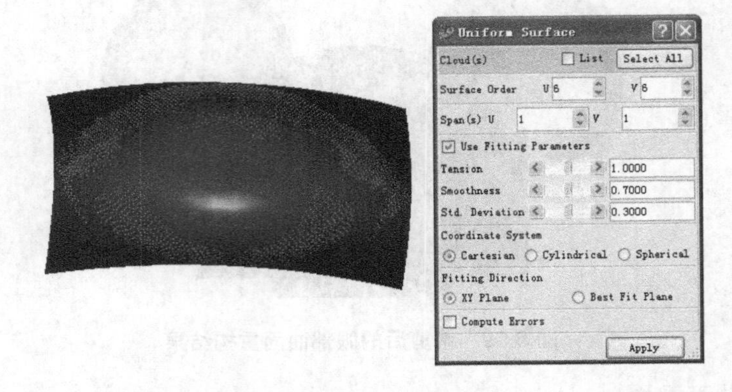

图 6.72　曲面的拟合

(4) 使用 Modify→Extend 命令延伸所有边界，如图 6.73 所示。

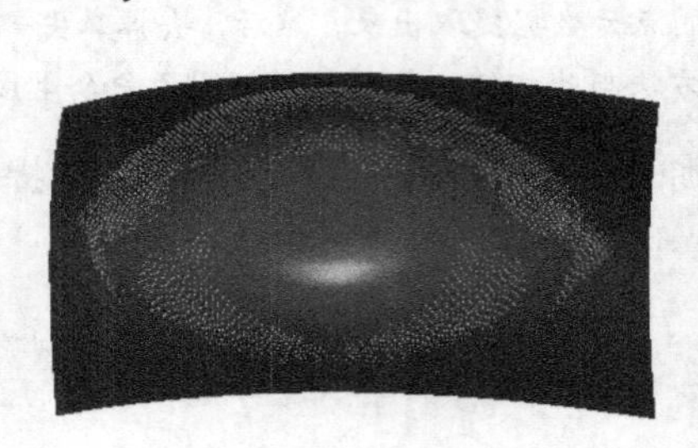
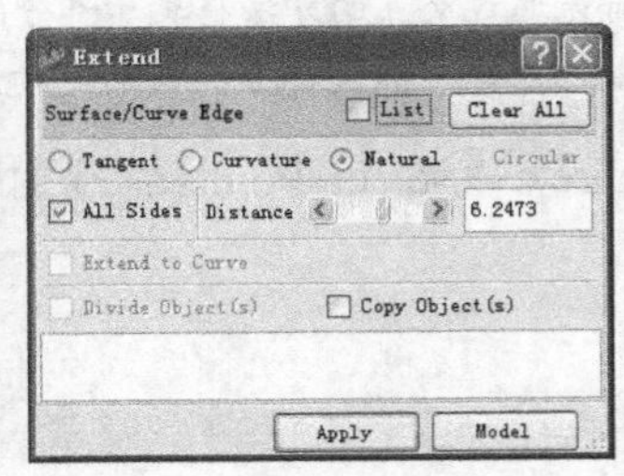

图 6.73　曲面边界的延伸

(5) 采用上述类似的方法将鼻尖部分的点云数据提取出来，然后用 Uniform Surface 命令进行曲面拟合，为了了解重构曲面的偏差情况，在 Uniform Surface 命令中选中 Compute Errors 选项，单击 Apply 命令，显示出重构的曲面和偏差分析报告，可以根据生成的偏差报告对曲面的次数和分段数目进行调整，由于本实例不是工程产品，平均偏差为 0.0218mm，满足要求，所以参数不再进行修改，如图 6.74 所示。

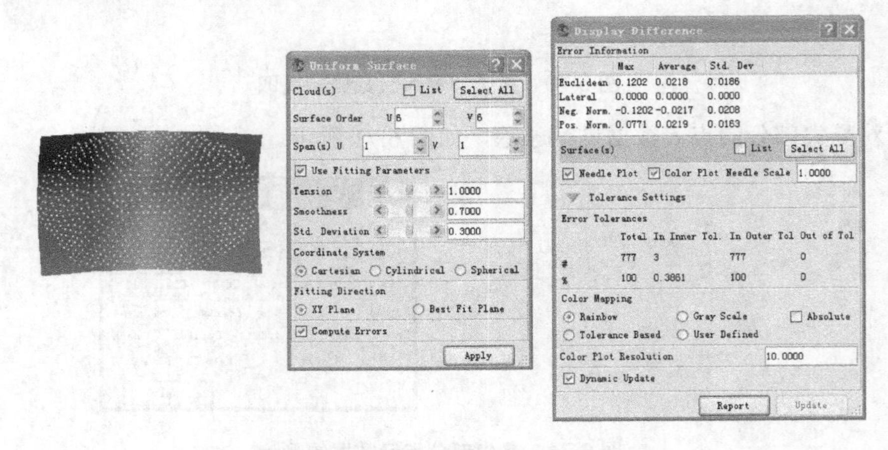

图 6.74　重构的曲面和偏差分析报告

(6) 整个鼻子部分的曲面重构结果如图 6.75 所示。

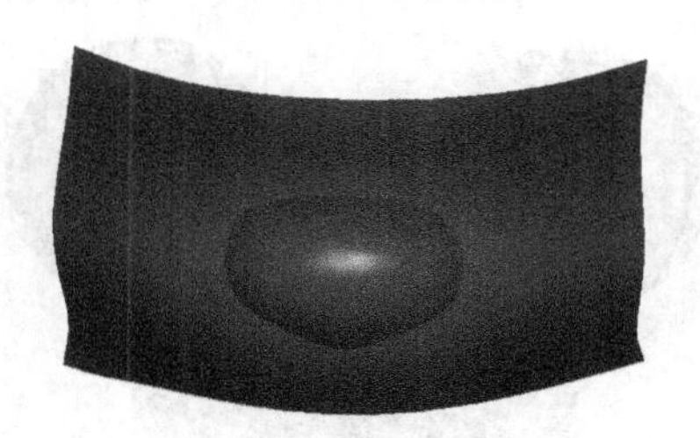

图 6.75　鼻子部分的曲面重构

(7) 使用 Construct→Intersection→With Surface 命令求出鼻子部分曲面与鼻尖曲面的交线，如图 6.76 所示。

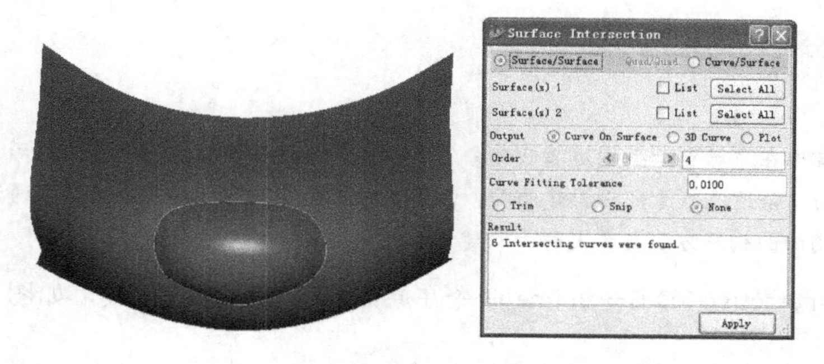

图 6.76　鼻子部分曲面与鼻尖曲面的交线

(8) 使用 Modify→Trim→Trim Surface 命令对鼻尖部分曲面进行修剪，结果如图 6.77 所示。

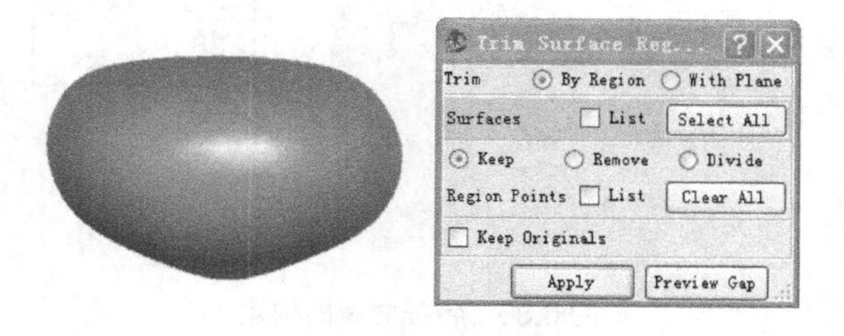

图 6.77　鼻尖部分曲面的修剪

(9) 使用 Modify→Trim→Trim Surface 命令对鼻子部分曲面进行修剪，结果如图 6.78 所示。

图 6.78　鼻子部分曲面的修剪

(10) 鼻子部分的曲面完整重构如图 6.79 所示。

图 6.79　鼻子部分的完整曲面重构

6.7.7　嘴巴部分曲面的构建

特别提示

建模思路：首先在原始点云上构建嘴巴部分的特征线，通过延伸，拼接形成四边形，然后由 4 条边提取点云数据，再由 4 条边及点云数据构建曲面。由于嘴巴部分是对称结构，中间部分通过 Blend 命令生成曲面，舌头部分的曲面构建方法与鼻尖曲面构建方法相同。

(1) 使用 Interactive 3D B→Spline 命令在原始点云上构建特征线，如图 6.80 所示。

图 6.80　特征曲线的构建

(2) 使用 Extend 命令对重构特征曲线进行延伸，如图 6.81 所示。

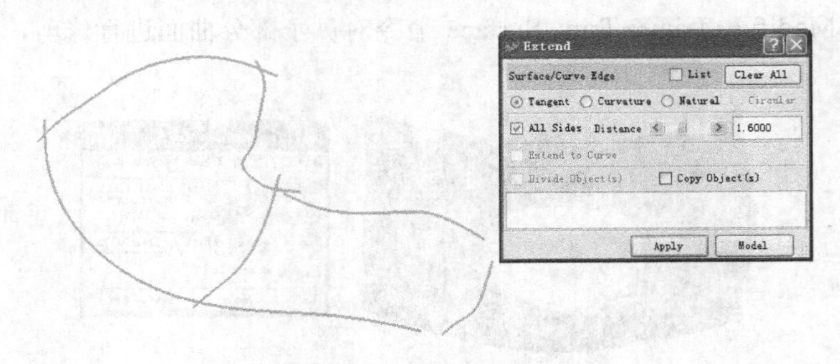

图 6.81　重构特征曲线的延伸

(3) 使用 Snip Curve(s)命令修剪延伸后的曲线，结果如图 6.82 所示。

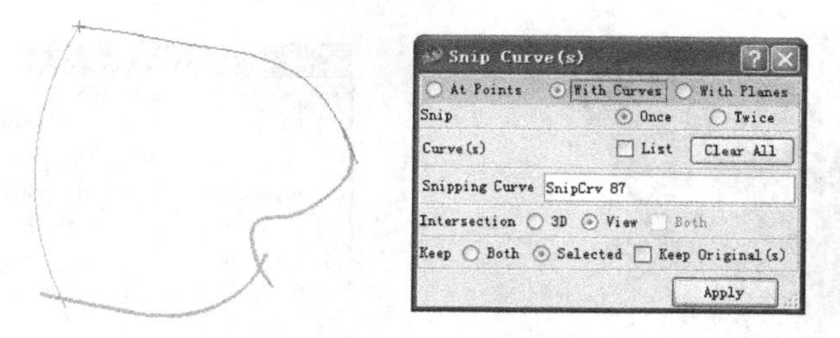

图 6.82　延伸曲线的修剪

(4) 使用 Match 2 Curves 命令对修剪后的曲线进行拼接，如图 6.83 所示。

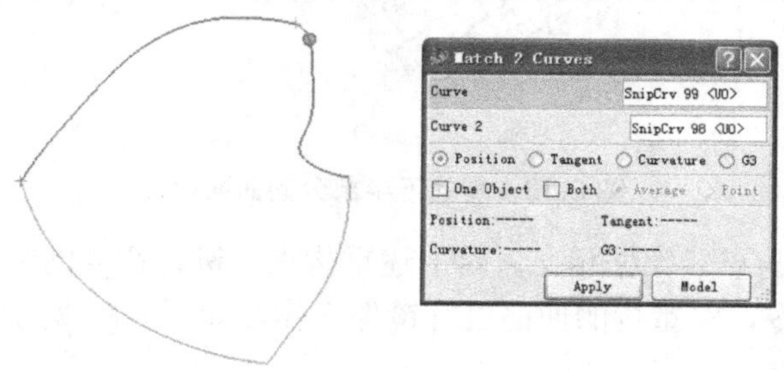

图 6.83　修剪后曲线的拼接

(5) 使用 Extract Points With Curves 命令提取点云数据，如图 6.84 所示。

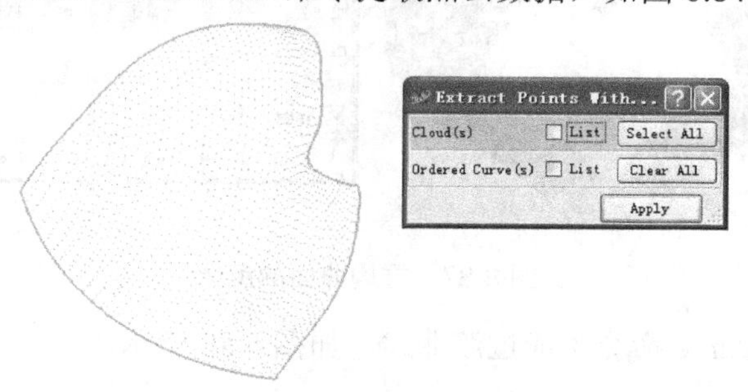

图 6.84　点云数据的提取

(6) 使用 Surface Fit w/Cloud and Curves 命令对点云数据和 4 条边线进行曲面拟合，如图 6.85 所示。

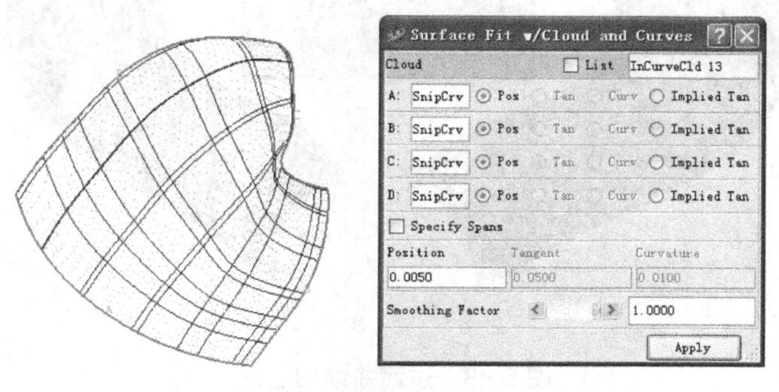

图 6.85　点云数据和 4 条边线的曲面拟合

(7) 采用同样的重构方法对嘴的下半部分曲面进行拟合，如图 6.86 所示。

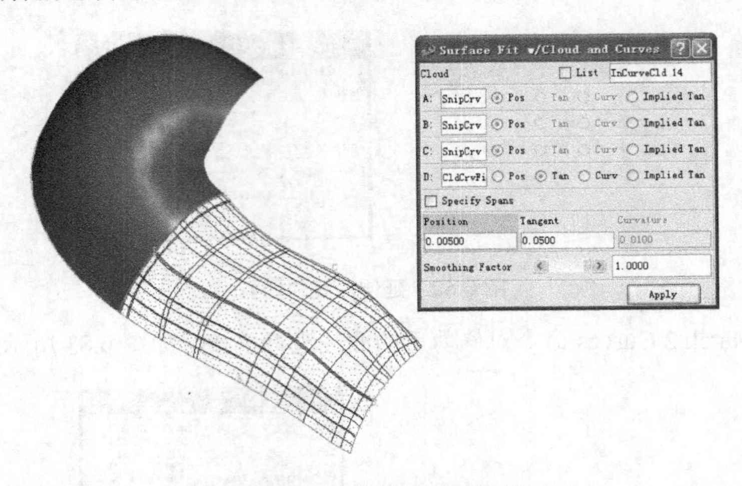

图 6.86　嘴的下半部分的曲面拟合

(8) 为了使曲面与点云数据相交，对上述重构点云进行适当的编辑，然后使用 Modify→Orient→Mirror 命令，对重构的曲面进行镜像操作，如图 6.87 所示。

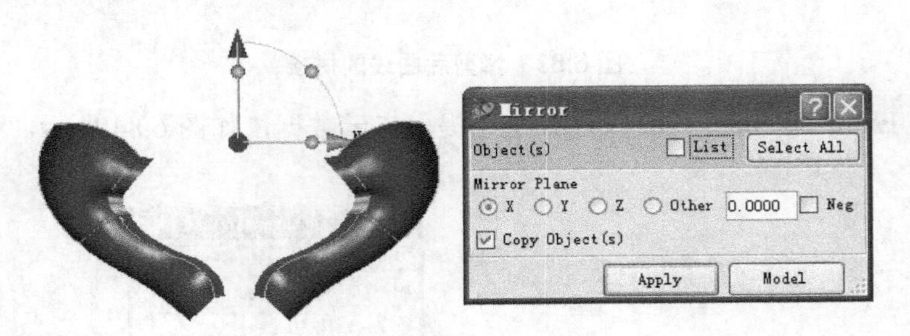

图 6.87　重构曲面的镜像

(9) 使用 Blend Curve 命令生成过渡曲线，如图 6.88 所示。

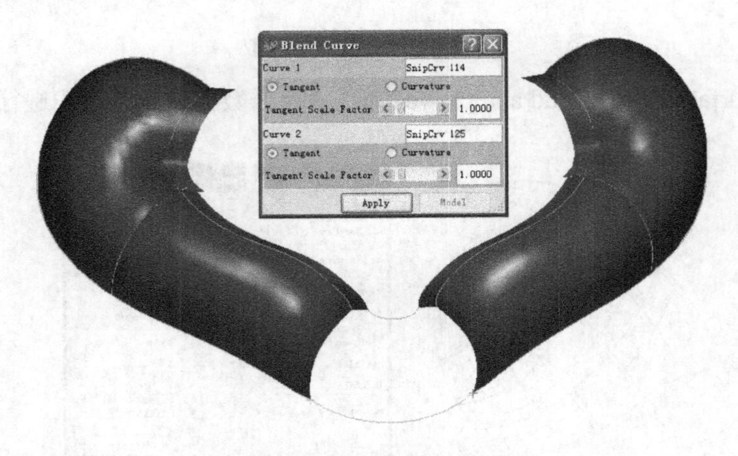

图 6.88　过渡曲线的生成

(10) 使用 Surface by Boundary 命令生成过渡曲面，如图 6.89 所示。

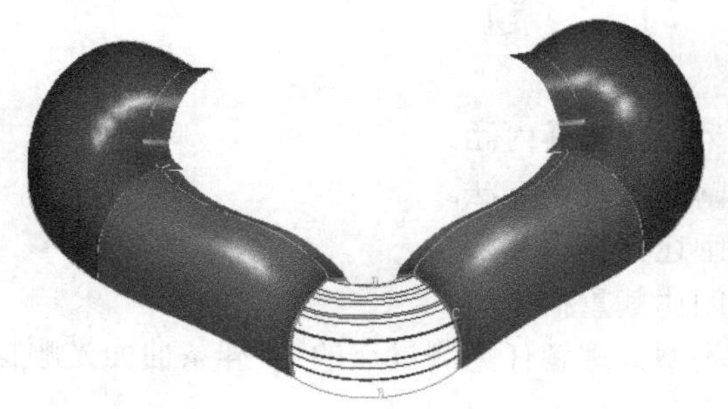

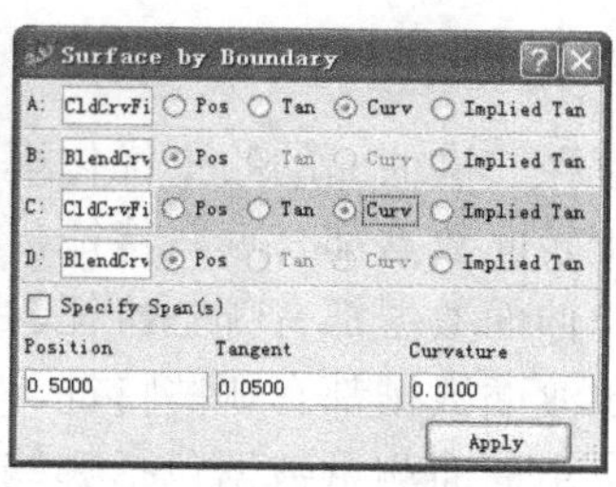

图 6.89　过渡曲面的生成

(11) 舌头部分的曲面重构过程与鼻尖部分的曲面重构过程相同，重构后的结果如图 6.90 所示。

(12) 至此所有的基本曲面重构已经完成，嘴巴、鼻子和眼睛部分交界的曲面使用了求出交线的方法，然后进行各个曲面修剪，具体操作见耳朵与脸部曲面的修剪操作。整个米老鼠的曲面重构结果如图 6.91 所示。

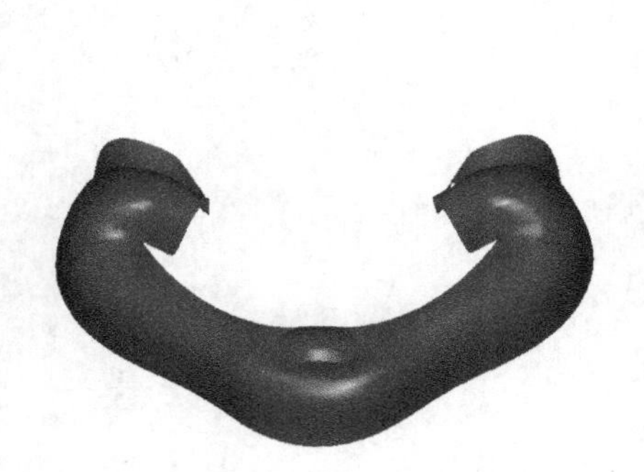

图 6.90　曲面重构的结果

图 6.91　米老鼠的曲面重构结果

本 章 小 结

本章就逆向建模技术中所涉及的曲面重构及造型技术进行叙述，曲面是逆向建模技术中最为关键的几何要素之一，本章重点介绍曲面重构及其相关的编辑技术，并对重构模型后期的质量评价进行介绍。最后结合 Imageware 以及 UG 给出一个具体的实例阐述曲面的逆向建模及造型。

习　题

(1) 解释二次曲面的约束优化模型，理解其内涵。

(2) 旋转面数据都有哪些特征，阐述其重构方法。

(3) 拉伸面数据都有哪些特征，阐述其重构方法。

(4) 过渡面数据都有哪些特征，阐述其重构方法。

(5) 自由曲面测量数据包括哪些类型，理解任意测量点的 B 样条曲面光顺拟合目标函数的意义。

(6) 重构模型的精度是指什么？曲面品质分析包括哪些方法？

(7) 结合米老鼠逆向建模的实例，掌握逆向建模的方法和技能。

第7章 产品创新设计

教学目标

创新设计需要创新人才作为支撑，而创新人才需要创新思维来武装，本章从产品创新设计的必要性出发，论述创新思维的内涵及培养，同时针对机械产品设计重点介绍了4种创新思维的技能。在学习中，注意对创新思维概念的理解与实际案例相结合来了解和掌握创新性思维。

教学要求

能力目标	知识要点	权重	自测分数
了解创造性思维的内涵	创造性思维的特点	10%	
了解创造性方法	创新方法分类及各自特点	25%	
掌握机械产品创新设计的特点	产品创新分类及方法	20%	
参数化技术与变量化技术的特点	两种方法的区别及联系	25%	
逆向建模与CAD技术的关系	支持逆向建模CAD的特点	10%	
机构创新设计的原理	创新原理在机构创新中的应用	10%	

引例

我国长三角某企业从事塑料制品加工，美国、日本及韩国的一些生产食品保鲜盒的企业为了加强其产品的竞争力，将其产品加工委托该企业来完成。经过核算，每只食品保鲜盒净利润不到0.5美元，而同样的产品经过国外企业的贴牌后，再返回中国市场其利润高达300%。为了摆脱这种被动局面，企业在原产品的结构上进行消化，决定开发具有自主知识产权的食品保鲜盒产品，但由于国外产品申请了专利保护，所以如何在不侵犯原有产品知识产权的情况下，开发出自己的产品成为企业的当务之急。

假如你是该企业的工程技术人员，面对这样的产品开发任务，该如何解决？

7.1 概　述

20 世纪是知识不断更新，科技突飞猛进，世界面貌日新月异的世纪。21 世纪科技创新将进一步成为社会和经济发展的主导力量。科学技术是第一生产力，国家综合国力的强弱，主要取决于其科学技术进步的快慢。世界各国综合国力的竞争，核心就是知识创新、技术创新和高新技术产业化的竞争。加强科学和技术创新，发展高科技产业，实现科技成果产业化是一项系统工程，对于提高国民经济质量和效益，提升我国国际竞争力具有决定性的意义。

技术进步一般是通过技术创新来实现的。技术创新的综合体现是为社会提供一流的技术产品。上至国家的工业进步，下至企业的市场兴衰，靠的是拥有在国内外技术市场上占绝对优势的技术产品。随着科技的进步，技术产品更新的速度日益加快。统计资料表明，产品的技术含量越高，其更新期就越短。技术市场总是坚定不移地朝着式样更加新颖，功能更加齐全的方向前进。可以预测，未来技术市场的竞争将更加激烈。

德国在 1998 年提出："德国不能采用产品降价的办法来提高竞争力，而是要通过持续地创新出其他国家没有的产品来提高竞争力"。

战后的日本通过先仿制美国及欧洲产品，在采取各种手段获取先进的技术和引进技术的消化、吸收的基础上，建立了自己的产品创新设计体系，使经济迅速崛起，成为仅次于美国的制造大国。

目前中国已成为世界制造基地，这是许多经济学家的共识，但这些产品中，绝大部分没有自己的品牌，也没有自己的知识产权，这也是一个不争的事实。在整个工业产业链中，大部分还处于下端，也就是说利润高的上端产业大多被发达国家摄取走，我国所获取的利润十分有限。中国是一个制造大国，能够制造出很多高质量的机电产品，但在这些产品中鲜有自己的技术。实事求是地说，某些领域在相当长的时期里还不具备创新能力。在这个阶段更多的是学习和模仿，积累自己的经验，为今后的创新打下坚实的基础。

任何产品的问世，不管是创新、改进还是仿制，都蕴涵着对已有科学、技术的继承和应用借鉴，逆向工程通过重构产品零件的 CAD 模型，可对原型进行修改和再设计，这为产品的再设计以及创新设计提供了数字原型，各种先进的计算机辅助技术手段也为此提供了强有力的支持。

因此，通过逆向工程，在消化、吸收先进技术的基础上，建立和掌握自己的产品开发设计技术，进行产品的创新设计，即在复制的基础上进行改进进而创新，这是提升我国制造业、实现技术进步的必由之路。

实现技术进步一般通过获得新技术、新产品来实现，其途径主要有两条。

1. 技术引进

技术引进可以使企业在不长的时间内获得先进技术，是振兴企业的有效途径。这方面，日本是示范楷模，电视机、空调、冰箱、汽车……每项专利技术都不是日本的原创，它们是美国技术、英国技术、意大利技术……但经过消化和吸收，特别是由此开发出新功能，衍生出新产品，都成了真正的日本技术，现在一提名牌电视机，就想到索尼、松下，说起名车就想到丰田，日本的经济腾飞，关键是做好了引进技术这篇文章。

实施和完成技术引进并非易事，它必须过好“三关”：第一关是技术引进，第二关是技术积蓄，最后一关是技术普及。相比较而言，技术引进环节比较容易做到，但实现技术积蓄和技术普及则需付出极大的努力。改革开放 30 多年，我国在引进国外先进技术方面取得了不少成绩，但许多技术引进仅仅只是初窥门径，还没有做到登堂入室。当初花了几千万甚至十几亿的进口设备被弃之不用的事情时有发生，有的虽然在用，但没有发挥高水平设备的先进功能；或者引进的产品长久停留在配件组装和外围配套的水平，做不到消化核心技术、实现技术创新。技术引进、技术积蓄、技术普及 3 个环节任何一环做得不好，都会影响技术引进工程的成功。

2. 自主技术开发

拥有自己的核心技术是一个国家不受制于人的根本保证。一般来说，非核心技术比较容易从国外引进，而关系到国民经济发展的关键技术，只能自主开发。企业发展也是这样，真正在市场上有竞争力的产品和技术，往往要靠自己组织力量来开发。逆向工程作为获取产品 CAD 模型的一种实用技术，可以在国外技术保密的情况下快速得到产品的设计思路，在此基础之上进行新产品开发可以达到事半功倍的效果。

不论是技术引进还是自主技术开发，工程技术人员的作用是第一位的。因此培养具有创新思维的产品设计人员是实现技术进步的基石。设计在本质上是一种创造活动，创造的特性也是设计的特性。创造的主体是人，创造是在已获得成果的基础上，进一步开发产品新颖独特的功能。创造必然有未知因素，要经过试验探索。创造最终体现为一定的社会价值，包括科学、技术、经济等各方面的价值。创造的这些特性与工程设计的特性是完全一致的。工程技术人员应该认识有关创造的特点和规律，自觉开发创造力。

工程技术人员的创造力是多种能力、个性和心理特征的综合表现，包括观察能力、记忆能力、想象能力、思维能力、表达能力、自我控制能力、文化素质、理想信念、意志性格、兴趣爱好等因素。其中想象能力和思维能力是创造力的核心，是将观察、记忆所得信息有控制地进行加工变换，创造表达出新成果的整个创造活动的中心。这些能力和素质，经过学习锻炼，都是可以改善提高的。

认识到创造力的构成，工程人员应该自觉地开发自己的创造力。首先要破除神秘感，增强自信心，认识到创造发明不只是某些天才或专家的事，每个正常人都有一定的创造力，积极进行创造实践，必能不断提高自己的创造力。其次，树立创新意识，培养创新性思维，保持创造热情。思想上不是把设计工作当作例行公事，而要积极起来，时刻有创新的愿望和冲动，并且把创造热情保持下去。有了正确的思想基础，加强创新思维锻炼，掌握必要的创新技法，必然产出创新成果。

7.2　创新性思维

7.2.1　思维的内涵

思维是人类认知世界的一种复杂的精神活动。这种认知过程和感觉、知觉相比，具有很强的主动性和主观性，是基于客观事物和主观经验对事物进行认识的过程。思维和感觉、知觉一样，是人脑对客观事物的反映。但一般来说，感觉和知觉是对事物的直接反映，而思维是对客观事物概括的基础上，在表象(组成形象的基本单元，可以理解为像素)的概括和经验基础上对事物进行认识的过程。创新思维，就是指人们在创造具有独创性成果的过程中，对事物的认识活动。

人们总是在通过分析和综合、比较和概括、抽象和具体、迁移、判断和推理、想象等过程后，方能获得对客观事物更全面、更本质的认识。

1. 分析和综合

思维的过程总是从对事物的分析开始的。所谓分析，就是通过思想上把客观事物分解为若干部分，分析各个部分的特征和作用。所谓综合，是在思想上把事物的各个部分、不同特征、不同作用联系起来。通过分析和综合，可以显露客观事物的本质，并通过语言或文字把它们表达出来。人类的语言、文字也正是在思维分析、综合中逐步形成的。

2. 比较和概括

在分析和综合的基础上，通过对事物外观、特性、特征等的比较，把诸多事物中的一般和特殊区分开来，并以此为基础，确定它们的异同和它们之间的联系，这就称之为概括。在创造过程中，经常采用科学概括，即通过对事物比较，总结出某一事物和某一系列事物的本质方面的特性。宇宙、自然界、动物、植物、矿物、有机物、无机物，就是按其本质特征加以概括分类的。

3. 抽象和具体

比较和概括是抽象的前提，通过概括，事物中的本质和非本质的东西已被区分，舍弃非本质的特征，保留本质的特征，这就称之为抽象。与抽象的过程相反，具体是指从一般抽象的东西中找出特殊东西，它能使人们对一般事物中的个别得到更加深刻的了解。抽象和具体是在创新思考中频繁使用的思维。

4. 迁移

迁移是思维过程中的特有现象，是人的思维发生空间的转移。人们对一些问题的解决经过迁移往往可以促使另一些问题的解决，如掌握了数学的基本原理，有助于了解众多普通科学技术规律；掌握了创新的基本原理，有助于了解人工制造物的演变规律；掌握了机械原理，有助于进行机构创新设计及机械运动中的力学分析。

5. 判断和推理

人们对某个事物肯定或否定的概念，往往都是通过一定的判断和推理过程而形成的。判断分为直接判断和间接判断，直接判断属感知形式，无需深刻的思维活动，通过直觉或动作就可以表达出来，如两个人比较身高，可以直接判断出来。间接判断是针对一些复杂事物，由于因果、时间、空间条件等方面的影响，必须通过科学的推理才能实现的判断，其中因果关系推理特别重要。判断事物的过程首先把外在的影响分离出去，通过一系列的分析、综合和归纳，找出隐蔽的内在因素，从而对客观事物作出准确的判断和推理。

6. 想象

想象是人们在原有感性认识的基础上，在头脑中对各种表象进行改造、重组、设想、猜想而重组出新表象的思维过程。爱因斯坦认为，想象比知识更重要、更可贵。知识是有限的，而想象是无限的。正是有了想象，人们才能不断地创造出世界上前所未有的新事物。人们已经逐步认识到，世界上的一切，没有做不到的，只有想不到的。

想象分为再造性想象和创造性想象两类。人有修改头脑记忆中表象的能力，根据已有的表述和情景的描述(图样、说明书等)，在头脑中形成事物的形象称再生想象；不依靠已有的描述，独立地、创造性地产生事物的新形象称创造性想象。把想象视为超现实的观念并不正确，想象总是在人类改造世界的同时产生的，是对现实表象的优化和提升。

7.2.2　创新思维的基本特性

创新思维是指人们在认知世界的过程中，创造具有独创性成果的过程中，表现出来的特殊的认识事物的方式。

创新思维也可通俗地解释为：人们从事创新时头脑中发生的思维活动；具有突破性、新颖性、多向性、独立性、意外性、敏捷性、主动性、目的性、预见性、求异性、发散性等特征；形式上可以是正、逆向的线性思维、纵横向的平面思维、三维立体思维与空间思维；逻辑上表现为逻辑思维和非逻辑思维两种基本类型。

掌握创新思维的特点和类型，就能从习以为常的事物中发现新事物；能在纷繁杂乱的问题中理清思路，能把困难的事物变为容易的事物；能把荒谬的矛盾变成合理的解决方案。这种思维习惯不但会让一个人的生活得到意想不到的收获，也会让一个企业甚至一个国家都发生翻天覆地的变化。

不要以为创新思维是少数天才才有的专利，事实上，在人们的身边，在人类历史进步的点滴中，创新思维无处不在。其核心特征非常简单明确，其基本类型非常好懂好用。只要真正认识到创新思维的规律，自觉学习并运用创新思维，人人都可以成为创新思维的拥有者、受益者和传播者。

创新思维具有以下 9 个基本特性。

1. 突破性

创新思维是突破性思维，要创新首先必须对已掌握的知识信息加工处理，从中发现新的关系，形成新的组合，并产生突破性的成果。人类的科技进步是在批判和否定事物的基础上取得和完善的，创新者敢于怀疑、敢于批判、敢于提出问题。要用好奇的眼光，积极主动地转换视角，从尽可能多的角度去观察事物，运用自己的潜能，激发灵感和直觉，突破各种成见、偏见和思维定势，推动人们沿着创造和创新之路一步一步前进。

当旧的问题被突破时，人们积极主动的好奇心得到一定的满足，心理产生满足感和自信心；在新的问题出现时，再次激发人们的创新热情，创新的火花将绽放得更加绚丽多彩，并能使创新的冲动延续下去。

2. 新颖性

创新思维的本质是求异、求新，具有前所未有的特征。新颖性是创新思维的主要特点，思维结论超越了原有的思维框架，具有前无古人，后无来者的独到之处，更新知识和理念，发现新的原理、新的规律，对改变人类的生活方式和社会进步起到深刻的作用。

3. 多向性

多向思维是创造者应具有的思维方法，必须在创造实践中逐步认识和锻炼。从创新思维方向观察，创新思维分多向发散思维、顺向思维、逆向思维、侧向思维和收敛思维等。

(1) 发散思维是一种多向的、立体的、开放的思维，人们在创造的过程中，从已知的有限信息中迅速扩散到四面八方。多向发散思维体现在以下 3 个方面。

✧ 流畅性。即思维畅通无阻，在很短的时间内就能提出众多解题方案。

✧ 灵活性。在创新过程中，体现出随机应变的特点，能快速转换并提出新颖、实用的构思和方案，从中获得有价值的发明。

✧ 独特性。提出的方案与众不同、新颖独特。

发散思维的 3 个特征是相互关联的，思路流畅是产生灵活性和独特性的前提；灵活转换能力则又有助于独特构思的产生。

(2) 顺向思维是一种按常规思维进行创造的方法，其思维方向一是沿纵向向上或向下延伸；二是沿横向向左或向右延伸。

(3) 逆向思维是指与主流相反的方向进行思维的方法。在创新过程中敢于标新立异，与事物的常理相悖，获得一个又一个优秀的创造成果。逆向思维的形式可以从原理、性能、方向、状态、形状、方法等方面进行。

日本诺贝尔奖获得者江崎玲于奈，在进行锗元素的性能研究时，让其助手官原百合子小姐在一旁协助做锗元素的提纯试验，但因为难以去除其杂质而一筹莫展。在数十次对提高锗元素纯度的努力毫无进展的情况下，一天，助手官原百合子忍不住说："再这样下去，纯度可能永远达不到理想的高度，既然杂质不易除去，不妨再增加一些杂质试试看。"听了官原的话，江崎茅塞顿开，于是，他们转而进行掺入杂质后晶体的性能研究，不久，他们就发现了掺杂质晶体的"隧道效应"，并因此发明了"隧道效应二极管"。逆向思维使他们得到重大科学发现，并因此获得科学界的最高荣誉——诺贝尔奖。

(4) 侧向思维是指当顺向思维受阻时进行思维实时转向的方法。在沿着顺向思维方向的某一关节点上，通过侧向渗透的方法去获得问题的答案，侧向思维往往利用"局外"信息，从侧面迂回突破，从而发现解决问题的途径和可能，因此在创造过程中得到较多的应用。比如在机械制造中，过去利用机械传动获得刀具和零件的旋转、位移、速度、加速度、切削力等，但随着制造精度和自动化程度的提高，完全采用机械方式很困难，取而代之的是应用计算机数控系统和光电测控手段，如旋转编码器、线性或球形光栅传感器、全数字化高速高精度交流伺服控制系统等，既简化了机械结构，又提高了精度和自动化程度。

(5) 收敛思维和发散思维相对应，它是使人们头脑中的多路思维聚集于某一路，运用逻辑思维方法，在已有的知识、经验基础上，把众多信息逐步条理化和规范化，通过分析、综合、抽象、概括、判断和推理等思维过程，去伪存真和集中梳理，使本质逐步显露，并最终在某一点上取得成功。

(6)"智力图像"思维把思想具体化，在脑海中构成形象，能激发想象力。与逻辑思维相比，创新思维与形象思维的关系似乎更为密切，但创新思维不是形象思维，是介于具体形象和概念抽象之间的某种过渡，称之为“智力图像”思维。苯环结构的提出、场概念的提出都体现了这种“智力图像”的特征。

科学发展到目前，许多现象已不能由机械图像描述，只能用数学语言或更为抽象的“智力图像”描述。通过“智力图像”思维，在头脑中对各种表象进行改造、重组、联想、猜想而创造出新的图像，产生新的发现。

4. 深刻性

深刻性是指思维的深度。思维深刻的人，不会满足于对问题的表面认识，善于分辨事物的现象和本质，善于从多方面和多种联系中去理解事物，因而能正确认识事物，揭示事物内部的规律性，预测事物的发展趋势与未来状态。

5. 独立性

思维的独立性就是表现在不迷信、不盲从、不满足现成的方法和方案，而是要经过自主的独立思考，形成自己的观点和见解，突破前人，超越常规，产生新的思维成果。如果没有独立自主的思考，总是遵守清规戒律，一切照章办事，服从已有的权威，就不可能产生独特新颖的思维，也就根本谈不上是创新者。

6. 意外性

创新思维的产生一般表现出一种意外性或突发性，正所谓“茅塞顿开”、“眉头一皱，计上心来”、“踏破铁鞋无觅处，得来全不费工夫”。一般情况下，有意识地创造设想或支配设想的创造往往不能如愿，而某种偶然因素的触发却突然产生一种解决问题的新方法、新思路、新观念，这是科学发现通常的模式，已被许多历史事实所证明。

7. 敏捷性

思维的敏捷性是指能在短时间内迅速地调动思维能力，能当机立断，迅速、正确地解决问题。思维的敏捷性是良好心理品质的前提。首先是以思维的灵活性为基础，具备积极思维、周密考虑、准确判断的能力；思维的敏捷性还必须依赖于观察力以及良好的注意力等优秀品质。

案例

1972 年 12 月，美国贝尔实验室的一个晶体管放大装置，清晰地将声频信号放大百倍以上，科学家肖克利对这种早期晶体管的工作做了分析，提出了一种 PN 结的晶体管理论。1950 年，世界上第一个 PN 结型晶体管诞生了。当时，美国西方电子公司仅仅把这种晶体管用于助听器的生产。具有丰富基础和专业知识的日本人井深大和盛田昭夫得知这个消息后，立即飞赴美国考察，他们敏捷地发现，晶体管像电子管一样能够放大信号，而且反应快、体积小、耗能低、可靠性强，完全有可能取代电子管。于是在 1953 年，井深大和盛田昭夫仅以 2.5 万美元的价格向美国西方电子公司买下了生产晶体管的专利，并于 1957 年开发和制造出命名为“SONY”的世界上第一台能装在衣袋中的袖珍式晶体管收音机。与此同时，SONY 也就名扬天下，一举成为家电业的大公司。回首往昔，如果不是井深大和盛田昭夫的高度敏捷性，恐怕难有 SONY 的今天。

8. 风险性

创新思维活动是一种探索未知的活动，受到来自多种因素的限制和影响，如事物发展阶段及其本质暴露的程度、人的认识水平与能力、环境与实践条件等。这就决定了创新思维的风险性，不可能保证每次都能取得成功，相反，有可能毫无成效，甚至也有可能作出错误的结论。

社会文化的传统势力、偏见、权威等为了维护现有的伦理和秩序，对创新思维活动的成果往往抱有仇视的心理。例如，西欧中世纪，宗教在社会生活中占据着绝对统治地位，一切与宗教相悖的观点都被称为“异端邪说”，都会受到“宗教裁判所”的严厉惩罚。然而，历史在发展，社会在前进，创新思维活动是扼杀不了的。伽利略、布鲁诺将生命置之度外，论证了“日新说”，证明地球不是宇宙的中心。他们为探索真理，不畏强暴，敢于顶风冒险的伟大精神，为后人树立了永久的丰碑。无法想象，如果没有两位科学家甘冒此风险，“地心说”不知还要统治天文学领域多少年。

9. 非逻辑性

创新性思维不受形式逻辑的约束，常表现为思维操作的压缩或简化，包括两种情况：一是原有逻辑程序的简化和压缩；二是违反了原有的逻辑程序。具有丰富经验、广博知识和娴熟技巧的科技工作者在面临问题时，往往省略了中间的推理过程，直接作出判断。

弗朗西斯•培根在 1605 年说：“人类主要凭借机遇或其他，而不是逻辑创造了艺术和科学。”

一般情况下，新发现的获得是一种奇遇，而不是逻辑思维过程的结果。敏锐的、持续的思考之所以有必要，是因为它使我们始终沿着选定的道路前进，但不一定会通向新的发现。科学工作者应养成不以逻辑推理结果为唯一判断依据的习惯。

7.2.3 创新思维的阶段

心理学家对创新思维的过程研究表明，产生、发展直至完成的每一项发明创造活动过程，均具有明显的客观规律性。任何创新思维必须经过 4 个阶段，即准备阶段、酝酿阶段、顿悟阶段和验证阶段。

1. 准备阶段

创新思维是从怀疑和不满开始的，并从中发现问题和提出问题，因此“问题意识”是准备阶段创新思维的关键。提出问题后创造者立即收集资料、信息，从他人的经验中获取必要的知识和启示，并从旧的问题和关系中发现新的东西，为解决问题做准备。

2. 酝酿阶段

这个阶段是冥思苦想，对前一阶段所获得的各种信息、资料加以研究分析，从而推断出问题的关键所在，并对问题作出解决的假想方案。在此阶段，非逻辑思维和逻辑思维互补、潜意识和显意识交替，采用分析、抽象与概括、归纳与演绎、推理与判断等逻辑思维方法，经过反复思考、酝酿，有些问题仍未达到理想的解决方案，出现一次或多次“思维中断”。创造者此时往往处于高度兴奋状态，给人如痴如醉和狂热的感觉。这一过程可能是短暂的，也可能是漫长的，甚至进入“冬眠”状态，孕育着灵感和突变思维的降临。

3. 顿悟阶段

经过分析和冥思苦想，在创新方法的启示下，在直觉、灵感、想象和联想思维的共同作用下，灵感降临，思路豁然开朗，创造性成果脱颖而出，产生了超常的新理论、新观念、新思想和新发明。

4. 验证阶段

此阶段多采用逻辑思维方法，对创造成果进行科学的验证，利用观察、实验，分析、证明其发明的可重复性、合理性、严密性、可行性和发现的真实性。经过验证阶段，可以使创造的成果得到进一步完善和确认。但也可能因为可行性、重复性差等原因被否定，又回到酝酿阶段重新冥思苦想。其实，创新的过程就是一个反复进行思维收敛与发散的辩证统一的过程。

7.2.4　培养和拓展创新思维

思维定势(也称思维惯性)是指一种迫使人们在平常情境下得出平常的解决方案的保守观念。

思维惯性是决定创新能力的关键因素。习惯于单向思维、线性思维、惯性思维的大脑只能是机械地重复旧的行为，习惯于接受大家所说的，很难产生出创新的灵感和成果。

有人做了一个实验：把跳蚤放到一个玻璃杯中，因为跳蚤跳起的高度一般可以达到自己身长的 400 倍，所以跳蚤可以轻易地跳出来。于是，实验者把跳蚤再放回杯中，加上一个透明的玻璃盖子。当跳蚤再次跳起来后重重地碰到了玻璃盖子上摔了下来。它接着再跳，一次又一次，终于，它调整了自己跳起的高度，不会撞到盖子了。过了几天，实验者拿走了盖子，跳蚤还是在那里自由地上下跳动，但却怎么也跳不出杯子了。由习惯而养成的强烈的思维定势已经制约了跳蚤的行动。

如果说跳蚤是低等动物的话，猴子是很聪明的了。有科学家做了个实验：将 4 只猴子关在一个房间里，实验者在房间上端的小洞口放了一串香蕉，当一只猴子想去拿香蕉时，刚接近就被实验者在洞口上泼出的热水烫伤，手赶快退了回去。当后面 3 只猴子去拿香蕉时，一样被热水烫伤。于是猴子们只好望“蕉”兴叹。又过了几天，实验者换了一只新猴子进入房内，当新猴子也想尝试去吃香蕉时，立刻被其他 3 只猴子制止，并告知有危险。实验者再换一只猴子进入，当这只猴子想吃香蕉时，有趣的事情发生了：这次不但剩下的两只被烫过的老猴子阻止它，连后进去的没被烫过的新猴子也阻止它。实验者继续更换猴子，当所有猴子都已换过之后，仍没有一只猴子敢去碰香蕉。洞口的预设热水机关早已取消了，但笼中的猴子们依然谁也不敢去碰近在咫尺的香蕉。

在上面的两个实验中，跳蚤是被个体惯性约束住了，猴子是被群体惯性约束住了。动物身上的这种本能在人类的活动中往往也会体现出来。

从心理学的观点来看，思维惯性是人的一种与生俱来的自然能力，是一个人充分认识周围世界所需具备的必要素质，在大多数情形下，可令人得出快速而正确的解决方案。

从创新的观点看，思维惯性是有害的，因为它会将人的思维方式局限在已知的、常规的解决方案上，从而阻碍了新方案的产生。

在解决问题时，一个发明者通常会仔细浏览所有已知的传统方法。思维惯性的力量是很强的，但是又是难以察觉的，内心潜意识中的抑制力决不会让他对固定模式有丝毫的偏离。沿着“思维惯性的方向”去做事的想法导致人们难以找到新的解决方案。

因此，学习创新方法的最终目的，就是要打破思维惯性，跳出固有的思维模式与圈子，以创新的思维和视角来看待问题、分析问题、解决问题，让人形成创新思维的习惯。

7.2.5　创新思维的核心特征

创新思维的核心特征是“求异”，要学会用“新的眼光”去看待问题。

在学校里，当多数学生都用一种方法解题时，有的学生在“标准方法”之外找到另一种方法；在市场上，当多数企业都用一种流程生产产品时，有的企业在“标准流程”之外找到另一种流程。这样的学生用的就是创新思维，这样的企业用的也是创新思维，其共同点都是在“标准”之外另辟蹊径，换一个视角来考虑问题。

知识的传承要“求同”，要靠标准的路径；而知识的延展要“求异”，要靠不同于标准的新路径。

冬季，雪花漫天飞舞，大地一片银白，人们常常带领小孩到雪地中堆雪人，大人往往走在已打扫过的马路上，而小孩则非要走在雪地上。当人们都来到堆雪人的地点时，孩子身后留下了一串弯弯曲曲的脚印，一条自己走出的小路，而大人身后什么也没有留下，依然是那条许许多多人走过的大路。是鼓励孩子在雪地上走出自己的小路，还是强拉住孩子走扫净的大路；是鼓励孩子摔倒也要勇敢直前，还是为了孩子不摔倒就不越雷池小心呵护，这些都直接影响了孩子的思维习惯。

美国发明家、企业家亚历山大•格拉汉姆•贝尔(Alexander Graham Bell)说过：“有时不妨离开已被人们踏平的道路而步入丛林，每当你这样做了，就一定会发现一些从未见过的事物。”贝尔就是步入了别人不愿意步入的“丛林”，因而发明了世界上第一部电话机，因而有了世界著名的贝尔公司。

习惯上，人们总是将考虑问题的关注点(或自觉不自觉地)集中在当前系统上，如上面例子中的“那条许许多多人走过的大路”，因为很多人会感觉走这条路更“安全、可靠”一些。要打破这个思维惯性，不仅要有求异的心理准备，还可以使用系统看待问题、思考问题、分析问题的多屏幕法。

麻省理工学院人工智能研究所创始人明斯基是世界人工智能研究领域杰出的科学家，在神经心理学、计算理论学、心理学等方面都有很深的造诣，曾获得“图灵奖”。一次，有位外国科学家问他：“明斯基教授，您总是能在各种领域中想出很多引人入胜且能够引导新方向的构思。请问您的诀窍是什么呢?”他回答说：“这很简单，只要反对大家所说的就可以了。大家都认同的好想法基本上都不太令人满意。”

敢于反对大家所说的，是一种非常可贵的思维习惯，只要这种反对是基于客观事实和独立思考。习惯于发散思维、逆向思维、联想思维等创新思维的大脑往往成为创新的源头。

有一个故事，老师上课时在蓝纸上画一个黑点，问学生：“你们看到了什么?”学生们回答得非常踊跃：“我看到了芝麻。”“我看到了铁钉。”还有沙子、苍蝇、墨水等几十种东西。等到学生们安静下来，老师问一个始终没说话的学生：“你看到了什么呢?”这个学生站起来，小声地说：“老师，我看到了大海，还有蓝天。”

以写作《追忆似水年华》享誉世界文坛的法国作家马塞尔・普鲁斯特(Marcel Proust)说

过："真正的发现之旅，不在于是否找到新大陆，而在于能否以新的眼光去观察。"今天，人们最需要的就是"新的眼光"，只有"新的眼光"才能指引人们看到更多的"大海"和"蓝天"。

创新思维的运用目的就是让人们具有"新的眼光"，就是克服惯性，打破技术系统旧的阻碍模式。一些看似很困难的问题，如果人们能以"新的眼光"、站在更高的位置、采用不同的角度来看待，就会得出新奇的答案。

7.2.6　创新思维技法

创新思维贯穿在产品设计从接受项目到效益评价的全过程，就是灵活地运用人类已有的知识和经验，进行重新组合、叠加、复合、化合、联想、综合、推理及抽象等过程，从而形成新的思想、新的概念和新的产品等。产品设计开发不是灵感的闪现，不可能一蹴而就，它是一个充分发挥创造力的过程。

若从设计过程来考察创新思维方法，可以概括性地将其分成市场调研、方案设计、设计分析、详细设计 4 个主要阶段，并根据不同的阶段、任务、目的去掌握与之相对应的主要方法。

1. 市场调研方法

产品源于社会需求，受制于市场要素，同时要在市场竞争中验证其成功与否。因此，产品竞争力的关键是产品能否给消费者带来使用上的最大便利和精神上的满足。要使自己的设计不落俗套，就必须站在为使用者服务的基点上，从市场调研开始。调研主要分为产品调研、销售调研、竞争调研。

通过品种的调研，搞清楚同类产品市场销售情况、流行情况，以及市场对新品种的要求；现有产品的内在质量、外在质量所存在的问题，消费者不同年龄组的购买力，不同年龄层对造型的喜好程度，不同地区消费者对造型的好恶程度；竞争对手的产品策略与设计方向，包括品种、质量、价格、技术服务等；对国外有关期刊、资料所反映的同类产品的生产销售、造型以及产品的发展趋势的情况也要尽可能地收集。

产品设计调研方法很多，一般视调研重点的不同采用不同的方法。最常见、最普通的方法是采用访问的形式，包括面谈、电话调查、邮寄调查等。调研前要制定调研计划，确定调研对象和调研范围，设计好调查问题，使调研工作尽可能方便、快捷、简短、明了。通过这样的调研，收集到产品各种各样的问题，然后确立设计方向，从而找到需要革新或可以革新的方面，开发出新产品。设问的方法很多，经创造学家研究总结，有 4 种方法比较著名，即 5W2H 法、7 步法、行停法、8 步法。5W2H 法就是从 7 个方面去设问，这 7 个方面的英文第一个字母加起来正好是 5 个 W 和 2 个 H。它们是：为什么需要革新(Why)；什么是革新的对象(What)；从什么地方着手(Where)；什么人来承担革新任务(Who)；什么时候完成(When)；怎样实施(How)；达到怎样的水平(How Much)。7 步法是由美国创造学家奥斯本总结出来的一套设问法。设问的 7 步是：确定革新的方针；收集有关资料数据，做革新的准备；将收集到的数据资料进行分析；将自由思考产生出来的各种各样的创造性设想一一记录下来，并构思出革新方案；提出实现革新方案的各种创造性设想；综合所有的资料和数据，对实现革新方案的各种创造性设想进行评价；选出切实可行的设想并付诸设计实践。行停法也是由奥斯本研究总结出来的一套设问方法。它通过行(Go)——发散思维(提出创造性设想)与停(Stop)——收敛思维(对创造性设想进行冷静的分析)的反复交叉，逐步接近所需解决的问题。具体步骤是：想出与所需要解决的问题相关联的地方，对此进行详细的分析比较；有哪些可能用得上的资料，如何方便地得到这些资料；提出解决问题的所有关键，决定最好的解决方法；尽量找出试验的方法，选出最佳试验方案。8 步法是由美国通用电气公司总结研究出来的一套设问方法。分为认清环境、设定问题范围与定义、收集解决问题的创造性设想、评价比较、选出最佳方案、初步设计、实地实验和追踪研究 8 步。设问法是现代生产中经常使用的一种方法，优点是简单易学，还可因地制宜，根据不同需要，改换设问的方法。

2. 设计方案拟定方法

提出设计方案是创新思维方法的应用之一。设计方案(即概念设计)的内容包括工作原理、各部分的基本结构形式、总体结构布局、关键的工艺或施工方法选择等。目前公认的创新技法多种多样，各法内容殊异，甚至在若干方面互相对立。或主张定性思考为创新重点(定量只用于校验)，或认为定量思考可主导创新(可导出定性结论)。若能从设计构思的实践出发，以探索方法的实质、特征及主要适应场合，就有可能使它们在设计实践中各就各位，灵活地服务于实践。如日常性课题可采用“循常选型法”，陌生的课题可采用“先试解法”，继承性很强的课题可采用“先评价法”，系统关系比较明显的设计对象可采用“系统组合法”，需要反复试验探索的课题和习惯在模仿中求创新的人员可采用“原型变异法”，关键难题可采用“激化矛盾法”，具有复杂参数关系或有高难性能指标的课题可采用“定量导向法”等。在一个构思过程中，可以先后采用两种或几种方法，也可对一个课题的不同方面(如原理方面与结构方面)或不同部分(如传动部分与操作部分)分别采用不同方法。按照解题理论，设计方案构思相当于寻求问题的解答，方案就是解法。这里主要介绍德尔菲法和全程思考法。

1) 德尔菲(Delphi)法

德尔菲法是一种协助制定详细未来方案的专门技术，它有助于预测重大技术突破点或制定特别复杂的方案。德尔菲法是一种以邮寄调查为基础，按规定的程序背靠背地征询专家对新产品的工作原理和市场等方面的重大问题的意见，然后进行预测的方法。这种方法一般是在缺乏客观数据的情况下，依靠专家有根据的主观判断，逐步得出趋向一致的意见，为企业决策提供可行的依据。

德尔菲法的一般程序如下。

(1) 确定问题。

(2) 选择专家。按照问题需要的专业范围，选择有关的科研、设计、生产、情报部门以及大专院校的技术专家、经济学家和社会学家。专家人数的多少，可根据预测课题的大小和涉及面的宽窄而定。

(3) 设计咨询表。即围绕预测课题从不同侧面以表格形式提出若干个有针对性的问题，向专家咨询。表格要简明扼要，明确预测意图，不带附加条件，尽量为专家提供方便。咨询问题的数量要适当。

(4) 逐轮咨询和信息反馈。这是德尔菲法的关键环节。咨询和信息反馈一般要进行3～4轮。每次发函调查后，将专家回答的意见综合整理、归纳、匿名反馈给各个专家，再次征求意见，然后再加以综合整理、反馈，反复循环，使得每个小组成员都能反复考虑其他人的意见和群体意见，最后得出比较集中的、一致的意见。

(5) 采用统计分析方法对预测结果进行定量评价和表述。函询调查后，应对大量数据进行处理。数据处理的目的在于找出解决问题的方法和思路。

2）设计全程思考法

设计全程思考法是全面注意设计全过程各种重要活动的思考方法，是技术思维中的一种重要应用方法。过去人们简单地认为绘制工作图就是设计，但按照现代的观点，它只是设计的一个环节。关于设计全过程，一般认为具有需求分析、确定课题、方案构思、工作图设计、试验修改、评审决策等阶段步骤，还有信息整理等后续或外围活动。

(1) 分析需求，提出课题。对社会需求作经济、技术、静态、动态等各种调研之后，要深入分析确定真正的需求。要特别注意挖掘潜在的需求，超前提出有可能实现的设计课题，使产品研制于公众认识到他们的需求之前。

(2) 确定要求，分析可行性。设计课题的要求包括基本功能、主要性能、规格参数、外观特征、使用、制造、装配和维修条件、成本范围及报废处置等多个方面，在确定要求时，要注意对课题要求的叙述适当抽象，避免对设计方案提出不必要的限制，尤其是变相的限制。如将气流流量规定为鼓风流量，就变相地限制采用引风结构。可行性分析是对需求、课题、条件、意向等方面的进一步推敲和总结评价，是防止主观片面的重要步骤。

(3) 方案构思，或称概念设计，主要方法是设计方案构思方法。

(4) 工作图设计及试制、验证，主要是专业性很强的具体工作。

(5) 工程活动与思维活动的矛盾及其对策。工程活动存在某种“不可逆性”，力求避免反复与返工。思维活动不可避免地存在反复性，有时要几经反复才能使主观基本上与客观一致。预见性与存在反复性是一对矛盾。解决这一矛盾的主要对策有：合理划分设计步骤，将设计划分为若干阶段或步骤，在阶段或步骤内充分反复；加强设计评审，在阶段或步骤之间加强检讨与评审，减少阶段或步骤间的反复；加强设计外围工作，如技术储备、设计方法研究、标准化、通用化、系列化、技术情报工作等；提高技术设计人员素质，改善设计管理等。

3. 设计分析法

工程技术人员在掌握了一定素材的基础上要开动脑筋，充分发挥设计师的敏感性特点，去发现问题所在，分析问题，提出概念。爱因斯坦说过：“提出一个问题往往比解决一个问题更重要，因为解决问题也许仅是一个数学上或实验上的技能而已，而提出新的问题，新的可能性，从新的角度去看旧的问题，都需要有创造性的想象力，而且标志着科学的真正进步。”

无论是创新设计还是改良设计，产品设计都要消解难题，提出解决问题的办法，问题的提出是设计过程的动机，是起点，工业技术人员第一个任务就是认清问题所在。一般问题来自各式各样的因素，设计师要把握问题的构成。这一能力对设计师来说是非常重要的。这与设计者的设计观、信息量和经验有关。如果缺乏应有的知识和经验，就只能设计出极其幼稚的物品。明确了问题的所在，就应了解构成问题的要素。一般方法是将问题进行分解，然后再按其范畴进行分类。问题是设计的对象，它包含着人—机—环境要素等。只有明白了这些不同的要素，方可使问题的构成更为明确。认识问题的目的是为了寻求解决问题的方向。只有明确把握了人一机一环境各要素间应解决的问题，明确了问题的所在，才能明确应采用何种解决问题的方法。这里要介绍在分析问题的过程中的几种方法。

1) 属性分析法

属性分析法是由内布拉斯加大学教授罗伯特·P·克劳福德(Robert P Crawford)率先倡导的最早期的方法之一。这种方法罗列出某种产品的所有物理属性。因为只是罗列一下，所以这种方法被称作“属性罗列”。它包括一个系列，如制造原料、装配加工方法、零部件、大小、形状等。创造性就是由这种属性的简单罗列所激发的，提出如“为什么要这样呢”和“如何能把它改变一下呢”这样的问题。比如一辆自行车，它的每一部分可以罗列出来(轮子、车座、车把等)，接着罗列每一部分的属性(如宽度、硬度、厚度、耐用程序、材料和颜色等)。单子将变得很长，常常使分析人员对产品的认识大大提高。

属性分析法被一些企业用来进行每年的产品系列审查。企业以属性表为依据来比较自己和竞争对手的产品。发现的缺陷将成为产品改进的方向，发现的优势将变为扩大销售的潜在机会。工程师们进行多方面分析已有很长时间，他们是为了另一个目的——价值分析。他们把产品每个属性列出来，所要问的是“这个属性是不是能改变一下来减少成本呢?”

日本产业大学的创立者上野阳一主张把属性分成名词属性、形容词属性和动词属性 3 类。我国学者李全起则主张按对象的结构、材料、造型、体量、工艺、功能等属性进行分类。其操作程序是：①按某一方式列举对象的全部属性；②分析每一属性的现状，指出优点和缺点；③针对不足之处寻找改进措施；④筛选先进可行的改进方案，并作出评价。该法适于对已有产品的改进和升级换代设计。

2) 形态分析法

形态分析法由美国加利福尼亚理工大学宇宙学教授 F．兹维基博士提出，该法以系统搜索观念为指导，在对目标课题进行系统分析和综合的基础上，用网络方式组合各因素设想。该法同时也是一种预测方法，其原理是将课题有关部分分解成几个相互独立的构成要素，找出实现每个构成要素功能的所有技术手段(形态)，然后排列组合便能得到多种解题方案，最后评选最优方案。兹维基把独立构成要素称为“独立变项”，每一个独立变项构成一维变量，n 个独立变项便构成 n 维空间的 n 维变量。独立变项的每一个具体状态(指技术手段或形态)，相当于对应变量的取值。各独立变项任取定一状态后，组合起来便构成解决该问题的一种方法(如方案)。如设计一种水杯，其构成要素可以分为形态、材质、容量。形状要素又可以分成圆柱形、圆台形、鼓形、棱柱形 4 种，材质可分为玻璃、塑料、陶、瓷、铝、不锈钢、搪瓷、木、纸 9 种，容量可分为大、中、小 3 种，在 3 个独立构成要素中各任取值(即一状态)组合起来就是一种方案，总共有 $4\times9\times3=108$ 种方案，形态分析法的程序如下。

(1) 以通俗易懂的形式，正确记述需要解决的设计问题。

(2) 筛选有助解决问题的独立构成要素(独立变项)，并下定义。

(3) 绘制形态图，形成包含解决给定问题的多维矩阵。

(4) 紧扣设计目标，分析形态图中解决问题的最佳决策。

(5) 选择解决问题的最佳决策。

3) 价值分析法

价值分析法(Value Analysis，VA)是由美国通用电气公司的 L.D.麦尔斯发明的。价值分析法，又称 VA 法、价值工程法，是一种分析并提高对象物价值的方法。20 世纪 40 年代，第二次世界大战期间，美国的军事工业迅速发展，社会资源严重匮乏，许多军用品不得不使用代用材料。麦尔斯发现，只要代用品选用得当，不但不会降低产品的性能，而且可以使生产成本大大降低。1947 年，麦尔斯在《美国机械师》杂志上公开发表了他总结的价值分析方法，1954 年美国国防部海军舰船局引进 VA 技术，并将其名称改为 VE(Value Engineering，价值工程)。VA 技术 1952 年基本成熟，1957 年被引进日本，20 世纪 60 年代给日本企业界以很大促进。1962 年美国国防部规定，凡订货额超过 10 万美元的合同，必须经过价值分析论证。20 世纪 60 年代中期至 70 年代中，VA 技术相继传遍了西方资本主义国家和东欧一些原社会主义国家，1978 年传入我国。VA 技术一个最为重要的概念叫做对象物的价值，将其定义为对象物的功能与其对应成本的比值，即 $V=F/C$。式中 V (value)表示对象物的价值(也称为价值系数)，F(function)表示对象物的功能，C(cost)表示对象物的成本。对象物既可以是硬性的物品或商品，也可以是软性的方法和技术。产品的功能对于物品和商品来说是用途和效用，对于技术和方法来说是目的和作用，并且仅包含实际应用中所使用的功能，对象物所具有但在应用中用不上的多余功能不包括在内。对象物的成本是指总成本，即对象物在使用寿命内所花的一切费用，包括购置费、使用费、管理费、销毁费等。显然 VA 中的价值不同于政治经济学中价值的概念。VA 法给提高对象物价值提供了 5 条逻辑思路：①功能不变，降低成本；②成本不变，提高功能；③成本小提高，功能大提高；④成本大降低，功能小降低；⑤降低成本，提高功能。与一般的技术方法相比，管理方法思路更宽了。实践证明，凡是对对象物第一次应用 VA 方法，其成本可以下降 10%～30%(功能不变)，且 VA 活动的收益与自身费用之比，一般都在几十到几百，即收益是活动成本的几十倍到几百倍。VA 方法在实施的全过程中，围绕着 8 个问题，共分 3 个阶段、4 个环节、14 个步骤，可列成 VA 方法综合表(见表 7-1)。

表 7-1　VA 综合表

阶段划分	实施程序		需要回答和解决的问题
	实施环节	实施步骤	
提出问题	确定目标	选择对象、收集资料	VA 对象是什么
分析问题	功能分析	功能定义、功能整理	它是干什么的
	功能评价	功能现实成本计划	它的成本是多少
		功能现实成本研究 确定功能领域	它的价值是多少
解决问题	方案的创新和评价	发明创造	还有什么方案能实现相同功能
		概略评价	新方案成本是多少
		方案具体化试验 方案详细评价	新方案能满足要求吗
		提案审批 新方案实施 VA 活动评价	VA 活动的成效是多少

麦尔斯在长期实践中，总结了 13 条经验，他自称为“13 项技术”。由于这 13 条经验有普遍的指导意义，所以又称之为 13 条原则。它们分别如下。

(1) 分析问题避免一般化、概念化。

(2) 收集一切可用的成本资料。

(3) 使用最可靠的情报。

(4) 打破框框，进行创新和提高。

(5) 发挥真正的独创性。

(6) 找出障碍，克服障碍。

(7) 充分利用有关专家，扩大专业知识。

(8) 对公差要换算成费用加以考虑。

(9) 尽量利用专业化工厂的技术和知识。

(10) 利用和购买专业化工厂的生产工艺。

(11) 利用专门化的生产工艺。

(12) 尽量采用合适的标准。

(13) 要以“我是否这样花自己的钱”作为判断标准。

4) 功能分析法

功能分析法源自对属性分析的拓展。属性分析刚开始时集中在物理特性方面，对这个方法的早期使用又发现了其新用途。最早超越物理特性的可能是功能分析，它将产品的功能、性能、作用或作用方法列出来，如自行车的骑行、降速、停止、速度、拐弯等。每项功能列出之后，接着提出两个问题：“为什么要这样”和“如何改进一下”。功能分析是产品设计中的一个重要设计步骤，包括功能定位、功能选择和功能协调，具体展开是：①功能定位是依据消费者及使用环境的不同，设定好产品的基本功能、辅助功能和主要功能，但辅助功能不一定是次要功能；②功能选择是选定实现功能的具体功能形式；③功能协调是核定功能定位是否准确，功能方式是否合适。具体讲就是功能是否符合消费对象的真实要求，是否与使用环境相适应。详细讲就是基本功能、主要功能是否已在设计的各个环节上如形体、空间、色彩、质量保证、资金投入等方面都给予充分体现，确定将它们放在了主要位置；而又确定将辅助功能、次要功能分别放到了辅助、次要的位置上；上下位功能之间、横向功能之间的内在联系是否符合逻辑关系、顺乎道理，经过功能设计的产品，主次功能明确，位置搭配得当，功能方式优化，既没有功能不足，也不存在过剩和多余功能。

5) 需求分析法

用户的需求是新产品成功的基本原因。因而许多新产品首先把用户需要作为新产品设想的源泉，不过这方面的特殊方法比起其他方面，形成要晚得多。从表 7-2 中可以了解设计师与用户之间沟通的连接点。

表 7-2　需求分析要素

组成表(也称工程学分析)包括产品满足需求的所有方式
问题分析 (也称问题清单、差异分析、功效缺陷、需求满足和缺陷表)
第一步：确定要研究的类别
第二步：识别这一类中的主要用户
第三步：搜集这些用户的问题：直接交谈、集中小组、讨论会、观察、扮演角色
第四步：确定这些问题的影响程度和发生频率
可备选的方法：征求专家意见、新闻媒介、投诉记录
差异分析
描述性差异(来自属性分析)
决定性差异(产品使用表、判断决定)
感觉性差异(感觉表、用户感觉)
倾向性差异(上面两表相结合)
市场细分
逐步细分市场，直到找到了未满足需求的为止
相关商标情况
比较商标属性
商标弹性分析

7.3　产品设计与创新设计

7.3.1　产品设计理论

人类一直从事设计。为了生存与适应环境，人类制造了各种各样的工具及人工制品。设计是人类社会最基本的一种生产实践活动，它是创造精神财富与物质文明的重要环节。随着社会的发展与进步，人们喜欢新奇和对客观世界评价标准不断变化的特征表现得愈来愈明显，已有的工具及人工制品要不断改善，新的设想、构思及产品要不断出现。

人类已从祖先那里继承了“设计”的欲望，而且认为“设计”似乎不需要什么特殊的技艺。在基于“手艺”的社会里，“设计”与“制造”并没有分开，即在制造产品之前，不需要绘图，更不需要产品建模。如早期的制陶者多是根据经验与构思直接操作黏土，制作出所需要的陶器形状，事先并没有进行形状绘制。

现代社会随着经济与科技的发展，产品愈来愈复杂，很多产品由成千上万个零部件组成，产品的设计与制造也分开化，即先完成产品设计，然后再制造产品。很多产品，其设计周期远大于其制造周期。如汽车产品，一款新型汽车的设计也许要几年的时间，但采用先进的网络集成制造系统，制造也许只需要几个小时。

目前，由于全球经济化的发展，产品竞争日趋激烈，为了生存与发展，生产企业必须快速、以适中的成本、高质量及良好的售后服务来推出新产品。产品首先是设计出来的，因此，对设计人员提出了较高的要求。

(1) 节省产品开发的资源。如节省开发时间、降低开发费用等。

(2) 改进产品的功能。如增加新的分功能，使产品对用户产生新的兴趣质量。

(3) 提高产品的可靠性。如在规定的期限内，尽可能降低产品失效的可能性。

(4) 减少产品全生命周期的成本。通过合理的设计降低产品从用户需求分析、设计、制造、销售到产品维护、产品淘汰的成本。

(5) 缩短制造时间。通过合理的设计使制造更加方便。

因此，传统的经验设计即试凑法愈来愈不能满足要求。设计人员迫切需要一种具有启发性、易操作设计理论，来指导其提高设计质量、减少设计时间。

1. 设计理论的研究内容

设计理论是研究产品设计的科学，涉及产品设计过程、设计目标、设计者、可用资源、领域知识 5 个方面及其相互关系。

设计者是设计的主体，如一个或一组设计人员。可用资源是时间、空间、经费、计算机网络及设计软件等在设计中要用到的资源；领域知识是机械原理、机械零件、机构学、电工、电子等设计中要用到的专门知识；设计目标是对设计产品的一种详细描述，如图样、数据文件等；设计过程是指设计者为完成设计所采取的一系列活动。这样即可获得设计的准确定义，所谓设计，是指设计者利用可用资源及领域知识，通过设计过程，将用户需求转变成待设计产品的一种详细描述的过程，该描述可用于产品制造。图 7.1 给出了设计理论的研究内容，在所涉及的研究内容中，设计过程是其核心。

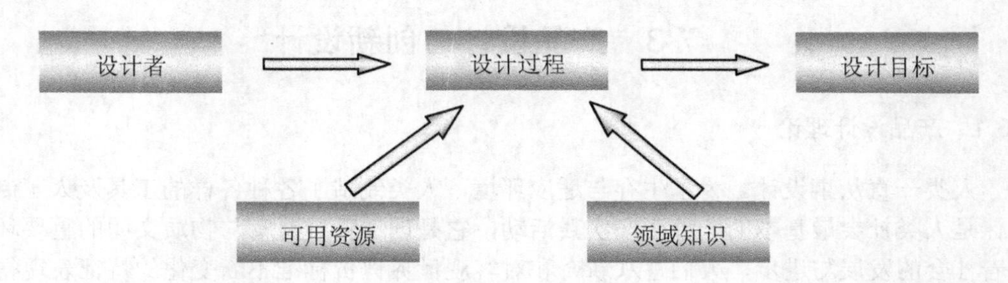

图 7.1 设计理论的研究内容

产品设计是一个复杂的过程，不同的企业设计过程也不同。为了对这些不同的设计过程进行描述，需要采用设计过程模型，该类模型是工业界真实设计过程的一种抽象，并能回答真实设计过程中的问题。这些模型一方面应与工业界真实的设计过程基本相符，另一方面又要提出规范的或优化的设计过程，并为设计者提供设计方法与工具。后一方面正是许多研究者的研究目标。

2. 设计过程模型

经过多年的研究，研究者提出了多种设计过程模型，英国 Open 大学的 Cross 将这些模型归为两类：描述型(descriptive models)和规定型(prescriptive models)。前者对设计过程中可行的活动进行描述，后者规定设计过程所必须的活动。

不管是采用何种模型，产品设计过程的核心都可综合成 4 个阶段：产品需求分析、概念设计、技术设计和详细设计。这 4 个阶段既可顺序进行，又可并行进行，顺序进行是传统设计过程，并行进行是目前正推广应用的并行设计过程。

7.3.2　产品创新设计

1. 产品创新设计的定义

产品创新设计是指充分发挥设计者的创造力，利用人类已有的相关科学技术成果(含理论、方法和技术原理)进行创新构思，设计出具有科学性、创造性、新颖性及实用性的产品的一种实践活动，是创造具有市场竞争优势商品的过程。创新性设计的基本特征是新颖性和先进性。

创新设计是多层次的，从结构修改、造型变化的低层次工作到原理更新功能增加的高层次活动的整个范畴，既适用于产品设计，也适用于零部件设计。具体可归纳为 3 个部分：一是经过创造性思维创造设计出新机器、新产品，以满足新的生产或生活的需求；二是改进和完善生产或生活中现有产品的技术性能、可靠性、经济性和适用性等；三是在机电产品设计过程中根据人机工程学和工业造型设计原理考虑机械与人的合理分工、机械操作的宜人性以及机电产品外观形状、色彩等工业造型的创新。

创新设计过程涉及从创新初期的概念提出，产品规划到创新后期的功能实验，市场营销的整个方面，最终通过综合决策、迭代、寻优，从而得到一个能够满足各方面要求的最优方案。

创新设计是一种现代设计活动，它以开发新产品和改进现有产品，使之升级换代为己任。由于产品面貌和更新速度是一个国家经济技术水平的综合反映和进步标志，采用创新性设计来促使产品的发展和提高，具有重要的意义。

2. 创新设计的分类

1) 常规设计

有清楚的问题，有完整的问题解决方案，用户问题的解决方案都包含在现有问题的解决方案之中，一般只需对某些参数做些变动。常规设计不属于创新设计，为了保证设计分类的完整性，仍将其作为单独的一类。

2) 原理开拓型

应用新技术原理解决新问题、应用新技术原理解决老问题以及对“旧”技术原理进行新的开发应用，其中新技术原理来源于科学研究和技术发明。

3) 组合创新类

将已有的零部件，通过有机组合而成为一种产品，这种产品又能达到一种新的整体功效，则这种组合是一种创新性设计。

4) 转用创新类

在设计过程中，将已知的解决方案转用于另一类技术领域，并产生出新的效果，这种设计也是创新性设计。

5) 利用性质类

(1) 利用常见的性质进行发明。发现问题，找出能解决问题所用的常见的性质，并给出最终的解决方案，这一般对应于小发明，但却满足了一定的需求，其关键是现有资源性质的灵活运用。

(2) 利用性质组合进行发明。利用性质组合进行发明，并给出最终的解决方案。这一般用于小发明，但却满足发现问题，重新组合已知的性质，并最终给出问题的解决方案。这里又分利用不同资源的性质组合进行发明和利用某一个资源的多个性质进行发明，这类设计的复杂性明显高于第(1)类。

(3) 利用不常见的性质进行发明发现问题，查找不常见的性质进行发明，其关键是可用性质的查找，由于关于这一性质的使用没有借鉴的知识，其设计复杂性也明显高于第(1)类。

(4) 通过发现客观世界的性质进行发明。创造在产品开发中，找不到可用于发明创造的性质，只有通过性质的发现最终实现发明创造，实验和类比都是发现性质的基础方法。

在实际中，对于许多现象并没有形成理论，仅仅是发现了关于这些现象的性质而非理论，利用这些性质就可以进行发明创造。性质的发现不仅可用于产品的发明创造，还可以通过性质的不断积累，为最终建立该领域的理论打下良好的基础，也是通向理论建立的必由之路。

(5) 发现涵盖一类现象的理论进行发明创造。建立涵盖一类现象的理论。很显然，从理论可以推导出许多对人类有用的性质，这将导致许多发明创造的产生，可以明确地给出一大类问题的解决思路，并容易引起许多问题解的进一步完善。

3. 创新设计的一般过程

对于机械设计而言，技术设计与详细设计的重点就是用工程图学、机械零件、机械原理、理论力学、材料力学等基础知识完成产品的有关设计与计算，这些可认为是常规设计的内容。概念设计是根据产品生命周期各个阶段的要求，进行产品的功能创造、功能分解和子功能的结构设计，进行满足功能和结构要求的工作原理求解和进行实现功能结构的工作原理载体方案的构思和系统化设计的阶段。因此，产品创新设计的核心就是概念设计。

创新设计也是图 7.2 所示的设计过程，但其核心是概念设计过程。该过程所产生的新的原理解应具有市场竞争力及实际实现的可能性。

4. 创新设计方法

(1) 就地出发型，包括：①需求适应法，社会需求是设计创新的源泉；②希望实现法，集中人们对新产品的希望点，然后沿着这些希望点去实现设计创新；③缺点消除法，针对已有产品的缺点，分析其原因，寻求消除缺点的途径；④更材易质法，更换材料可以保持优点，补其不足；⑤由此思彼法；⑥联想推广法，掌握事物中的联系，由此及彼进行联想创造出新事物；⑦类似比较法，两个事物中进行比较，从异中求同，同中求异的类比中，获得创造性的成果；⑧仿生法；⑨迂回转向法，转换方向。

(2) 多项扩散型：①扩展功能法，增加功能；②系统搜索法，影响系统的多个因素逐步向前搜索，探索解决问题的多种方案；③分解组合法，把问题分解成可独立求解的要素，再进行组合，可得问题的多种解决方案。

(3) 集思广益型：①畅谈集智法；②默写集智法；③函询集智法。

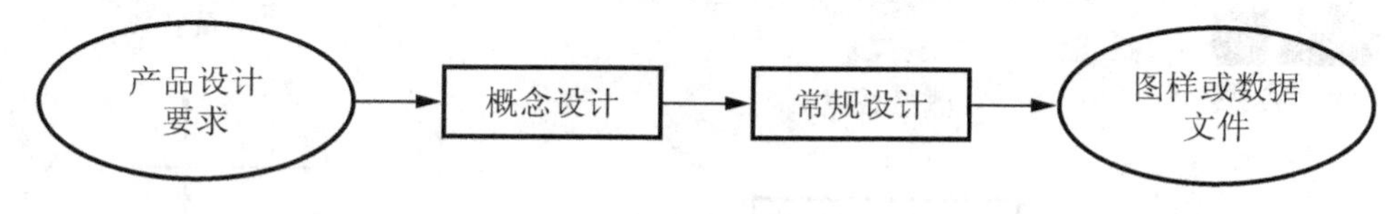

图 7.2　设计理论的研究内容

7.4　支持产品创新设计的逆向工程模型组织、结构及建模方法

目前应用于产品设计逆向工程主要有两种方式：一是由设计师、美工师事先设计好产品的油泥或木制模型，由坐标测量机将模型的数据扫入，再建立计算机模型，如汽车外形覆盖件；另一种是针对已有的产品实物零件，通常是国内外一些最新的设计产品，这种产品逆向设计方法也就是通常所说的仿制。尽管仿制是一种快速产品开发设计模式，但仿制是一种最低层次的逆向工程，如果对方的产品是受专利保护的，则这种仿制是一种不合法的行为。但在产品的逆向工程技术中，经过数字化测量和模型重建，获得了产品的数字模型，这个数字模型和计算机辅助技术为产品的再设计乃至创新设计提供了实现基础和一个支持平台，可以对这个数字模型进行修改、再设计，以获得一个与前面产品对象不完全相同甚至完全不同的新的结构外形，最终达到产品设计创新的目的，基于逆向工程的产品创新设计的过程如图 7.3 所示。这里主要讨论产品外观设计的创新，主要应用对象是家电、玩具、汽车、摩托车等产品。

要进行产品的外观创新设计，应满足下面要求：

(1) 满足内部结构要求。

(2) 模型可方便地修改。

(3) 有支持创新的 CAD 系统。

目前模型重建的主要方式还是先拟合曲面片，然后再建立产品的曲面整体模型以及实体模型，这样的建模方法对恢复原型是有效的。但如果要对 CAD 模型进行修改或再设计，操作起来就显得十分困难，这种模型孤立的曲面片表示及拟合就成为模型修改的瓶颈。因此，这样的建模方法和模型表示对创新设计是不适宜的，应寻求新的模型表达及建模方法。

7.4.1　支持逆向创新设计的产品模型组织、结构

1. 当前 CAD 造型基础技术的回顾

从 20 世纪 60 年代开始，CAD 造型技术经历了线框、自由曲面，发展到目前仍占据主流的基于约束的实体造型技术，而且主要是以 PTC 公司的 Pro / E 软件为代表的参数化造型理论和以 EDS 公司的 I—DEAS 软件为代表的变量化造型理论两大技术流派，它们都属于基于约束的实体造型技术。

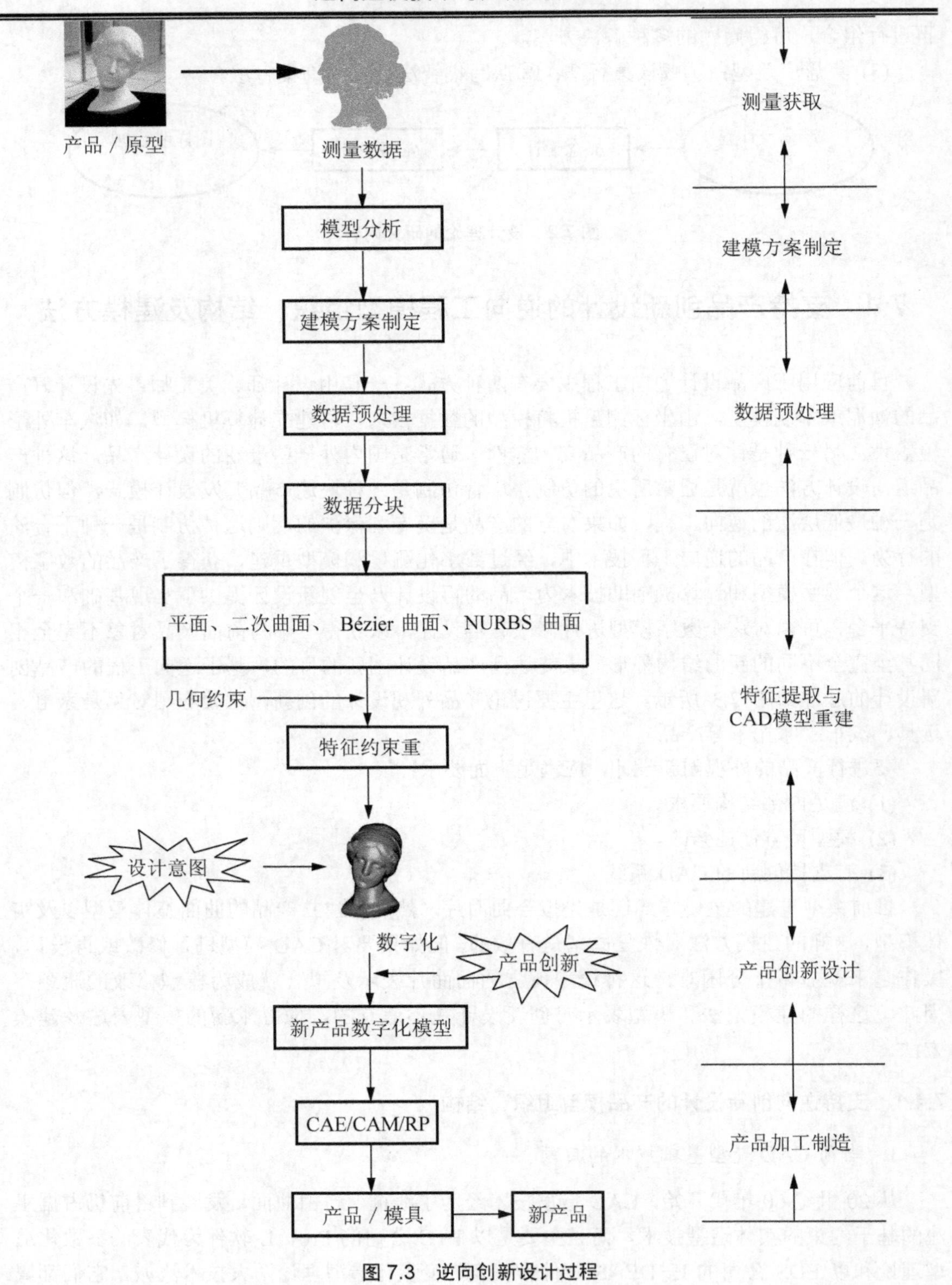

图 7.3　逆向创新设计过程

参数化造型是由编程者预先设置一些几何图形约束，然后供设计者在造型时使用，与一个几何相关联的所有尺寸参数可以用来产生其他几何。

其主要技术特点是：基于特征、全尺寸约束、尺寸驱动设计修改、全数据相关。

(1) 基于特征：将某些具有代表性的平面几何形状定义为特征，并将其所有尺寸存为可调参数，进而形成实体，以此为基础来进行更为复杂的几何形体的构造。

(2) 全尺寸约束：将形状和尺寸联合起来考虑，通过尺寸约束来实现对几何形状的控制。造型必须以完整的尺寸参数为出发点(全约束)，不能漏注尺寸(欠约束)，也不能多注尺寸(过约束)。

(3) 尺寸驱动设计修改：通过编辑尺寸数值来驱动几何形状的改变。

(4) 全数据相关：尺寸参数的修改导致其他相关模块中的相关尺寸得以全盘更新。

采用参数化技术可以克服自由建模的无约束状态，几何形状均可通过尺寸的形式而牢牢地控制住。如零件形状需要修改时，只需改变尺寸的数值即可实现形状上的改变，尺寸驱动已经成为当今造型系统的基本功能。

变量化技术或称变量化设计(variational design)，是在参数化的基础上又做了进一步改进后提出的设计思想，最早由美国麻省理工学院的 Gossard 教授提出。变量化造型的技术特点是保留了参数化技术基于特征、全数据相关、尺寸驱动设计修改的优点，但在约束定义方面做了根本性改变，它将参数化技术中所需定义的尺寸“参数”进一步区分为形状约束和尺寸约束，而不是像参数化技术那样只用尺寸来约束全部几何，这样将赋予设计修改更大的自由度。因为在新产品开发的概念设计阶段，设计者首先考虑的是设计思想及概念，并将其体现于某些几何形状之中。这些几何形状的准确尺寸和各形状之间的严格的尺寸定位关系在设计的初始阶段还很难完全确定，所以自然希望在设计的初始阶段允许欠尺寸约束的存在。此外在设计初始阶段，整个零件的尺寸基准及参数控制方式如何处理还很难决定，只有当获得更多具体概念时，一步步借助已知条件才能逐步确定怎样处理才是最佳方案。

除考虑几何约束(geometry constrain)外，变量化设计还可以将工程关系作为约束条件直接与几何方程联立求解，无需另建模型处理。

1) 两种技术的区别

(1) 参数化造型和变量化造型技术的基本区别在于约束的处理。参数化技术在设计全过程中，将形状和尺寸联合起来一并考虑，通过尺寸约束来实现对几何形状的控制；而变量化技术是将形状约束和尺寸约束分开处理。

(2) 参数化技术在非全约束时，造型系统不允许执行后续操作；变量化技术由于可适应各种约束状况，操作者可以先决定所感兴趣的形状，然后再给一些必要的尺寸，尺寸是否注全并不影响后续操作。

(3) 参数化技术的工程关系不直接参与约束管理，而是另由单独的处理器外置处理；在变量化技术中，工程关系可以作为约束直接与几何方程耦合，最后再通过约束解算器统一解算。

(4) 参数化技术苛求全约束，每一个方程式必须是显函数，即所使用的变量必须在前面的方程式内已经定义过并赋值于某尺寸参数，其几何方程的求解只能是顺序求解；变量化技术为适应各种约束条件，采用联立求解的数学手段，与方程求解顺序无关。

(5) 参数化技术解决的是特定情况(全约束)下的几何图形问题，表现形式是尺寸驱动几何形状修改；变量化技术解决的是任意约束情况下的产品设计问题，不仅可以做到尺寸驱动(dimension—driver)，亦可以实现约束驱动(constrain—driver)，即由工程关系来驱动几何形状的改变，这对产品结构优化是十分有意义的。由此可见，是否要全约束以及以什么形式来施加约束是这两种技术的分水岭。

2) 两种技术的不同应用场合

由于参数化系统的内在限定是求解特殊情况，因此系统内部必须将所有可能发生的特殊情况以程序全面描述。这样，设计者就被系统寻求特殊情况解的技术限制了设计方法。因此，参数化系统的指导思想是：只要按照系统规定的方式去操作，系统保证生成的设计的正确性及效率性，否则拒绝操作。造型过程类似工程师读图纸的过程，由关键尺寸、形体尺寸、定位尺寸一直到参考尺寸，造型必须按部就班，过程必须严格。这种思路及苛刻规定带来了相当大的副作用。一是使用者必须遵循软件内在使用机制，如决不允许欠尺寸约束、不可以逆序求解等；二是当零件截面形状比较复杂时，参数化系统规定将所有尺寸表达出来的要求让设计者为难，满屏幕的尺寸易让人有无从下手之感；三是由于只有尺寸驱动这一种修改手段，那么究竟改变哪一个(或哪几个)尺寸会导致形状朝着自己满意方向改变，并不容易判断；另外，尺寸驱动的范围亦是有限制的，使用者要经常留神，如果给出了一个极不合理的尺寸参数，致使某特征变形过分，与其他特征相干涉，就会引起拓扑关系的改变，造型将出现失败。

因此从应用上来说，参数化系统特别适用于那些技术已相当稳定成熟的零配件行业。这样的行业，零件的形状改变很少，经常只需采用类比设计，即形状基本固定，只需改变一些关键尺寸就可以得到新的系列化设计结果。再者就是由二维到三维的抄图式设计，图纸往往是绝对符合全约束条件的。

变量化系统的指导思想是：设计者可以用先形状后尺寸的设计方式，允许采用不完全尺寸约束，只需给出必要的设计条件，造型过程是一个类似工程师在脑海里思考设计方案的过程，满足设计要求的几何形状是第一位的，尺寸细节是后来才逐步精确完善的。设计过程相对自由宽松，设计者可以有更多的时间和精力去考虑设计方案，这符合工程师的创造性思维规律，所以变量化系统的应用领域也更广阔一些。除了一般的系列化零件设计，变量化系统在做概念设计时特别得心应手，比较适用于新产品开发、老产品改形设计这类创新式设计。

3) VGX 技术

VGX 是 Variational Geometry Extended(超变量化几何)的缩写，是变量化技术发展的一个里程碑。它的思想最早体现在 I-DEAS Master series 第一版的变量化构图中，历经变量化整形、变量化方程、变量化扫掠几个发展阶段后，引申应用到具有复杂表面的三维变量化特征之中。

设计过程，从来都是一个不断改进、不断完善的过程。也可以说设计就是修改，或更进一步说，设计就是灵活的修改。VGX 正是充分利用了形状约束和尺寸约束分开处理、无需全约束的灵活性，让设计者可以针对零件上的任意特征直接以拖动方式非常直观地、实时地进行图示化编辑修改，在操作上特别简单方便，能够最直接地体现出设计者的创作意图，给设计者带来了空前的易用性。

与参数化技术相比，VGX 具有以下优点。

(1) 不要求“全尺寸约束”。在全约束及欠约束的情况下均可顺利完成造型。

(2) 模型修改可以基于造型历史树亦可以超越造型历史树，例如不同“树干”上的特征可以直接建立约束关系。

(3) 可直接编辑 3D 实体特征，无需回到生成此特征的 2D 线框初始状态。

(4) 可就地以拖动方式修改 3D 实体模型，而不是仅用尺寸驱动一种修改方式。

(5) 拖动(drag)时显现任意多种设计方案，而不是尺寸驱动一次仅得到一个方案；放下(drop)时即完成形状修改，尺寸随之自动更改。

(6) 以拖动方式编辑 3D 实体模型时，可以直观地预测与其他特征的关系，控制模型形状按需要的方向改变，不像尺寸驱动那样无法准确预估驱动后的结果。

(7) 模型修改允许形状及拓扑关系发生变化，而并非仅是尺寸的数据发生变化。

综上所述，可以看出，变量化技术是一种设计方法，它将几何图形约束与工程方程耦合在一起联立求解，以图形学理论和强大的计算机数值解析技术为设计者提供约束驱动能力；而参数化技术是一种建模技术，应用于非耦合的几何图形和简易方程式的顺序求解，用特殊情况找寻原理和解释技术，为设计者提供尺寸驱动能力。两种技术最根本的区别在于是否要全约束以及以什么形式来施加约束。

逆向工程的模型重建技术也离不开现有的 CAD 基础理论，目前重建方法的缺陷在于组成模型的曲面片不易修改，根据上面介绍的参数化和变量化技术的特点，两种技术都在一定程度上支持模型的修改设计，而且都具有方便的可操作性，因此可选为逆向工程的模型表示技术。

2. 基于参数化的逆向模型表示

模型的外形几何表示为参数化形式，这样可以通过修改尺寸实现模型的修改，根据实物的外形几何特点，将模型分成两种类型，一是具有规则几何特征的外形；二是由自由曲面组成的复杂外形。对前者来说，较适宜采用参数化表示，而且也容易实现；自由曲面(曲线)从整体来说，较难表示为某种几何及尺寸约束，但对一些具有确定的解析计算公式表示的曲线或曲面，仍可选择参数化表示。

因为直接对三维模型建立参数化仍然存在困难，因此，目前的参数化造型都是先建立全尺寸约束二维草图，经过拉伸、旋转、扫掠等几何造型形成三维模型的。为将重建模型表现为参数化模型，应将模型分解为由一系列特征和操作组合而成的三维形体，由于逆向模型多选择曲面表示，因此参数化也主要针对曲面进行。图 7.4 给出了重建模型的参数化结构。

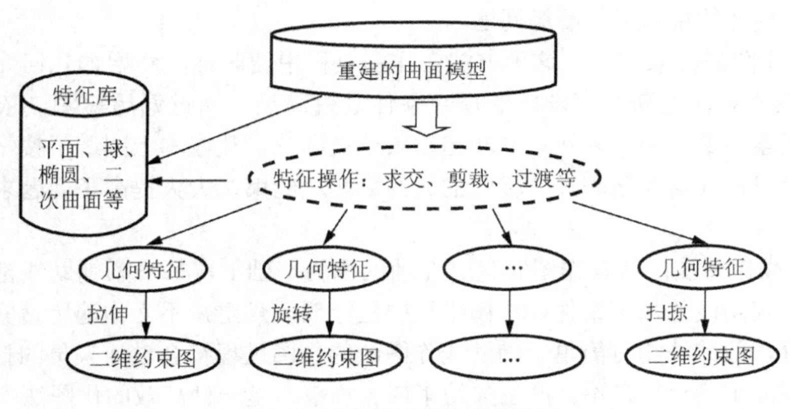

图 7.4　重建模型的参数化表示

从图 7.4 可以看出，模型实现参数化表示的关键是特征分解和约束施加，即将组成模型的所有几何特征分解成二维特征约束图和特征操作，这样整个模型即实现尺寸驱动。

3. 基于变量化的逆向模型表示

变量化技术赋予了模型表示和修改更大的自由度，因此变量化表示适合于规则外形和自由曲面组成的外形。基于变量化的逆向模型结构和参数化结构基本相同，只是二维特征图可以是欠约束的。

7.4.2 支持创新的逆向建模方法

1. 参数化、变量化建模方法

在 CAD 造型技术中，实现参数化设计的方法主要有：编程、交互参数化、离线参数化和三维参数化等。

1) 编程参数化

通过编程来进行参数化设计。例如对于系列化产品或标准件，只要对同一系列不同的初始尺寸赋给不同变量，初始尺寸不同，得到不同的图形，达到参数化的目的。编程参数化一个较大的优点是可以通过条件判断生成实际产品设计中需要的类似结构的图形，即所谓变异式设计，这是其他许多参数化技术所不具备的；缺点是编程不直观、费时、易出错。

2) 交互参数化

通过交互的方法来进行参数化设计。交互参数化的生成方法又包括多种。

(1) 变动几何法：先作草图、后加约束，并将几何约束转变为以一系列的特征点为变元的非线性方程组，通过求解方程来实现参数化设计。这种处理方法的技术难度大，因为将一张工程图的所有变量放在一个大矩阵内求解，会大大提高问题的复杂度，影响算法的效率和可靠性。

(2) 作图规则匹配：一般采用一阶谓词表示几何约束，采用人工智能的符号处理、知识表示、几何推理等手段，将当前的作图步骤与某个作图规则相匹配，逐步确定出未知的几何元素。该法强调了作图的几何概念，可以检查约束模型的有效性，便于局部求解，具有较强的智能性。但将原来简洁直观的几何作图规则拆散成繁琐的约束谓词，存在速度慢、系统庞大、对循环约束情况无解等问题。

(3) 几何作图局部求解法：这种方法在作图过程中随时标注新增加几何元素的自由度和所受的约束关系，判断几何求解的局部条件是否满足。通过遍历检测，依次求出求解条件充分的元素参数。由于未知条件和已知条件被区分，从根本上回避了搜索匹配的盲目性，可以及时发现几何元素和尺寸标注的欠约束和过约束，大大提高了问题求解的效率和可靠性。

(4) 辅助线作图法：所有作图线建立在辅助线的基础上，每一条辅助线都只依赖于至多一个变量，辅助线的求解条件在作图过程中已经明确规定，不必作遍历搜索和检查求解条件是否充分，故此法相对简单。辅助线作图法的作图过程符合设计人员的打样习惯，可以保证尺寸标注正确合理，不会产生欠约束或过约束，是一种高效的作图法。

· 252 ·

(5) 变量流技术：该法力求在交互作图过程中同步建立结构图形约束。当整个图形的几何定义完成后，意味着约束关系的完成。它将约束封闭于几个图形元素之间，因此约束具有局限性，便于修改及求解。结构图形约束完成后再加尺寸标注约束，两种约束可能存在矛盾，可以回溯查找结构图形约束关系并进行修正，从而保证改变尺寸后直接驱动图形，一般不会出现约束冗余和约束不足，即使出现问题也可检查修正。

(6) 交互生成参数绘图命令：这种方法利用数值参数和参数化点来控制全部图形和尺寸标注。图形交互输入系统后，生成具有一定格式的绘图语句，如画线、圆、圆弧、曲线、尺寸标注、字符串等，并可进一步生成高级语言程序。每当用户输入一组参数值时，通过解释执行，产生参数化图形。

3) 离线参数化

一般通过交互方法的 CAD 软件只是建立了几何模型，通过扫描输入和识别并进行矢量化的 CAD 系统也只是建立几何模型，图形和尺寸之间、图形元素之间没有建立约束关系。与前述的在线参数化不同，将这种几何模型向参数化模型转换的方法称为离线参数化方法。离线参数化可分成两个步骤：一是在已有图形基础上通过标注尺寸建立约束关系；二是在已有图形和尺寸的基础上，通过尺寸框架的识别搜索建立约束关系。

4) 三维参数化

三维参数化的实现有两种途径：其一是由二维参数化图形通过拉伸、旋转、扫掠等操作得到三维参数化图形，二维图形改变，三维图形随之变化；其二即建立基于特征的三维参数化模型，特征模型中包含特征定位和特征间的关联信息，因而可以实现参数化。

2. 逆向建模的参数化、变量化实现方法

根据逆向造型的特点和 CAD 造型实现参数化的几种方法，可以得出适合于逆向建模的参数化实现方法，即离线参数化和三维参数化，如图 7.4 所示，其处理过程为数据分割、特征约束识别、确定特征造型过程、特征的参数化建立。

实现上述过程的关键即为特征约束识别，如果能将模型分解为不同特征的组合和确定特征间的约束关系，将为几何特征转换为参数化表示提供实现的基础。特征识别和特征库的建立可采取一种特征匹配的方法来实现。但由于有关特征及约束识别及建模的研究刚开始进行，有关的研究成果还少见报导，其中亟待解决的技术问题如下。

(1) 完全约束关系的建立。为实现参数化需完整地给出特征的约束关系，不仅仅是用尺寸来建立图形元素约束的位置关系，因为无法通过尺寸标注来确定两图形元素相切的关系。尽管变量化方法不需要建立全约束关系，但对产品修改来说，如果产品具有装配关系，模型的变化就是相互关联的，这时零部件之间整体协同变形的约束关系是必需的。约束关系建立或确定的难点在于模型数字化后，测量数据点几乎不包含几何特征的约束关系，应通过原型分析来判断推理，但这样获得约束关系不可避免地带有不完整性和不确定性。

(2) 复杂特征的识别。在参数化转换之前，组成模型的整个外形结构的几何特征应完整地识别，但目前的特征识别技术对组合特征，以及由自由曲面构成的复杂特征的识别仍无完善的解决方案。

7.5　创新产品的原理方案设计

方案设计就是针对产品规划中该产品所应具有的功能进行创造性的设计构思，然后提出原理方案，最后对产品的原动系统、传动系统、执行系统和测控系统做方案性设计，并以机构运动简图、液路图及电路图等形式表示出来。原理方案设计的落脚点是为不同的功能、不同的工作原理、不同的运动规律匹配不同的机构。原理方案设计的每一个步骤都具有多解性，这就为产品的优化和创新奠定了基础。创新原理方案设计对产品的成败起着决定性作用，好的原理方案总是充满着创新构思，所优化筛选出的原理方案具有突出的功能特色。在市场竞争中，创新产品的方案具有很大的潜在价值。方案设计对产品的性能、结构、工艺、成本和使用维护等都有重大影响，是决定产品的使用功能、技术水平、竞争能力和经济效益的关键环节。

创新产品的原理方案设计主要包括以下 3 个方面内容。

(1) 功能原理设计：根据产品的功能要求，从功能分析入手，确定工作原理，进行功能分解，并求出原理解。

(2) 机构方案设计：根据原理解，选择或设计执行、传动等各机构的类型，并进行机构组合优化。

(3) 方案的评价：通过方案评价与决策，优选出最佳设计方案。

可见，创新产品的方案设计就是以发散思维探求多种方案，再通过收敛思维获得最佳方案，是一个发散—收敛的过程。本节所讨论的方案设计主要是指创新产品的运动方案设计。

在原理方案构思时，往往也需要考虑为了原理方案的实现所需要的机构。在产品创新过程中，创新者的思维时常会突破设计阶段的限制，对原理方案、机构方案、结构方案甚至加工制造方案综合考虑，反复评价，最终作出最佳方案决策。

功能原理设计的任务是针对某一确定的功能要求，寻求相应的物理效应，借助一定的作用原理，构思出能实现功能目标的新的解法原理。其工作步骤必须从明确的目标开始，然后进行创新构思。创新构思可能得到多种解法原理，对这些解法原理进行试验或技术分析，验证其原理的可行性和实用性，再进一步修改完善。最后对几种解法原理作出技术和经济评价，选取实用合理的解法作为最优方案。

原理设计最常用的是系统分析设计法，把设计对象看作一个完整的技术系统，然后用系统工程的方法对系统中各要素进行分析与综合，使系统内部互相协调一致，并与环境互相协调，最终获得整体的最优设计方案。

在明确设计任务即设计任务书中所确定的内容后，即可对创新产品开展总功能(function)描述和总功能分析。产品机构或结构的设计首先由工作原理确定，而工作原理构思的关键是满足产品的功能要求。功能是产品(或系统)特定工作能力抽象化的描述。功能的描述要准确、简明，抓住本质。如电动机的用途是用做原动机，具体用途可能是驱动机床、电动车或抽水机，而反映其特定工作能力的功能是能量转化——电能转化为机械能。

系统工程学用“黑箱法”(black box)研究分析问题。在使用黑箱法时，产品的功能和特征被归纳为 3 种基本功能形式，即能量(E)、物料(M)和信息(S)。将待开发的产品系统看作一个未知内容的黑箱，把 3 种功能形式用如图 7.5 所示的黑箱模型表示出来。这样的抽象表达，可暂时忽略某些次要因素，只对 3 种基本功能的输入和输出关系作集中考虑，更能突出表达设计的总功能。

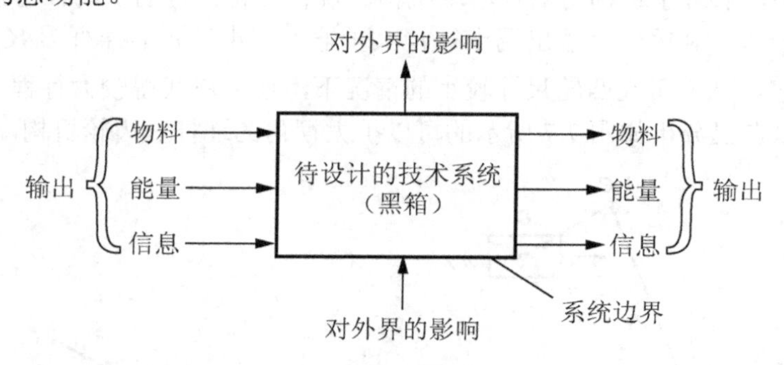

图 7.5　黑箱与系统总功能

创新产品的功能原理方案能否实现，机构设计是关键。机构的方案设计主要是机构的形式设计，这是产品方案设计中最富有创造性的环节。机构的形式设计具有多样性和复杂性，同一个原理方案可采用不同形式的机构来实现。机构的形式设计包括机构的选型和机构的构型，简单机械可直接进行设计选型，复杂机械则往往需要构型才能实现预定的功能。

7.6　机构创新设计

并不是所有创新产品的机构都可以通过机构选型来解决，大部分直接选出的基本机构形式往往不能完全实现预期的功能。随着科学技术的发展和自动化程度的提高，对创新产品的运动精度、动力性能等方面提出了更高的要求。单一的基本机构具有一定的局限性，例如，四连杆机构不能完全精确地实现任意给定的运动规律，且高速运转时还存在动平衡问题；凸轮机构虽然可以实现任意运动规律，但行程不可调；齿轮机构虽然具有良好的运动和动力特性，但运动形式简单，只能实现一定规律的连续转动；棘轮机构、槽轮机构等间歇运动机构可以实现单向的间歇运动，但具有不可避免的冲击、振动。如何开展创新思维和运用创新技法克服基本机构的局限性和改善它们的不良特性，创造满足创新产品要求的理想机构方案，对于创新者来说比机构选型更具有挑战性。在以下的内容中，创新者可以通过将组合创新法、奥斯本设问法和列举法等创新技法应用于产品设计中来体会它们的重要作用。

7.6.1　机构的组合创新

机构的组合创新是指将几个基本机构按一定的原则或规律组合成一个性能更加完善、运动形式更加多样并能够完全满足创新产品要求的新机构，从形式上可分为串联式、并联式和叠加式。

1. 串联式机构组合创新

串联式机构组合是指若干个单自由度的基本机构顺序连接，以前一个机构的输出构件作为后一个机构的输入构件的机构组合方式。

例如，凸轮机构的输出通常为移动或摆动，可实现任意的运动规律，但行程太小，与后置子机构组合可增大其运动行程，如图 7.6 所示为凸轮—连杆机构，前置子机构为摆动从动件凸轮机构，后置子机构为摇杆滑块机构。现将凸轮机构的从动件与摇杆滑块机构的主动件串联为一体，利用一个输出端半径 r_2 大于输入端半径 r_1 的摇杆 *BAC* 使 *C* 点的位移大于 *B* 点的位移，从而可在凸轮尺寸较小的情况下，使滑块获得较大行程。

读者还可以自己分析如图 7.7 所示的可以扩大摆角的连杆—齿轮机构。

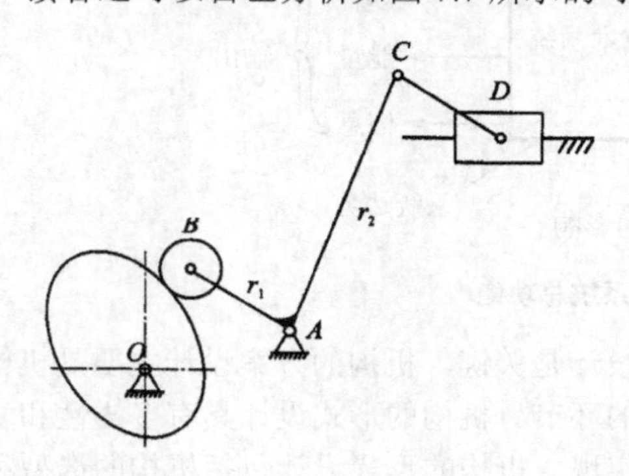

图 7.6　凸轮—连杆机构

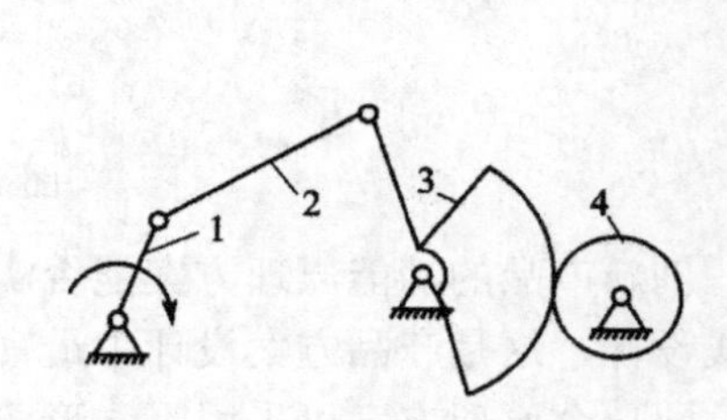

图 7.7　连杆—齿轮机构

2. 并联式机构组合创新

并联式机构组合是指两个或两个以上基本机构并列布置的机构组合方式。

如图 7.8 所示的飞机襟翼操纵机构，它由两个齿轮齿条机构(一个齿轮和两个齿条)并列组合而成。这是一个适合航空器特点的安全设计方案。两个直移电机输入运动时，可以使襟翼的摆动运动速度加快。若一个直移电机发生故障，另一个直移电机可以单独工作，虽然襟翼的摆动运动速度减半，但仍可保证襟翼摆动运动的实现。

如图 7.9 所示的冲压机的凸轮连杆机构，它由一个凸轮机构和一个凸轮连杆机构并联组合而成。两个盘状凸轮固定连接在一起，凸轮 1 和推杆 2 组成移动从动件凸轮机构；凸轮 1 和摆杆 3 组成摆动从动件凸轮机构。当机构的主动件凸轮 1 和1′转动时，推杆 2 实现左右移动，同时摆杆 3 实现摆动，并由摆杆的摆动而带动连杆 4 运动，使从动件滑块 5 实现上下移动。凸轮的设计应满足推杆 2 与滑块 5 协调运动的时序关系。

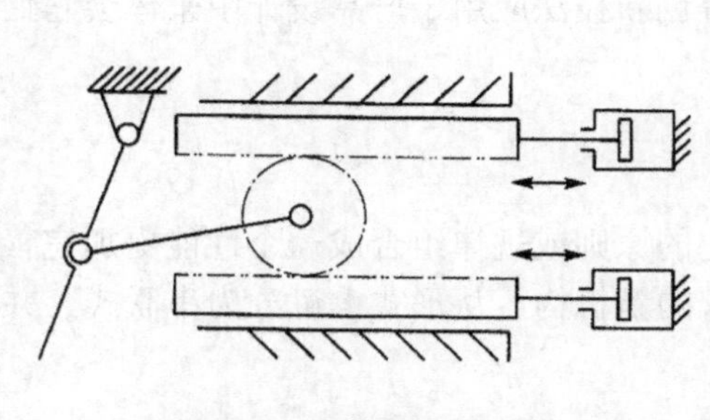

图 7.8　飞机襟翼操纵机构

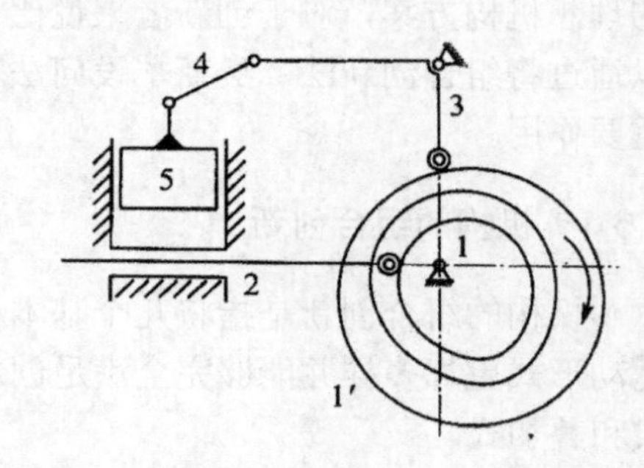

图 7.9　冲压机凸轮连杆机构

3. 叠加式机构组合创新

将一个机构安装在另一个机构的某个运动构件上的组合形式，称为叠加式机构组合。其输出运动是若干个机构输出运动的合成。这种机构组合的特点是能够完成复杂的动作，实现特定的输出。

如图 7.10 所示的电动玩具马的主体运动机构，由曲柄摇块机构 *ABC* 安装在两杆机构的转动导杆 2 上组合而成。能模仿马飞奔前进时的较复杂的运动形态。工作时分别由转动构件 2 和曲柄 1 输入转动，致使旋转运动和平面运动叠加形成马的运动轨迹——俯仰、升降，合成马的跳跃前进的形态。

如图 7.11 所示的电扇的摇头机构，它由蜗轮蜗杆机构的蜗轮固装在双摇杆机构的连杆上组合而成。工作时安装在双摇杆机构摇杆上的电动机向蜗杆输入转动，使电扇在实现蜗杆带动叶片快速转动的同时自身又以较慢的速度摆动。

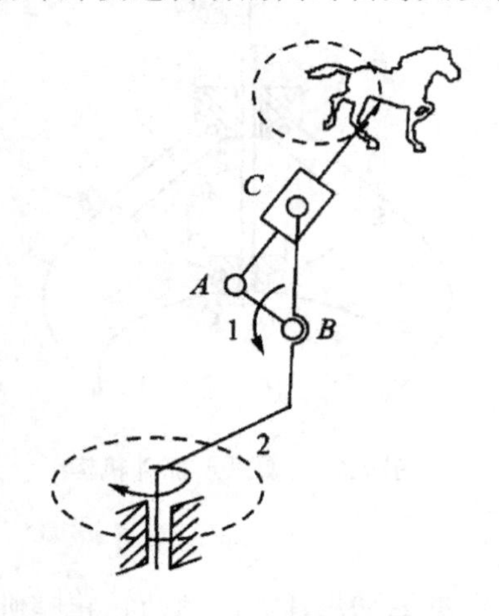

图 7.10　电动玩具马的主体运动机构

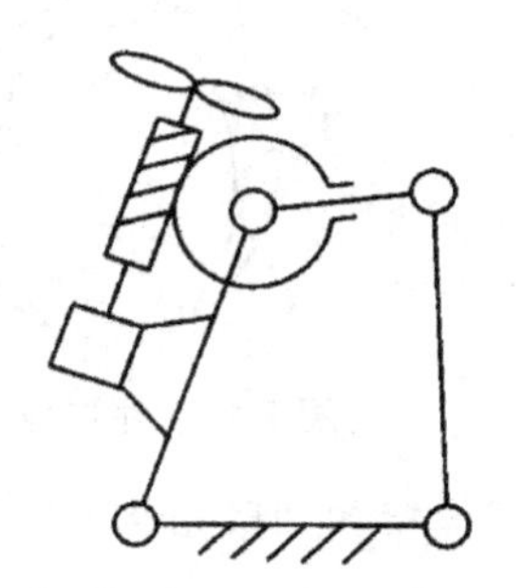

图 7.11　电扇的摇头机构

7.6.2　机构的变异创新

为了使机构获得所需的特殊功能，以某机构为原始机构，对其组成机构的各个元素进行各种性质的改变与变换，称为机构的变异创新。通过变异创新而获得的新功能机构称为变异机构。机构变异创新的方法很多，下面介绍几种常用的方法。

1. 改变机构构件的形状

为使机构获得预期的功能，有时仅需改变机构构件的形状即可实现，这种方法不改变原有各构件之间的运动关系，比较简单易行。例如，利用图 7.12 所示的基本机构行星轮系，将系杆变形为抓斗的左侧爪，齿轮 2 变形为抓斗的右侧爪，增加对称的连杆 4 和 5 后，轮系机构就变异成为如图 7.13 所示的新型的钳形抓斗机构，绳索 6 控制两侧爪的开合。

机构创新的答案往往不是唯一的，利用两个基本摇杆滑块机构，改变连杆 3 的形状为蟹爪形，摇杆滑块机构也可变异成为如图 7.14 所示的另一种新型的蟹爪形抓斗机构。当拉动滑块 4 上下运动时，构成左右蟹爪形侧爪的连杆 3 即可实现闭合和开启。

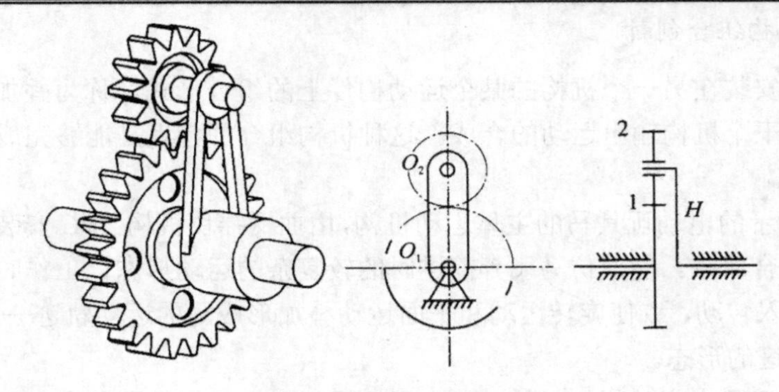

图 7.12　行星轮系

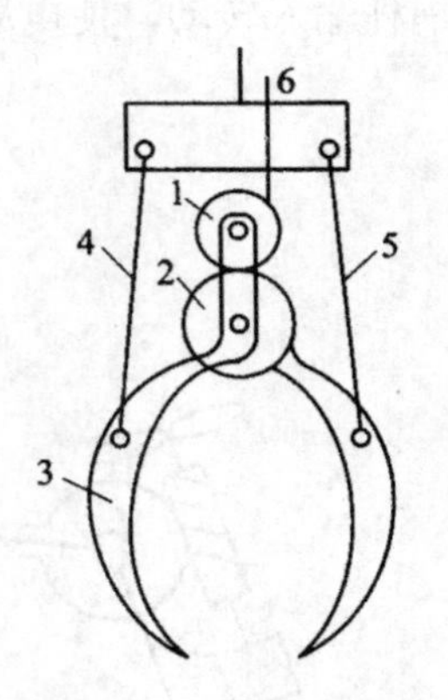

图 7.13　钳形抓斗机构

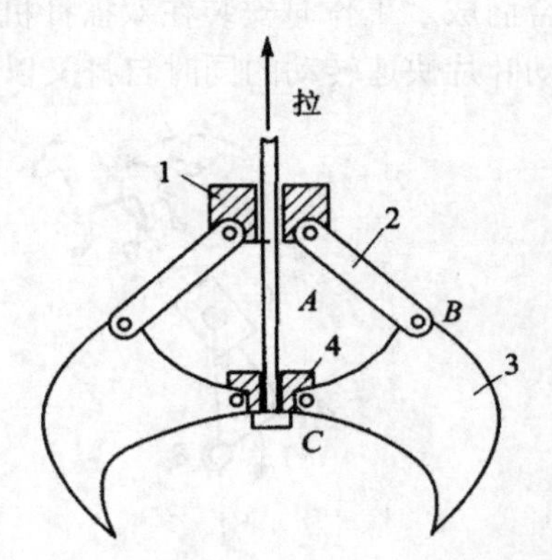

图 7.14　蟹爪形抓斗机构

2. 增加辅助结构

凸轮机构是一种常用机构，其结构简单，可实现任意运动规律。但当凸轮轮廓确定后，从动件的运动规律不能变换和调节。为改变从动件的运动规律，可采用增加辅助结构的办法。

如图 7.15 所示为利用辅助结构使凸轮轮廓可变的两个例子。

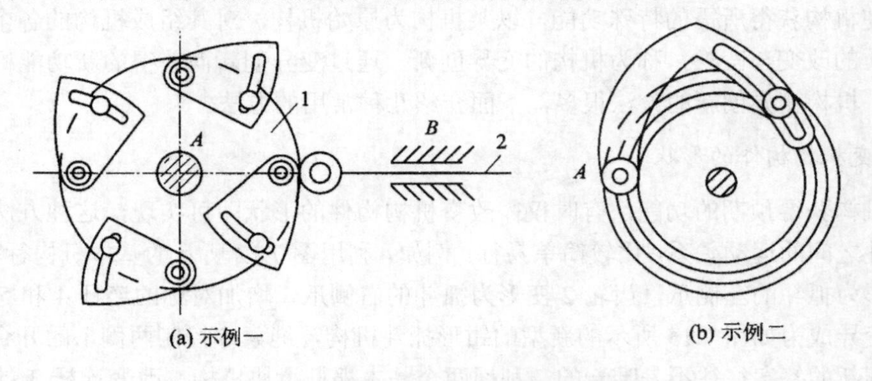

图 7.15　可变凸轮轮廓的凸轮机构

增加辅助结构以实现运动规律可调的方法还可用于连杆机构中，利用螺旋机构调节杆的长度，连杆机构可以实现多种运动规律。

3. 运动原理仿效

运动原理仿效指将一种机构的运动原理应用到另一机构中去，从而创造出一种新机构的方法。比如，对于圆柱齿轮机构，当一个齿轮半径无限增大时齿轮演变为齿条，其运动形式由转动演变为直线移动，根据这个原理，也可将不完全齿轮机构演变为如图 7.16 所示的不完全齿轮齿条机构。此机构的主动齿条做直线往复运动，不完全齿轮 2 在摆动的中间位置可停歇。

又如，螺旋机构一般是由互相旋合的螺杆和螺母组成，螺纹形状有矩形、梯形和三角形等，可用于连接、传动和增力。根据螺旋机构的旋转推进工作原理，把螺杆的螺纹形状设计成螺旋叶片形状，就构造了一种如图 7.17 所示的螺旋输送器，其中物料相当于螺母。将其放在密闭圆筒状容器内，可用于各种螺杆泵和挤出机等机械设备中。

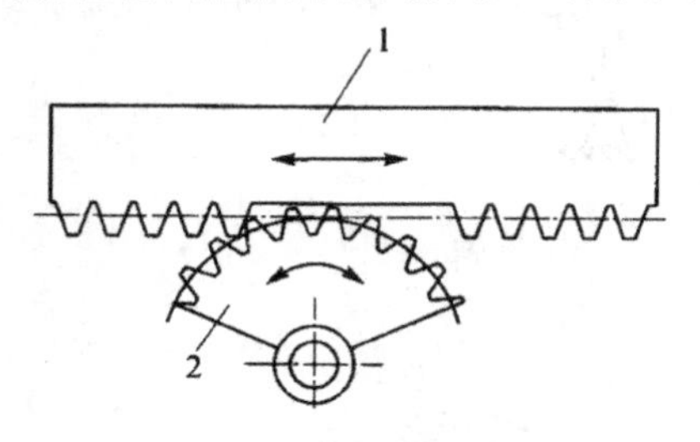

图 7.16　不完全齿轮齿条机构

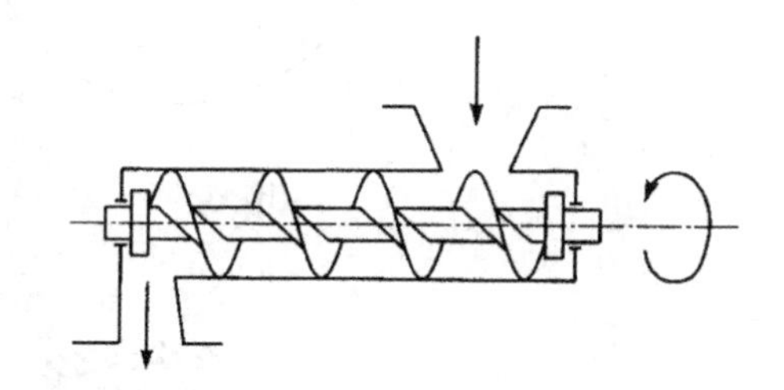

图 7.17　螺旋输送器

4. 改变运动副的形式

改变机构中运动副的形式，可创造出不同运动性能的机构。常用的有高副与低副之间的变换、运动副尺寸的变换和运动副类型的变换等。

图 7.18(a)所示的偏心圆凸轮高副机构，可变换为如图 7.18(b)所示的低副机构，仍保持其原有的运动特性。低副是面接触，易于加工，且耐磨性能好，因而提高了其使用性能。

通过运动副尺寸变化和类型变换也可创造出不同运动性能的新机构。如图 7.19(a)所示为典型的铰链四杆机构，可先将铰链 *C* 变换为如图 7.19(b)所示的滑块形状；当构件 3(即杆 *CD*)变长并趋近于无穷大时，则四杆机构变异成为如图 7.19(c)所示的新型机构；若将图 7.19(b)所示的构件 3 改成滚子，它与圆弧槽形成如图 7.19(d)所示的滚滑副，此时构件 2 的运动与图 7.18 所示机构的运动相同；若将圆弧槽变为如图 7.19(e)所示的曲线槽，则构件 2 将得到更为复杂的运动。

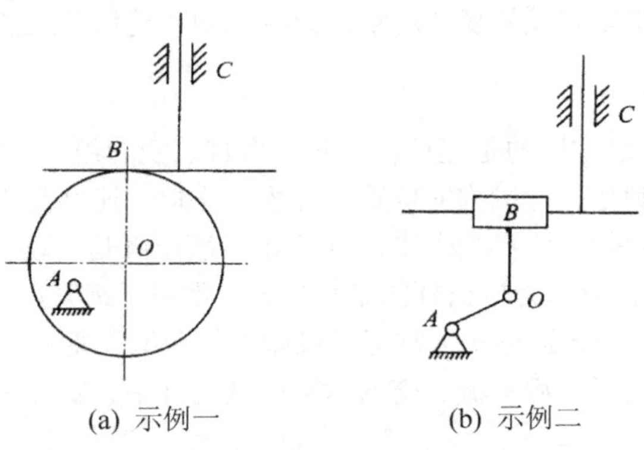

图 7.18　高副机构与低副机构之间的变换

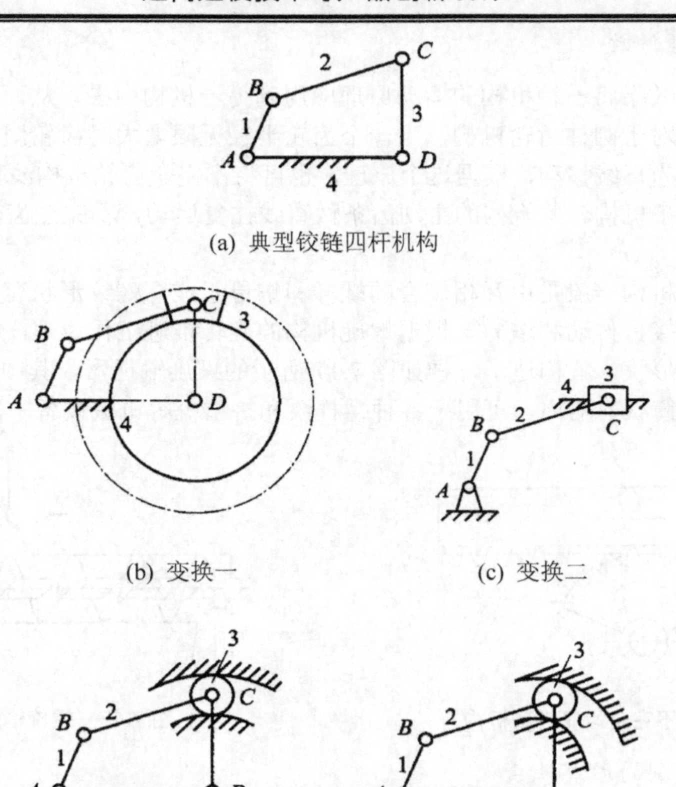

图 7.19　运动副尺寸变化和类型变换

7.6.3　广义机构创新

在航空航天、运输车辆等行业的产品设计中，已经较早地应用了液压和电磁等机构。随着科学技术的迅速发展，现代机械突破了原有的概念，延伸至与之相关的诸多学科，并互相渗透和融合，大大改变了机械的构成。一般把机械上利用了液、气、声、光、电、磁等工作原理所组合成的机构统称为广义机构。广义机构能方便地实现运动和动力的转换，并能实现某些传统机构难以完成的复杂运动，为机构创新提供了更加广泛的技术空间。

1. 机、液(气)机构

机、液(气)机构组合最常用的是连杆机构和液压缸系统的组合，称为液(气)压驱动连杆机构。这种机构组合可满足执行机构的位置、行程、摆角、速度及复杂运动等工作要求。

机、液(气)机构组合的基本形式如图 7.20 所示。液压缸是主动件，驱动各种机构完成预期的动作。如图 7.20 (a)所示为单出杆固定缸形式，常用于夹紧、定位与送料装置中；如图 7.20 (b)所示为双出杆固定缸形式，常用于机床工作台的往复移动装置中；如图 7.20(c)所示为摆动缸形式，常用于工程机械、交通运输机械的升举、翻斗装置中。

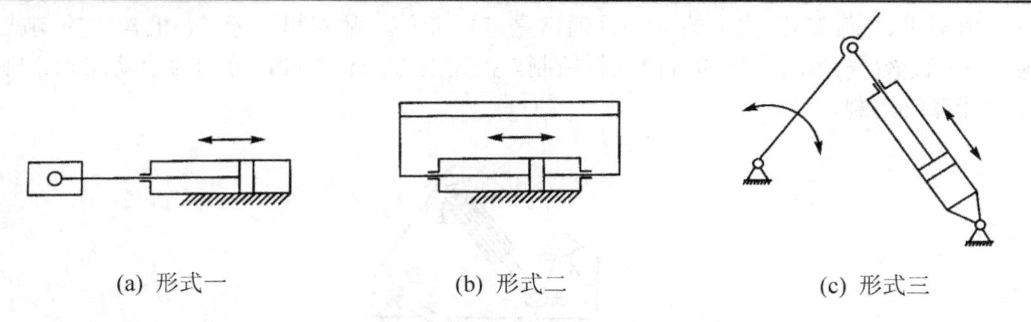

(a) 形式一　(b) 形式二　(c) 形式三

图 7.20　机、液(气)机构组合的基本形式

依据机、液(气)机构组合的运动形式，可分为固定式液(气)压缸机构和摆动式液(气)压缸机构。固定式液(气)压缸机构的应用实例很多，如图 7.21 所示为一个夹紧机构的原理图，利用单出杆固定缸机构杆的直线运动，即可实现对工件的夹紧。如图 7.22 所示为一个圆柱坐标型工业机械手，利用 4 个单出杆固定缸机构使机械手终端实现了水平移动、回转运动和升降运动，可适应多种作业的要求。

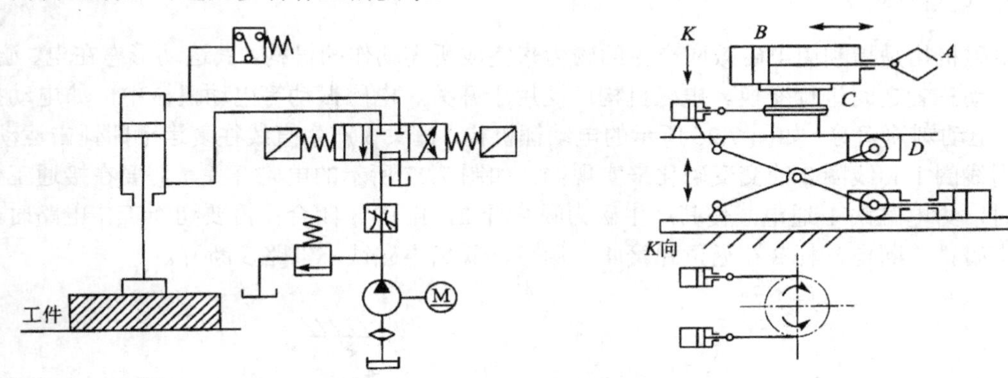

图 7.21　单出杆固定缸夹紧机构　图 7.22　圆柱坐标型工业机械手

摆动式液(气)压缸机构可将活塞相对于缸体的移动转换为从动构件的摆动和缸体本身的摆动，在工业中也有广泛的应用。如图 7.23 所示为一个与图 7.21 不同的夹紧机构的原理图，它是由摆动液压缸驱动连杆机构实现对工件的夹紧。这种机构可用较小的液压缸实现较大的压紧力，同时还具有锁紧作用。如图 7.24 所示的是摆动式液(气)压缸机构在机械手位移中的应用。飞机工业也广泛应用了机、液(气)机构，如图 7.25 所示飞机起落架中，摆动缸驱动连杆机构 *ABCD* 中的 *AB* 杆，从而实现起落架的收、放动作。

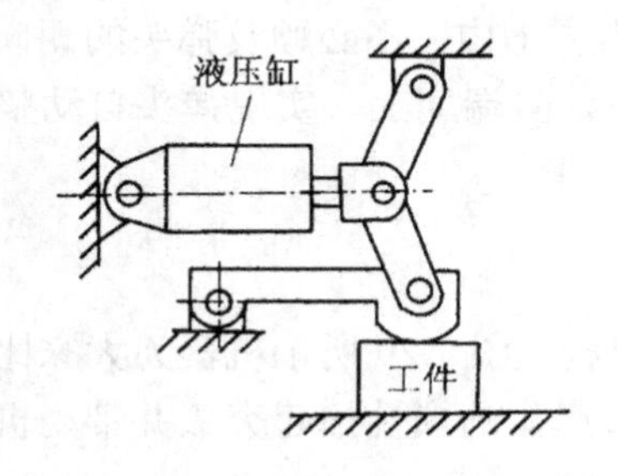

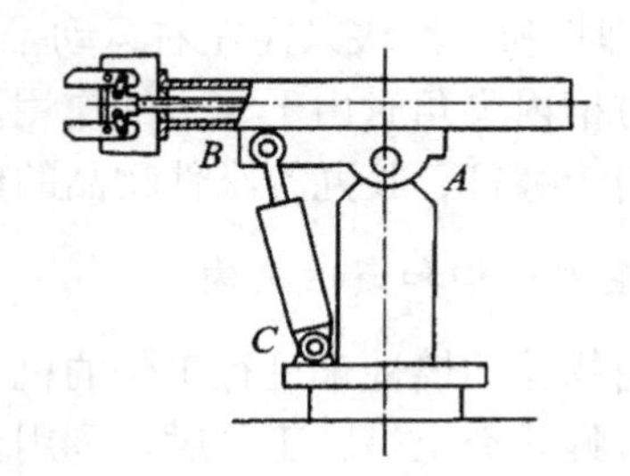

图 7.23　摆动式液(气)压缸夹紧机构　图 7.24　使用摆动式液(气)压缸的机械手

由于机、液(气)机构中的主动件通常是液压元件，故对机、液(气)机构的控制就是对液(气)压缸液(气)体的流量和流向进行控制。控制的方法有 3 种，分别为手动控制、机动控制和计算机控制。

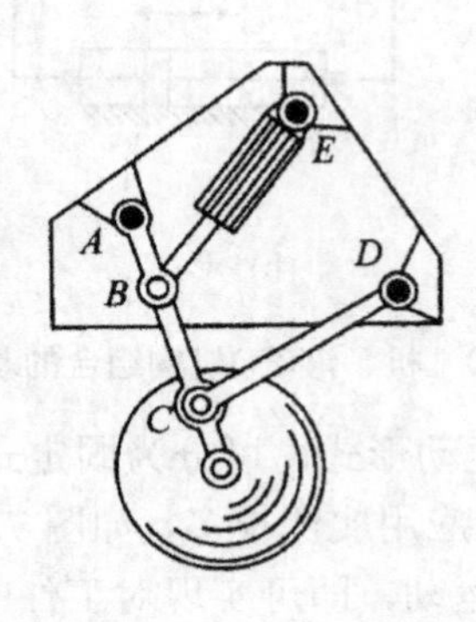

图 7.25　飞机起落架液压收、放机构

2. 电磁机构

电磁机构是指利用电磁效应产生的磁力来完成所需动作的机构。其运动形态在电、磁、机械运动三者之间进行变换。电磁机构广泛用于开关、电磁振动等电动机械中，如电动按摩器、电动剃须刀等。如图 7.26 所示的电动锤机构，锤头 3 产生直线往复运动即锤击运动，是利用线圈 1 和线圈 2 的交变磁化来实现的。如图 7.27 所示的电磁开关，需要在接通工作电路时，给电磁铁 1 通电，使其产生磁力吸合杆 2，电路 3 闭合；需要切断工作电路时，先给电磁铁 1 断电，杆 2 在返位弹簧 4 作用下，脱离电磁铁，电路 3 断开。

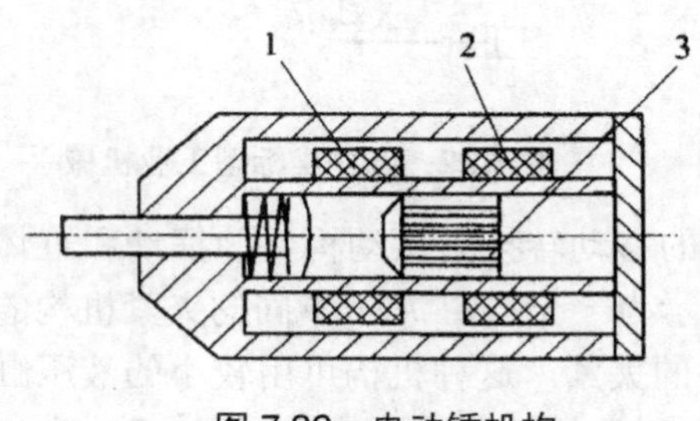

图 7.26　电动锤机构

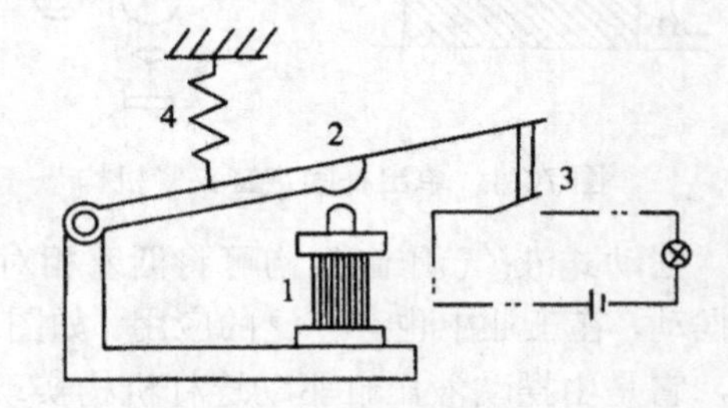

图 7.27　电磁开关

巧妙地利用力学中的重力、惯性作用，可以创造出多种简便的机构。如图 7.28 所示是一个利用重力实现将弹头自动整齐排列的弹头整列机构，它利用了弹头重心偏向一端(圆柱端)的物理性质。滑块只需左右运动推动弹头进入右方槽内，不必顾及弹头的朝向，当弹头到达右方槽内尖角时由于重力的作用，圆柱体朝下，尖端朝上，实现弹头自动整列。此原理还可用于螺钉、胶丸等小件物品的整列。

3. 重力机构和惯性机构

利用物体的惯性来进行工作的机构称为惯性机构。图 7.29 所示机器为大家比较熟悉的惯性激振蛙式夯土机。工作时，利用偏心块 7 旋转产生的惯性抬起夯头并带动机器向前移动一定距离，夯头下落时，以较大的冲击力夯实土壤。

广义机构的内涵十分广泛，还包括了机电一体化机构、光电机构、声电机构和记忆合金机构等。这些机构有的已经为人们所熟知，有的实际应用还不够广泛，需要时设计者可参考有关资料。

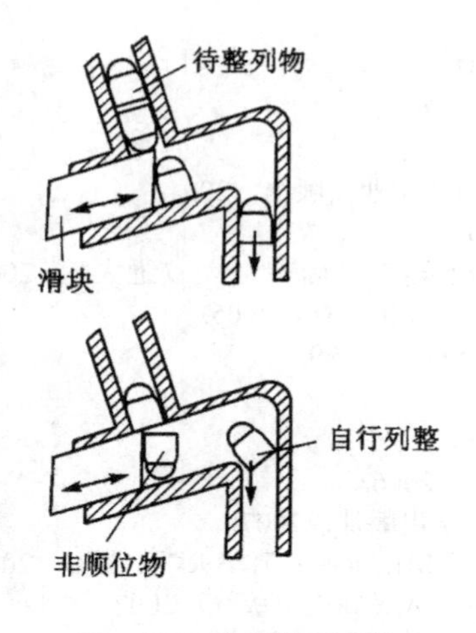

图 7.28　弹头整列机构

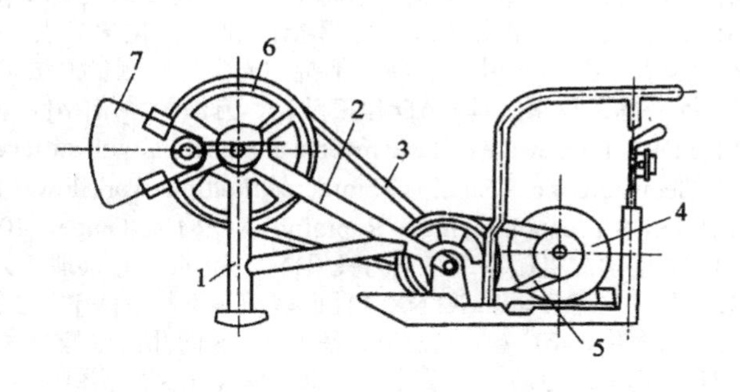

图 7.29　惯性激振蛙式夯土机

本章小结

创新是一个国家技术进步及发展的灵魂，如果产品的设计制造技术永远停留在模仿和复制上，产品将失去竞争能力。因此，在大力提倡产品逆向设计制造的同时，也应将产品的创新放在一个重要的位置。在这一章中，首先介绍创新性思维的内涵及培养，然后对产品设计与创新设计进行介绍，重点了解产品设计方法及创新设计的基本理论、机械产品创新设计的内容和计算机辅助创新设计的工具及软件技术。在此基础上，以机构创新为实例进行了创新思维方法的具体应用。

习　题

(1) 简述创造性思维的含义及特点。
(2) 试述创新方法及其各自特点。
(3) 试述支持产品创新设计的逆向工程模型组织、结构及建模方法。
(4) 简述支持创新的逆向建模方法。
(5) 了解机构创新设计。

参 考 文 献

[1] 金涛，童水光．逆向工程技术[M]．北京：机械工业出版社，2003.
[2] 许智钦，孙长库．3D 逆向工程技术[M]．北京：中国计量出版社，2002.
[3] 濮良贵，纪名刚．机械设计[M]．北京：高等教育出版社，1996.
[4] 黄诚驹，李鄂琴，禹诚．逆向工程项目式实训教程[M]．北京：电子工业出版社，2004.
[5] 王霄．逆向工程技术及其应用[M]．北京：化学工业出版社，2004.
[6] 姜涛．反求工程中融合特征捕捉的光学三维测量方法研究及系统开发[D]．上海：上海交通大学，2005.
[7] 柯映林．反求工程 CAD 建模理论、方法和系统[M]．北京：机械工业出版社，2005.
[8] SDRC/Imageware．Basic reverse engineering with surfacer training guide．1999.
[9] Geomagic Inc.．Studio8-Unordered multiple-workflow．2005.
[10] INUS Technology Inc.．RapidformXOR UserGuide．2007.
[11] 周世学．机械制造工艺与夹具[M]．北京：北京理工大学出版社，2006.
[12] 北京立科公司．UG NX 4 曲面建模实例精解[M]．北京：清华大学出版社，2007.
[13] 詹海生，李广鑫，马志欣．基于 ACIS 的几何造型技术与系统开发[M]．北京：清华大学出版社，2002.
[14] 刘鹏斌．逆向造型设计——UG NX 4 中文版实例详解[M]．北京：人民邮电出版社，2007.
[15] 施法中．计算机辅助几何设计与非均匀有理 B 样条[M]．北京：高等教育出版社，2001.
[16] 薛啟翔．冲压模具与制造[M]．北京：化学工业出版社，2004.
[17] 焦永和．计算机图形学教程[M]．北京：北京理工大学出版社，2004.
[18] 孙家广．计算机图形学[M]．北京：高等教育出版社，1998.
[19] 陈锡栋，周小玉．实用模具技术手册[M]．北京：机械工业出版社，2001.
[20] 陈恭锦．基于点云数据的复杂型面结构产品实体建模研究[D]．上海：上海交通大学，2005.
[21] Tamas Varady, Ralph R Martin，Jordan Coxt. Reverse engineering of geometric models–an introduction [J]. *Computer-Aided Design*, 1997(29).
[22] 王远．高能工业 CT 数据采集系统及图像重建研究[D]．绵阳：中国工程物理研究院，2007.
[23] 王召巴．基于面阵 CCD 相机的高能 X 射线工业 CT 技术研究[D]．南京：南京理工大学，2001.
[24] 殷金祥，陈关龙．Comet 系统的特点分析及其测量研究[J]．计量技术，2003(12).
[25] 坐标测量机实用技术．海克斯康测量技术（青岛）有限公司，2004.
[26] 张国雄．三坐标测量机[M]．天津：天津大学出版社，1999.
[27] 张学昌．基于点云数据的复杂型面数字化检测关键技术研究及其系统开发[D]．上海：上海交通大学，2006.
[28] 张旭．飞机大部件对接装配过程中的干涉检测技术研究[D]．杭州：浙江大学，2008.
[29] 钱归平．散乱点云网格重建及修补研究[D]．杭州：浙江大学，2008.
[30] 刘伟军，孙玉文．逆向工程原理、方法及应用[M]．北京：机械工业出版社，2009.
[31] 单岩，谢斌飞．Imageware 逆向造型应用实例[M]．北京：清华大学出版社，2007.
[32] 单岩，吴立军．三维造型技术基础[M]．北京：清华大学出版社，2007.
[33] 王国瑾，汪国昭，郑建民．计算机辅助几何设计[M]．北京：高等教育出版社，2001.
[34] 朱心雄．自由曲线曲面造型技术[M]．北京：科学出版社，2000.
[35] 赵敏，胡钰．创新的方法[M]．北京：当代中国出版社，2008.
[36] 戴端．产品设计方法学[M]．北京：中国轻工业出版社，2005.
[37] 胡家秀，陈峰．机械创新设计概论[M]．北京：机械工业出版社，2005.
[38] 赵松年，李恩光，黄耀志．现代机械创新产品分析与设计[M]．北京：机械工业出版社，2003.
[39] 檀润华．创新设计[M]．北京：机械工业出版社，2002.
[40] 李喜桥．创新思维与工程训练[M]．北京：北京航空航天大学出版社，2005.